Peter Welzel

Datenfernübertragung

Einführende Grundlagen
zur Kommunikation
offener Systeme

Reihe Informationstechnik

Herausgegeben von Dr. Harald Schumny

Die Fachbuchreihe *Informationstechnik* richtet sich an Studierende und Lehrende der Fachschulen Technik und Fachhochschulen.

Die Bände dieser Reihe sind formal, inhaltlich und in ihrem didaktischen Aufbau aufeinander abgestimmt und verzahnt. Sie sollen das *Lernen in einem Lernsystem* ermöglichen. Der Leser kann diese Reihe entsprechend seinem Bildungsstand und Bildungsziel nutzen, indem er

- Einzelbände der Reihe auswählt, da mit jedem Buch unabhängig von anderen Büchern der Reihe gearbeitet werden kann,
- die Bücher parallel oder aufeinanderfolgend einsetzt, da die Bücher gekennzeichnet sind durch gleichen Aufbau, gleiche Bezeichnungsweise und Kapitelverweise auf andere Bände der Reihe.

Besonderer Wert wird auf eine umfassende Vermittlung des jeweiligen Grundlagenwissens gelegt. Entsprechend dem Unterricht an Fachschulen und den Ausbildungszielen für Ingenieurstudenten wird der Stoff anschaulich und anwendungsnah dargestellt. Jedes Lehrbuch enthält zahlreiche Bilder, Zeichnungen, Tabellen und viele Beispiele aus der Praxis. Kurze Zufammenfassungen der einzelnen Abschnitte, Hervorhebung wichtiger Merksätze, Literaturverweise und Aufgaben unterstützen den Studierenden wirkungsvoll beim Durcharbeiten des Lehrstoffes.

Bereits erschienen sind folgende Bände:

Datenverarbeitung

Harald Schumny
Digitale Datenverarbeitung
für das technische Studium

Übertragungstechnik

Harald Schumny
Signalübertragung
Lehrbuch für Nachrichtentechnik
und Datenfernverarbeitung

Peter Welzel
Datenfernübertragung
Einführende Grundlagen
zur Kommunikation
offener Systeme

Programmierung

Wolfgang Schneider
FORTRAN
Einführung für Techniker

Wolfgang Schneider
BASIC
Einführung für Techniker

Wolfgang Schneider
PASCAL
Einführung für Techniker

Ekbert Hering
Software
Engineering

Mikrocomputer

Jörg Zschocke
Mikrocomputer
Aufbau und Anwendungen

Rainer Kassing
Mikrocomputer
Struktur und Arbeitsweise

Peter Welzel

Datenfernübertragung

Einführende Grundlagen zur Kommunikation offener Systeme

Mit 223 Abbildungen und zahlreichen Beispielen

Springer Fachmedien Wiesbaden GmbH

CIP-Kurztitelaufnahme der Deutschen Bibliothek

Welzel, Peter:
Datenfernübertragung: einführende Grundlagen zur Kommunikation offener Systeme / Peter Welzel. – Braunschweig; Wiesbaden: Vieweg, 1986.
(Viewegs Fachbücher der Technik: Reihe Informationstechnik)

ISBN 978-3-663-00129-4 ISBN 978-3-663-00128-7 (eBook)
DOI 10.1007/978-3-663-00128-7

Ursprünglich erschienen bei Friedr. Vieweg & Sohn Verlagsgesellschaft mbH, Braunschweig 1986.

Umschlaggestaltung: Hanswerner Klein, Leverkusen

Vorwort

In der modernen Industriegesellschaft ist es nicht nur notwendig, Informationen in großen Mengen zu speichern, sie schnell und sicher aufzufinden und schnell zu verarbeiten, sondern sie müssen auch über große oder auch geringe Entfernungen übertragen werden. Daher sollte sich jeder auf dem Gebiet der Informationsverarbeitung Tätige auch mit der Informationsübertragung und mit Datenverbundsystemen vertraut machen.

Die Benutzung elektrischer Signale hat es seit über 100 Jahren möglich gemacht, Informationen sehr schnell auch über große Entfernungen zu übertragen. Die dazu geschaffenen Netze waren aber reine Übertragungsnetze, die mehr oder weniger direkt Menschen mit Menschen verbanden. Die heutige Datenübertragung verbindet informationsverarbeitende Systeme mit informationsverarbeitenden Systemen; auch die Übertragungssysteme selber enthalten Datenverarbeitungsanlagen.

Datenverbundsysteme können uns in unterschiedlicher Form entgegentreten, vom Anschluß eines Terminals an die Zentraleinheit im gleichen Raum bis zum weltweiten System; vom Datensammelsystem zur Erfassung von Betriebsdaten bis zum internationalen Datenbank-Informationssystem. Das OSI-Modell der internationalen Normungsorganisation ISO hat erstmals versucht, alle Aspekte zu erfassen und systematisch zu gliedern. Angelehnt an dieses Modell beschreibt das Buch sowohl Aspekte der Datenfernübertragung wie auch der Datenfernverarbeitung, ohne dabei Vollständigkeit anzustreben. Es folgt im Mittelteil (Kapitel 3–7) dem Aufbau des OSI-Modells. In den beiden ersten Kapiteln werden ein Überblick über den Sinn von Datenverbundsystemen und die physikalisch-technischen Grundlagen der Datenübertragung gegeben.

Im Kapitel 8 wird ein Überblick über einige umfassende Netzwerkkonzepte gegeben. Im Kapitel 9 werden einige Komponenten von Datenverbundsystemen beschrieben, wobei Hardware-Aspekte im Vordergrund stehen, aber auch die Software berücksichtigt wird. Es folgen einige Anwendungsbeispiele für die Datenfernverarbeitung. Da technische Systeme nur dann sinnvoll sind, wenn sie unterhalten werden können, beschließt ein Kapitel über Verfahren und Geräte zum Messen und Prüfen das Buch.

Die in diesem Buch beschriebenen Zusammenhänge sind grundsätzlich aus der Sicht der Informatik gesehen. Die Nachrichtentechnik ist soweit berücksichtigt, wie sie für das Verständnis notwendig ist. Auf mathematische und physikalische Herleitungen wird weitgehend verzichtet, einfache Grundlagen der Informatik werden vorausgesetzt.

Das Gebiet der Datenfernverarbeitung befindet sich in einer lebhaften Entwicklung, sowohl was die technischen Fortschritte betrifft wie auch die Erarbeitung von Normen durch die verschiedenen Verbände. In diesem Buch sind besonders die Normungen durch CCITT und DIN berücksichtigt; es werden aber auch Normen anderer Verbände erwähnt.

Das Buch wendet sich an alle an der Datenverarbeitung Interessierten, besonders auch an Studenten der Informatik, der Nachrichtentechnik und Elektronik.

Ich danke allen, die mich bei der Erarbeitung unterstützt haben, besonders dem Vieweg-Verlag für seine verständnisvolle Mitarbeit.

Paderborn, Juli 1986 *Peter Welzel*

Inhaltsverzeichnis

1 Einführung

1.1 Aufgaben der Datenfernübertragung/Datenfernverarbeitung

Datenfernübertragung <data transmission>, im folgenden mit DFÜ abgekürzt, bedeutet die Übertragung über eine räumliche, nicht begrenzte Entfernung. Merkmale der DFÜ sind:

-- Übertragung zwischen unabhängig voneinander betriebenen informationsverarbeitenden Systemen.
-- Übertragung der Signale mit annähernd Lichtgeschwindigkeit. Für die Darstellung der Daten stehen nur elektrische bzw. elektromagnetische Signale zur Verfügung.
-- Die Datenübertragung ist grundsätzlich zwischen Systemen verschiedener Hersteller und Betreiber möglich.
-- Zur Datenübertragung werden auch Medien benutzt, die nicht ausschließlich der Datenübertragung dienen.
-- Die Daten liegen in digitaler Form vor.
-- Die Daten werden seriell übertragen.

Datenübertragung findet auch innerhalb informationsverarbeitender Systeme statt, z.B. beim Datenaustausch zwischen Prozessor und Speicher in einem EDV-System. Dieses Thema wird aber im folgenden nicht behandelt.

Datenfernverarbeitung <teleprocessing>, im folgenden mit DFV abgekürzt, bedeutet, daß die Daten nicht an dem Ort verarbeitet werden, an dem sie entstehen oder benötigt werden. Die DFÜ ist eine Voraussetzung für die Datenfernverarbeitung.

Prinzipien der DFÜ finden sich in mehreren Bereichen der Informationsverarbeitung:

a) "Klassische" Datenfernübertragung, gekennzeichnet durch:

-- Grundsätzlich unbegrenzte Entfernung zwischen den Systemen, die Daten austauschen.

-- Benutzung öffentlicher Übertragungseinrichtungen <public carrier> aus technisch-wirtschaftlichen und/oder aus rechtlichen Gründen (Nachrichtenmonopol).
-- Es werden auch Netze verwendet, die nicht für die DFÜ geschaffen wurden, z.B. das Fernsprechnetz.
-- Modulation digitaler Signale.
-- Starke internationale und nationale Normung.

b) Anschluß von Peripheriegeräten über Schnittstellen, die für die DFÜ geschaffen wurden. Es werden sowohl Hardware-Schnittstellen wie Software-Schnittstellen (u.a. für Prozeduren) verwandt, um Daten mit Peripheriegeräten auszutauschen, die sich in räumlicher Nähe befinden. Die Gründe dafür können sein:

-- Verwendung erprobter Verfahren beim Austausch von Informationen (Fehlererkennung, Quittierung).
-- Verwendung hochintegrierter Bauteile, die für diese Schnittstellen entwickelt wurden.
-- Erreichung der Kompatibilität zwischen Geräten verschiedener Hersteller.

c) "Inhouse"-Netze. Gegenüber der "klassischen" DFÜ treten folgende Abweichungen auf:

-- Begrenzte Entfernung zwischen den Systemen, z.B. maximal 2 km.
-- Keine Verwendung eines öffentlichen Trägers, aber Verwendung von Fernsprechleitungen.
-- Keine Modulation der digitalen Signale.
-- Keine oder nur firmeninterne Normung.

d) Lokale Netzwerke <Local Area Networks, LAN>. Dieser Bereich, der sich sehr stark in der Entwicklung befindet, kann gekennzeichnet werden durch:

-- Begrenzte Entfernung zwischen den Datenstationen.
-- Jede Station kann mit jeder Station verkehren, ohne daß dazu Leitungen geschaltet oder vermittelt werden müssen; es besteht zu jeder Zeit zwischen allen Stationen eine physikalische Verbindung.
-- Die Datenübertragungsgeschwindigkeit ist, bezogen auf die "klassische" DFÜ, sehr hoch (1 Mbit/s bis 50 Mbit/s).
-- Keine Modulation der digitalen Signale.
-- Verwendung teurer Übertragungsleitung, z.B. Lichtleiterkabel.
-- Die Normung ist noch nicht vollständig durchgeführt.

e) Digitale Übertragungsmethoden für analoge Signale, z.B. bei der Digitalisierung und digitalen Übertragung von Telephongesprächen.

f) Integrierte Dienstleistungsnetze <Integrated Services Digital Network: ISDN, Value Added Network: VAN> sind Netzwerke, die nicht nur die Kapazitäten für die DFÜ bereitstellen, sondern dem Teilnehmer auch Möglichkeiten zur Einspeisung von Informationen in ein öffentliches Netz geben, allgemein zugängliche Auskunftsysteme schaffen, Möglichkeiten zur Zwischenspeicherung von Daten im Netz haben usw. Dieser Teil der DFÜ und DFV wird sich in den nächsten Jahren stark ausweiten, ein Beispiel dafür ist der Bildschirmtext.

Der Zweck der DFÜ und DFV kann in vier Stichworten zusammengefaßt werden:
-- Datenverbund,
-- Anwendungsverbund,
-- Lastverbund,
-- Schaffung ausfallsicherer Systeme.

Datenverbund: Ein bestimmter Bestand an Informationen steht mehreren Anwendern, die räumlich weit voneinander entfernt sein können, zur Verfügung. Die Anwender können diese Daten lesen und verändern; dabei soll jedem Anwender zu jedem Zeitpunkt die gleiche, aktuelle Information zur Verfügung stehen, z.B. soll bei einem Buchungsvorgang in einer Bank allen Zweigstellen sofort der neue Kontostand zur Verfügung gestellt sein. Datenverbund ist besonders wichtig bei Einrichtungen, die nur begrenzt zur Verfügung stehende Güter oder Dienstleistungen an mehreren räumlich entfernten Orten verkaufen, z.B. bei Reisebüros für Platzreservierungen.

Datenverbund kann auch darin bestehen, daß Informationen, die an vielen Orten benötigt werden, dort aber nicht immer verfügbar sind, zentral gespeichert werden und auf Abruf zum Interessenten übertragen werden, z.B. beim Bildschirmtext.

Anwendungsverbund: Bestimmte Computer eignen sich für bestimmte Anwendungen, für andere weniger. So können Computer umfangreiche Programmsysteme zur Verfügung haben, die sich nicht auf andere Computer übertragen lassen, weil deren Speicherkapazität nicht ausreicht. Ebenso ist es möglich, daß ein umfangreiches Programm von einem Anwender nur selten benötigt wird, so daß es nicht sinnvoll ist, dieses Programm zu laden. Es bietet sich an, solche Programme vom Anwendersystem her über DFÜ auf einem anderen System zu aktivieren, die zu verarbeitenden Daten zu übertragen und die Ergebnisse über DFÜ abzurufen.

Lastverbund: Systeme sind unterschiedlich ausgelastet. Ein Ausgleich kann geschaffen werden, wenn Belastungen verteilt werden können. Dies setzt voraus, daß Aufgaben und Daten zwischen Systemen übertragen werden können.

Ausfallsicherheit: Bei vielen Anwendungen, z.B. bei Prozeßdatenverarbeitung oder medizinischer Datenverarbeitung, muß das System praktisch ausfallsicher sein. Die Ausfallsicherheit kann dadurch erhöht werden, daß bei Ausfall eines Systems die Aufgaben auf ein anderes übertragen werden. Bei Zusammenfassung mehrerer Systeme zu einem Netzwerk wird in der Regel nur ein Reservesystem benötigt.

DFÜ und DFV gestatten es, informationsverarbeitende Systeme in der ganzen Welt miteinander zu verbinden. Wir stehen dabei erst am Anfang einer Entwicklung.

1.2 Probleme der Datenfernverarbeitung und Datenfernübertragung

Die Probleme, die bei der DFÜ und DFV auftreten, sind typisch für komplexe und ausgedehnte Systeme, die sich in der Entwicklung befinden. Sie träten nicht in gleich starkem Maße auf, wenn es sich bei diesen Systemen um abgeschlossene Systeme handelte, die in einem Zuge entworfen und realisiert wurden und die von einer Organisation betrieben werden. Schon aus wirtschaftlichen Gründen ist es nicht möglich, ausgedehnte Systeme wie das Fernsprechnetz bei der DFÜ zu übergehen und innerhalb weniger Jahre ein völlig neues Netz zu schaffen. Neu hinzukommende Übertragungsarten und Dienstleistungen müssen sich in bereits bestehende Systeme einordnen. Die Probleme der DFÜ und DFV lassen sich in Probleme der Anpassung und Probleme der Zusammenarbeit gliedern.

Anpassungsprobleme

Die Anpassungsprobleme entstehen dadurch, daß zwei Entwicklungen, die lange Zeit parallel verlaufen sind, zu einem System zusammengefaßt werden müssen: die Übertragung von Nachrichten und die Verarbeitung von Daten. Dabei treten u.a. folgende Schwierigkeiten auf.

a) Verwendung eines analogen Netzes für digitale Daten. Da bei Einführung der DFÜ das Telephonnetz das einzige weltweit verbreitete und geeignete Übertragungsnetz war, wurde es weitgehend für die DFÜ benutzt. Entworfen für die Übertragung analoger Signale im Frequenzbereich 300 - 3400 Hz, kann das Telephonnetz für die Übertragung digitaler Daten nur bei Anpassung der Signale verwendet werden. Es sind dazu besondere Einrichtungen, die Modulatoren und Demodulatoren (Modems), notwendig.

b) Übertragungsqualität. Die menschliche Sprache hat ein hohes Maß an Redundanz. Damit kann bei ihrer Übertragung ein bestimmtes Maß an Abschwächung und Verzerrung hingenommen werden. Eine "Silbenverständlichkeit" von 70 % gilt im Fernsprechnetz noch als tolerierbar.

Bei Übertragung und Verarbeitung digitaler Daten wird eine "unendlich" hohe Genauigkeit verlangt. Diese kann grundsätzlich wie folgt erreicht werden:

-- Eine Verfälschung der digitalen Signale innerhalb gewisser Grenzen führt nicht zu einer Verfälschung des Informationsgehalts.
-- Durch mathematische Verfahren ist es möglich, digitale Daten unabhängig von der Art der Nachricht zu überprüfen, wobei eine Verfälschung der Nachricht mit hoher Wahrscheinlichkeit erkannt werden kann.

c) Übertragungsgeschwindigkeiten. EDV-Anlagen verarbeiten Daten mit hoher Gechwindigkeit. Sie lesen und schreiben Daten auf Hintergrundspeicher mit Geschwindigkeiten von Mbit/s. Dagegen ist die DFÜ über das Fernsprechnetz mit einigen tausend bit/s langsam. Um andererseits analoge Telephongespräche digitalisiert zu übertragen, ist es erforderlich, 64 000 bit/s zu übertragen, eine Geschwindigkeit, die viele Übertragungsmedien überfordert.

Probleme der Zusammenarbeit

Aufbau und Betrieb eines Netzwerks liegen meist in den Händen mehrerer Organisationen. Dabei können u.a. folgende Probleme der Zusammenarbeit auftreten:

a) Privater Bereich/öffentlicher Bereich
In den meisten Ländern ist der Nachrichtenverkehr nicht völlig privat, sondern staatlich oder an bestimmte Organisationen übertragen. Diese Organisationen setzen verbindlich Normen und verpflichten die Teilnehmer, die von ihnen bereitgestellten technischen Einrichtungen zu verwenden. Die Vorschriften sind dabei von Land zu Land sehr unterschiedlich.

b) Privatfirma/Privatfirma
Untereinander kommunizierende EDV-Systeme können von verschiedenen Herstellern stammen und von verschiedenen Anwendern betrieben werden; auch das Netzwerk, das diese Systeme verbindet, kann von mehreren Lieferanten zusammengestellt sein <multivendor network>.

Damit sich ein funktionierendes System ergibt, ist nicht nur die Anschlußmöglichkeit der Hardware-Komponenten notwendig (Hardware-Kompatibilität, Stecker-Kompatibilität), sondern auch die der Software (Software-Kompatibilität). Deshalb ist eine verbindliche Normung besonders wichtig (siehe Abschnitt 1.3).

c) Internationale Zusammenarbeit
Die unterschiedliche Struktur der Übertragungsnetze in den einzelnen Ländern erfordert die Definition von Schnittstellen für den internationalen Datenverkehr. Unterschiedliche Vorschriften erlauben den Einsatz von Geräten nur nach Modifizierungen. Bei der Datenübertragung durch Funkverkehr, z.B. der Satellitenübertragung, stehen nur begrenzt Frequenzen zur Verfügung; deshalb muß es internationale Vereinbarungen über die Nutzung der Frequenzen geben. Nationale Vorschriften über nichttechnische Bedingungen des Datenverkehrs, z.B. Datenschutzbestimmungen, können den freien Datenverkehr einschränken.

d) Fehlerbestimmung
Bei Netzwerken mit mehreren Herstellern und vielen Betreibern ist es bei der Fehlersuche schwer, den Verantwortli-

chen zu finden <finger point problem>. Nur saubere Definition der Schnittstellenbedingungen zwischen den Komponenten kann dieses Problem lösen. Außerdem müssen Meß- und Prüfmittel vorhanden sein, die die Einhaltung dieser Schnittstellenbedingungen überprüfen.

1.3 Normung

Normung <standardization> ist wegen der Anpassungsprobleme und der internationalen Verflechtung in der DFÜ und DFV besonders wichtig. Zu unterscheiden ist dabei eine Normung, die von "öffentlich-rechtlichen" Institutionen <standard bodies> durchgeführt wird, und einer privatwirtschaftlichen Normung.

Mit der "öffentlich-rechtlichen" Normung befaßt sich eine Reihe von Körperschaften im nationalen und internationalen Bereich. Im folgenden werden einige mit den Arbeitsgebieten, auf denen sie tätig sind, genannt. Zu beachten ist, daß die Normungen der einzelnen Körperschaften oft nicht voneinander unabhängig sind.

CCITT <Comite Consultatif International Telegraphique et Telephonique>
ist eine Unterorganisation der **ITU** <International Telecommunications Union>, die wiederum eine Sonderorganisation der Vereinten Nationen ist. CCITT gibt als internationale Organisation Empfehlungen <recommendations> heraus. Davon sind besonders wichtig die Serien:

V: Datenübertragung über das Telephonnetzwerk <series V recommendations; data transmission over the telephone networks>. Die V-Serie befaßt sich u.a. mit dem Verhalten von Modems, der Schnittstelle zwischen Modem und Datenendeinrichtung sowie mit den elektrischen Größe von Signalen.

X: Datenübertragung über öffentliche Datennetze <series X recommendations; data transmission over public Data networks>. Die X-Serie befaßt sich auch mit den Schnittstellen zum Paketnetz, mit Prozeduren, die beim Verkehr mit dem Paketnetz eingehalten werden müssen sowie mit Anpaßeinrichtungen an das Paketnetz.

CCIRC <Comite Consultatif International des Radiocommunications>
befaßt sich mit Normungen über die Funkübertragung von Daten.

ISO <International Organization for Standardization>
ist der Zusammenschluß der Normungskörperschaften der einzelnen Staaten. Die Normungen von ISO werden als Internationale Norm <international standard> bezeichnet. Sie befassen sich insbesondere mit dem Architekturmodell für die Datenkommunikation (OSI), welches in Abschnitt 1.4 dargestellt wird, daneben mit Fragen der Codierung sowie mit Prozeduren der DFÜ.

ANSI <American National Standards Institute>
ist die nationale Normungsbehörde der USA, vergleichbar mit dem DIN in Deutschland. Die Themengebiete sind ähnlich wie bei den ISO-Normen. ANSI ist Mitglied von ISO.

DIN (Deutsches Institut für Normung)
Mitglied der ISO. Das DIN gibt die DIN-Normblätter heraus. Eine besondere Rolle spielen dabei DIN 44300 (Begriffe der Informationsverarbeitung), wie auch Normungen direkt für die DFÜ, z.B. DIN 66020 für die V.24-Schnittstelle. Die letztgenannte Norm ist ein Beispiel für eine Norm, die auch von CCITT und EIA vorliegt, wobei in Einzelheiten unterschiedliche Bezeichnungen verwendet werden.

EIA <Electronic Industries Association>
Zusammenschluß von Herstellern von elektronischen Geräten in den USA. Normungen liegen besonders auf dem Gebiet der physikalischen Schnittstellen vor, wobei z.B. die Norm RS-232-C der CCITT-Empfehlung V.24 vergleichbar ist.

FTSC <Federal Telecommunications Standard Committee>
Körperschaft, die der amerikanischen Bundesregierung zugeordnet ist. Die Normungen befassen sich sowohl mit physikalischen Schnittstellen wie mit Prozeduren der DFÜ.

IEEE <Institute of Electrical and Electronics Engineers>
Amerikanische Organisation, die sich unter anderem mit Normungen auf dem Gebiet der lokalen Netzwerke befaßt.

ECMA <European Computer Manufacturers Association>
Zusammenschluß europäischer Computerhersteller; befaßt sich mit Normungen auf dem Gebiet der EDV aber auch der Datenkommunikation, z.B. bei lokalen Netzwerken.

Normen, die nicht von öffentlich-rechtlichen Körperschaften geschaffen werden, werden als De-facto-Normen oder Industrie-Standards <De facto standards> bezeichnet. Sie entstehen dadurch, daß große Firmen oder Firmenzusammenschlüsse Konzepte für die Zusammenarbeit von Rechnern erarbeiten. Besitzen diese Firmen einen erheblichen Marktanteil, so sehen sich andere Firmen veranlaßt, sich diesen Regeln zu unterwerfen, damit sie sich mit Geräten oder Komponenten an Systeme dieser Firma anschließen können. Aus De-facto-Normen können sich öffentliche Normen entwickeln. Dazu seien zwei Beispiele genannt:

-- Die Prozedur HDLC <High-level Data Link Control>, die unter anderem nach CCITT und nach ISO genormt ist, beruht im wesentlichen auf der von der Firma IBM erarbeiteten Prozedur SDLC <Synchronous Data Link Control>.

-- Das von den Firmen Xerox, Intel und Digital Equipment Corp. entworfene Konzept "Ethernet" für ein lokales Netzwerk ist von der ECMA und IEEE als Norm übernommen worden.

1.4 Das ISO/OSI-Modell der Datenkommunikation

Das ISO/OSI-Modell <Open Systems Interconnection>, auch als ISO-Architekturmodell bezeichnet, ist keine Norm im technischen Sinne, sondern ein Verbindungsschema zwischen zwei Rechnern, auf Grund dessen Normen entwickelt werden können, welche die in den einzelnen Ebenen des Modells geforderten Funktionen erfüllen können. Das Modell umfaßt sowohl die Datenübertragung wie die Datenverarbeitung. **Bild 1-1** zeigt den Grundaufbau des Modells. Es orientiert sich an DIN ISO 7498.

Das Modell gliedert sich in Schichten (Ebenen) <layers,levels>. Zwischen den Partnern einer Datenkommunikation, z.B. zwei Computern, besteht auf jeder Ebene eine Verbindung <peer-to-peer protocol>. In gleichen Ebenen muß nicht die gleiche Tätigkeit ausgeführt werden, aber die gleiche Art von Tätigkeit. In zwei unterschiedlichen Ebenen besteht keine Verbindung zwischen den Partnern. Eine tatsächliche physikalische Verbindung besteht nur auf der unteren Ebene (Ebene 1). Übergänge zwischen den einzelnen Ebenen bestehen innerhalb einer Station. In der Sendestation laufen die Daten dabei von der Ebene 7 bis hinab zur Ebene 1; sie werden in der Ebene 1 zur Empfangsstation übertragen; dann laufen sie in der Empfangsstation von der Ebene 1 bis zur Ebene 7.

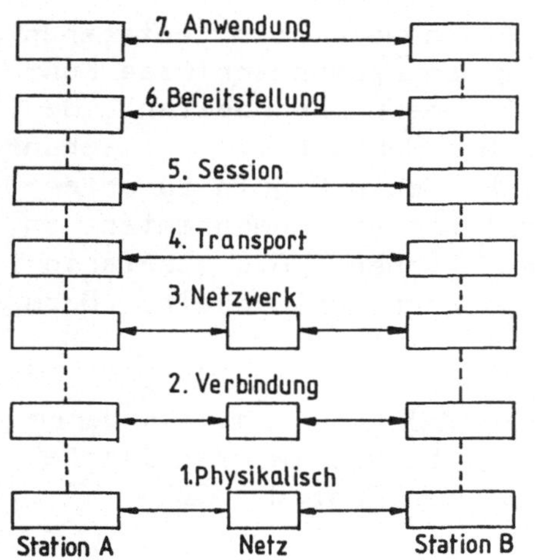

Bild 1-1
Schichtenmodell der Datenfernübertragung und -verarbeitung nach ISO (gestrichelte Linie geben den Datenweg in der Station an, durchgezogene Linien die logische Verbindung der Ebenen)

Bei diesem Informationsfluß führt die niedrigere Ebene eine Dienstleistung <service> für die höhere Ebene aus. Das Prinzip des Datenverkehrs unterhalb der Ebene 5 ist in **Bild 1-2** dargestellt. In der Sendestation werden in jeder Ebene den Daten weitere Informationen hinzugefügt, die für Übertragung und Bearbeitung notwendig sind. Diese Informationen werden als **Overhead** bezeichnet. Die niedrigere Ebene geht davon aus, daß die ihr übergebene Information eine Einheit darstellt, ohne daß eine Unterscheidung zwischen Daten und Overhead getroffen wird. Die Ergänzung der Daten durch immer weitere Overhead-Informationen in der Sendestation wird als Daten-Einkleidung <data encapsulation> bezeichnet.

In der Ebene 1, der physikalischen Ebene, werden keine Informationen hinzugefügt mit Ausnahme physikalisch notwendiger Zeichen.

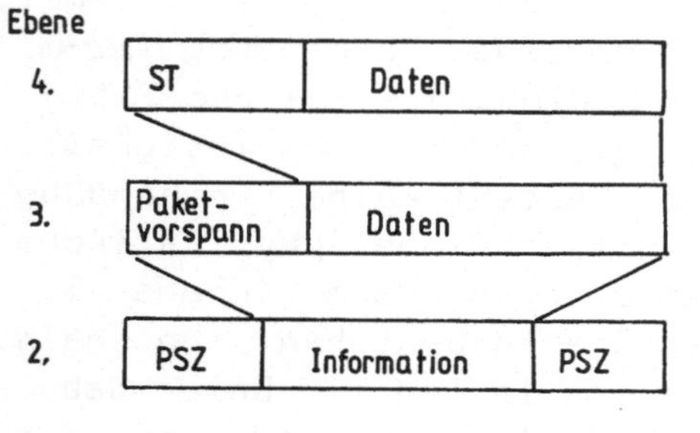

Bild 1-2
Prinzip des Datenverkehrs im ISO/OSI-Modell (PSZ: Prozedursteuerzeichen, ST: Steuerinformationen für Transportebene)

Auf der Empfängerseite, wo die Daten von Ebene 1 nach Ebene 7 laufen, findet die Entfernung der Overhead-Informationen statt <data decapsulation>, so daß auf der Ebene 7 wieder die eigentlichen Daten zur Verfügung stehen.

Als Vorteile des Modells werden gesehen:
-- Es handelt sich um ein umfassenden Modell, das alle erforderlichen Funktionen umfaßt. Auch bei technischen Veränderungen ist ein Wechsel des Modells nicht zu erwarten.

-- Das Modell ist von allen Firmen anwendbar, da keine technischen Regeln oder Vorschriften gegeben sind.

-- Das Modell gliedert sich in Funktionen, macht aber keine Angaben darüber, wie diese Funktionen auszuführen sind. Damit können für die Funktion optimale Mittel (Hardware, Software, Firmware) frei gewählt werden.

-- Da Sender und Empfänger nur über die untere Ebene miteinander verbunden sind, ist die Gestaltung der oberen Ebenen den einzelnen Partnern überlassen.

Die Funktionen der einzelnen Ebenen und ihre Ausführung werden in den nachfolgenden Kapiteln im einzelnen erläutert, wobei die Einteilung der Kapitel im wesentlichen der Ebenen-Einteilung folgt. Daher seien hier nur einige Stichworte für die Funktionen angegeben. Einige Ebenen sind unter mehreren Namen bekannt, zuerst wird immer der in DIN ISO 7498 festgelegte Name genannt.

Ebene 1: Bitübertragungsschicht, Physikalische Ebene <physical layer>. Bildung elektrischer Signale je nach vorhandenem Übertragungsmedium, Steckerbelegung, Steuersignale, Codierungen.

Ebene 2: Sicherungsschicht, Verbindungsebene, Prozedurebene <link layer>. Leitungsprotokoll, Synchronisierung, Datensicherung, Fehlerbehandlung.

Ebene 3: Vermittlungsschicht, Paketebene, Netzwerkebene <packet level, network layer>. Transportprotokoll durch das gesamte Netzwerk hindurch, Vermittlung, Paketsteuerung, Wegefindung.

Die drei bisher genannten Ebenen zeichnen sich wie folgt aus:
-- Als eigentliche Datenübertragungs-Ebenen sind sie besonders wichtig für die gegenseitige Anpassung unterschiedlicher Stationen.
-- Da die Teilnehmer auf diesen drei Ebenen nicht unmittelbar miteinander verkehren, sondern über das Netzwerk mit Netzwerkknoten (siehe Bild 1-2), müssen diese Ebenen die Gestaltung des Netzwerks berücksichtigen.

Ebene 4: Transport-Schicht, Ende-zu-Ende-Kontrolle, Transport-Kontrolle <transport layer>. Verantwortung für den Transport der gesamten Datenmenge, nicht einzelner Blöcke oder Pakete, Paketeinteilung, Multiplexen.

Ebene 5: Kommunikationsschicht, Steuerung logischer Verbindungen, Sitzungsebene <session layer>. Verbindung mit dem Anwenderprozeß, Pufferspeicherverwaltung.

Ebene 6: Darstellungsschicht, Datenbereitstellungsebene <presentation layer>. Datenformatumsetzungen, Aufbau von Bildschirmen (virtuelle Terminals), Datenkompression, Datenverschlüsselung.

Ebene 7: Verarbeitungsschicht, Anwender-Ebene <application layer>. Sie wird im allgemeinen vom Benutzer frei definiert. Anpassungen zwischen einzelnen Stationen liegen nur in Ausnahmefällen vor, z.B. bei Verwendung gemeinsamer Datenbanken mit einer gemeinsamen Kommandosprache.

Grundsätzlich sind die Ebenen 4 - 7 nicht in dem Maße genormt wie die Ebenen 1 - 3. Ein Beispiel für die Normung der höheren Ebenen ist EHKP (Einheitliche Höhere Kommunikationsprotokolle), die von der öffentlichen Verwaltung vorgeschlagen werden und sich bis Ebene 6 erstrecken.

1.5 Elemente bei Systemen der Datenfernübertragung

Obwohl der Aufbau von Systemen der DFÜ und der DFV sehr komplex ist und von System zu System verschieden sein kann, lassen sich doch einige Grundelemente bestimmen, die in vielen Systemen vorkommen. Dabei geht es sowohl um die verwendeten Komponenten wie um die Verbindung der Komponenten untereinander. Da die Terminologie der Datenverarbeitung sich anders entwickelt hat als die Terminologie der Nachrichtentechnik, soll die Verbindung von informationsverarbeitenden Systemen zuerst aus der Sicht der Datenverarbeitung, dann aus der Sicht der Nachrichtentechnik betrachtet werden. Im dritten Teil dieses Abschnittes geht es dann um den Aufbau von Netzen.

1.5.1 Verbindung von informationsverarbeitenden Systemen zu einem Rechnerverbund

Verbindet man Rechner in der Weise miteinander, daß ein Informationsaustausch stattfinden kann, so kann dies auf verschiedene Arten geschehen. Diese sollen unter zwei Gesichtspunkten dargestellt werden.

Struktur des Systems

1. Dicht gekoppelte Systeme <tightly coupled systems>. Die Rechner verkehren miteinander auf den Wegen, auf denen sie auch mit ihren Speicher- und Peripheriebausteinen verkehren. Dazu besitzen sie meist einen gemeinsamen Adreß- und Datenbus, zwischen den Rechnern befinden sich keine Schnittstellenbausteine (siehe **Bild 1-3**). Da auf einem Bus-System zu einem Zeitpunkt immer nur ein Zugriff erfolgen kann, behindern sich die Rechner gegenseitig; es muß eine Prioritätensteuerung für die Belegung des Bus-Systems vorhanden sein. Der Datentransport erfolgt meist nicht direkt von Rechner zu Rechner, sondern durch Zugriff in einen gemeinsamen Speicher. Bei dicht gekoppelten Systemen müssen sich die Rechner räumlich nahe sein. Es können nur zwei Rechner miteinander verbunden werden, sonst wäre die gegenseitige Behinderung zu stark.

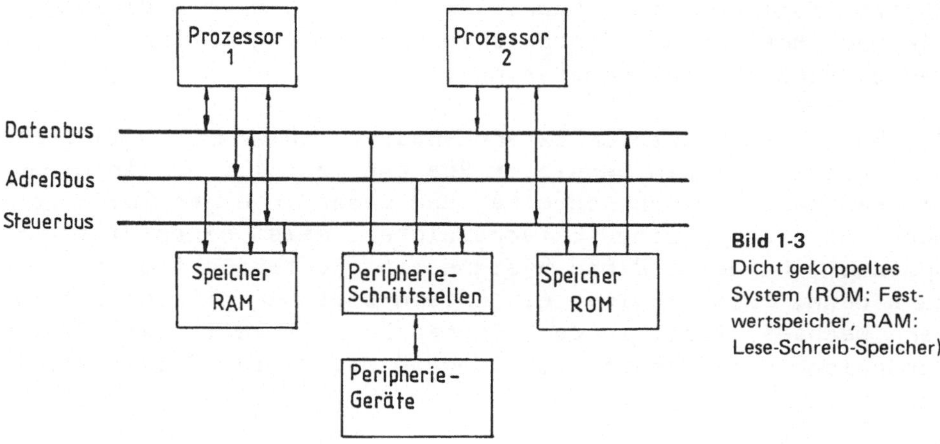

Bild 1-3
Dicht gekoppeltes System (ROM: Festwertspeicher, RAM: Lese-Schreib-Speicher)

2. Lose gekoppelte Systeme <loosely coupled systems>. Die Rechner sind nur über Schnittstellen miteinander verbunden. Jeder Rechner verfügt über sein eigenes Bus-System (siehe **Bild 1-4**). Datenübertragung zwischen den Rechnern wirkt für den Sender wie eine Ausgabeoperation, für den Empfänger wie eine Eingabeoperation. Bei den Systemen der DFÜ handelt es sich immer um lose gekoppelte Systeme.

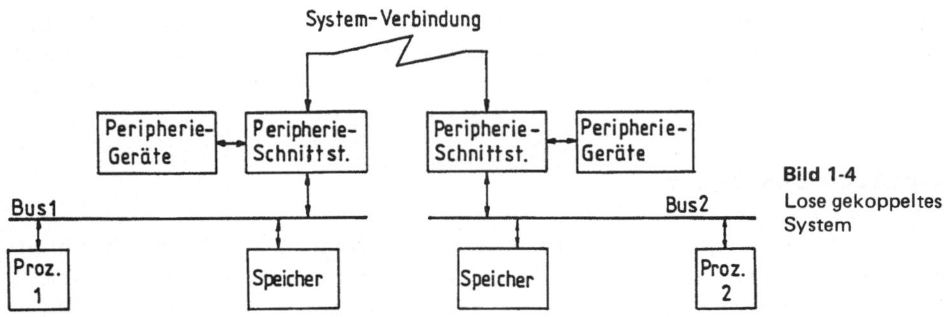

Bild 1-4
Lose gekoppeltes System

Art des Informationsaustauschs

1. Gemeinsam benutzter Speicher <shared memory>. Der gemeinsame Hauptspeicher besitzt zwei oder mehr Zugriffskanäle. Der Informationsaustausch erfolgt über das Einschreiben und Auslesen im gemeinsamen Speicher. Durch getrennte Zugriffskanäle ist die gegenseitige Behinderung nicht so stark wie bei dicht gekoppelten Systemen, sie läßt sich außerdem durch organisatorische Maßnahmen minimieren. Der Vorteil liegt darin, daß Datenübertragungsraten bis zu Mbit/s möglich sind. Nachteile bestehen im erforderlichen kleinen Abstand der Prozessoren und der begrenzten Anzahl der zu verbindenden Prozessoren.

2. Gemeinsam benutzter Extern-Speicher <shared disk>. Ähnlich wie beim gemeinsam benutzten Speicher erfolgt der Informationsaustausch durch Schreiben und Lesen in einem Speicher, wobei es sich um einen Externspeicher, meist einen Plattenspeicher, handelt. Diese Systeme sind kostengünstig, besonders dann, wenn sowieso ein Extern-Speicher notwendig ist. Der Nachteil liegt in der höheren Zugriffszeit (bei Plattenspeichern im Bereich von über 10 ms). Die Zugriffszeit

ist die Zeit, die von der Anforderung des Lese- oder Schreibvorgangs durch den Rechner bis zum Lesen oder Schreiben des ersten Zeichens vergeht. Die eigentliche Datenübertragungsrate ist vergleichbar der in Systemen mit gemeinsam benutztem Speicher. Systeme mit gemeinsam benutztem Externspeicher können sich in der DFV bei Auskunftssystemen, gemeinsamen Datenbanken usw. finden.

3. Kabelverbindung <cable>. Die Rechner sind mit einem Zweidraht- oder Vierdraht-Kabel miteinander verbunden, über das eine bitserielle Übertragung erfolgt. Bitserielle Übertragung liegt dann vor, wenn zu einem bestimmten Zeitpunkt nur ein Bit übertragen wird. Die Kabelverbindung ist die in der DFÜ übliche Verbindung zweier Rechner. Die räumliche Entfernung ist dabei praktisch unbegrenzt, für die bitserielle Übertragung müssen Schnittstellen vorhanden sein. Der Nachteil der Kabelverbindung liegt in der meist niedrigen Datenübertragungsrate; diese kann stark gesteigert werden, wenn Lichtwellenleiter an Stelle elektrischer Kabel verwendet werden.

4. Bus-Verbindung <bus connection>. Die Prozessoren sind über das gemeinsame Bus-System miteinander verbunden. Diese Systeme wurden bereits unter "dicht gekoppelten Systemen" beschrieben. Im Kapitel 8 wird bei den Lokalen Netzwerken die Bus-Topologie <bus topology> beschrieben. Es liegt dabei aber kein dicht gekoppeltes System vor, da es sich bei der Verbindung nicht um den Prozessor-Bus handelt; der Anschluß an diesen "Bus" erfolgt über Schnittstellen.

1.5.2 Aufbau einer Verbindung

Ein Grundelemenent in jedem System mit DFÜ ist die Nachrichtenstrecke (**Bild 1-5**). Sie verbindet zwei **Datenendeinrichtungen** (DEE), diese werden im Englischen als Data Terminal Equipment (DTE) bezeichnet. Die Datenendeinrichtung kann ein Computer sein, aber auch ein Ein- oder Ausgabegerät, ein Terminal (intelligent oder nichtintelligent) oder eine andere Einrichtung. Eine DEE, die Daten abgibt, wird als Datenquelle <data source> bezeichnet; eine DEE, welche Daten empfängt, als Datensenke <data sink, data destination>. Viele Geräte sind sowohl Datenquelle wie Datensenke. Arbeitet ein Gerät nur als Datenquelle oder Datensenke, bedeutet das nicht, daß es nur als Sender oder Empfänger arbeitet, da neben den Daten auch Steuerzeichen und Quittungszeichen ausgetauscht werden. Für die DFÜ ist es gleichgültig, auf welche Weise die Daten in einer Datenquelle entstanden sind, etwa durch Eingabe von außen, Berechnung in der DEE, Abruf aus Speichern. Ebenso ist es für die DFÜ nicht von Belang, wie die Daten in der Datensenke weiterverarbeitet werden. Eine DEE kann innerhalb eines Netzwerks nur eine Durchgangsstation sein, so daß die empfangenen Daten auf einem anderen Weg weitergesendet werden. Für die Nachrichtenstrecke handelt es sich trotzdem um eine Datenendeinrichtung.

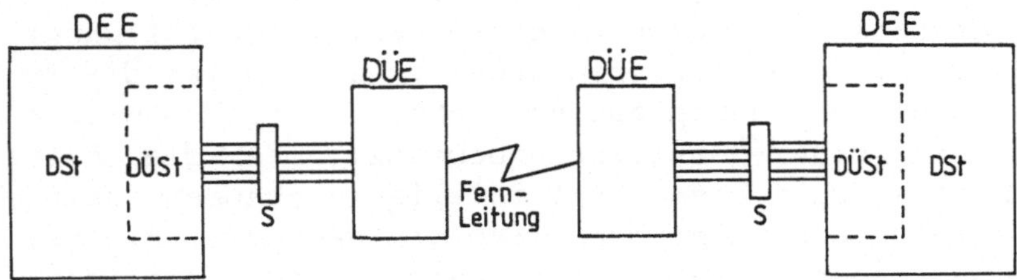

Bild 1-5
Nachrichtenstrecke (S: Schnittstelle, DEE: Datenendeinrichtung, DÜE: Datenübertragungseinrichtung, DÜSt: Datenübertragungssteuerungseinrichtung, DSt: Datenstation)

Intern ist die Datenendeinrichtung meist in die Datenstation und die Datenübertragungssteuereinrichtung gegliedert. Dabei nimmt diese die besonderen Aufgaben wahr, die mit der DFÜ zusammenhängen. Ausführungen der Datenübertragungssteuerungseinrichtung können z.B. sein:

-- DFÜ-Controller,
-- Front-End-Prozessor,
-- Satelliten-Rechner,
-- Computer-Port.

Auf die Ausführungsformen der Datenendeinrichtungen wird in Kapitel 9 näher eingegangen.
Zur Nachrichtenstrecke wird die DEE mit einer genormten Schnittstelle <interface> angeschlossen, z.B. V.24 oder X.21. Diese Schnittstellen werden im Kapitel 3 näher beschrieben. Die DEE muß die Schnittstelle so mit Informationen versorgen, wie es in der Schnittstellendefinition vorgesehen ist; sie muß auf die Informationen von der Schnittstelle richtig reagieren. Da die Daten an der Schnittstelle als Bit-

strom anliegen müssen (Ebene 1, Bitübertragungsschicht), werden in der DEE Aufgaben aus allen Schichten des ISO/OSI-Modells wahrgenommen. Dazu gehören:

a) Pufferung <buffering>.
Diese dient zwei Zielen. Es muß ein Geschwindigkeitsausgleich zwischen der Datenübertragungsgeschwindigkeit und der internen Geschwindigkeit der DEE stattfinden. Meist ist die interne Verarbeitungsgeschwindigkeit der DEE höher, bei Lokalen Netzwerken kann es umgekehrt sein. Pufferung kann auch wegen der verwendeten Prozedur notwendig sein. So werden bei der Prozedur HDLC die Prüfzeichen daran erkannt, daß es die letzten 16 Bits vor einer Ende-Flag sind. Es müssen also mindestens 24 Bits zwischengespeichert werden (die Ende-Flag umfaßt 8 Bits), um die Information auswerten zu können.

b) Parallel-Serien-Wandlung <parallel serial conversion>.
An der Schnittstelle werden die Daten zeitlich nacheinander (bitseriell) übertragen. Da innerhalb der DEE eine parallele Verarbeitung stattfindet, muß diese Wandlung, z.B. über Schieberegister, vorgenommen werden.

c) Serien-Parallel-Wandlung <serial parallel conversion>.
Sie ist beim Empfangen der Daten notwendig und kann ebenfalls über Schieberegister vorgenommen werden.

d) Fehlerkontrolle <error detection>.
Sie erfolgt durch Sendung zusätzlicher Informationen, die nach einem bestimmten mathematischen Verfahren aus den Sendedaten ermittelt werden. Die empfangende DEE überprüft diese Information und kann Übertragungsfehler feststellen.

e) Zusammenstellung der Nachricht <formatting>.
Die übertragene Nachricht besteht nicht nur aus den eigentlichen Daten, sondern auch aus zusätzlichen Informationen zur Steuerung und Kontrolle der Übertragung <overhead>. Die DEE muß die zu übertragende Nachricht aus Daten und Overhead zusammenstellen, beim Empfang Daten und Overhead wieder trennen.

In welcher Weise die Aufgaben der DEE ausgeführt werden, ist von System zu System verschieden, es muß an der Schnittstelle aber das von den Normen definierte Verhalten vorliegen.

Datenendeinrichtungen, die in der Bundesrepublik Deutschland an das öffentliche Netz angeschlossen werden sollen, müssen vom Fernmeldetechnischen Zentralamt zugelassen sein (FTZ-Nummer).

Die **Datenübertragungseinrichtung** (DÜE) wird englisch als Data Circuit-terminating Equipment, (DCE) bezeichnet (siehe Bild 1-5). Sie kann nach den technischen Anforderungen, die die Leitung stellt, sehr verschieden sein. Aus technischen Gründen ist es meist nicht möglich, die Signale so auf die Leitung zu schalten, wie sie als digitale Signale von der DEE kommen. Sie müssen ohne Änderung des Informationsgehalts in eine andere Form umgesetzt werden. Dies kann in Form der Modulation (siehe Kapitel 2) geschehen. Ebenso müssen die empfangenen Signale wieder in digitale Signale für die DEE umgesetzt werden (Demodulation). Eine DÜE, die Modulation und Demodulation durchführt, nennt man Modem.

Eine DÜE kann enthalten:
-- Einrichtungen für Modulation und Demodulation.
-- Einrichtungen für den Verbindungsaufbau (manuell oder automatisch).
-- Einrichtungen für die Aufschaltung (manuell oder automatisch).
-- Einrichtungen zur Identifikation.

Bei Verwendung von Datennetzen nimmt die DÜE noch weitere Funktionen wahr (vergl. Kapitel 5).

In der Bundesrepublik dürfen bei Anschluß an das öffentliche Netz nur DÜEs verwendet werden, die im Besitz der Bundespost sind.

Die Übertragungsleitung zwischen den Datenübertragungseinrichtungen kann in drei Arten betrieben werden:
Simplex <simplex>: Verkehr nur in einer Richtung.
Halbduplex, semiduplex <half duplex>: Verkehr in beiden Richtungen, aber zu einer Zeit nur in einer Richtung. Diese Art wird in EDV-Systemen als bidirektional bezeichnet.
Vollduplex, duplex <full duplex>: Verkehr in beiden Richtungen zur gleichen Zeit.

In der DFÜ werden Simplex-Verbindungen nur selten verwendet. Auch bei Konfigurationen, bei denen der Datenstrom nur in einer Richtung verläuft, z.B. bei Anschluß eines

Druckers, müssen in der anderen Richtung Steuer- und Quittungszeichen übertragen werden.

Eine Leitung für den Halbduplex-Verkehr ist technisch einfacher und damit billiger als eine Vollduplex-Leitung. Bei gleicher Übertragungsgeschwindigkeit ist die Übertragungskapazität einer Vollduplex-Leitung mehr als doppelt so hoch wie die einer Halbduplex-Leitung, da bei der Halbduplex-Leitung Umschaltzeiten beim Wechsel der Senderichtung notwendig sind. Ob die Übertragungskapazität einer Vollduplex-Leitung ausgenutzt wird, hängt auch von der verwendeten Übertragungsprozedur ab (siehe Kapitel 4). Einige Prozeduren arbeiten halbduplex und können daher eine Vollduplex-Leitung nicht ausnutzen.

1.5.3 Netzwerke

Netzwerke <networks> der DFÜ und DFV unterscheiden sich von Nachrichtenstrecken durch mehrere Merkmale:

a) Es gibt mehrere Stationen, die Datenquelle oder Datensenke sein können. Bei der Nachrichtenstrecke gibt es nur zwei Stationen.

b) Das Netzwerk verfügt über eine bestimmte Topologie <topology>. Es liegen Regeln vor, wie die Stationen untereinander zu verbinden sind, z.B. in Form eines Ring-Netzes <ring net> oder eines Sternes um eine zentrale Station <star net>, siehe **Bild 1-6**.

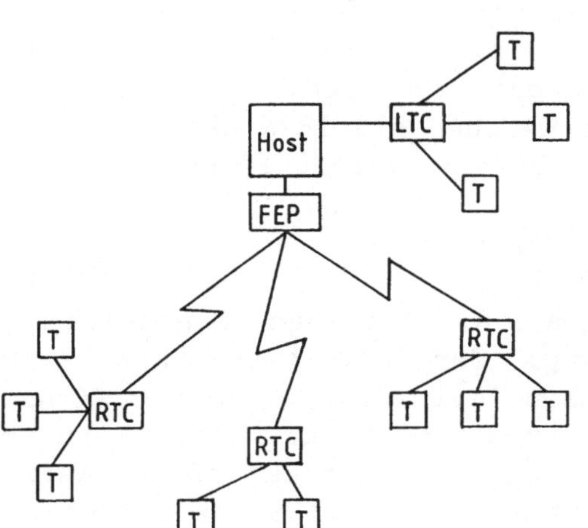

Bild 1-6
Aufbau eines Netzwerkes (Host: Zentralrechner, T: Terminal, FEP: Front End Processor, LTC: Lokaler Termial-Controller, RTC: Entfernter Terminal-Controller)

c) In einem Netzwerk können auch speichernde Elemente vorhanden sein. Die Daten werden nicht unmittelbar von einer Station aus weitergereicht; sie können in Stationen, die sich zwischen Datenquelle und Datensenke befinden, zwischengespeichert werden.

d) Zwischen zwei Stationen sind oft mehrere Verbindungen möglich (vermaschtes Netz). Dies gilt nicht bei allen Topologien, z.B. ist beim Stern-Netz zu jeder Station nur eine Verbindung möglich.

e) Ein Netzwerk kann aus unterschiedlichen Komponenten bestehen, z.B. aus EDV-Anlagen von verschiedenen Herstellern, die als Datenquellen und Datensenken arbeiten. Es muß eine Grundstruktur des Netzwerks vorhanden sein, die die Kompatibilität zwischen den einzelnen Komponenten schafft. Die Grundstruktur kann durch ein Trägermedium gegeben sein, an das sich die einzelnen Komponenten anschließen müssen, dazu kommen immer Regeln über die Zusammenarbeit der Stationen, z.B. über Prozeduren und Geschwindigkeiten. Wechseln diese Regeln innerhalb eines Netzwerks, so sind Übergangseinrichtungen notwendig, z.B. Prozedur-Konverter.

f) Zu einem Netzwerk gehören neben Datenverarbeitungsanlagen und verbindenden Leitungen auch Einrichtungen, die nur der Kommunikation der Benutzer untereinander dienen.

g) Ein Netzwerk kann dem Benutzer nicht nur Leitungen zur Verfügung stellen, sondern auch Dienstleistungen <services>. Sie können vom Niveau sehr unterschiedlich sein, vom Zuschalten der Leitungen bis zur Bereitstellung von strukturierten Informationen, z.B. beim Bildschirmtext. Netzwerke, die Dienstleistungen zur Verfügung stellen, werden als VAN <Value Added Networks> oder als ISDN <Integrated Services Digital Network> bezeichnet. Sie werden in Kapitel 10 behandelt.

Netzwerke können eingeteilt werden in:

Offene Netze <open networks, open systems>. Diese stehen grundsätzlich jedem Anwender zur Verfügung. Der Teilnehmer kann sich direkt anschließen, oder ein Teilnetzwerk, auf das der Teilnehmer Zugriff hat, wird an ein größeres Netzwerk angeschlossen. Das ISO/OSI-Modell bezieht sich auf offene Netze <Open Systems Interconnection>. Offene Netze werden meist als öffentliche Einrichtung betrieben.

Geschlossene Netze <closed networks> zeichnen sich dadurch aus, daß die Gesamtverantwortung in einer Hand liegt und die Netze nicht beliebig erweiterbar sind. Sie sind oft um einen Zentral-Computer <host> herum strukturiert. Die in Kapitel 8 beschriebenen lokalen Netzwerke sind geschlossene Netze. Sie beruhen meist auf dem Konzept einer Firma, nicht einer öffentlichen Einrichtung. Auch geschlossene Netze können von mehreren Benutzern genutzt werden. Sie zeichnen sich oft dadurch aus, daß Vereinbarungen auch für die höheren Ebenen (Ebene 4 - 6) des ISO/OSI-Modells bestehen.
Auf den Aufbau von Netzwerken und die dafür erforderlichen Komponenten wird in Kapitel 8 und 9 näher eingegangen.

1.6 Rechtliche Grundlagen

Rechtsvorschriften, die für die DFÜ und DFV besonders wichtig sind, beziehen sich auf das **Nachrichtenmonopol** und den **Datenschutz**. Es können daneben aber noch weitere Rechtsgebiete, auf die hier nicht näher eingegangen sein soll, tangiert werden, z.B.:
-- Sicherheitsvorschriften, wie sie bei elektrischen Anlagen immer zu beachten sind, z.B. in Form der VDE-Vorschriften.
-- Vorschriften aus dem kaufmännischen und steuerrechtlichen Bereich, z.B. über die Sorgfalt und Fristen beim Archivieren von Daten über geschäftliche Vorgänge.

1.6.1 Nachrichtenmonopol

Das Nachrichtenmonopol beruht auf Artikel 73 des Grundgesetzes. Er sagt aus, daß der Bund die ausschließliche Gesetzgebung auf dem Gebiet des Post- und Fernmeldewesens hat. Nach dem Reichsgesetz über die Fernmeldeanlagen von 1928 steht das Recht, "Fernmeldeanlagen, nämlich Telegraphenanlagen für die Vermittlung von Nachrichten, Fernsprechanlagen und Funkanlagen zu betreiben, ... ausschließlich dem Reich zu". Weiterhin wird festgelegt, daß innerhalb der Grenzen eines Grundstücks Fernmeldeanlagen ohne Genehmigung errichtet und betrieben werden können. Die Grundstücksgröße spielt dabei keine Rolle.

Das Nachrichtenmonopol wirkt sich u.a. in folgenden Punkten aus:

a) Die Errichtung eines privaten Datennetzes ist weder regional noch bundesweit möglich.

b) Private Datennetze können innerhalb eines Grundstücks, z.B. in einem Industriegelände, innerhalb eines Hochhauses, errichtet werden.

c) Die Verwendung des Telephonnetzes zur DFÜ ist nur mit Genehmigung der Bundespost möglich.

d) Anschalteinrichtungen an das Postnetz zur Datenübertragung, z.B. Modems, müssen von der Post gemietet werden.

e) Geräte, die an eine Anschalteinrichtung angeschlossen werden, müssen mit einer technischen Zulassung der Bundespost (FTZ-Nummer) versehen sein.

f) Telephonapparate am öffentlichen Netz müssen von der Bundespost bereitgestellt sein; dies gilt auch für die Kombination von Daten- und Fernsprechverkehr.

g) Zu Leistungen auf dem Gebiet der Nachrichtenübertragung gibt es in den meisten Fällen keine direkte Konkurrenz. Die Gebühren entwickeln sich nicht nach den Regeln der Marktwirtschaft, sondern werden vom Verwaltungsrat der Bundespost festgelegt.

1.6.2 Datenschutz

Der Datenschutz ist in der Bundesrepublik Deutschland durch das Bundes-Datenschutz-Gesetz (BDSG) vom 21.7.77 geregelt. Das Gesetz befaßt sich nur mit dem Schutz von personenbezogenen Daten, also nicht mit Firmendaten o.ä. Das BDSG befaßt sich nicht nur mit der elektronischen Datenverarbeitung. Es dient dem Schutz von Persönlichkeitsrechten, die durch Mißbrauch oder Verfälschung personenbezogener Daten verletzt werden könnten.

Das BSDG räumt dem Bürger das Recht ein, Auskunft über seine personenbezogenen Daten zu bekommen. Diese Auskunft kann er aber nur von einer bestimmten Institution erhalten, d.h. er muß wissen oder vermuten, wo Daten über ihn gespeichert sind. Eine allgemeine Auskunft über alle in der Bundesrepublik über ihn gespeicherten Daten ist nicht vorgesehen, sie wäre auch technisch nur schwer zu verwirklichen.

Das BDSG schützt den Bürger gegen unberechtigte Weitergabe von Daten an andere; sie dürfen nur mit seinem Einverständnis oder in Wahrung berechtigter Interessen weitergegeben werden. Dieser Gesichtspunkt ist bei der Datenfernverarbeitung (Auskunftssysteme o.ä.) besonders zu beachten. Bei bestimmten Voraussetzungen hat der Bürger das Recht, eine Berichtigung, Sperrung oder Löschung der auf ihn bezogenen Daten zu verlangen. Der Datenschutz wird von Datenschutzbeauftragten überwacht. Neben den Datenschutzbeauftragten von Bund und Ländern ist in allen Betrieben, bei denen mindestens 5 Mitarbeiter automatisiert oder 20 Mitarbeiter personenbezogene Daten nichtautomatisiert bearbeiten, ein Datenschutzbeauftragter einzusetzen, der nicht Leiter des Rechenzentrums sein darf.

Neben dem Datenschutz gilt für die Nachrichtenübertragung auch das Fernmeldegeheimnis.

Aufgabe der Technik ist es, der DFÜ und DFV solche Einrichtungen und Methoden zur Verfügung zu stellen, daß die Anforderungen des Datenschutzes erfüllt werden können. Es muß sichergestellt sein, daß nur berechtigte Personen über DFV Daten lesen, ändern oder löschen können (Zugangskontrolle). Weiter dürfen Daten nicht unbeabsichtigt verfälscht oder gelöscht werden können (Datensicherung, data integrity). Die Datensicherung wird bei der DFÜ durch Verfahren der Fehlererkennung und Fehlerkorrektur erreicht.

2 Physikalische und technische Grundlagen

DFÜ und DFV beruhen auf einer großen Anzahl von Grundlagenwissenschaften, u.a. seien genannt: Elektrizitätslehre, Elektronik, Optik, Informatik, Wahrscheinlichkeitsrechnung, Mathematik stochastischer Prozesse, Automatentheorie, Linguistik. In diesem Kapitel sollen die Grundlagen der DFÜ und DFV so gedrängt wie möglich dargestellt werden; auf physikalische und mathematische Herleitungen wird dabei meist verzichtet. Grundbegriffe der Informatik werden teilweise vorausgesetzt.

Der erste Abschnitt beschreibt Leitermedien, die in der DFÜ eingesetzt werden. Im zweiten Abschnitt geht es um die Darstellung von Daten für die DFÜ einschließlich der Modulation.

Im dritten Abschnitt werden die Gechwindigkeiten der DFÜ besprochen. Der vierte Abschnitt befaßt sich mit der Herstellung des gemeinsamen Zeitrahmens zwischen Sender und Empfänger, der Synchronisierung. Im fünften Abschnitt geht es um die Umwandlung analoger Daten in eine digitale Darstellung, die Digitalisierung. Im letzten Abschnitt sollen die Möglichkeiten, bei einem technischen Prozeß, der störenden Einflüssen unterworfen ist, ein einwandfreies Ergebnis zu erzielen, untersucht werden (Fehlererkennnung, Fehlerkorrektur).

2.1 Übertragungsmedien und ihre Eigenschaften

Als Übertragungsmedien der DFÜ dienen Leiter für elektromagnetische Wellen. Andere Signalformen kommen nur bei einer Spezialanwendung, den akustischen Kopplern <acoustic couplers> vor, bei denen Schallwellen zur Datenübertragung dienen. Im folgenden werden die Medien vorgestellt, die zur Nachrichtenübertragung verwendet werden.

2.1.1 Kabel

Kabel <cables> sind die in der DFÜ am häufigsten verwendeten Übertragungsmedien. In diesem Abschnitt sollen nur Kabel aus metallischen Leitern besprochen werden, auf Lichtleiterkabel wird im Abschnitt 2.1.3 eingegangen.

Die Vielzahl der verwendeten Kabel kann man untergliedern in:
-- unbespulte Kabel,
-- bespulte Kabel,
-- Koax-Leitungen,
-- verdrillte Leitungen.

Tabelle 2-1 gibt einige Werte für den Schleifenwiderstand unbespulter Kabel. Der Schleifenwiderstand gibt den Wert des Widerstandes für Hin- und Rückführung an. Bei bespulten Kabeln kommen zu diesen Werten noch die Spulenwiderstände. Im Ausland werden bei den Kabeln nicht immer die Leitungsdurchmesser angegeben, sondern es kann auch das Gewicht je Längeneinheit zur Kennzeichnung der Leitung verwendet werden. So entspricht z.B. bei Hartkupfer dem Leitungsdurchmesser 2,5 mm die Angabe 150 lb/mile (150

Tabelle 2-1: Schleifenwiderstand von Leitungen

Material	Leitungsdurchmesser (mm)	Schleifenwiderstand (Ohm/km)
Kupfer	0,4	262
Kupfer	0,6	117
Kupfer	0,8	66
Kupfer	0,9	52
Kupfer	1,2	30
Kupfer	1,4	22
Bronze (Freileitung)	1,5	31
Bronze	2,0	17
Hartkupfer	2,0	12
Hartkupfer	2,5	7,5
Hartkupfer	3,0	5,3
Hartkupfer	3,5	3,8
Eisen	2,0	91
Eisen	5,0	15

Pfund/Meile). Bei der Herstellung der Kabel werden meist vier Leiter miteinander verseilt (Vierer). Das gesamte Kabel wird dann aus solchen Vierer-Elementen zusammengesetzt.
Bespulte Kabel, auch als pupinisierte oder belastete Kabel bezeichnet, werden in regelmäßigen Abständen mit Spulen versehen, um das frequenzabhängige Verhalten zu verbessern. Der Abstand der Spulen (Spulenfeldlänge) beträgt im Fernsprechnetz etwa 1,7 km. Wegen des Anstiegs des induktiven Widerstands mit der Frequenz ergibt sich für ein bespultes Kabel das Verhalten eines Tiefpasses. **Bild 2-1** zeigt den Verlauf der Dämpfungskonstante für zwei bespulte Kabel im Vergleich zu einem unbespulten Kabel.

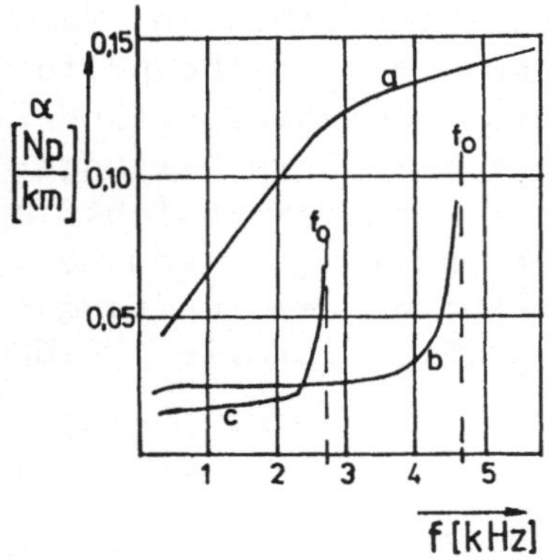

Bild 2-1
Verlauf der Dämpfungskonstante über der Frequenz
a) unbespultes Kabel; b) und c) bespulte Kabel
(f_0: Grenzfrequenz)

Wie Bild 2-1 zeigt, führt eine höhere Bespulung zu einer niedrigeren Dämpfung im Bereich der niedrigen Frequenzen. Die Grenzfrequenz, bei der die Dämpfung gegen einen unendlichen Wert geht, ist aber bei einer höheren Bespulung niedriger. Wegen des starken Anstiegs der Dämpfung in der Nähe der Grenzfrequenz können bespulte Leitungen nur für eine Übertragung von Signalfrequenzen bis etwa 70 % der Grenzfrequenz ausgenutzt werden. Im Bereich unterhalb dieser Frequenz ist die Dämpfung aber fast frequenzunabhängig, damit tritt nur eine geringe Dämpfungsverzerrung <attenuation distortion> ein. Bespulte Kabel zeigen in der Nähe der Grenzfrequenz einen starken Anstieg der Gruppenlaufzeit <group delay>.

Koaxialkabel <coaxial cable> bestehen aus zwei Leitungen, die in Form koaxialer Zylinder angeordnet sind. Die beiden Leiter werden durch Isolierscheiben, Isolierschaum o.ä. voneinander getrennt. Der Innenleiter kann als Draht, Rohr oder Litze ausgeführt sein, der Außenleiter als metallisches Geflecht oder Wellrohr. Koaxialleitungen gibt es mit einem Wellenwiderstand <characteristic impedance> von 50 Ohm, 60 Ohm oder 75 Ohm.

Koaxialkabel werden besonders in lokalen Netzwerken <LAN, Local Area Networks> verwendet, die mit hohen Übertragungsraten arbeiten (vergleiche Kapitel 8).

Verdrillte Leitungen <twisted pairs> bestehen aus zwei miteinander verdrillten, gegenseitig isolierten Leitungen. Meist werden mehrere Paare in einem Strang zusammengefaßt. Während früher oft eine Papierisolation verwendet wurde, werden heute meist Kunststoffe eingesetzt. Man unterscheidet:

-- PVC-isoliert, halbstarr <semi-rigid>,
-- unummantelte Kabel mit niedriger Dielektrizitätszahl <unshielded low-dielectric> mit Teflon, Tefzel oder Polyäthylen,
-- ummantelte Kabel mit niedriger Dielektrizitätszahl <shielded low-dielectric>.

Der erste Typ zeichnet sich durch niedrige Kosten aus, hat aber große Toleranzen in den elektrischen Eigenschaften, woraus ein nicht gleichmäßiger Impedanzverlauf <nonuniform impedance> und eine ausgeprägte Reflexion <excessive reflection> folgt. Außerdem kann es beim Zusammenfassen mehrerer Paare zum Übersprechen <cross talk> kommen.

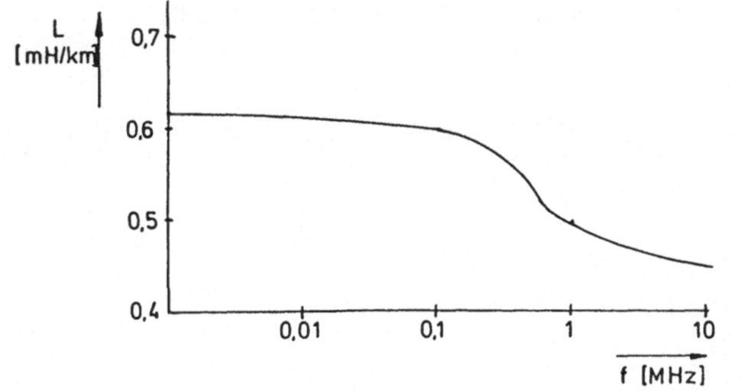

Bild 2-2
Verlauf der Induktivität über der Frequenz bei einer verdrillten Leitung

Die Eigenschaften verdrillter Leitungen sind frequenzabhängig. Die Veränderungen mit der Frequenz ergeben sich zu einem großen Teil aus dem Skin-Effekt. **Bild 2-2** zeigt, daß die Induktivität mit steigender Frequenz abnimmt. Der Skin-Effekt führt dazu, daß der Ohm'sche Widerstand mit steigender Frequenz zunimmt (**Bild 2-3**).

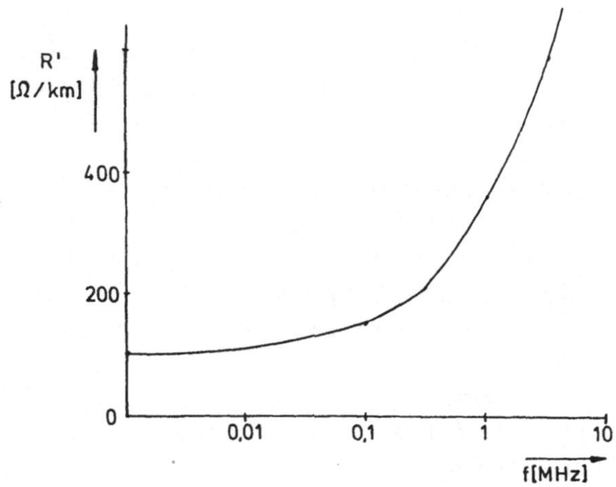

Bild 2-3
Verlauf des Wirkwiderstandes über der Frequenz bei einer verdrillten Leitung

Bei niedrigen Frequenzen, wenn $\omega * L \ll R$, ergibt sich die Impedanz Z_o zu

$$\sqrt{R / j * \omega * C}$$

ω: 6,28*f

Damit ergibt sich ein großer Betrag von Z_o und eine große Phasenverschiebung. Mit zunehmender Frequenz geht der Wert der Phasenverschiebung gegen 0, der Wert für Z_o nähert sich $\sqrt{L/C}$. Dieses Verhalten ist in **Bild 2-4** dargestellt.

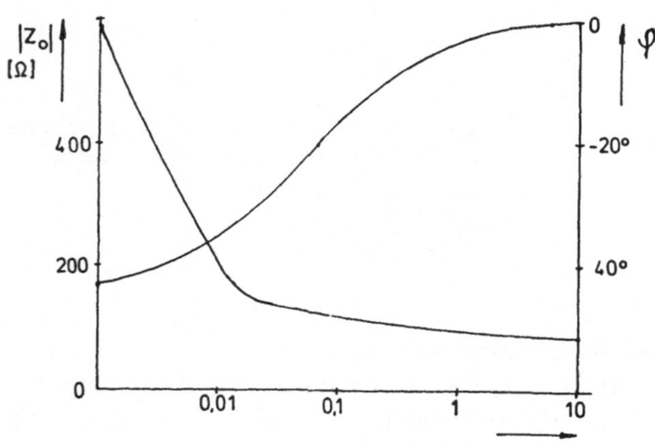

Bild 2-4
Verlauf von Impedanz und Phasenwinkel über der Frequenz bei einer verdrillten Leitung

Die Anforderungen an verdrillte Leitungen sollen an einem Beispiel dargestellt werden. Für das lokale Netzwerk Ethernet (vergleiche Kapitel 8) findet die Übertragung der Informationen von der Steuereinheit (Ethernet-Controller) zum eigentlichen Leitungsanschluß an das Koax-Kabel über ein "Transceiver-Kabel" statt. Das Tansceiver-Kabel überträgt Informationen über eine Entfernung von maximal 50 m mit einer Übertragungsrate von 10 MHz digital. Es besteht aus vier Paaren von verdrillten Leitungen, einer Gesamtabschirmung <overall shield> und einer umhüllenden Isolation <insulated jacket>. Die Isolierung der Leiter und die umhüllende Isolation soll aus Polyäthylen oder einem anderen Material mit dessen Eigenschaften bestehen.

Der Wellenwiderstand der Paare <differential mode characteristic impedance> soll 78 Ohm ± 5 Ohm betragen. Die Dämpfung darf für die Gesamtlänge (max. 50 m) nicht 3 dB übersteigen <signal attenuation>, gemessen bei 10 MHz. Die Ausbreitungsgeschwindigkeit <propagation velocity> soll mindestens 65 % der Lichtgeschwindigkeit betragen. Bei der hier verwendeten Art von Netzwerk ist die Ausbreitungsgeschwindigkeit ein wichtiger Faktor, da der einwandfreie Betrieb des Netzwerks davon abhängt, daß bestimmte Betriebszustände (Kollisionen) rechtzeitig signalisiert werden. Die Pulsverzerrung <pulse distortion> darf nicht den Wert von ± 1 ns übersteigen.

Bild 2-5 zeigt die vom Transceiver-Kabel geforderte Übertragungs-Impedanz. Es handelt sich nicht um das tatsächli-

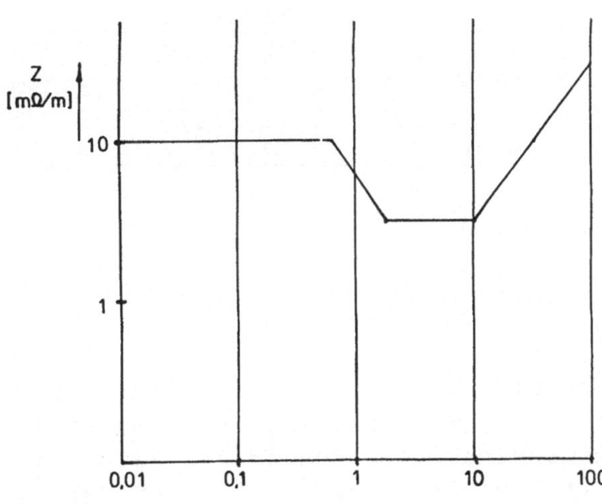

Bild 2-5
Anforderungen über den Impedanzverlauf über der Frequenz der verdrillten Leitung im Ethernet-System

che Verhalten des Kabels, sondern um Grenzwerte, die nicht überschritten werden dürfen. Da die Übertragung mit 10 MHz stattfindet, ist besonders dieser Frequenzbereich interessant.

Bei Übertragungen in einem öffentlichen Netz werden die Leitungen vom Betreiber des Netzes zur Verfügung gestellt. Bei "Inhouse-Netzen" ist der Anwender für die Auswahl der richtigen Leitungen verantwortlich. Diese Auswahl muß berücksichtigen:
-- Art der Leitungen,
-- Datenübertragungsgeschwindigkeit,
-- Länge der Übertragungsleitung,
-- Kapazitätsbelag,
-- Abschlußwiderstände.

In **Tabelle 2-2** werden einige Beispiele für das Zusammenwirken dieser Faktoren gegeben. Die Daten werden bei dieser Übertragung nicht moduliert, sondern digital übertragen.

Tabelle 2-2: Leitungen für Inhouse-Netze

Leitungs-durchmesser [mm]	Kapazitäts-belag [nF/km]	Kabeltyp	Leitungslänge: Abschlußwiderstand [km:Ohm]		
			4800	9600 [bit/s]	19200
0,4	bis 150	I-YY	0,6:220	0,6:220	0,5:220
0,4	60	I-2Y(ST)Y	1,5:330	1,5:330	1,5:330
0,6	bis 150	I-YY	2,0:270	2,0:270	1,5:270
0,8	60	I-2Y(ST)Y	2,0:220	2,0:220	2,0:220

2.1.2 Funkübertragung

Datenübertragung über Funk wird bei Richtfunkstrecken oder über Satellit angewandt, ist im allgemeinen also nicht in der Verantwortung des Anwenders. In **Tabelle 2-3** sind die Wellenbereiche dargestellt, die zur Nachrichtenübertragung benutzt werden.

Tabelle 2-3: Wellenbereiche

Wellenbereich	Frequenzbereich	Deutsche Bezeichnung	Englische Bezeichnung
Längstwelle	10 - 100 kHz	LstW	VLF
Langwelle	100 - 300 kHz	LW	LF
Mittelwelle	300 -1500 kHz	MW	MF
Kurzwelle	1,5 - 30 MHz	KW	HF
Ultrakurzwelle	30 - 300 MHz	UKW	VHF
Dezimeterwelle	300 -3000 MHz	dmW	UHF
Zentimeterwelle	3 - 30 GHz	cmW	SHF
Millimeterwelle	30 - 300 GHz	mmW	EHF

Die Funkübertragung wird durch Schwund <fading> und Störsignale <noise> beeinträchtigt und muß daher durch technische Maßnahmen abgesichert werden. Die durch Schwund entstehenden Fehler neigen dazu, in Bündeln <burst> aufzutreten, d.h. es treten in kurzen Zeitspannen mehrere Fehler auf, dann wieder über längere Zeitspannen kein Fehler. Fehler auf Grund von Störsignalen sind dagegen gleichmäßig (statistisch) über die Zeit verteilt.

Die mittlere Zeichenfehlerhäufigkeit bei einer ungesicherten Kurzwellenverbindung wird mit 10^{-2} bis 10^{-3} angegeben. Ein Wert von 10^{-2} bedeutet, daß durchschnittlich jedes hundertste Zeichen fehlerhaft übertragen wird. Als Modulationsart bei der Funkübertragung kann die Amplituden- oder Frequenzmodulation angewendet werden (vergl. Abschnitt 2.2). Das Frequenzband wird in mehrere Kanäle aufgeteilt.

Bild 2-6 zeigt das Blockschaltbild eines Wechselstromtelegraphie-Systems (WTK), das mit Frequenzmodulation arbeitet.

Die Aufteilung des Frequenzbandes für das WTK-System FM340 zeigt **Bild 2-7**. Der Kanalabstand beträgt für alle Kanäle 340 Hz, es stehen 8 Kanäle zur Verfügung. Die Zahlenangaben des Frequenzrasters geben die Mittelfrequenz des Kanals an, die Übertragung der digitalen Werte "1" und "0" erfolgt mit Frequenzen, die mit dem Frequenzhub (im Beispiel ±85 Hz) von der Mittelfrequenz abweichen. Die Schrittgeschwindigkeit beträgt beim FM340-System 150 Baud für die asynchrone Übertragung, 200 Baud für die synchrone Übertragung (vergleiche Abschn. 2.3).

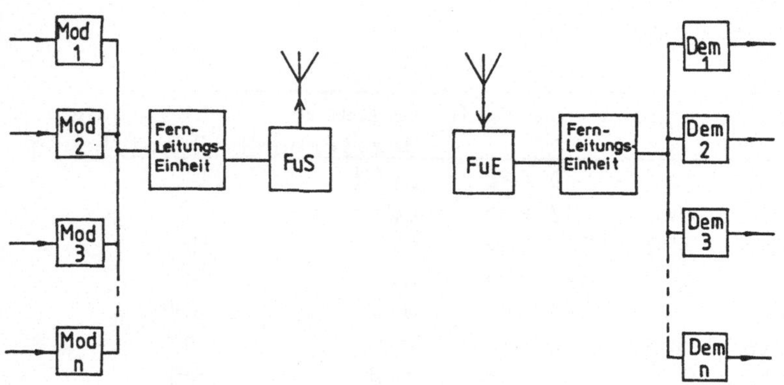

Bild 2-6
Blockschaltbild eines WTK-Systems zur Funkübertragung von Daten Mod: Modulator, Dem: Demodulator, FuS: Funksender, FuE: Funkempfänger)

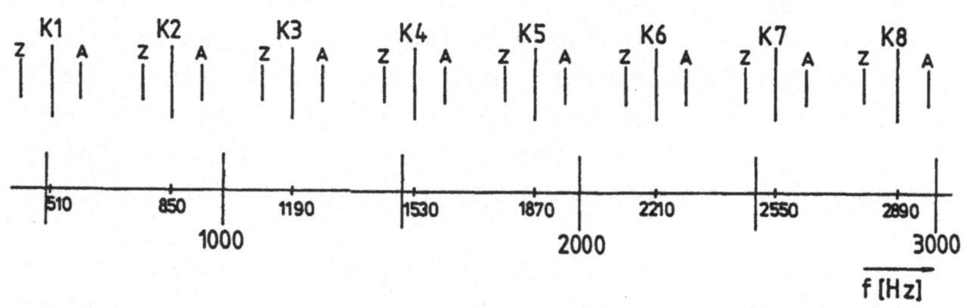

Bild 2-7
Frequenzaufteilung beim WTK-System FM 340. (K1 bis K7 kennzeichnen die Mittelfrequenz des Kanals, Z: Startpolarität, A: Stoppolarität)

Die Übertragungsgüte einer solchen Funkverbindung kann gesteigert werden durch:

Frequenzdiversity: es werden zwei Kanäle unterschiedlicher Frequenz mit der gleichen Nachricht belegt.

Raumdiversity: die Nachricht auf einem Kanal wird von zwei unterschiedlichen Empfängern aufgenommen.

Bei beiden Methoden werden zwei Signale empfangen. Sind sie in ihrem Pegel etwa gleich, werden sie addiert. Der damit erreichte Gewinn an Störabstand ist besonders bei kleinen

Empfangspegeln wichtig. Besteht zwischen beiden Signalen ein Unterschied von >8 dB, so wird nur das größere ausgewertet.

Bei Anwendung der Frequenzdiversity soll der Frequenzabstand der beiden Kanäle mindestens 400 Hz betragen (Empfehlung der CCIR). Die Wirksamkeit der Raumdiversity ist vom Abstand der beiden Empfangsantennen abhängig; er soll mindestens 2 l betragen (l: Wellenlänge).

Diversity-Verfahren sollen die Fehlerhäufigkeit mit dem Faktor 10 bis 100 vermindern.

Bei der Datenübertragung über Funk können drei Sicherungsverfahren eingesetzt werden; sie sollen die korrekte Übertragung trotz auftretender Fehler sichern. Sie werden in den Abschnitten 2-6 und Kapitel 4 noch weiter erläutert.

1. ARQ <Automatic Request>.
In einer Duplexverbindung steht ein Rück-Kanal ständig zur Verfügung, der zur automatischen Rückfrage und Anforderung von Wiederholungen dient. Es wird mit fehlererkennenden Codes gearbeitet.

2. Verwendung eines fehlererkennenden Codes bei Halb-Duplex-Verbindungen. Die Senderichtung wird zyklisch umgeschaltet.

3. Fehlerkorrektur <FEC, Forward Error Correction>.
Auf einer Simplex-Strecke werden Fehler automatisch korrigiert, was die Verwendung des fehlerkorrigierenden Codes voraussetzt. Da keine Rückmeldungen notwendig sind, eignet sich das Verfahren auch gut für Verbindungen mit mehreren Empfängern, z.B Polizei- oder Wetterfunk (Rundspruch, broadcasting).

Bei Datenübertragung über Funk kann eine Verschlüsselung wichtig sein, auf diese wird in Kapitel 7 eingegangen. Geht während der Übertragung ein Zeichen verloren, schaltet das Entschlüsselungsgerät falsch weiter, die Nachricht wird völlig unverständlich. Für verschlüsselte Informationen muß daher eine besonders hohe Übertragungsgüte vorliegen.

2.1.3 Lichtleiter

Lichtleiter <Fibre Optic Cable> sind in ihrer Anwendung noch begrenzt, auf Grund ihrer Vorzüge ist aber damit zu rechnen, daß sie in der Übertragungstechnik große Bedeutung gewinnen. Bei der Bundespost finden Anwendungserprobungen unter den Namen BIGFON und BIGFERN statt.

Als Vorteile der Lichtleiter gelten:
-- Es gibt keine Erdungsprobleme.
-- Es besteht eine Potentialtrennung zwischen Sendern und Empfängern (vergleichbar den Optokopplern der Digitaltechnik).
-- Gegenüber Kupferkabeln der gleichen Übertragungsqualität besteht ein geringeres Gewicht und Volumen.
-- Übersprechen, Abhören und Störung der Signale sind nicht möglich.
-- Störspannungen elektrischer Art sind ohne Einfluß, unabhängig von ihrer Frequenz. Damit besteht Schutz gegen elektromagnetische Emission <EMI, Electro-Magnetic Interference>.
-- Es besteht nur eine geringe Temperaturabhängigkeit.
-- Auch bei Übertragung von Signalen besteht nur eine niedrige, frequenzunabhängige Grunddämpfung. Die Leiter sind damit für die Übertragung von Signalen geeignet, die hohe Frequenzen enthalten, z.B. Rechtecksignale. Es besteht kein Bedarf an aufwendigen Schaltungen zur Modulation, Demodulation, Entzerrung usw.

Lichtleiter können im Einfachmodus <single mode> oder im Mehrfachmodus <multi mode> betrieben werden, abhängig vom Aufbau des Lichtleiters. Der Verlauf des Lichtstrahls innerhalb der Glasfaser hängt vom Verlauf des Brechungszahlenindex über den Faserquerschnitt <index profile> ab. **Bild 2-8** zeigt zwei verschiedene typische Profile. Durch die plötzliche Änderung der Brechzahl beim Stufenprofil tritt eine Totalreflexion an einer bestimmten Faserfläche ein. Beim Gradientenprofil mit der gleitenden Änderung der Brechzahl tritt im Prinzip auch eine Reflexion und Rückführung des Strahls in die Faser ein, aber auf einer gekrümmten Bahn (**Bild 2-9**).

Der Einfachmodus wird in einer Faser mit Stufenprofil und geringem inneren Faserquerschnitt betrieben, damit läuft der Lichtstrahl zentral längs der Faserachse. Die Betriebsart bringt mit Verzerrungen wenig Probleme, hat aber zwei Nachteile:

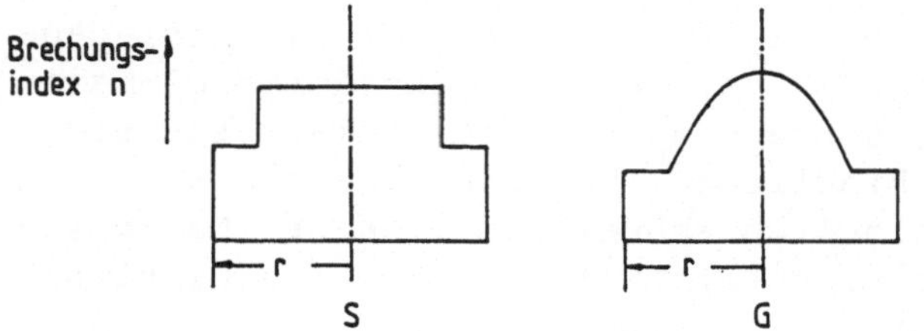

Bild 2-8
Lichtleiterprofile (Verlauf des Brechungszahlindex über den Leiterquerschnitt).
S: Stufenprofil;
G: Gradientenprofil

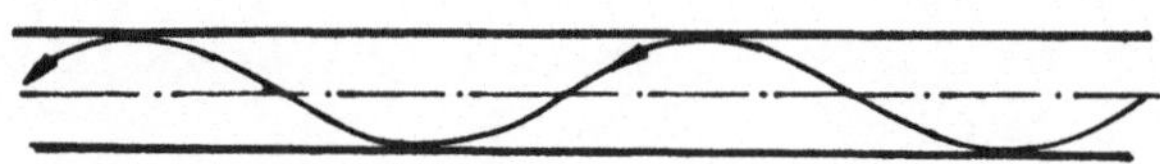

Bild 2-9
Strahlverlauf in einem Lichtleiter mit Gradientenprofil

-- Der Faserradius muß in der Größenordnung 2 - 8 µm liegen, dies macht die Herstellung schwierig.
-- Die Einkopplung der Signale muß genau in Richtung der Faserachse erfolgen, dazu sind nur Laser-Sende-Dioden geeignet.

Bei der Mehrfachmodus-Faser werden die Strahlen nicht genau in Richtung der Faserachse eingekoppelt. **Bild 2-10** zeigt den Verlauf des Strahls in einer Faser mit Stufenprofil. Dabei legt Strahl a einen kürzeren Weg zum Faserende zurück als Strahl b. Damit treten Probleme der Impulsverbreiterung und damit Impulsverwischung <dispersion> auf. Obwohl bei der Lichtleitertechnik auch eine analoge Übertragung möglich ist, ist die Übertragung digitaler Signale, etwa nach der PCM-Technik (siehe Abschn. 2.5) üblich. Dabei wird meist das Vorhandensein eines Impulses als "1", das Nichtvorhandensein als "0" definiert. Die Impulse bleiben beim Empfänger nur dann erkennbar, wenn sie sich nicht so überlagern oder "verschmieren", daß sie nicht mehr unterscheidbar sind. Die Impulsverbreiterung darf nur den halben Abstand zwischen den Impulsen betragen.

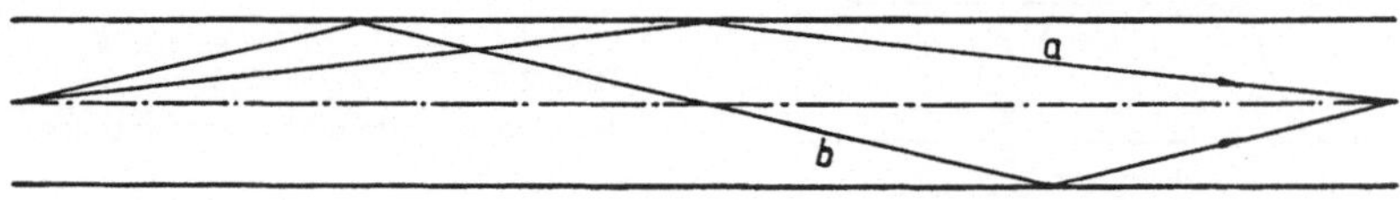

Bild 2-10
Strahlverlauf in einem Lichtleiter mit Stufenprofil

Zur Impulsverbreiterung trägt nicht nur die verschiedene Länge des Strahlverlaufs bei einer Mehrfachmodus-Faser (Modendispersion) bei, sondern auch die Materialdispersion. Lichtstrahlen unterschiedlicher Frequenz breiten sich in der Glasfaser unterschiedlich schnell aus. Eine Materialdispersion würde also nicht eintreten, wenn das Licht nur eine Frequenz hätte (monochromatisch).

Die Leistungsfähigkeit einer Übertragungsstrecke hängt davon ab, wieviel Impulse in der Zeiteinheit übertragen werden können. Sie errechnet sich:

$$K = v_l/(2*b*l)$$

K : Übertragungskapazität [bit/s]
v_l : Ausbreitungsgeschwindigkeit im Lichtleiter [cm/s]
l : Länge des Übertragungsweges [km]
b : Impulsverbreiterung je Längeneinheit [cm/km]

Bei einer Ausbreitungsgeschwindigkeit von 240 000 km/s, einer Impulsverbreiterung von 20 cm/km und einer Strecke von 2 km errechnet sich eine Übertragungskapazität von 300 Mbit/s.

Die Anforderungen an die Sendelemente für die Lichtleitertechnik sind:
-- Betrieb bei normalen Temperaturen,
-- Ansteuerung über Halbleiterschaltungen,
-- Modulationsfähigkeit bei hohen Frequenzen,
-- Große Lebensdauer,
-- Schmale spektrale Emission, geringe Halbwertsbreite (siehe **Bild 2-11**).

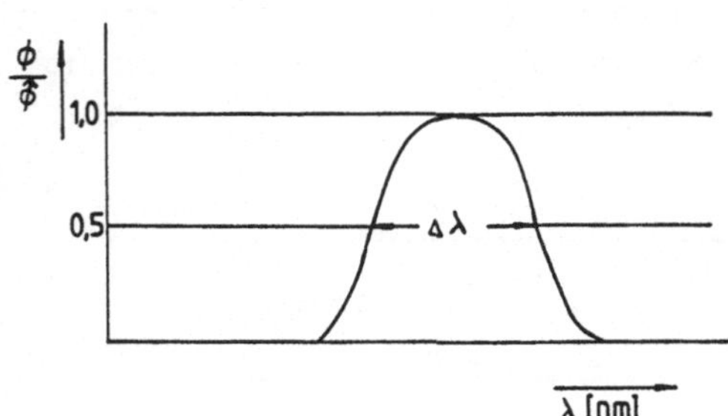

Bild 2-11
Halbwertsbreite eines Lichtimpulses

Als Sendeelemente werden verwendet:

1) LED <Light Emitting Diode>.
LEDs, die für verschiedene Frequenzbereiche hergestellt werden, sind billige Bauelemente hoher Lebensdauer (ca. 100 000 Stunden), sie haben geringe Leistungsaufnahme. Der Nachteil besteht darin, daß sie das Licht nicht gebündelt abstrahlen (Rundstrahler), damit kann nur ein Bruchteil des Lichts in die Glasfaser eingekoppelt werden, z.B. bei einer abgestrahlten Leistung von 2 mW etwa 100 µW, damit etwa 5 % Ausnutzung. Wegen der hohen Frequenzstreuung (Halbwertsbreite etwa 40 nm) findet eine hohe Materialdispersion statt.

2) Laserdiode, Halbleiterlaser.
Bild 2-12 zeigt den Aufbau einer Laserdiode. Sie strahlt das Licht gebündelt in eine Richtung, das Verhältnis von eingekoppeltem Licht zu abgestrahltem Licht ist viel günstiger als bei einer LED. Durch ein engbegrenztes Frequenzband (Halbwertsbreite etwa 2 nm) verringert sich die Materialdispersion. Laserdioden haben einen höheren Preis als LEDs und eine geringere Lebensdauer (etwa 10 000 Stunden).

Bild 2-12
Aufbau einer Laserdiode

Die LED eignet sich gleich gut für die Modulation im digitalen wie im analogen Bereich, die Laserdiode mehr für eine digitale Modulation. Eine LED ist als Sendeelement vorzuziehen, wenn keine hohen Anforderungen an die Übertragungsleistung gestellt werden.

Als Empfangselemente eignen sich Fototransistoren und Fotodioden. Beide nutzen die Eigenschaft aus, daß Halbleiter durch Bestrahlung mit Licht eine erhöhte Leitfähigkeit erhalten. Abwandlungen der Fotodiode sind die Pin-Fotodiode und die Lawinen-Fotodiode. Der Vorteil des Fototransistors liegt in der hohen Verstärkung, an den Anschlüssen können größere Ströme zur Verfügung gestellt werden. Die Schaltgeschwindigkeit des Fototransistors ist aber geringer als die einer Fotodiode, so daß sich Fototransistoren für Anwendungen mit niedriger Übertragungsgeschwindigkeit eignen.

Bild 2-13 zeigt den Aufbau einer Übertragungsstrecke mit Lichtleiter.

Bild 2-13
Aufbau einer Nachrichtenübertragungsstrecke mit Lichtleiter

2.2 Codierung

Codierung <encoding> ist die Umwandlung von Daten, die in einer dem Menschen verständichen Form vorliegen, in eine Form, die sich zu einer technischen Verarbeitung eignet oder aus anderen Gründen notwendig ist. Der umgekehrte Vorgang wird als Decodierung <decoding> bezeichnet. In technischen Systemen ist oft eine Umcodierung der Daten notwendig, z.B. aus der Form, in der sie übertragen wurden, in die Form, in der sie gespeichert werden. Nichttechnische Gründe für eine Codierung oder Umcodierung sind vor allem in der Geheimhaltung zu sehen. Diese wird bei digitalen Daten als **Data-Encrytion** bezeichnet, bei analogen Daten, z.B. bei Telephongesprächen, als **Scrambling**. Scrambling wird auch bei digitalen Daten angewandt, dann meist aus technischen Gründen.

Dieser Abschnitt befaßt sich mit der Codierung der digitalen Daten. Die Umsetzung von analogen Daten in digitale Daten wird in Abschnitt 2.5 erläutert.

In diesem Abschnitt wird nach der Klärung einiger grundlegender Begriffe die Darstellung der Bits erläutert; dann geht es um die Modulation und die Demodulation von Signalen. Anschließend wird der Aufbau von Zeichen mit den dabei verwendeten Codes sowie die Schaffung der Transparenz besprochen. Unter Transparenz <transparency> versteht man die Fähigkeit, jede beliebige Kombination von Bits als Daten übertragen zu können, dabei aber Daten und Steuerzeichen unterscheidbar zu halten.

Daten in digitaler Form bestehen immer aus Bits, diese werden meist zu Zeichen <characters> zusammengefügt. Zeichen sind 6 bis 8 Bits lang, Zeichen mit der Länge von 8 Bits werden als Byte oder Oktett bezeichnet.

Daten können parallel oder seriell übertragen werden. Bei der seriellen Übertragung kann vorliegen:
-- Bitserielle Übertragung; es befindet sich zu einem Zeitpunkt nur ein Bit auf der Leitung; die Bits werden zeitlich nacheinander übertragen.
-- Zeichenserielle Übertragung, auch als byteseriell oder bitparallel bezeichnet, alle Bits eines Zeichens befinden sich zur gleichen Zeit auf der Leitung. Die Zeichen werden zeitlich nacheinander übertragen. Wenn in diesem Buch der Ausdruck seriell verwendet wird, ist immer bitseriell gemeint.

Die bitparallele Übertragung wird in der DFÜ nur selten angewendet, da sie zwei Nachteile hat:
1. Es werden mehrere Übertragungsleitungen benötigt, dies ist besonders bei längeren Verbindungen wirtschaftlich nicht tragbar.
2. Bei längeren Übertragungsstrecken kann es zwischen den einzelnen Bits eines Zeichens zu zeitlichen Verschiebungen kommen <skew>, die durch aufwendige Schaltungen ausgeglichen werden müssen.

Eine bitparallele Übertragung hätte den Vorteil, daß die Übertragungskapazität wegen der größeren Anzahl von Leitungen höher als bei serieller Übertragung wäre. Auch wäre es möglich, ähnlich wie innerhalb eines Computer-Systems neben den Datenleitungen Steuerleitungen zu benutzen, was einige Probleme der DFÜ vereinfachen würde.

Bei der seriellen Übertragung kann weiter unterschieden werden:

-- Binäre Signale; das Signal nimmt zwei verschiedene Zustände an; um bei einem Bit "0" und "1" unterscheiden zu können.
-- Multi-Level-Signale; das Signal nimmt mehr als zwei Zustände an; damit können zu einer Zeit auf einer Leitung mehrere Bits übertragen werden. Auf die Multi-Level-Signale wird bei der Modulation näher eingegangen.

2.2.1 Codierung einzelner Bits

Die Codierung einzelner Bits muß sicherstellen, daß der Informationsgehalt der übertragenen Daten erhalten bleibt; weiter kann sie von der Notwendigkeit der Synchronisation bestimmt sein (vergl. Abschnitt 2.4).

Werden Daten mit Rechtecksignalen dargestellt, so ergeben sich bei der Codierung mehrere Alternativen, wobei der Spannungshöhe eine wichtige Funktion zukommt. Danach können Codes eingeteilt sein:

Unipolar/bipolar
Bei unipolaren Codes nimmt die Spannung nur eine Polarität ein, z.B. wird eine "0" mit etwa 0 V, eine "1" mit etwa +3,3 V dargestellt. Bei bipolaren Codes nimmt die Spannung beide Polaritäten ein, z.B. ist bei der V.24-Schnittstelle die "1" mit einer Spannung < -3 V, eine "0" mit einer Spannung > +3 V dargestellt.

NRZ/RZ <Non Return to Zero/Return to Zero>
Bei NRZ-Codes ist die Spannungshöhe immer unterschiedlich von 0 V, meist werden positive und negative Spannungen verwendet; bei RZ-Codes kann die Spannung auch den Wert 0 V annehmen. NRZ-Codes haben den Vorteil, daß der Zustand, in dem Signale auf der Leitung sind, sicher vom Zustand, in dem keine Signale auf der Leitung sind, unterschieden werden kann.

Positive Logik/Negative Logik
Kennzeichnet die Spannungshöhe den Signalwert, so liegt positive Logik vor, wenn die "1" mit einer Spannung dargestellt wird, die näher an + "unendlich" liegt als die Spannung, welche die "0" darstellt; bei der negativen Logik ist es umgekehrt. Ist z.B. vereinbart, daß die "1" mit 0 V, die "0" mit -10 V dargestellt wird, so liegt positive Logik vor. An der V.24-Schnittstelle ist für die Daten die negative Logik vorgeschrieben.

Einphasen-Code/Biphasen-Code
Bei den Einphasen-Codes werden die Daten durch die Spannungshöhe dargestellt, damit ist in einer Datenzelle <data cell>, die den zeitlichen Rahmen für ein Bit darstellt, nur eine Spannungshöhe vorhanden. Einphasen-Codes haben den Nachteil, daß bei einer Folge von gleichen Bits die Spannungshöhe über einen längeren Zeitraum konstant bleibt, dies erschwert die Übertragung und die Synchronisation. Biphasen-Codes kennzeichnen den Signalwert nicht durch die Spannungshöhe, sondern durch Spannungswechsel. Sie sind bei magnetischen Aufzeichnungen und bei schnellen Datenübertragungen üblich. Die Biphasen-Codes lassen sich im Prinzip unterteilen in:

-- Frequenzmodulation, wird auch als Wechseltaktschrift bezeichnet. Die "0" und "1" werden dadurch unterschieden, ob ein oder zwei Spannungswechsel innerhalb einer Datenzelle stattfinden. Von der in Abschnitt 2.2.2 besprochenen Frequenzmodulation unterscheidet sich die Wechseltaktschrift dadurch, daß die Signale nicht sinus-förmig, sondern rechteckig verlaufen.
-- Wechselrichtungsschrift <phase encoding>:
Die Richtung eines Spannungswechsels entscheidet über "1" oder "0". Auch hierbei entstehen wechselnde Frequenzen, die niedrigste Frequenz tritt auf bei einem fortlaufenden Wechsel von "1" und "0". Zu den Codes mit Wechselrichtungsschrift gehört der Manchester-Code, der in lokalen Netzwerken verwendet wird (vergl. Kapitel 8).

Bild 2-14 zeigt einige Signalformen bei in der DFÜ angewendeten Codes. Bei der DFÜ werden Bits, die mit "1" gesetzt sind, auch als "Mark", Bits, die auf "0" stehen, mit "Space" bezeichnet.

2.2.2 Modulation

Modulation ist die Veränderung eines Signals durch ein anderes Signal, meist die Beeinflussung einer sinusförmigen Schwingung in einem ihrer Parameter. Bei der DFÜ ist das Signal, welches auf die sinusförmige Schwingung moduliert wird, ein digitales Signal (nicht immer ein binäres). Die Behauptung, durch die Modulation entstehe ein analoges Signal, ist nicht korrekt. Die Spannungshöhe des Signals nach der Modulation nimmt zwar zwischen dem positiven und dem negativen Spitzenwert unendlich viele Zwischenwerte an,

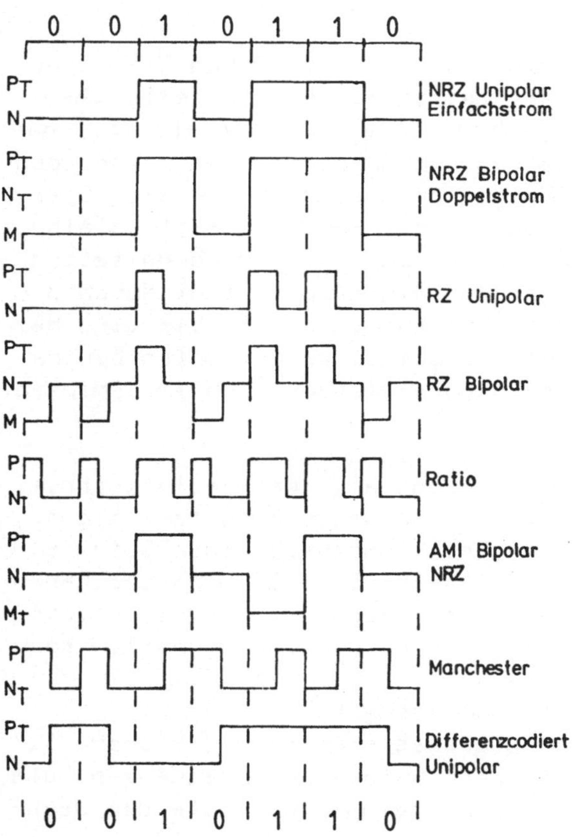

Bild 2-14
Beispiele für Codes für die bitserielle Datenübertragung

die Spannungshöhe ist aber nicht der Signalparameter. Der je nach Modulationsverfahren verwendete Signalparameter nimmt nur endlich viele Werte an.

Die Modulation dient dazu, ein Signal zu erzeugen, welches für die Übertragung auf einem Träger geeignet ist, der für analoge Nachrichtenübertragung geschaffen wurde (Fernsprechnetz). Die Modulationsverfahren sind nach der V-Serie der CCITT-Empfehlungen festgelegt; für die unterschiedlichen Datenübertragungsraten gelten unterschiedliche Modulationsverfahren. Da das Signal nach der Modulation über das Fernsprechnetz mit einer Bandbreite bis 3400 Hz übertragen wird, muß das Modulationsverfahren die Frequenz der Sinusschwingung innerhalb dieses Bereichs halten.

Die bekanntesten Modulationsverfahren sind:

Amplitudenmodulation (AM). Die Frequenz der Schwingung ist konstant, die Amplitude wird moduliert (**Bild 2-15**). Die Amplitudenmodulation wird in der DFÜ nur in Verbindung mit der Phasendifferenzmodulation angewendet.

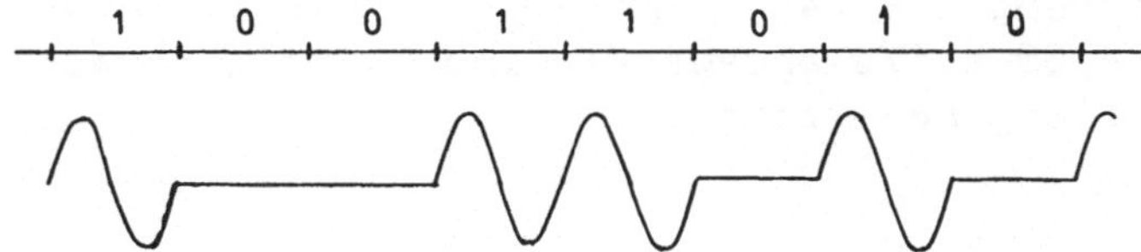

Bild 2-15
Amplitudenmodulation

Frequenzmodulation, FM. Die Amplitude des Signals bleibt konstant, die Frequenz wird verändert. Damit die Frequenz vom Empfänger erkannt werden kann, muß sie so gewählt sein, daß bei der niedrigen Frequenz mindestens eine Schwingung durchlaufen wird (**Bild 2-16**). Frequenzmodulation wird bei Datenübertragungsraten bis 1200 bit/s angewendet. Es werden zwei verschiedene Frequenzen verwendet, um die "1" und die "0" darzustellen (zweistufige Verschlüsselung).

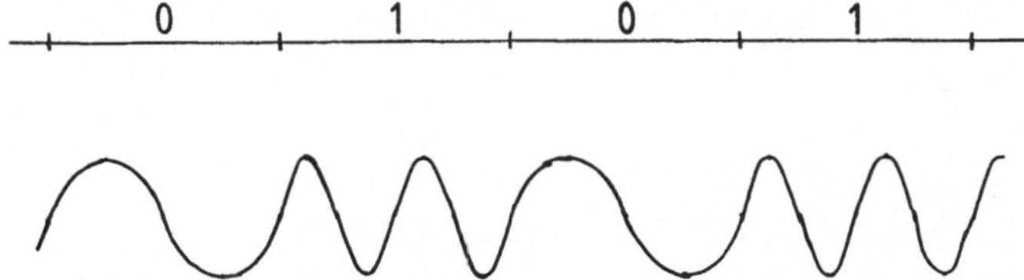

Bild 2-16
Frequenzmodulation

Phasendifferenzmodulation, PM. Amplitude und Frequenz des Signals bleiben gleich; der Signalparameter besteht aus einem Phasensprung <phase change>, einer plötzlichen Veränderung der Phasenlage. Angewendet wird:

-- Vierstufige Verschlüsselung (CCITT V.26); es werden vier verschiedene Phasensprünge zugelassen (**Bild 2-17**). Damit können mit einem Phasensprung 2 Bits übertragen werden. Das Modem faßt zwei aufeinander folgende Bits zusammen (Dibit) und erzeugt daraus einen Phasensprung. Das Verfahren, das bei 2400 bit/s angewendet wird, wird auch als quarternäre Verschlüsselung bezeichnet.

-- Achtstufige Verschlüsselung (CCITT V.27); es werden acht verschiedene Phasensprünge zugelassen (**Bild 2-18**), damit

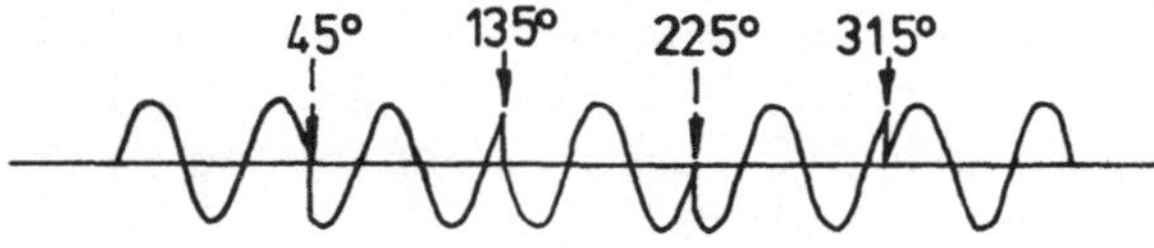

Bild 2-17
Phasenmodulation (vierstufige Verschlüsselung, quarternäre Verschlüsselung) nach CCITT V.26

bei jedem Phasensprung 3 Bits übertragen (Tribit). Das Verfahren, das bei 4800 bit/s angewandt wird, wird auch als oktonäre Verschlüsselung bezeichnet.

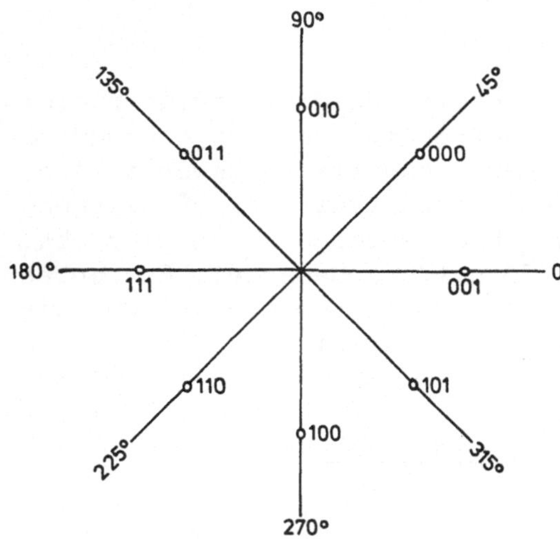

Bild 2-18
Phasenmodulation (achtstufige Verschlüsselung, oktonäre Verschlüsselung) nach CCITT V.27

Werden mit einem Modulationsvorgang mehrere Bits aufmoduliert, so handelt es sich um eine Multilevel-Modulation, die von Multilevel-Modems durchgeführt wird. Durch Einführung immer neuer Phasensprünge ließe sich die Anzahl der Bits je Phasensprung weiter erhöhen, wegen der Störanfälligkeit wird das Verfahren aber nur bis zur achtstufigen Verschlüsselung verwendet.

Amplituden-Phasen-Modulation (APM); das Verfahren, das nach CCITT V.29 für 9600 bit/s vorgesehen ist, kombiniert die Phasendifferenzmodulation mit der Amplitudenmodulation. Je Modulationsvorgang werden vier Bits übertragen, diese werden als Quadbits oder Quadribits bezeichnet.Die Trägerfrequenz des Sinus-Signals beträgt nach V.29 1700 Hz. Das Modem faßt beim Senden vier aufeinanderfolgende Bits zusammen (Q1 bis Q4). Das zeitlich erste Bit Q1 entscheidet über die Amplitude des Signals, die drei nachfolgenden Bits über den Phasensprung. Die Codierung der 16 möglichen Bitkombinationen läßt sich mit einem Signal-Zustands-Diagramm <signal space diagram> darstellen (**Bild 2-19**).

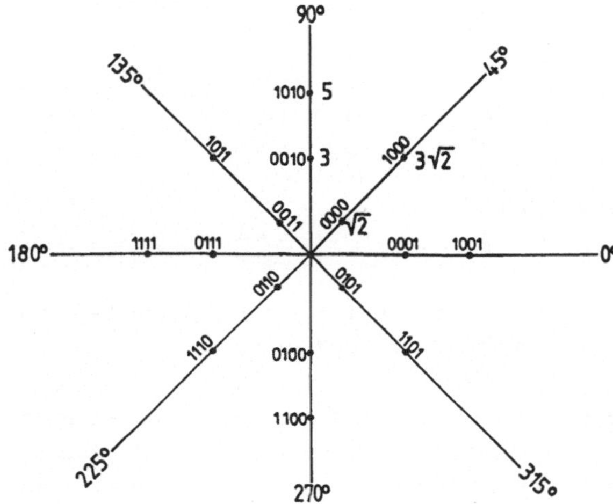

Bild 2-19
Amplituden-Phasen-Modulation (sechzehnstufige Verschlüsselung) nach CCITT V.29

Für das empfangende Modem muß sich das Signal innerhalb der Entscheidungsschwellen befinden, um identifiziert zu werden. Jedes modulierte Signal kann verfälscht werden, bei der Amplituden-Phasen-Modulation ist die Gefahr wegen der kleinen Entscheidungsbereiche besonders groß. Störungen entstehen insbesondere durch:

-- Phasenjitter <phase jitter>. Es handelt sich um eine Phasenschwankung des Leitungssignals, die ständig anhält. Dies führt zu der im **Bild 2-20** dargestellten Veränderung im Signal-Zustands-Diagramm. Phasenjitter können entstehen, wenn das Trägersignal von einer Störspannung, z.B. aus der Netzfrequenz überlagert ist. Auch eine Geräuschspannung kann zur Änderung der Phasenlage führen, die als Störphasenhub bezeichnet wird. Der Störphasenhub soll 10° nicht übersteigen.

-- Phasensprünge <phase hits>. Es kommt zu einer spontanen Phasenänderung des Signals. Bei der Phasendifferenzmodulation und der Amplituden-Phasen-Modulation führt dies mit hoher Wahrscheinlichkeit zu Fehlern. Phasensprünge können durch eine Trägerumschaltung in einem Trägerfrequenzsystem auftreten.

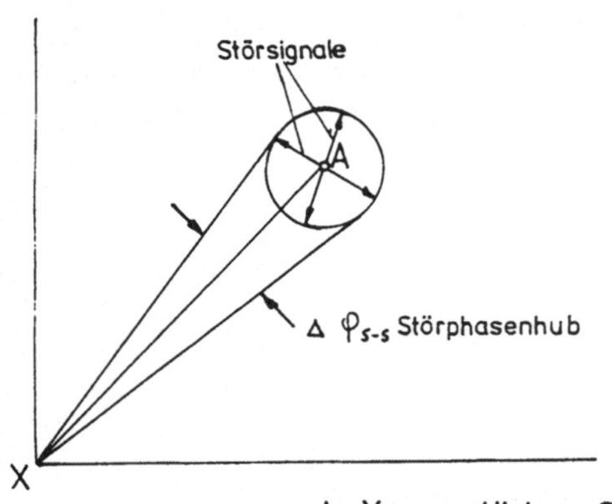

Bild 2-20
Störphasenhub bei einem Signal mit Phasenmodulation

Der Aufbau der Modems, die die Modulation und Demodulation vornehmen, wird in Abschnitt 3.2 erläutert.

Bei Übertragung im Nahbereich wird oft eine Basisband-Modulation <baseband modulation> angewendet. Es handelt sich dabei nicht um die Modulation sinusförmiger Signale, sondern um die Übertragung von Rechteck-Impulsen. Um Störungen durch Starkstrom-Signale unwirksam zu machen, wird der Gleichstromanteil des Signals zu Null gemacht. Bei der Basisband-Modulation sind nur bipolare Codes möglich. Wird dabei auch die Spannung 0 V verwandt, handelt es sich um einen ternären Code, da die drei Signalwerte +U, 0, -U auftreten. Auch mit ternären Codes werden binäre Daten verschlüsselt.

Bild 2-21 zeigt zwei Codes der Basisband-Modulation, bei denen der Gleichstromanteil des Signals Null beträgt.

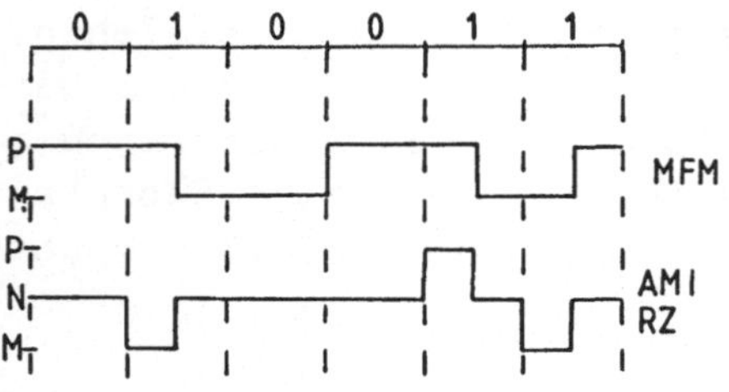

Bild 2-21
Codes der Basisband-Modulation

2.2.3 Codierung von Zeichen

Sinnvolle Nachrichten und Informationen bestehen aus Zeichen <characters>, die aus mehreren Bits zusammengesetzt sind. Dabei ist möglich:

1. Alle Zeichen bestehen aus der gleichen Anzahl von Bits.
2. Verschiedene Zeichen können aus verschieden vielen Bits bestehen. Diese Methode hat den Vorteil, daß durch eine Codierung von häufig vorkommenden Zeichen mit wenigen Bits die gesamte Nachricht mit weniger Bits übertragen werden kann, als wenn alle Zeichen die gleiche Anzahl von Bits haben. Solche Codes werden als **Optimal-Codes** bezeichnet. Ein Beispiel für einen Optimal-Code ist das Morse-Alphabet. In der DFÜ wird meist nur die Methode 1 angewendet.

Bei gleicher Anzahl von Bits je Zeichen gilt für die Anzahl der möglichen Zeichen:

$$N = 2^n$$

N: Anzahl der möglichen Zeichen
n: Anzahl der Bits je Zeichen.

Die Formel gilt nur dann, wenn in den Zeichen keine Redundanz vorhanden ist. Redundanz <redundancy> tritt z.B. bei Verwendung von Paritätsbits, die zur Fehlererkennung verwendet werden, auf. Die Paritätsbits werden den verschlüsselten Zeichen hinzugefügt, um die Anzahl der auf "1" gesetzten Stellen zu einer ungeraden <odd parity> oder geraden Zahl <even parity> zu machen. Welche Art von Parität verwendet wird, muß zwischen Sender und Empfänger vereinbart sein.

Es sei ein Zeichen mit 7 bit verschlüsselt, z.B. A = 41H, 100 0001B (H: hexadezimale Darstellung, B: binäre Darstellung). Für die Parität wird ein 8. Bit vorgesetzt, bei ungrader Parität ergibt sich A= C1H, 1100 0001B. Das 8. Bit trägt aber nicht zur Zahl n bei, es erhöht nicht die Zahl der möglichen Zeichen. Es kann aus den übrigen sieben Bits bestimmt werden, stellt also keine Information dar. Nicht alle 256 Kombinationen, die sich mit 8 Bits darstellen lassen, sind zulässig. Bei der vereinbarten Parität (ungrade) wäre 41H, 0100 0001B nicht zulässig.

Zeichen können sein:
Buchstaben. Üblich ist meist nur die Verschlüsselung der Grundbuchstaben, also nicht der Umlaute wie Ä, Ö, Ü; außerdem ist meist nur eine Schreibweise zulässig (meist Großschreibung). Bei der Textverarbeitung und den modernen Telekommunikations-Systemen (z.B. Teletex) sind aber auch Umlaute und Groß/Kleinschreibung möglich.

Ziffern. z.B. die Ziffern des Dezimalsystems.
Buchstaben und Ziffern werden zu den alphanumerischen Zeichen <alphanumeric> zusammengefaßt. Mit der Darstellung von Ziffern darf nicht die Darstellung von Zahlen verwechselt werden. Bei den Codes stellt ein Zeichen eine Ziffer dar (ungepackte Darstellung). Auf die Übertragung von Zahlen, wie sie computerintern verwendet werden (gepackte Dezimalzahl, Festkommazahl, Gleitkommazahl) wird unter dem Stichwort der Transparenz eingegangen.

Sonderzeichen. Satzzeichen, arithmetische Zeichen.

Steuerzeichen <control characters>. Sie stellen keine Anwenderdaten dar, sondern dienen der Steuerung von Geräten oder des Ablaufs der Übertragung. Auf die Funktion der Steuerzeichen in der DFÜ wird besonders im Kapitel 4 (Verbindungsebene) eingegangen. Zeichen, die für die DFÜ Daten sind, können auf einer höheren Ebene Steuerzeichen sein, z.B. Zeilenvorschub <line feed> als Steuerzeichen für einen Drucker.

Reicht die Zahl der Bits je Zeichen nicht zur Erzeugung aller benötigten Zeichen aus, so muß mit Umschaltzeichen gearbeitet werden, die die Codierung der nachfolgenden Zeichen definieren. Der Fernschreibcode, der auch bei der Lochstreifentechnik verwendet wird, hat 5 bit/Zeichen, damit sind 32 Zeichen möglich. Dies reicht nicht für Alphabet und Dezimalziffern. Jedes Zeichen dieses Codes, der auch als Internationales Alphabet Nr. 2 der CCITT bezeichnet wird, kann zwei Bedeutungen haben. So kann 01010B sowohl den Buchstaben R wie die Ziffer 4 bedeuten; welche Bedeutung gilt, wird durch ein vorgehendes Umschaltzeichen definiert. Alle Zeichen nach dem Umschaltzeichen A... (11111B) werden als Buchstaben, nach dem Umschaltzeichen 1... (11011B) als Ziffern oder Sonderzeichen interpretiert. Die Umschaltzeichen selbst haben nur eine Bedeutung.

In den Tabellen 2-4 bis 2-8 sind einige in der DFÜ übliche Codes dargestellt. **Tabelle 2-4** zeigt den Fernschreibcode (Telegraphencode, Baudot-Code, Internationales Alphabet Nr.2), der heute noch bei der Benutzung des Telex-Netzes Verwendung findet. Er verfügt nur über wenige Steuerzeichen, für den Telex-Verkehr im asynchronen Betrieb sind nicht mehr notwendig.

Tabelle 2-4: Fernschreibcode (Internationales Telegraphenalphabet Nr. 2)

Nr.	Schritt 1 2 3 4 5	Buchstabe	Zahl
1	1 1 0 0 0	A	-
2	1 0 0 1 1	B	?
3	0 1 1 1 0	C	:
4	1 0 0 1 0	D	Wer da?
5	1 0 0 0 0	E	3
6	1 0 1 1 0	F	frei für Sonderzeichen
7	0 1 0 1 1	G	frei für Sonderzeichen
8	0 0 1 0 1	H	frei für Sonderzeichen
9	0 1 1 0 0	I	8
10	1 1 0 1 0	J	Klingel
11	1 1 1 1 0	K	(
12	0 1 0 0 1	L	)
13	0 0 1 1 1	M	.
14	0 0 1 1 0	N	,
15	0 0 0 1 1	O	9
16	0 1 1 0 1	P	0
17	1 1 1 0 1	Q	1
18	0 1 0 1 0	R	4
19	1 0 1 0 0	S	'
20	0 0 0 0 1	T	5
21	1 1 1 0 0	U	7
22	0 1 1 1 1	V	=
23	1 1 0 0 1	W	2
24	1 0 1 1 1	X	/
25	1 0 1 0 1	Y	6
26	1 0 0 0 1	Z	+
27	0 0 0 1 0	Wagenrücklauf	
28	0 1 0 0 0	Zeilenvorschub	
29	1 1 1 1 1	Umschaltung auf Buchstaben	
30	1 1 0 1 1	Umschaltung auf Zahlen	
31	0 0 1 0 0	Zwischenraum	
32	0 0 0 0 0	frei für Sonderzeichen	

Tabelle 2-5 zeigt den BDC-Interchange-Code, auch als Six-Bit-Transcode bezeichnet. Er wird in der DFÜ nur selten verwendet.

Tabelle 2-5: BDC-Interchange-Code (Six-Bit-Transcode)

	Höherwertige Hexaziffer (Bit 5-4)			
Bit 0-3	0	1	2	3
0	SOH	&	-	0
1	A	J	/	1
2	B	K	S	2
3	C	L	T	3
4	D	M	U	4
5	E	N	V	5
6	F	O	W	6
7	G	P	X	7
8	H	Q	Y	8
9	I	R	Z	9
A	STX	Space	ESC	SYN
B	.	$	,	#
C	¤	*	%	&
D	BEL	US	ENQ	NAK
E	SUB	EOT	ETX	EM
F	ETB	DLE	HT	DEL

In der DFÜ häufig verwendete Codes sind der ASCII- und der EBCDIC-Code. **Tabelle 2-6** zeigt den ASCII-Code (CCITT-Code Nr. 5, Internationales Alphabet Nr. 5, USASCII-Code, 7-Bit-Code nach DIN 66003). Dieser Code, der auch oft computerintern verwendet wird, ist genormt nach:

CCITT-Empfehlung V.3: Internationales Alphabet Nr. 5 <International alphabet Nr. 5>.

ISO 646: 7-bit coded character set for information processing interchange.

ANSI X 3.4: Code for information interchange.

Auf den ASCII-Code wird auch in anderen Empfehlungen von CCITT oft Bezug genommen, z.B. in der Definition der Benutzerklassen (Abschnitt 3.1).

Die Bits werden von 1 bis 7 numeriert, nicht wie EDV-üblich von 0 bis 6. Die drei höherwertigen Bits (7 - 5) geben die Spaltenposition <column> an, die niederwertigen Bits (4 - 1) definieren das einzelne Zeichen innerhalb der Spalte. Nimmt man Bit 7 als MSB (höchstwertiges Bit, most significant bit) und Bit 1 als LSB (niederwertigstes Bit, least significant bit), so lassen sich die Code-Elemente durch die Zahlen

Tabelle 2-6: ASCII-Code (Internationales Alphabet Nr. 5)

	Höherwertiges Halbbyte							
Bit 0-3	0	1	2	3	4	5	6	7
0	NUL	TC7 DLE	SP	0	@	P		p
1	TC1 SOH	DC1	!	1	A	Q	a	q
2	TC2 STX	DC2	"	2	B	R	b	r
3	TC3 ETX	DC3	#	3	C	S	c	s
4	TC4 EOT	DC4	¤	4	D	T	d	t
5	TC5 ENQ	TC8 NAK	%	5	E	U	e	u
6	TC6 ACK	TC9 SYN	&	6	F	V	f	v
7	BEL	TC10 ETB	´	7	G	W	g	w
8	FE0 BS	CAN	(	8	H	X	h	x
9	FE1 HT	EM	)	9	I	Y	i	y
A	FE2 LF	SUB	*	:	J	Z	j	z
B	FE3 VT	ESC	+	;	K	[	k	{
C	FE4 FF	IS4 FS	,	<	L	\	l	¦
D	FE5 CR	IS3 GS	-	=	M	]	m	}
E	SO	IS2 RS	.	>	N	^	n	‾
F	SI	IS1 US	/	?	O	_	o	DEL

00H - 7FH (0 - 127 dezimal) kennzeichnen. Die Spalten 0 bis 1 (00H - 1FH) sind nur mit Steuerzeichen belegt.
Die Steuerzeichen können unterteilt werden in:

Übertragungssteuerzeichen <transmission control characters>
Diese Zeichen dienen der Steuerung der Datenübertragung; ihre Verwendung wird in Kapitel 4 erläutert. Übertragungssteuerzeichen sind:
ACK, DLE, ENQ, EOT, ETB, ETX, NAK, SOH, STX und SYN.
Das Zeichen SYN dient nicht eigentlich der Übertragungssteuerung, sondern ist aus physikalischen Gründen (Zeichensynchronisation) notwendig. Weitere Steuerzeichen können durch Zusammensetzung gebildet werden.

Formatsteuerzeichen <format effectors>
Sie dienen der Formatierung der übertragenen Daten bei einer Ausgabe auf einem Drucker, Bildschirm usw. Z.B. bewirkt CR <carriage return> den Wagenrücklauf auf die erste Druckposition ohne Veränderung der Zeile. Formatsteuerzeichen werden beim Betrieb von PADs (Paket-Anordnungs-Auflösungs-Einrichtungen) im Paketnetz auch zu anderen Funktionen verwendet (siehe Abschnitt 5.2.1).

Gerätesteuerzeichen <device control characters>
Sie dienen dazu, bestimmte Geräte in der empfangenden Datenstation ein- oder auszuschalten, dabei geht es nicht um die Geräte der DFÜ. Die Bedeutung der Gerätesteuerzeichen ist nicht durch die CCITT-Empfehlung definiert, sondern kann vom Anwender festgelegt werden.

Zeichen zur Trennung der Information <information separators>
Übertragene Daten sollen oft logisch gegliedert werden. Die Gliederung der Daten ist allerdings Aufgabe der höheren Ebenen des ISO/OSI-Modells, z.B. der Ebene 6 (Datenbereitstellungsebene). Die vier Zeichen zur Informationstrennung sollen hierarchisch verwendet werden. **Bild 2-22** zeigt die Einteilung eines Datenblocks, d.h. einer von der DFÜ als Einheit betrachteten Datenmenge in Datei <file>, Datengruppe <group>, Satz <record> und Dateneinheit <unit>. Damit gibt es die Bezeichnungen
IS4 = FS <File Separator>
IS3 = GS <Group Separator>
IS2 = RS <Record Separator>
IS1 = US <Unit Separator>.

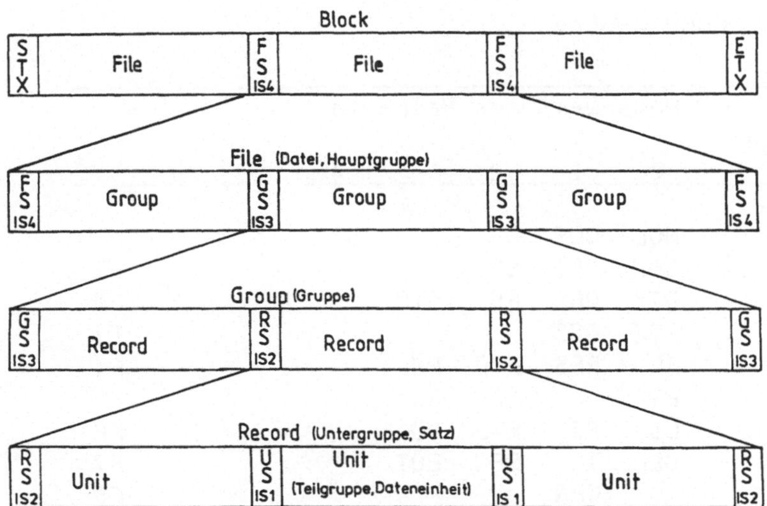

Bild 2-22
Einteilung eines Datenblocks durch Steuerzeichen (STX: Start of Text; ETX: End of Text)

Das Steuerzeichen IS1 wird auch als ITB <Intermediate Text Block> bezeichnet; es kann auch aus technischen Gründen verwendet werden (Nachsynchronisierung), darauf wird in Abschnitt 4.2 bei den synchronen Prozeduren eingegangen.

Einige Steuerzeichen können in ihrer Wirkung vom Teilnehmer frei vereinbart werden; sie können dann entweder allgemein als Steuerzeichen bezeichnet werden oder als ein bestimmtes Steuerzeichen. So kann z.B. 05H entweder TC5 sein, aber auch das Übertragungssteuerzeichen ENQ.

Tabelle 2-7 zeigt den EBCDIC-Code, der ebenfalls häufig in der DFÜ angewandt wird. Die Bezeichnung kommt von Extended Binary Coded Decimal Interchange Code, etwa Erweiterter binär codierter Dezimal-Austausch-Code. Es handelt sich um einen echten 8-Bit-Code, es sind allerdings nicht alle 256 möglichen Bitkombinationen mit Zeichen besetzt.

Zwischen Stationen, die miteinander kommunizieren wollen, muß vor Aufnahme des Verkehrs eine Vereinbarung über den verwendeten Code bestehen. Dazu kann eine Code-Umsetzung notwendig werden, wenn beide Stationen intern mit unterschiedlichen Codes arbeiten, diese kann über Code-Umwandlungtabellen erfolgen.

Tabelle 2-7: EBCDIC-Code

Niederwertiges Halbbyte	Höherwertiges Halbbyte 0	1	2	3	4	5	6	7
0	NUL	DLE	DS		SPA	&	-	
1	SOH	DC1	SOS				/	F1
2	STX	DC2	FS	SYN				F2
3	ETX	DC3						F3
4	PF	RES	BYP	PN				F4
5	HT	NL	LF	RS				F5
6	LC	BS	ETB	UC				F6
7	DEL	IL	ESC	EOT				F7
8		CAN						F8
9	RLF	EM						
A	SMM	CC	SM		¢	¦		:
B	VT	CU1	CU2	CU3	.	$	,	#
C	FF	IFS		DS4	<	*	%	@
D	CR	IGS	ENQ	NAK	(	)	_	
E	SO	IRS	ACK		+	;	>	=
F	SI	IUS	BEL	SUB	!		?	"

	8	9	A	B	C	D	E	F
0					:			0
1	a	j			A	J		1
2	b	k	s		B	K	S	2
3	c	l	t		C	L	T	3
4	d	m	u		D	M	U	4
5	e	n	v		E	N	V	5
6	f	o	w		F	O	W	6
7	g	p	x		G	P	X	7
8	h	q	y		H	Q	Y	8
9	i	r	z		I	R	Z	9
A								
B								
C								
D								
E								
F								

Protokoll-Analyse-Geräte <protocol analyzers> lassen sich durch Programmierung oder Schaltereinstellung auf mehrere Codes einstellen. Damit können sowohl Steuerzeichen wie Daten in einer dem Menschen verständlichen Form auf der Anzeige dargestellt werden.

Auf der physikalischen Ebene (Bitübertragungsschicht) werden zwischen den Stationen seriell Bits übertragen. Soll dieser Bitstrom ohne Decodierung dargestellt werden, so ist die Zusammenfassung von je 4 Bits zu einer Hexadezimalziffer üblich. **Tabelle 2-8** zeigt die Hexadezimalziffern. Ein Byte wird mit 2 Hexadezimalziffern dargestellt, es umfaßt den Zahlenbereich 00H - FFH (0 -255).

Unter **Transparenz** <transparency> versteht man die Fähigkeit, Daten in einer beliebigen Form zu übertragen (Code-unabhängig), dabei aber dem Empfänger die Möglichkeit zu geben, Daten und Steuerzeichen zu unterscheiden. Das Problem tritt nicht auf, wenn die Daten z.B. im ASCII-Code vorliegen, da die Decodierung Daten und Steuerzeichen unterscheiden kann. Die Darstellung aller Daten im ASCII-Code ist aber für Übertragung und interne Verarbeitung nicht immer sinnvoll.

Als Beispiel wird angenommen, daß die Zahl 21253 (dezimal) übertragen werden soll. Es wären im ASCII-Code 5 Zeichen mit 7 bit zu übertragen, bei Einfügen der Parität 5 Bytes. Eine Darstellung als gepackte Dezimalzahl ergibt 21 25 C3, damit sind 3 Bytes zu übertragen.

Eine rein binäre Verschlüsselung ergibt 0101 0011 0000 01010 = 53 05H. Die rein binäre Verschlüsselung erfordert für Speicherung, Verarbeitung und Übertragung also den geringsten Aufwand. Die dabei auftretende Hexazahl 05H ist aber nach dem ASCII-Code das Steuerzeichen ENQ, welches in einem Datenstrom den Block beenden würde <abort>.

Für den Empfänger muß ein Kriterium vorhanden sein, welches aussagt, ob ein Steuerzeichen oder ein Datum vorliegt. Dies gilt besonders für Steuerzeichen, die nach ihrer Funktion als Textabschluß vorkommen.

Die Schaffung der Transparenz kann erfolgen durch:
a) Übertragung nur von Daten, die nach einem bestimmten Zeichencode codiert sind, z.B. dem ASCII-Code.

Tabelle 2-8: Hexadezimalziffer

Hexadezimalziffer	Dezimalwert	Bitfolge 3 4 2 1
0	0	0 0 0 0
1	1	0 0 0 1
2	2	0 0 1 0
3	3	0 0 1 1
4	4	0 1 0 0
5	5	0 1 0 1
6	6	0 1 1 0
7	7	0 1 1 1
8	8	1 0 0 0
9	9	1 0 0 1
A	10	1 0 1 0
B	11	1 0 1 0
C	12	1 1 0 0
D	13	1 1 0 1
E	14	1 1 1 0
F	15	1 1 1 1

b) Feste Blocklängen. Jeder Nachrichtenblock verfügt über eine feste Datenmenge, damit kann durch Abzählen eine Trennung zwischen Daten und Steuerzeichen erfolgen. Das Verfahren wird nur bei der asynchronen Übertragung angewendet, wobei die "Blocklänge" ein Zeichen beträgt.

c) Wortzählung <word count>. In **Bild 2-23** ist der Aufbau einer Nachricht nach der Prozedur DDCMP dargestellt. Durch den Zähler <counter> wird festgelegt, wieviele Bytes der Datenblock umfaßt. Eine Begrenzung durch ein abschließendes Steuerzeichen ist damit nicht mehr notwendig. Durch Abzählung werden die Zeichen zur Fehlererkennung identifiziert. Durch die Größe des Zählerfeldes ist die Blocklänge auf 16 Kbyte = 16 383 Bytes begrenzt.

Vorlauf			Header						Information (beliebige Anzahl von Bytes)	CRC 2
SYN	SYN	SOH	Byte-Zähler	Merker	Response	Sequenz	Adresse	CRC 1		
Anzahl Bits			14	2	8	8	8	16	N·8	16

Bild 2-23
Aufbau eines Nachrichtenblocks mit Wortzählung (CRC: Blockprüfzeichen nach Cyclic Redundancy Check; SYN: Synchronisationszeichen; SOH: Start or Header)

d) Byte-Stuffing. Bei der Prozedur BSC und verwandten Prozeduren wird das Blockende durch bestimmte Steuerzeichen, z.B. ETB oder ETX angezeigt. Wenn keine Bitkombinationen in den Daten vorliegen, die einem Steuerzeichen entsprechen, z.B. bei einem Text im ASCII-Code, wird der Text "nicht transparent" übertragen. Liegen Daten vor, die auch die Kombinationen von Steuerzeichen bilden können, muß der "transparente Modus" eingesetzt werden. Der Sender fügt dazu vor dem Zeichen STX <start of text> das Zeichen DLE <data link escape> ein. Innerhalb oder am Ende des Datenblockes wird jedem Steuerzeichen ein DLE vorangestellt. Soll die Bitkombination eines Steuerzeichens als Datum interpretiert werden, so ist dies daran erkennbar, daß kein DLE vorangeht. Soll die Bitkombination für DLE (10H) als Datum interpretiert werden, so ist sie zu verdoppeln. **Bild 2-24** zeigt einen so aufgebauten Nachrichtenblock im transparenten Modus. Da zusätzliche DLE-Zeichen verwendet werden, wird die Methode als Byte-Stuffing (etwa Ausstopfen mit Bytes) bezeichnet. Der Nachteil der Methode liegt darin, daß zusätzliche Zeichen übertragen werden müssen; wieviele das sind, hängt vom Aufbau der Daten ab.

Byte-Strom an der physikalischen Schnittstelle

32	32	10	02	D5	C1	C3	C8	D9	C9	C3	C8	E3	03	10	10	2D	10	10	10	03	10	02	FF	FF

Decodierung einzelner Zeichen

SYN	SYN	DLE	STX	N	A	C	H	R	I	C	H	T	ETX	DLE	DLE	ENQ	DLE	DLE	DLE	ETX	DLE	STX	pad	pad

Bedeutung

SYN	SYN	STX	N	A	C	H	R	I	C	H	T	03	10	2D	10	ETX	BCC	pad	pad

Bild 2-24
Verwendung des Steuerzeichens DLE zur Erzielung der Transparenz (Byte-Stuffing)

Bild 2-25 zeigt in einem Flußdiagramm die Interpretation einer Nachricht im transparenten Modus durch den Empfänger.

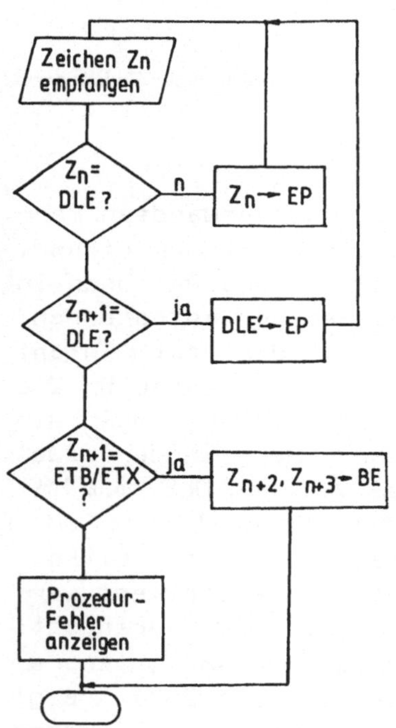

Bild 2-25
Flußdiagramm zur Auswertung einer Nachricht bei Sendung im transparenten Modus (EP: Empfangspuffer für Daten; BE: Schaltung für Überprüfung Blockprüfzeichen; DLE': Code des Zeichens DLE)

e) Bit-Stuffing. Bei HDLC und ähnlichen Prozeduren wird die Overhead-Information (Adreßfeld, Steuerfeld, Prüfzeichen) durch die Stellung innerhalb eines Blocks gebildet, der hier als Rahmen <frame> bezeichnet wird. **Bild 2-26** zeigt den Aufbau eines Rahmens. Die Overhead-Informationen können nicht durch einen eigenen Code gekennzeichnet werden, da sie bei dieser bitorientierten Prozedur jede Bitkombination bilden können (vergleiche Abschnitt 4.2). Adreß- und Steuerfeld werden dadurch erkannt, daß sie das 1. und 2. Byte in einem Rahmen sind; die Prüfzeichen sind die beiden letzten Bytes eines Rahmens. Anfang und Ende des Rahmens werden durch eine Flag (Flagge, Merker) gekennzeichnet. Die Bitfolge der Flag (0111 1110B = 7EH) darf innerhalb eines Rahmens nicht vorkommen, sie darf bei diesem bitorientierten Protokoll auch nicht in der Verbindung zweier Zeichen entstehen.

Z.B. ergibt die zu übertragende Information 13 F7H die Bitfolge 0001 0011 1111 0111. Der Empfänger würde damit eine Flag annehmen und die davor liegenden 16 Bits als Prüfzeichen auswerten. Dies muß durch das Bit-Stuffing verhindert werden. Der Sender schiebt, wenn er keine Flag sendet, nach fünf aufeinanderfolgenden "1" eine "0" ein <zero insertion>. Der Empfänger entfernt jede "0", die nach fünf aufeinanderfolgenden "1" empfangen wird <zero deletion>. Dies geschieht unabhängig davon, ob auf die fünf aufeinanderfolgenden "1" eine "0" oder "1" folgt.

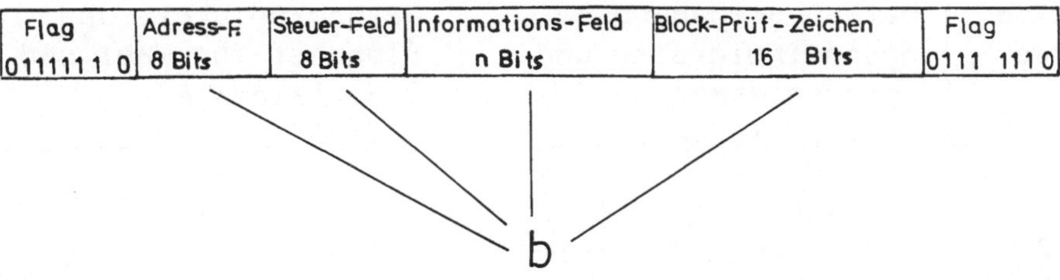

Bild 2-26
Aufbau eines Rahmens mit Verwendung von Anfangs- und Ende-Flags

Die Codierung der Zeichen dient auch dazu, fehlererkennende <error detection> oder fehlerkorrigierende <error correction> Codes zu schaffen. Auf diesen Zusammenhang wird in Abschnitt 2.6 eingegangen.

2.3 Geschwindigkeiten bei der Datenübertragung

In diesem Abschnitt geht es nicht um die Ausbreitungsgeschwindigkeit der Signale, sondern darum, wieviel Information innerhalb eines Zeitraums übertragen werden kann.

Datenübertragungsrate <transmission rate, bit rate>: Sie gibt an, wieviele Bits innerhalb einer Zeiteinheit übertragen werden, ihre Maßeinheit ist bit/s. Sie ist immer eine Maximalangabe; sie gibt den Wert an, der bei einer pausenlosen Übertragung erreicht würde, unabhängig davon, ob dies bei dem verwendeten Verfahren möglich oder üblich ist. Bei der Bestimmung der Datenübertragungsrate wird nicht unterschieden, ob die übertragenen Bits Datenbits, Steuerbits, Prüfbits oder aus physikalischen Gründen notwendige Bits sind.

Datenübertragungsraten sind nach CCITT als Benutzerklassen <user classes> genormt, siehe **Tabelle 2-9**. In den V-Empfehlungen von CCITT sind Datenübertragungseinrichtungen für bestimmte Datenübertragungsraten genormt.

Tabelle 2-9: Benutzerklassen nach CCITT X.1

Benutzerklasse	Datenübertragungsgeschwindigkeit und Zeichenrahmen [bit/s	bit/Zeichen]	Geschwindigkeit und Alphabet für Wahl und Dienstsignale [bit/s]	
1	300	11	300	IA Nr. 5
2	50 - 200	7,5 - 11	200	IA Nr. 5
3	600		600	IA Nr. 5
4	2400		2400	IA Nr. 5
5	4800		4800	IA Nr. 5
6	9600		9600	IA Nr. 5
7	48000		48000	IA Nr. 5
8	2400		2400	siehe
9	4800		4800	Empfehlung
10	9600		9600	X.25
11	48000		48000	Benutzerpaketformate

1 - 2 Datenstationen im Start-Stop-Betrieb
3 - 7 Datenstationen im Synchronbetrieb
8 - 11 Datenstationen im Paket-Betrieb
IA Nr. 5.: Internationales Alphabet Nr. 5

Schrittgeschwindigkeit <modulation rate, signalling rate>: Sie ist der Kehrwert der Schrittdauer, ihre Maßeinheit ist Baud. Ein Baud entspricht einem Schritt pro Sekunde. Die Schrittdauer ist der kürzest mögliche Zeitraum, in dem ein Signal den gleichen Signalwert zeigt. Die Schrittgeschwindigkeit ist kein Maß für die übertragene Information, sie wird aber oft mit der Datenübertragungsrate verwechselt. Der Zusammenhang ist:

$$V_s = V_d * n$$

n: Anzahl der bei einem Schritt übertragenen Bits
V_s: Schrittgeschwindigkeit
V_d: Datenübertragungsrate

Bei einer zweistufigen Verschlüsselung, z.B. Frequenzmodulation, entspricht die Datenübertragungsrate der Schrittgeschwindigkeit. Bei einem Biphasencode ist die Datenübertragungsrate halb so groß wie die Schrittgeschwindigkeit, bei einer vierstufigen (quarternären) Verschlüsselung ist sie doppelt so groß wie die Schrittgeschwindigkeit usw.

Zeichengeschwindigkeit <character rate>: Sie gibt an, wieviele Zeichen in der Zeiteinheit übertragen werden können, ihre Maßeinheit ist Zeichen/s. Bei der synchronen Übertragung ergibt sich

$$Z = V_d / n$$

Z : Zeichengeschwindigkeit
n : Anzahl Bits je Zeichen
V_d: Datenübertragungsrate

Zu n müssen auch eventuell vorhandene Paritätsbits gerechnet werden. Bei der asynchronen Übertragung sind auch die Start- und Stop-Bits zu n zu rechnen; die Formel ist aber nur dann anzuwenden, wenn zwischen den Stop-Bits eines Zeichens und dem nachfolgenden Start-Bit keine Pause liegt.

Effektive Datenübertragungsrate, Durchsatzrate <through-put>: Sie gibt die Menge der eigentlichen Daten an, die in der Zeiteinheit übertragen werden, ihre Maßeinheit ist Zeichen/s. Die Durchsatzrate ist niedriger als die Zeichengeschwindigkeit, da neben den eigentlichen Daten auch der Overhead übertragen werden muß.

Das Verhältnis zwischen Durchsatzrate und Zeichengeschwindigkeit hängt nicht nur von der Art des verwendeten Verfahrens ab, sondern auch von der gewählten Blocklänge, da die Zahl der mit einem Datenblock zu übertragenden Zeichen unabhängig von der Anzahl der im Block befindlichen Datenzeichen ist. Ein Beispiel soll dies verdeutlichen, es ist an der Prozedur BSC (vergleiche Abschnitt 4.2) orientiert. Die Übertragung erfolgt halbduplex; es wird ein Datenblock übertragen, dann die Quittierung des Blocks abgewartet, dann erfolgt die Übertragung des neuen Blocks usw. Bei Vernachlässigung der Eröffnungs- und Abschlußsequenz der Übertragung ergibt sich als Zeit für die Übertragung eines Blocks:

$$t_b = t_d + t_{m1} + t_q + t_{m2}$$

t_b: Übertragungdauer je Block

t_d: Übertragungdauer des Datenblocks. Dieser besteht aus den eigentlichen Daten und 10 Overhead-Zeichen (2 Pads, 2 Synchronisationszeichen, 2 Steuerzeichen, 2 Prüfzeichen und 2 abschließende Pads). Bei einer Datenblocklänge von 1 Datenzeichen ergibt sich $t_d = (1 + 10)/Z$

t_{m1}, t_{m2}: Modemumschaltzeiten. Diese liegen in der Größenordnung von 10 Millisekunden.

t_q: Zeit für die Quittierung. Diese erfordert die Übertragung von 8 Zeichen (2 Pads, 2 Synchronisationszeichen, 2 Steuerzeichen, 2 abschließende Pads). Damit ergibt sich $t_q = 8/Z$.

Tabelle 2-10 zeigt die Durchsatzrate für verschiedene Blocklängen bei einer Zeichengeschwindigkeit von 300 Zeichen/s, die Modemumschaltzeiten sind mit je 30 ms angenommen. Bei unendlich langen Blöcken wäre die Durchsatzrate gleich der Zeichengeschwindigkeit. Gegen die daraus ableitbare Regel, Datenblöcke möglichst lang zu machen, spricht aber:

-- Bei einer Wiederholung im Fehlerfalle muß ein langer Block wiederholt werden, was zeitaufwendig ist.
-- Bei gleicher Bitfehlerrate <BER, Bit Error Rate> ist die Wahrscheinlichkeit einer Störung des Blocks um so höher, je länger der Block ist.

-- Bei längeren Blöcken kann eine Nachsynchronisierung notwendig sein, was weitere Steuer- und Synchronisationszeichen erfordert.
-- Das Sammeln größerer Datenmengen erfordert besonders bei manueller Eingabe viel Zeit. Bei interaktiven Anwendungen (Dialogverkehr) ist aber auch die Zeit für ein Frage-Antwort-Spiel <inquiry-response> wichtig, die Reaktionszeit auf eine Anfrage darf nicht durch das Sammeln von Daten zur Bildung größerer Datenblöcke verlängert werden. Kurze Reaktionszeit und hohe Durchsatzrate sind meist gegensätzliche Forderungen.

Tabelle 2-10: Durchsatzrate bei unterschiedlichen Blocklängen

Blocklänge [Zeichen]	t_d [ms]	$t_q + t_{m1} + t_{m2}$ [ms]	t_b [ms]	Durchsatzrate [Zeichen/Sekunde]
10	66,6	86,6	153,3	65,2
50	200	86,6	286,6	174,4
200	700	86,6	786,6	254,2
300	1033,3	86,6	1120	267,8

2.4 Synchronisierung

Ein Empfänger kann eine Nachricht nur dann interpretieren, wenn ihm die Datenübertragungsrate bekannt ist. Er muß aber auch das Zeitraster der Übertragung kennen, also wissen, wann ein Bit bzw. ein Zeichen beginnt. Dazu muß eine Synchronisierung <synchronization> zwischen Sender und Empfänger stattfinden. Diese erstreckt sich auf:

-- Bitsynchronisation. Der zeitliche Rahmen für die Bits oder Datenzellen <data cells> muß vom Empfänger gefunden werden.
-- Zeichensynchronisation. Der zeitliche Rahmen für die bitseriell übertragenen Zeichen muß gefunden werden. Die Zeichensynchronisation kann erst nach erfolgter Bitsynchronisation erfolgen.

Die Bitsynchronisation kann erfolgen durch:
1. Direkttaktung. Parallel zur Datenleitung wird auf einem gesonderten Kanal (Taktleitung) ein Takt übertragen, der den zeitlichen Rahmen für den Datenstrom schafft (**Bild 2-27**). Der empfangene Takt kann direkt zur Steuerung des Empfangsvorganges verwendet werden, z.B. zum Takten des Schiebe-Registers bei der Serien-Parallel-Wandlung. Der Nachteil des Verfahrens liegt darin, daß für den Takt <clock> eine zweite Leitung verlegt werden muß. Bei längeren Verbindungen kann es auch zu einer zeitlichen Verschiebung zwischen Takt- und Datensignalen kommen <skew>. Das Verfahren eignet sich daher nicht für längere Verbindungen, wird aber für kürzere Verbindungen, z.B. beim Anschluß von peripheren Geräten an Computer über die V.24-Schnittstelle, verwendet.

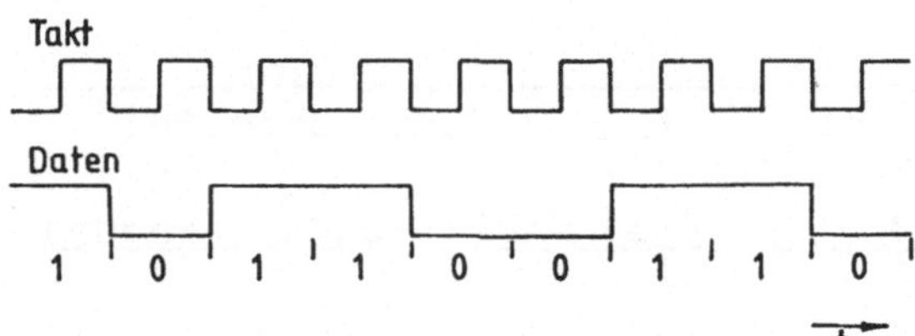

Bild 2-27
Direkt-Taktung einer seriellen Datenübertragung. Die ansteigende Flanke des Taktsignals definiert die Mitte der Datenzelle

2. Selbsttaktender Code. Bei einem Biphasen-Code (vergl. Abschnitt 2.2) tritt bei jedem Bit mindestens ein Signalwechsel auf. Treffen die Daten mit der vereinbarten Datenübertragungsrate ein, so kann hierbei durchaus eine Toleranz vorliegen. Der Empfänger kann auf Grund der regelmäßigen Signalwechsel immer wieder seinen zeitlichen Rahmen auf die Daten abstimmen. Da mit jedem Datenbit eine Taktung kommt, ist ein "aus dem Takt kommen" nicht möglich.

Das Verfahren setzt voraus, daß mindestens einmal ein Signalwechsel als für den Takt zuständig erkannt wird. Der Block muß dazu mit einem Bitmuster beginnen, welches nur die für die Taktung erforderlichen Signalwechsel hat. Bei der Wechseltaktschrift ist dies eine Folge von Nullen (Vornullen), bei der Wechselrichtungsschrift eine abwechselnde Folge von Null und Eins (**Bild 2-28**). Die Bitfolge, die nur zur Einstellung der Takte übertragen wird, wird auch als Preamble (Vorwort) bezeichnet.

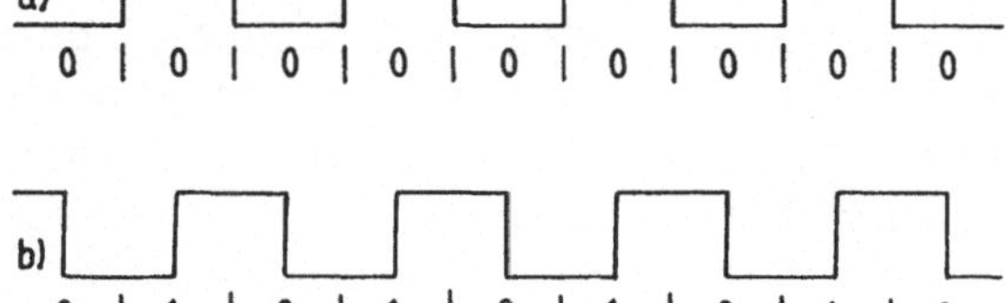

Bild 2-28
Signalvorlauf zur Einstellung der Bitsynchronisation
a) Wechseltaktschrift
b) Wechselrichtungsschrift

3. <u>Start-Stop-Verfahren.</u> Bei der asynchronen Übertragung (**Bild 2-29**) besteht zwischen den einzelnen Zeichen kein zeitlicher Zusammenhang, zwischen zwei Zeichen kann eine beliebig lange Pause liegen. Für <u>ein</u> Zeichen hält der Taktgenerator des Empfängers den zeitlichen Rahmen aufrecht; er muß für den Empfang des nächsten Zeichens neu synchronisiert werden. Dies geschieht durch eine definierte Flanke, z.B. die negative Flanke (Bild 2-29). Daraus ergibt sich, daß

-- das erste Bit eines Zeichens sich auf einem niedrigen Signalpegel befindet <mark>, damit hat es keine Informationsaussage. Das Bit wird als Start-Bit <start element> bezeichnet;

-- das letzte Bit einen hohen Signalpegel haben muß <space>, damit für das nächste Zeichen wieder eine negative Flanke gebildet werden kann. Auch dieses Bit hat keine Informationsaussage, es wird als Stop-Bit <stop element> bezeichnet.

Bei asynchroner Datenübertragung über die V.24-Schnittstelle hat das Startbit einen hohen Signalpegel (entspricht "0").

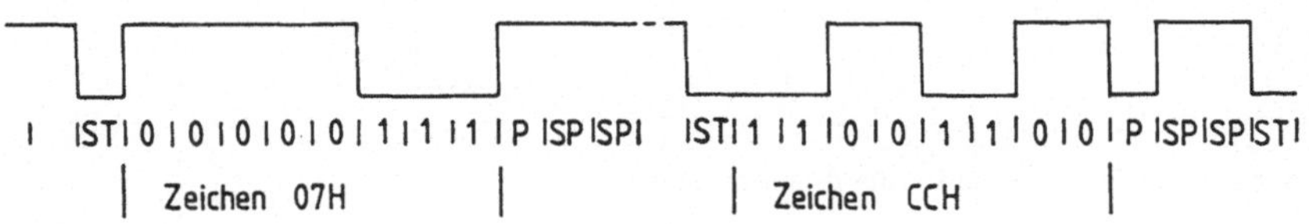

Bild 2-29
Asynchrone Übertragung (ST: Startbit; SP: Stopbit; P: Paritätsbit)

4. <u>Verwendung von Synchronisationszeichen.</u> Bei der synchronen Übertragung arbeiten in Sender und Empfänger voneinander unabhängige Taktgeneratoren mit der gleichen Nennfrequenz. Die Frequenzgenauigkeit der Generatoren darf

einen bestimmten Wert nicht unterschreiten. Während der Übertragung schafft der Taktgenerator des Empfängers den zeitlichen Rahmen für die Bits. Er muß dazu vorher durch vom Sender kommende Zeichen in einen Gleichlauf mit dem Taktgenerator des Senders gebracht werden.

Die Zeichen zur Bitsynchronisierung werden als Pads bezeichnet. Sie müssen einen regelmäßigen Signalwechsel zeigen, z.B. 0101 0101B = 55H. Der Gang des Taktgenerators des Empfängers muß dem empfangenen Signalmuster der Pads angeglichen werden. **Bild 2-30** zeigt das Blockschaltbild der dazu erforderlichen Schaltung. Aus einem Grundtakt hoher Frequenz wird ein Takt abgeleitet, dessen Frequenz das 16-fache der Datenübertragungsrate ist (in einigen Fällen auch das 32fache). Durch den programmierbaren Frequenzteiler kann der Taktgenerator verschiedenen Datenübertragungsraten angepaßt werden. Der im vierstufigen Zähler heruntergeteilte Takt kann direkt für das Senden verwendet werden.

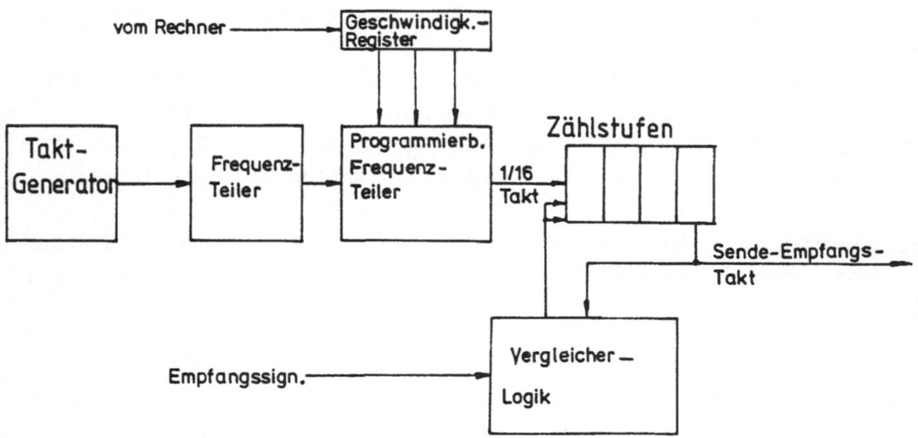

Bild 2-30
Blockschaltbildung der Einrichtung für die Bitsynchronisation

Beim Empfangen wird der vom Zähler gebildete Takt so lange mit Hilfe der Pads verstellt, bis ein Gleichlauf zwischen Empfangssignal und Takt vorliegt. Dies geschieht durch Auslassung von Zählerschritten. **Bild 2-31** zeigt die Annäherung der Signale. Die verbleibende Restabweichung dt beträgt maximal 1/16 der Periodendauer des Empfangstakts. Nach der Angleichung der Signale schafft der Gleichlauf der Taktgeneratoren von Sender und Empfänger die Synchronisierung. Die unvermeidlichen Frequenztoleranzen führen allerdings bei längeren Übertragungen zu einem Verlust der Synchronität. Dies kann durch die Nachsynchronisierung ausgeglichen werden, die dazu in den Datenstrom einzuschiebenden Synchronisationszeichen müssen durch Steuerzeichen angekündigt sein.

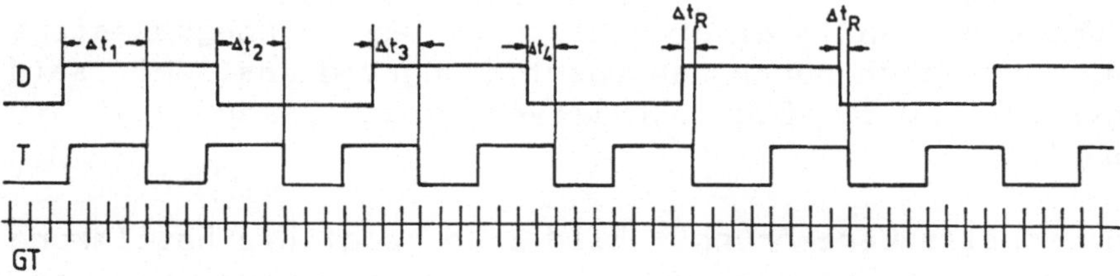

Bild 2-31
Annäherung der Taktung auf Grund der empfangenen Daten (D: Daten, T: Taktung; GT: Zeitraster des Grundtaktes). Zur Vereinfachung wird ein Grundtakt der 8fachen Frequenz der Datenübertragungsrate angenommen, üblich ist das 16 oder 32fache. Während der Annäherung erfolgt ein Zählerdurchlauf in 7 Takten. t_R: verbleibende Abweichung, diese ist kleiner als eine Periode des Grundtaktes

Die Zeichensynchronisierung muß mit einem Bitmuster erfolgen, welches den zeitlichen Rahmen eines Zeichens erkennen läßt. Üblich sind dazu 16H oder 32H. **Bild 2-32** zeigt das Impulsmuster von 32H. Es ist zu erkennen, daß ein eindeutiger zeitlicher Rahmen für die Zeichenerkennung vorliegt.

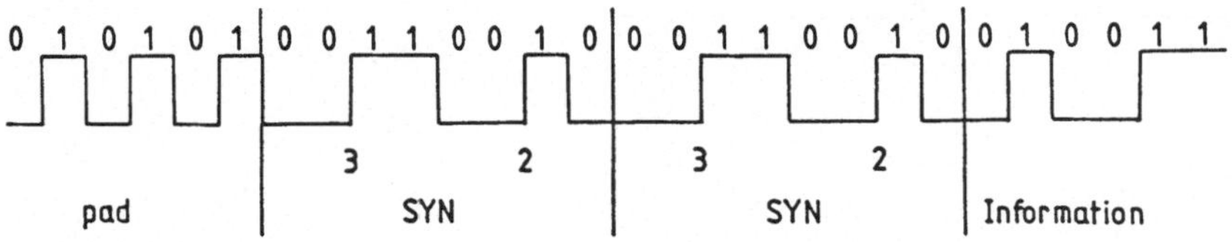

Bild 2-32
Impulsverlauf der Sync-Zeichen für die Byte-Synchronisation. Die Pads dienen der Bit-Synchronisation, diese muß vor der Zeichen-Synchronisation (Byte-Synchronisation) erfolgen

Die Zeichensynchronisation muß bei zeichenorientierten Prozeduren, z.B. BSC, unbedingt aufrechterhalten werden, da sonst keine Auswertung der Nachricht erfolgen kann. Da zwischen den Stationen eine Vereinbarung über die Länge der Zeichen (6, 7 oder 8 Bit) besteht, kann sie durch Mitzählen der Bits erfolgen. Voraussetzung ist dabei, daß die Bitsynchronisierung bestehen bleibt.

Abweichungen vom vorgegebenen zeitlichen Rahmen der seriellen Übertragung werden als Schrittverzerrung bezeichnet. Ihre Ursache kann in einer Abweichung des Sendegenerators liegen, aber auch durch den Übertragungsweg bestimmt sein (Eigenverzerrung). Die Schrittverzerrung kann bestimmt werden als:

-- Individuelle Verzerrung. **Bild 2-33** zeigt die Bestimmung der individuellen Verzerrung. Zu ihrer Bestimmung muß ein Bitmuster gesendet werden, welches regelmäßige Umschaltungen von "Ø" nach "1" bringt (Schrittumschlag).

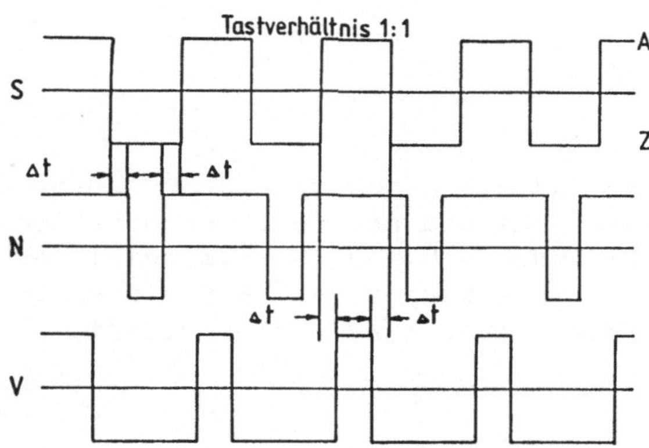

Bild 2-33
Bestimmung der individuellen Verzerrung

-- Isochrone Verzerrung. Sie kann bei einer synchronen Übertragung, bei der das Zeitraster länger aufrechterhalten werden soll, bestimmt werden (**Bild 2-34**). Es gilt:

$$\beta_{is} = \beta_{indmax} - \beta_{indmin} = (\delta_{tmax} - \delta_{tmin})/T$$

β_{is}: Isochronverzerrungsgrad
β_{indmax}: Maximaler individueller Verzerrungsgrad
β_{indmin}: Minimaler individueller Verzerrungsgrad
T: Sollschrittdauer

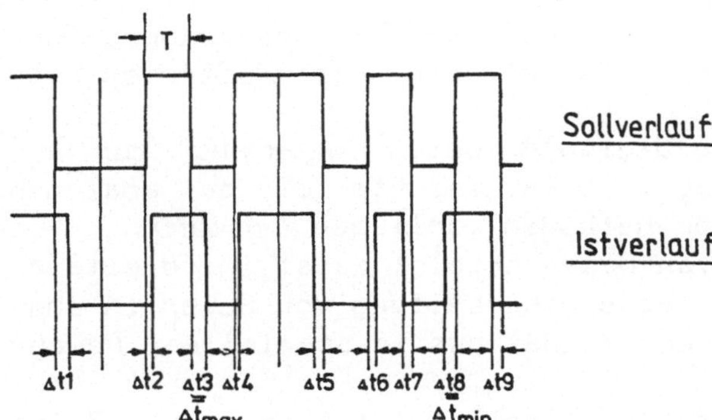

Bild 2-34
Bestimmung der isochronen Verzerrung

-- Start-Stop-Verzerrung. Sie wird bei der asynchronen Übertragung durch Messung der Abweichung des Zeitpunkts des Schrittumschlags vom Sollzeitpunkt bestimmt, wobei sich die Sollzeitpunkte auf den Einsatz des Start-Schritts (Start-Bit) beziehen. Es gilt

$$\beta_{st} = |t' - t|_{max}/T$$

β_{st}: Start-Stop-Verzerrungsgrad
t: Sollzeit vom Start-Schritteinsatz bis zum Schrittumschlag
t': Zeit vom Start-Schritteinsatz bis zum Schrittumschlag
T: Sollschrittdauer

2.5 Digitalisierung

Unter Digitalisierung <digitalization> oder Analog-Digital-Umwandlung <analog to digital conversion> versteht man die Umsetzung einer Information in analoger Form in eine digitale Form. In der Meßtechnik sind eine Reihe von Verfahren dafür entwickelt worden, die sich bewährt und zu einer Digitalisierung der Meßtechnik geführt haben. Probleme bei der Digitalisierung von zu übertragenden Informationen können auftreten, wenn es sich um schnell ändernde Signale handelt, während in der Meßtechnik meist sich nur langsam ändernde Größen zu digitalisieren sind.

Es seien einige Vorteile der Digitalisierung genannt:
-- Signaländerungen, die während der Übertragung grundsätzlich nicht zu vermeiden sind (Abschwächungen, Verzerrungen), führen nicht zu einer Verfälschung der Information, wenn sie in Grenzen bleiben.

-- Durch mathematische Verfahren kann bei Übertragung (und Speicherung) digitaler Informationen das Auftreten von Fehlern erkannt werden.
-- Die Verschlüsselung digitaler Daten <data encryption> zur Verhinderung unbefugter Zugriffe ist leichter als bei analogen Daten, obwohl auch dafür Methoden vorliegen <scrambling>.
-- Die Verarbeitung von Daten erfolgt meist in digitaler Form (Digitalrechner), eine Verarbeitung von Daten in analoger Form (Analogrechner) findet nur in speziellen Anwendungsfällen statt.
-- Für die Speicherung digitaler Daten stehen eine Reihe von bewährten Speichermedien, z.B. Plattenspeicher <disk storage> zur Verfügung. Netzwerke, wie sie z.B. bei der Paketvermittlung eingesetzt werden, haben auch speichernde Funktionen.
-- Zur digitalen Signalverarbeitung stehen viele hochintegrierte billige Bauteile zur Verfügung.

Bei der Digitalisierung der Signale muß eine Abtastung stattfinden. Damit kann eine Übertragung mehrerer analoger Signale über eine Leitung im Zeitmultiplex <TDM, Time Division Multiplexing> stattfinden. **Bild 2-35** zeigt den grundsätzlichen Aufbau eines Zeitmultiplex-Systems für analoge Signale. Wird das Signal nicht binär codiert, sondern mit wechselnder Amplitudenhöhe übertragen, handelt es sich um ein PAM-System (Puls-Amplituden-Modulation). **Bild 2-36** zeigt den Signalverlauf bei der Übertragung von vier analogen Signalen.

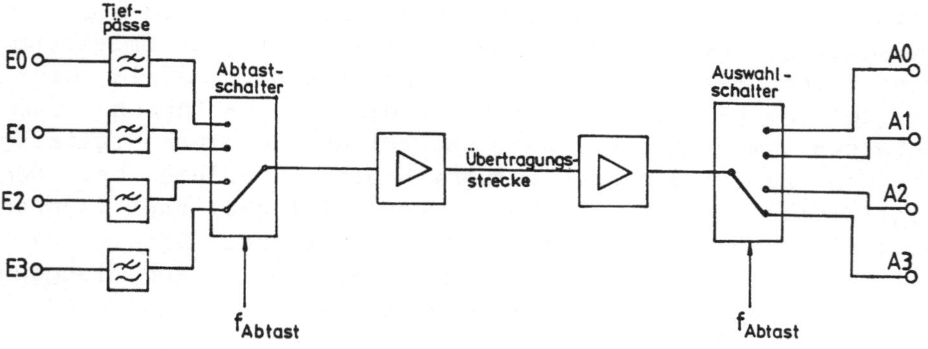

Bild 2-35
Zeitmultiplexsystem für die Übertragung analoger Signale

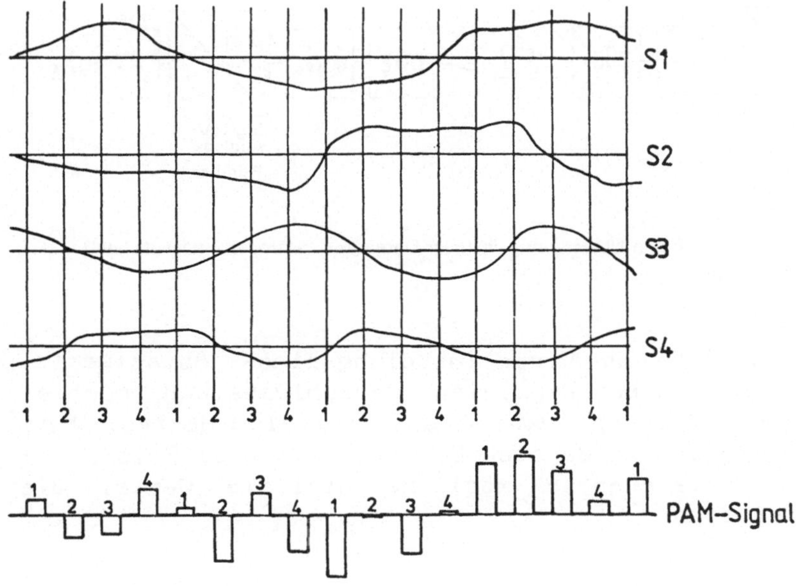

Bild 2-36
Zeitmultiplex-Übertragung analoger Signale nach PAM (Puls-Amplituden-Modulation)

Meist findet eine digitale Verschlüsselung der abgetasteten Signale statt, um die Vorteile der echt digitalen Übertragung zu nutzen. **Bild 2-37** zeigt den Aufbau eines digitalen Übertragungssystems für analoge Daten. Für die Realisierung eines solchen Systems sind u.a. folgende Größen zu bestimmen:

a) Abtastfrequenz <sampling rate>. Nach dem Abtast-Theorem von Shannon <sampling theorem> muß bei einem zeitkontinuierlichen Signal die Abtastfrequenz mindestens doppelt so hoch sein wie die Frequenz des abzutastenden Signals, wobei dessen Maximalfrequenz zugrunde zu legen ist.

$$f_a >= 2*f_{sm}$$

f_a : Abtastfrequenz
f_{sm} : maximale Frequenz des abzutastenden Signals

Für die Übertragung von Telephongesprächen, die in ihrer Frequenz durch die menschliche Sprache begrenzt sind, wird meist eine Abtastfrequenz von 8 kHz verwendet.

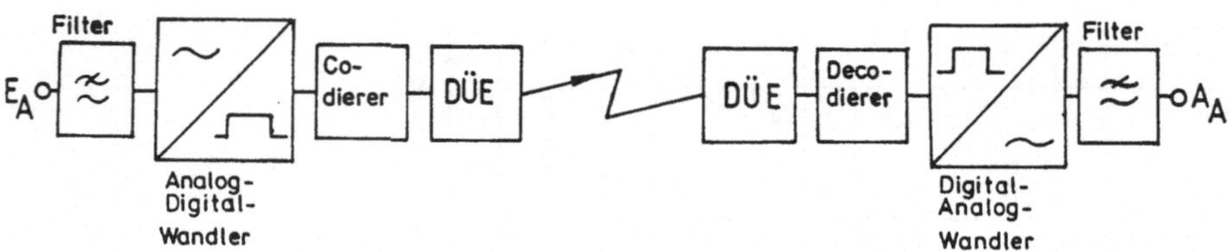

Bild 2-37
Aufbau eines Systems zur digitalen Übertragung analoger Daten. E_A: analoges Eingangssignal; A_A: analoges Ausgangssignal

b) Anzahl der Bits zur Verschlüsselung eines Abtastwerts. Die Genauigkeit einer digitalen Verschlüsselung richtet sich nach der Auflösung <resolution> des digitalen Wertes. Wird z.B. eine Spannung im Bereich 0 - 10 V mit drei Bits verschlüsselt, entstehen 8 mögliche digitale Werte, die Auflösung ist dann
a = 10 V/8 = 1,25 V.

Eine Signaländerung des analogen Signals muß dann maximal 1,25 V betragen, damit eine Änderung des digitalen Werts eintritt. Wird das digitale Signal wieder in ein "analoges" Signal umgesetzt, entsteht eine Abweichung vom ursprünglichen analogen Signal, die als Quantisierungsrauschen bezeichnet wird. Je geringer die Anzahl der Bits zur Verschlüsselung ist, je größer die Auflösung ist, desto stärker ist das Quantisierungsrauschen (**Bild 2-38**).

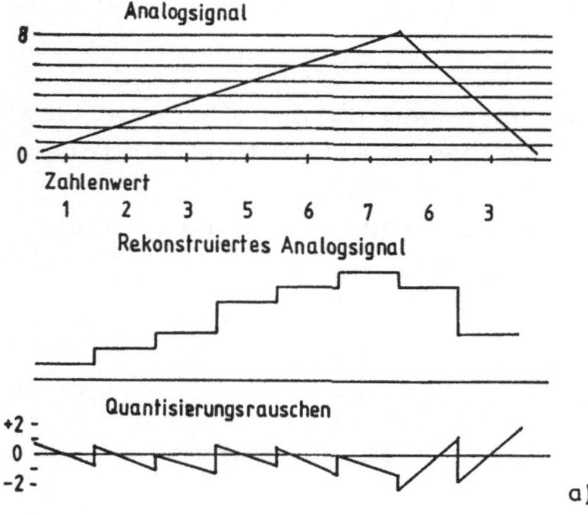

Bild 2-38
Quantisierungsrauschen
a) 8-stufige Auflösung (3 bit);
b) 4-stufige Auflösung (2 bit)

Erhöht sich die Anzahl der Bits, die zur Verschlüsselung eines Wertes verwendet werden, so verringert sich das Quantisierungsrauschen, die benötigte Übertragungskapazität steigt aber. Für die Verschlüsselung der menschlichen Sprache gelten 8 bit/Probe als ausreichend; bei einer Abtastrate von 8 kHz ergibt sich eine Übertragungskapazität von 64 000 bit/s. Ein Kanal dieser Kapazität wird von der Bundespost als Basiskanal bezeichnet (vergleiche Abschnitt 3.1).

Eine Reduzierung der Anzahl der Bits je Probe kann durch die **Delta-Modulation** erreicht werden. Sie geht davon aus, daß plötzliche Signaländerungen nicht oder nur selten auftreten; es wird nur die Differenz zur vorigen Probe verschlüsselt, wozu weniger Bits nötig sind. **Bild 2-39** zeigt, daß bei regelmäßigem Signalverlauf mit wenig Kanalkapazität mit annehmbarem Quantisierungsrauschen übertragen werden kann. Untersuchungen haben allerdings ergeben, daß bei der digitalen Übertragung von Telephongesprächen durch die Delta-Modulation keine relevanten Einsparungen möglich sind [FELL01].

Die Empfindlichkeit des menschlichen Ohrs verläuft nicht linear, sondern logarithmisch. Damit ist es sinnvoll, das Quantisierungsrauschen bei kleiner Amplitude klein zu halten, bei größeren Amplituden ein größeres Quantisierungsrauschen zuzulassen. Die Analog-Digital-Umwandlung erfolgt

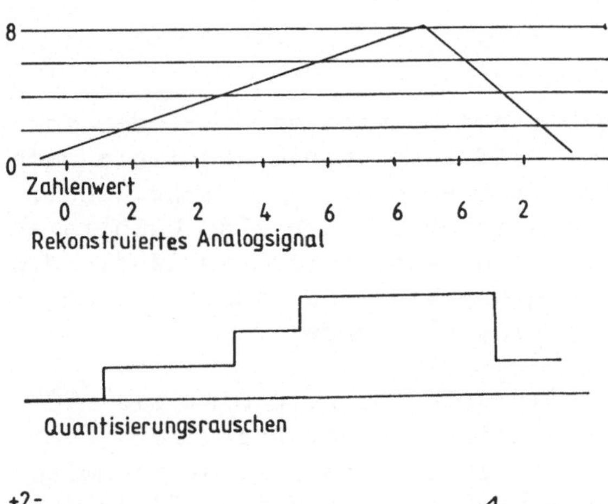

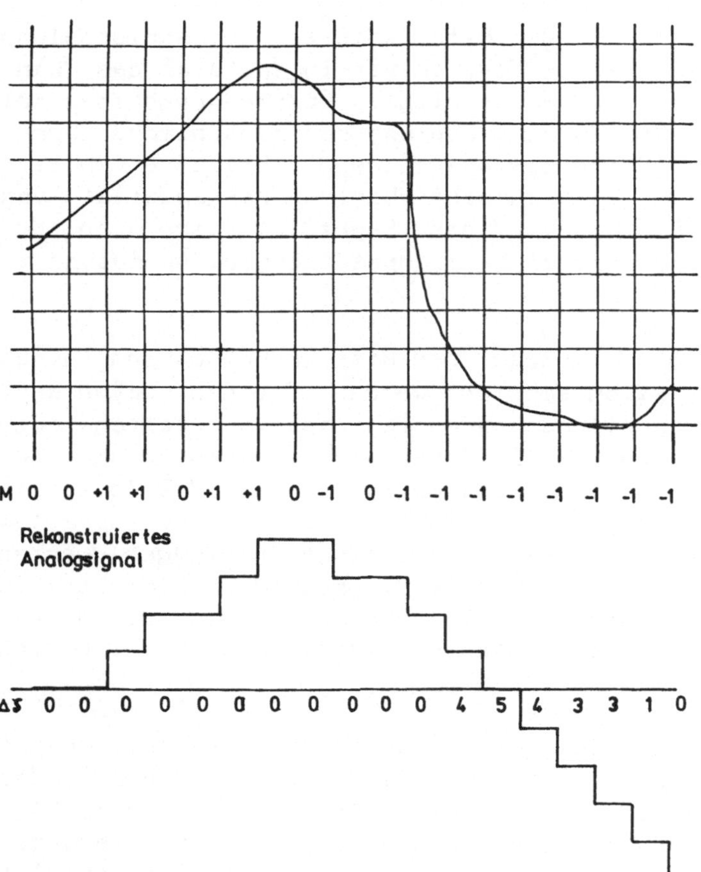

Bild 2-39
Deltamodulation. M: übertragener Digitalwert; s: Abweichung des rekonstruierten Signals von dem ursprünglichen Signal

nicht linear, sondern nach einer Quantisierungs- oder Kompressions-Kennlinie. **Bild 2-40** zeigt diese Kennlinie nach dem A-Gesetz; es bestehen mehrere Normen für diese Kennlinien. Es werden für den positiven Bereich 128 Quantisierungsstufen angegeben, im negativen Bereich verläuft die Kennlinie ebenso. Damit ergeben sich 256 Quantisierungsstufen, die mit 8 Bits verschlüsselt werden.

Die Übertragung der digitalisierten Signale wird als PCM-Übertragung (Puls-Code-Modulation) bezeichnet. Zur Übertragung können mehrere Fernsprechkanäle zusammengefaßt werden. Bei einem 30-Kanal-PCM-System werden je 30 Zeichen mit 8 Bits zu einem Impulsrahmen zusammengefaßt. Zusätzlich

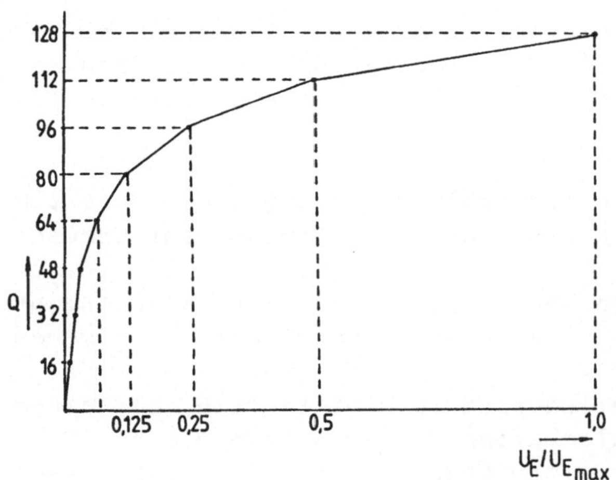

Bild 2-40
Quantisierungskennlinie nach dem A-Gesetz (U_E: Eingangsspannung des Analog-Digital-Wandlers; Q: Quantisierungsstufen)

werden weitere 16 Bits zur Kennzeichenübermittlung und Rahmenerkennung übertragen, der Impulsrahmen besteht damit aus 256 Bits. Die erforderliche Übertragungskapazität beträgt damit bei einer Abtastfrequenz von 8 kHz 2048 kbit/s.

Bei einem 24-Kanal-PCM-System wird dem Rahmen nur ein Bit zur Rahmenerkennung hinzugefügt, damit ist die Rahmenlänge 24*8 + 1 = 193 Bits. Die erforderliche Übertragungskapazität beträgt
193 * 8000 = 1 544 kbit/s.

Dieser Wert entspricht der Klasse DS1 der Datenraten-Hierarchie der USA (vergleiche Abschnitt 3.1).

2.6 Fehlerkontrolle und Fehlerkorrektur

Es sollen hier nur die Fehler behandelt werden, die bei der Datenübertragung entstehen <transmission errors>. Andere Fehler, wie sie z.B. durch falsche Eingaben entstehen, können mit den in diesem Abschnitt beschriebenen Verfahren nicht entdeckt werden. Abprüfungen auf solche Fehler (Plausibilitätsprüfung) finden in höheren Ebenen des ISO/OSI-Modells statt, die nicht mehr der eigentlichen DFÜ zuzurechnen sind. Die Datenquelle stellt Daten, oft auch als Text bezeichnet, zur Verfügung, die fehlerfrei übertragen werden sollen. Wieweit es sich dabei um echte Daten oder um Zeichen zur Fehlerabprüfung auf einer höheren Ebene handelt, ist für die DFÜ nicht relevant. Z.B. enthalten viele Kontonummern Prüfziffern, die sich aus den übrigen Ziffern errechnen lassen. Für die DFÜ stellt aber die gesamte Kontonummer ein Datum dar.

Die "Philosophie", die der Fehlererkennung und -korrektur zu Grunde liegt, kann in drei Sätzen zusammengefaßt werden:

1. Es gibt keine sichere Übertragung; man kann sich nicht darauf verlassen, daß die Daten unverfälscht übertragen werden.
2. Fehler und Fehlerquellen sind intermittierend. Bei einer Wiederholung eines fehlerhaften Vorgangs kann dieser korrekt verlaufen. Ein zweiter (oder weiterer) Versuch kann sich lohnen.
3. Nicht alle Fehler und Fehlerquellen sind intermittierend. Nach einer bestimmten Anzahl von fehlerhaften Versuchen kann davon ausgegangen werden, daß die Fehlerquelle nicht "von alleine" verschwindet. Die Wiederholungen müssen abgebrochen werden, es sind andere Maßnahmen zu ergreifen.

Bild 2-41 zeigt den grundsätzlichen Ablauf einer Übertragung mit Behandlung der Fehler.

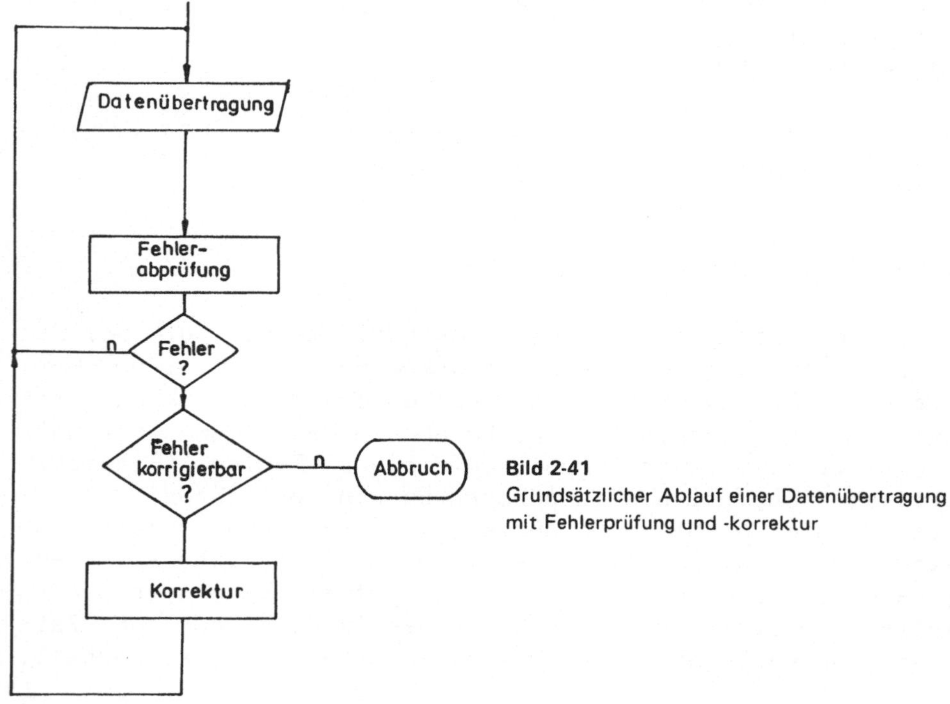

Bild 2-41
Grundsätzlicher Ablauf einer Datenübertragung mit Fehlerprüfung und -korrektur

Die Fehlererkennung <error detection> ist nur möglich, wenn den zu übertragenden Daten weitere Informationen hinzugefügt werden, die eine Überprüfung möglich machen. Da diese aus den bereits vorhandenen Daten errechnet werden, steigt der Informationsgehalt der Nachricht dabei nicht. Die dafür üblichen Methoden sind:

Querparität <VRC, Vertical Redundancy Check>
Jedes Zeichen wird durch ein weiteres Bit ergänzt, um die Paritätsbedingung zu erfüllen. Diese kann darin bestehen, daß die Zahl der "1" im Zeichen einschließlich des Paritätsbits ungrade <odd parity> oder grade <even parity> ist. Das Verfahren wird besonders bei der asynchronen Übertragung angewandt.

Längsparität <LRC, Longitudinal Redundancy Check>.
Das Paritätsbit wird aus sämtlichen Zeichen des Datenblocks gebildet, wobei die einzelnen Bits innerhalb des Zeichen gesondert behandelt werden.

Blockprüfzeichen <BCC, Block Check Character>.
Diese werden auch als Rahmen-Prüf-Sequenz <FCS, Frame Check Sequence> oder nach dem Erzeugungsverfahren als Zyklische-Redundanz-Prüfzeichen <CRC, Cyclic Redundancy Check> bezeichnet. Sie entstehen aus dem gesamten Datenblock (synchrone Übertragung), ihre Länge ist von der Länge des Datenblocks unabhängig.

Die Schaltung zur Bildung der CRC-Zeichen (**Bild 2-42**) besteht aus einem Schieberegister mit zusätzlichen Exklusiv-Oder-Verknüpfungen. Die Länge des Schieberegisters entspricht der Länge der zu bildenden CRC-Zeichen, meist 16 Bits. Die Anwendung der Schaltung erfolgt mit "Prüfpolynomen", die darüber bestimmen, wo die Verknüpfungen stattfinden. Als Prüfpolynom nach CCITT und ISO ist genormt:

$x^{16} + x^{12} + x^{5} + 1$ (CCITT X.25, ISO 2111, ISO 3309).

Als IBM-Polynom wird bezeichnet:

$x^{16} + x^{15} + x^{2} + 1$.

Die Fehlererkennung wird durchgeführt, indem mit der gleichen Schaltung ein CRC-Zeichen aus den empfangenen Daten gebildet wird, dieses wird mit dem empfangenen CRC-Zeichen

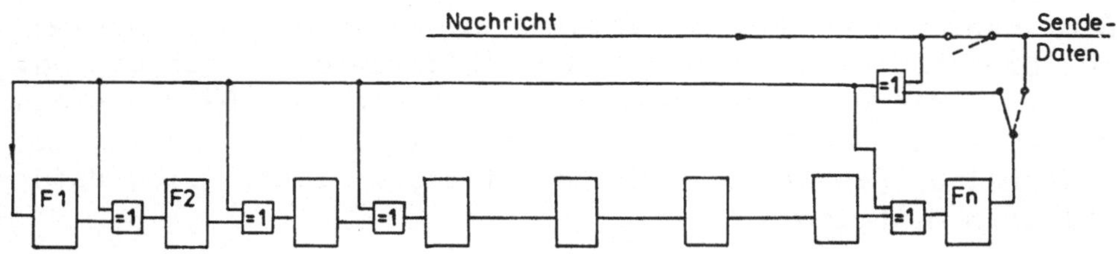

Bild 2-42
Schaltung zur Bildung von CRC-Zeichen (F: Flipflop; = 1: Exklusiv-Oder-Schaltung). Die Anzahl der Flipflops richtet sich nach der Länge der zu bildenden CRC-Zeichen, die Anordnung der Exklusiv-Oder-Schaltungen nach dem verwendeten Prüfpolynom. Die gestrichelte Schalterstellung wird beim Senden der CRC-Zeichen eingenommen.

verglichen. Wenn es damit Bit für Bit übereinstimmt, war die Übertragung mit hoher Wahrscheinlichkeit korrekt.

Das Verfahren, welches häufig angewendet wird, hat zwei Vorteile:
-- Fehler werden mit hoher Wahrscheinlichkeit erkannt; gegenüber einer ungeprüften Übertragung tritt ein Verbesserungsfaktor von 10^5 ein, wenn auf die erkannten Fehler sinnvoll reagiert wird.
-- Die Bildung und Abprüfung der CRC-Zeichen kann durch Hardware-Schaltungen erfolgen.

CRC-Zeichen geben keinen Aufschluß darüber, wieviele Fehler in einem Block aufgetreten sind und wo sich die Fehler befinden; eine direkte Korrektur ist nicht möglich. Welcher Teil der Nachricht zur Bildung der CRC-Zeichen verwendet wird, ist bei den einzelnen Prozeduren unterschiedlich, es wird im Kapitel 4 erläutert.

<u>Echoverfahren</u> <echo check>, <u>Schleifenprüfung</u> <loop check>.
Der Sender hält die gesendete Nachricht gespeichert. Der Empfänger sendet die Nachricht unverändert zurück, damit kann der Sender vergleichen, ob beide Nachrichten übereinstimmen. Wenn dies der Fall ist, liegt eine korrekte Übertragung vor. Der Nachteil des Verfahrens liegt darin, daß für das Quittieren gleich viel Übertragungsqualität benötigt wird wie für das Senden. Die Durchsatzrate liegt also immer unter 50% der Zeichengeschwindigkeit. Das Verfahren wird daher nur in Ausnahmefällen angewendet, es seien drei Beispiele genannt.

1. Terminalverkehr: Beim Anschluß eines Terminals an einen Zentralrechner über relativ kurze Entfernung (**Bild 2-43**) werden die eingegebenen Daten zum Zentralrechner übertragen, von diesem zurück auf den Bildschirm des Terminals. Der Bediener kann visuell überprüfen, ob die Daten korrekt übertragen wurden. Das Verfahren hat auch den Vorteil, Zeichen am Bildschirm selektiv unterdrücken zu können, ohne daß das Terminal über Intelligenz verfügen muß.

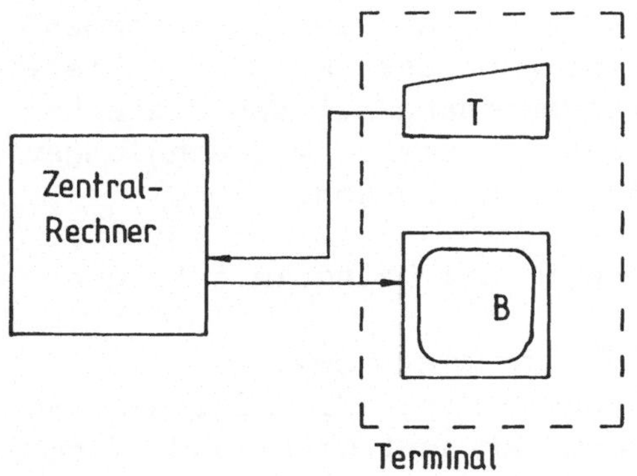

Bild 2-43
Echobildung beim Verkehr Terminal-Zentralrechner

2. Beim lokalen Netzwerk "Cambridge-Ring" (vergl.Kapitel 8) laufen die Daten durch den gesamten Ring wieder zum Absender zurück, damit kann dieser die korrekte Übertragung überprüfen.

3. Anwendung zur meßtechnischen Überprüfung von Übertragungsstrecken <loopback diagnostics>, sie wird in Kapitel 11 näher erläutert.

Bei der Fehlerbehandlung kann nach drei Prinzipien verfahren werden.

1. Keine Fehlerbehandlung. Dabei ist i.a. auch keine Fehlererkennung notwendig. Die "Methode" kann angewendet werden, wenn

-- die Übertragung so sicher ist, daß Fehler nie oder so selten auftreten, daß eine Fehlerbehandlung unwirtschaftlich ist;

-- Fehler vorliegen, welche die Verständlichkeit der Nachricht nicht beeinflussen, wenn ihre Häufigkeit in Grenzen bleibt. Dies liegt z.B. bei Texten in natürlicher Sprache vor, die auch dann verständlich bleiben, wenn Teile verstümmelt sind; dies gilt aber nicht bei Namen, Postleitzahlen usw.

Die Übertragung ohne Fehlerbehandlung wird in der DFÜ nicht angewendet.

2. Abbruch bei Fehlererkennung. Bei erkanntem Fehler wird die Übertragung abgebrochen; eine Fehlermeldung wird an eine höhere Ebene des ISO/OSI-Modells gegeben. Diese führt zu einer Reaktion, die nicht mehr im "systemkonformen" Bereich liegt, z.B. Benachrichtigung des Kundendienstes. Das Verfahren wird meist in Zusammenhang mit den Wiederholungsprozeduren angewendet; wenn mehrere Wiederholungen nicht zum Erfolg führen, kommt es zum Abbruch.

3. Fehlerkorrektur. Diese kann mit zwei Methoden erfolgen:

a) Fehlerkorrigierender Code <ECC, Error Correction Code>.
Die Nachricht wird durch redundante Bits oder Zeichen so ergänzt, daß eine Verfälschung erkannt wird und durch Schaltungen oder Rechenvorgänge die ursprüngliche Nachricht wiederhergestellt werden kann. Damit ist es nicht notwendig, eine Wiederholung der Nachricht anzufordern, es ist auch die Übertragung über eine Simplex-Strecke möglich. **Bild 2-44** zeigt den Aufbau einer Anlage mit Verwendung eines fehlerkorrigierenden Codes für Funkübertragung. Da die Korrektur beim Datenverkehr in Übertragungsrichtung erfolgt, wird sie als Vorwärts-Korrektur <FEC, Forward Error Correction> bezeichnet.

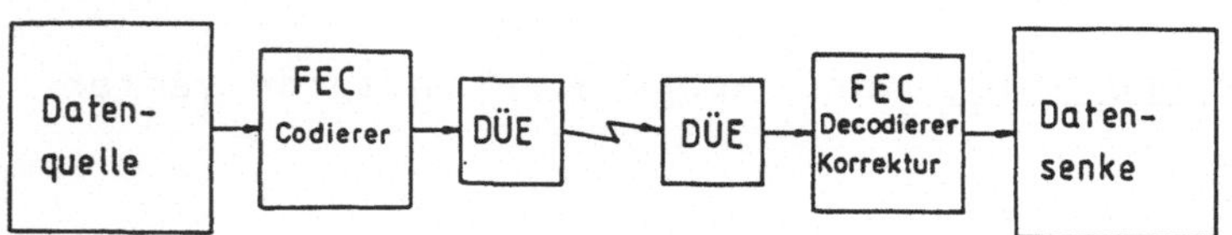

Bild 2-44
Anordnung einer Datenübertragungsstrecke mit Verwendung eines fehlerkorrigierenden Codes (FEC: Forward Error Correction)

Die Fähigkeit, Fehler zu erkennen und zu korrigieren, hängt von der Häufigkeit der Fehler und ihrer Verteilung ab. **Bild 2-45** zeigt einen fehlerkorrigierenden Code mit Längs- und Querparität. Zur Absicherung von 8 Bytes (64 Bits) werden 2

Bytes (16 Bits) benötigt. Bild 2-45 geht von der Paritätsbedingung ungerade <odd> aus. Der in Bild 2-45a dargestellte 1-Bit-Fehler wird erkannt und ist korrigierbar. Der 2-Bit-Fehler (Bild 2-45b) wird zwar erkannt, die Position der gestörten Bits ist aber nicht eindeutig erkennbar; damit bleibt der Fehler unkorrigierbar. In Bild 2-45c ist ein 4-Bit-Fehler dargestellt, der wegen seiner Anordnung nicht erkannt wird.

a)

									P_h	Q_h
	0	1	0	1	0	1	0	1	1	5
	1	0	1	0	1	0	1	0	1	5
	0	⓪	0	0	0	0	0	0	0	⓪
	0	1	0	0	0	0	1	0	1	3
	0	0	1	1	0	1	1	1	0	5
	1	1	1	1	1	1	1	1	1	9
	0	0	0	0	0	0	0	0	1	1
	0	0	0	1	0	1	0	1	0	3
P_v	1	1	0	1	1	1	1	1		
Q_v	3	④	3	5	3	5	5	5		

b)

									P_h	Q_h
	0	1	0	1	1	1	1	1	1	7
	1	0	1	0	1	0	1	0	1	5
	1	①	1	0	0	1	1	0	1	⑥
	0	1	1	1	0	0	0	0	0	3
	1	1	1	1	1	1	1	1	1	9
	0	1	0	0	0	⓪	0	0	1	②
	0	1	0	0	0	0	1	1	0	3
	0	1	0	0	0	1	1	0	0	3
P_v	0	1	1	0	0	0	1	0		
Q_v	3	⑧	5	3	3	④	7	3		

c)

									P_h	Q_h
	0	1	0	1	0	1	0	1	1	5
	0	0	①	0	①	0	0	0	1	3
	1	0	1	0	1	0	1	0	1	5
	0	1	0	0	0	0	0	0	0	1
	1	1	⓪	1	⓪	1	1	1	1	7
	1	1	1	1	1	1	1	1	1	9
	1	0	0	1	0	1	1	0	1	5
	0	1	0	0	0	1	1	0	0	3
P_v	1	0	0	1	0	0	0	0		
Q_v	5	5	3	5	3	5	5	3		

Bild 2-45
Fehlerkorrigierender Code durch Vertikal- und Horizontal-Paritätsprüfung (P_h: Paritätsbit horizontal; P_v: Paritätsbit vertikal; Q_h: Quersumme horizontal; Q_v: Quersumme vertikal)
a) 1-Bit-Fehler wird erkannt und kann korrigiert werden
b) 2-Bit-Fehler wird erkannt, kann nicht korrigiert werden
c) 4-Bit-Fehler wird bei bestimmter Anordnung nicht erkannt

Durch Verwendung eines höheren Anteils von Prüfbits läßt sich der Anteil erkennbarer und korrigierbarer Fehler steigern. So kann bei Übertragung auf Funkverbindungen ein "gespreizter konvolutioneller" Code verwandt werden, der für jedes Nachrichtenbit ein Prüfbit verwendet.

b) Korrektur durch Wiederholung. **Bild 2-46** zeigt den Ablauf einer Datenübertragung mit Wiederholung, die Methode wird auch Wiederherstellung <recovery> genannt. Sie geht davon aus, daß Fehler in der Regel intermittierend sind, eine Wiederholung also zum Erfolg führen kann. Zur Vermeidung einer "Endlos-Schleife" werden Wiederholungszähler <counter> verwandt, deren Ablauf zum Abbruch der Übertragung führt. Fehler bei der Übertragung können sein:

-- Die sendende Station erhält innerhalb einer festgelegten Zeit keine Rückmeldung von der empfangenden Station <time out>.
-- Die sendende Station erhält von der empfangenden Station eine Rückmeldung, welche einen Fehler anzeigt, z.B. NAK <negative acknowledgement>.
-- Die sendende Station erhält eine Rückmeldung, die keine Aussagekraft hat <invalid response>.

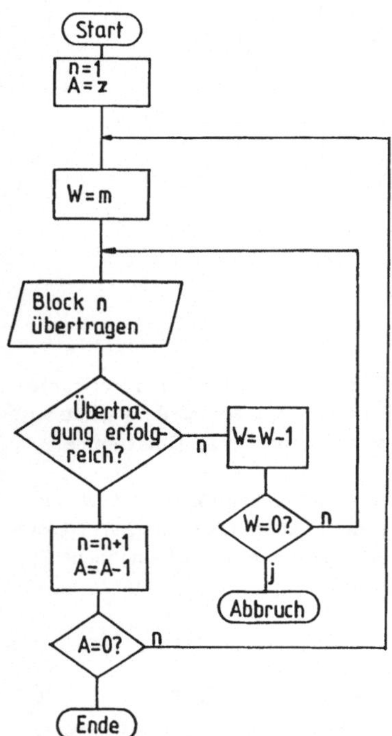

Bild 2-46
Prinzip der Fehlerkorrektur durch Blockwiederholung

Die Prozeduren der DFÜ sind so gestaltet, daß beide Stationen nach einer bestimmten Anzahl einen Abbruch durchführen können. Eine nicht korrekt arbeitende Station darf eine Verbindung nicht "ewig" aufrechterhalten und damit die andere Station blockieren.

Die Korrektur durch Wiederholung ist die in der DFÜ am häufigsten verwendete Art der Fehlerkorrektur.

Fehlerkontrolle wird im ISO/OSI-Modell in mehreren Ebenen als Funktion genannt, da Fehler in mehreren Ebenen auftreten können. Z.B. kann der Austausch von Rahmen auf der Verbindungsebene korrekt verlaufen (Ebene 2), der Austausch von Paketen auf der Paketebene (Ebene 3) aber gestört sein. Nichtkorrigierbare Fehler verhindern stets das Funktionieren der Vorgänge auf den höheren Ebenen; korrigierbare Fehler einer unteren Ebene sollen keine Auswirkungen auf das Funktionieren der oberen Ebenen haben.

3 Die physikalische Ebene

Dieses Kapitel befaßt sich mit der physikalischen Ebene <Physical layer> des ISO/OSI-Modells, nach DIN ISO 7498 der Bitübertragungsschicht. Im Gegensatz zum vorigen Kapitel sollen hier die auf dieser Ebene tatsächlich vorhandenen Einrichtungen untersucht werden, wobei der Normung besondere Bedeutung zukommt.

Die physikalische Ebene zeichnet sich durch folgende Merkmale aus:

a) Die Daten werden als Bitstrom betrachtet; es wird nicht unterschieden, ob es sich dabei um Daten im eigentlichen Sinne oder Steuerinformationen <Control Characters, Overhead> handelt.

b) Die Normung erstreckt sich nicht nur auf den Informationsaustausch, sondern auf die Darstellung durch konkrete Signale, physikalische Größen wie Spannung und Stromstärke werden berücksichtigt.

c) Nicht nur elektrische Größen, sondern teilweise auch mechanische Größen wie z.B. Steckerformen sind genormt.

d) Es werden meist nicht ganze Systeme betrachtet, sondern das Verhalten an bestimmten Punkten der Übertragungsstrecke.

e) Es werden nicht nur Signale bezeichnet und physikalisch definiert, sondern Bedeutung und Zusammenarbeit dieser Signale werden auch beschrieben.

f) Eine große Rolle spielen Überlegungen zum Zeitverhalten der Signale <timing> und den dabei zulässigen Abweichungen.

Der erste Teil dieses Kapitels befaßt sich mit den Trägern für die Datenübertragung, der zweite mit den für die physikalische Ebene genormten Schnittstellen und der dritte mit dem Aufbau von Verbindungen.

3.1 Träger

Bild 3-1 zeigt einen Überblick über die zur Informationsübertragung zur Verfügung stehenden Netze.

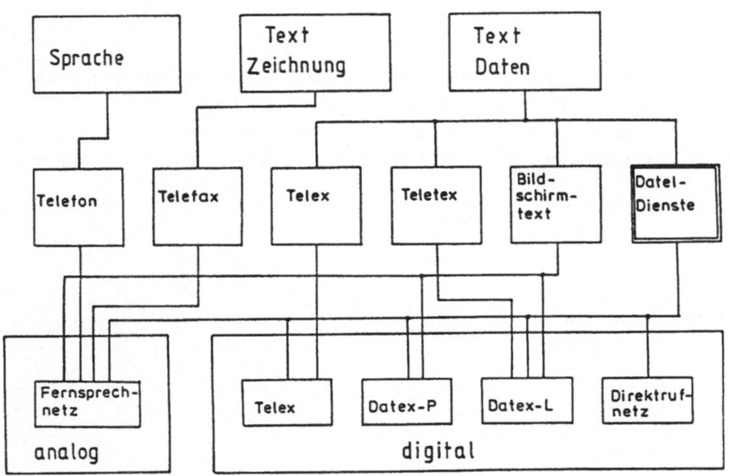

Bild 3-1
Dienste und Netze der Bundespost zur Informationsübertragung

Das **Fernsprechnetz** zeichnet sich durch eine geringe Bandbreite von 300 - 3400 Hz aus, welche für die Übertragung von Gesprächen ausreichend ist <voice grade lines>. Für die DFÜ müssen die Signale daher moduliert werden (vergl. Abschnitt 2.2). Die Schnittstellen zum Fernsprechnetz sind nach der V-Serie von CCITT genormt. Wenn akustische Koppler <acoustic couplers> eingesetzt werden, ist die DFÜ über das Fernsprechnetz auch ohne Datenübertragungseinrichtung (Modem) möglich. (Vergl. Abschnitt 3.2).

Das weltweit verbreitete **Telexnetz** ist für eine digitale Übertragung von Informationen konzipiert, die Datenübertragungsrate beträgt 50 bit/s. Die Zeichen werden nach dem Internationalen Telegraphenalphabet Nr. 2 codiert (**Bild 3-2**). Der Telex-Verkehr ist dialogfähig; Daten können unmittelbar vom Menschen eingegeben und gelesen werden. Es können Teilnehmerbetriebsklassen gebildet werden; Gruppen von Teilnehmern (ab 20) sind dann nur noch untereinander verbindbar. Wegen der niedrigen Datenübertragungsrate wird das Telexnetz nur selten zur DFÜ benutzt.

Buchstabenreihe		A	B	C	D	E	F	G	H	I	J	K	L	M	N	O	P	Q	R	S	T	U	V	W	X	Y	Z	<	ZV	A...	1...	ZWR	so
Zahlenreihe		-	?	:	wd	3	so	so	so	8	kl	(	)	.	,	9	0	1	4	'	5	7	=	2	/	6	+	<	≡	A...	1...	ZWR	so
Schritt	1	o	o		o	o	o				o	o						o		o		o		o	o	o	o			o	o		
	2	o		o				o		o	o	o	o				o	o	o			o	o	o					o	o	o		
	3			o			o		o	o		o		o	o		o	o		o		o	o		o	o				o		o	
	4		o	o	o		o	o			o	o		o	o	o			o				o		o			o		o	o		
	5		o					o	o				o	o		o	o	o			o		o	o	o	o	o			o	o		

Bild 3-2
Telegraphencode, Fernschreibcode (Telegraphenalphabet Nr. 2). Die auf dem Lochstreifen parallel dargestellten Bits werden im Telexnetz seriell (mit Start- und Stopbits) übertragen.

A ... Umschaltzeichen (nachfolgende Zeichen werden als Buchstaben interpretiert)
1 ... Umschaltzeichen (nachfolgende Zeichen werden als Zahlen bzw. Sonderzeichen interpretiert)
wd Wer da?
kl Klingel
ZV Zeichenvorschub
ZWR Zwischenraum
< Wagenrücklauf
so freigehalten für weitere Sonderzeichen

Das **Datex-Netz** wurde für die Übertragung digitaler Daten konzipiert. Die Schnittstellen zum Datex-Netz sind nach der X-Serie von CCITT genormt, es bestehen Übergangslösungen zur V-Serie.

Das **Datex-P-Netz** (Datex mit Paketvermittlung) wird in Kapitel 5 besprochen.

Bild 3-3 zeigt den Aufbau des **Datex-L-Netzes** (Datex mit Leitungsvermittlung); es handelt sich um ein dem Fernsprechnetz ähnliches Konzept. Es können nur Teilnehmer der gleichen Datenübertragungsrate miteinander verbunden werden. Dabei sind 6 Anschlußtypen vorgesehen (Tabelle 3-1), die sich nach den Benutzerklassen (X.1- Empfehlung CCITT) richten (vergleiche Tabelle 2-10).

Alle Datex-L-Anschlüsse sind vollduplex. Durch die vollelektronische Vermittlung soll der Verbindungsaufbau in weniger als 1 Sekunde stattfinden.

Als zusätzliche Leistungen stehen zur Verfügung:
-- Kurzwahl: Jeder Teilnehmer kann bis zu 64 Nummern in der Zentrale speichern lassen und mit einer zweistelligen Wahl aufrufen.

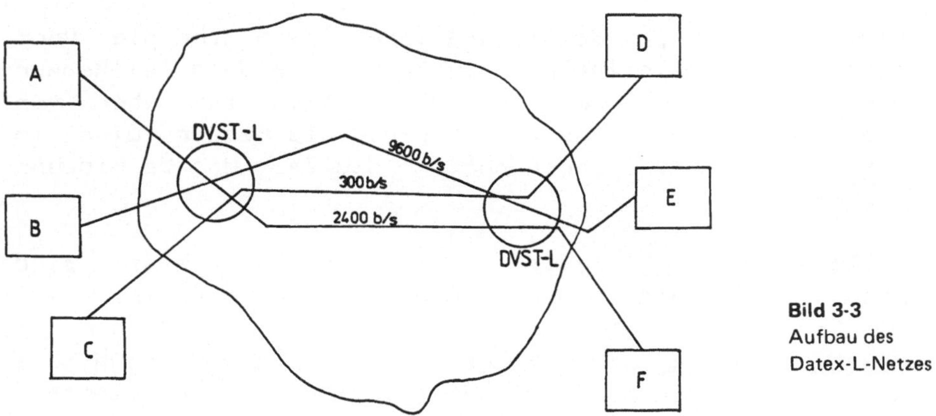

Bild 3-3
Aufbau des Datex-L-Netzes

Tabelle 3-1: Anschlüsse in Datex-L

Bezeichnung	Benutzer-klasse	Merkmale
Datex-L200	2	50 - 200 bit/s; asynchron; Verbindungsaufbau mit Nummernwahlschalter vom posteigenen Fernschaltgerät aus
Datex-L300	1	300 bit/s; asynchron; Verbindungsaufbau mit Tastenwahl vom posteigenen Fernschaltgerät oder von der DEE nach X.20
Datex-L2400	4	2400 bit/s; synchron; Verbindungsaufbau mit Tastenwahl vom posteigenen Fernschaltgerät oder von der DEE nach X.21
Datex-L4800	5	4800 bit/s; sonst wie Datex-L2400
Datex-L9600	6	9600 bit/s; sonst wie Datex-L2400
Datex-X.22	7	48000 bit/s; Multiplexschnittstelle nach CCITT X.22; Aufteilung in Kanäle mit 2400, 4800 oder 9600 bit/s

-- Direktruf: Durch Betätigung einer Taste wird die Verbindung mit einem Teilnehmer hergestellt, andere Teilnehmer können nicht gerufen werden. Die Station ist aber von anderen Teilnehmern aus erreichbar. Die Gebühr wird im Gegensatz zu Mietleitungen nur für die Zeit der Verbindung berechnet.

-- Teilnehmerbetriebsklassen: Wie im Telex-Netz sind Gruppen von Teilnehmern nur untereinander erreichbar.

-- Anschlußkennung: Zur Erhöhung der Sicherheit kann die gerufene und/oder die rufende Station identifiziert werden.

-- Gebührenübernahme: Es kann vereinbart werden, daß die gerufene Station die Gebühren übernimmt, während in der Regel die rufende Station mit den Gebühren belastet wird.

Die Gebühren im Datex-L-Netz umfassen neben den Anschluß- und Grundgebühren, die mit der Datenübertragungsrate zunehmen, Verbindungsgebühren, welche Verbindungsdauer, Entfernung, Tageszeit und Wochentag sowie die Datenübertragungsrate berücksichtigen.

Das **Direktrufnetz** stellt Standleitungen <leased lines> zwischen zwei Teilnehmern mit HfD (Hauptanschluß für Direktruf) zur Verfügung. Der Anschluß kann über Datenübertragungsraten von 50 bit/s asynchron bis zu 48 000 bit/s synchron verfügen. Neben den Anschlußgebühren sind monatliche Gebühren zu tragen, unabhängig vom tatsächlich stattfindenden Verkehr. Die Verbindung ist daher nur dann sinnvoll, wenn zwischen zwei Stationen viele Daten auszutauschen sind. Vorteile des Direktrufnetzes sind aber auch:

-- Datensicherheit, da ein "Verwählen" nicht möglich ist.
-- Die Verbindung kann nie besetzt sein.
-- Da die Leitung immer die gleichen physikalischen Eigenschaften hat, kann die Übertragung technisch optimiert werden, z.B. durch Entzerrer, die immer das gleiche Verhalten haben können.

Das Direktrufnetz benutzt teilweise noch analoge Übertragungsstrecken, soll aber voll auf die digitale Übertragung umgestellt werden.

Alle Netze, die sich mit der digitalen Datenübertragung befassen, sollen in einem integrierten Text- und Datennetz

(IDN) zusammengefaßt werden; die Abkürzung IDN wird im internationalen Schrifttum auch für "Intelligent Data Network" verwendet.

Weitere Trägernetze in der Entwicklung sind:

ISDN <Integrated Services Digital Network>.
Es verfügt über Basis-Kanäle mit einer Übertragungsrate von 64 kbit/s, diese sind damit für die digitale Übertragung eines Telephongesprächs geeignet. Der Zugang erfolgt über einen Basisanschluß, welcher aus zwei Basis-Kanälen und einem Steuer-Kanal (16 kbit/s) besteht (**siehe Bild 3-4**). Das ISDN soll nicht nur der Übertragung digitalisierter Telephongespräche dienen, sondern auch für die Übertragung von Daten, Texten, zum Fernkopieren usw. zur Verfügung stehen. Die Vermittlung erfolgt digital auf Grund von Informationen, die über den Steuer-Kanal übertragen werden.

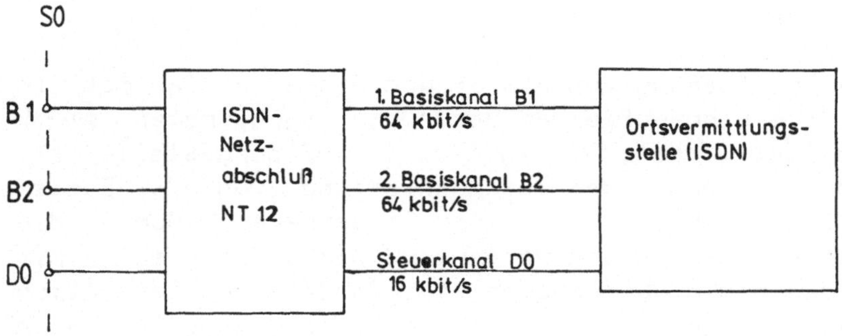

Bild 3-4
Basisanschluß im ISDN-Netz

Breitbandnetze <broadband networks>.
Diese Netze sind für die Übertragung von Rundfunk- und Fernsehprogrammen vorgesehen, sie werden in englischsprachigen Ländern als CATV <Community Antenna Television> bezeichnet. Sie sollen auch zur Datenübertragung eingesetzt werden. In den Breitband-Netzen, die mit 47 bis 300 MHz arbeiten, werden Koaxial-Kabel verwendet, daneben laufen Versuche mit Lichtleitern.

BIGFON (Breitbandiges Integrierters Glasfaser-Fernmelde-Ortsnetz) und BIGFERN (Breitbandiges Integrierters Glasfaser-Fernverbindungs-Netz) sollen neben der Übertragung von Rundfunk- und Fernsehprogrammen auch Telephongespräche (einschließlich Bildtelephon) und digitale Text- und Datenübertragung vornehmen. Für die Rundfunk- und Fernsehprogramme soll sowohl ein Teilnehmernetz mit einer bestimmten Anzahl von Programmen wie auch ein Vermittlungsnetz erprobt werden. Bei diesem stehen dem Teilnehmer eine sehr große Anzahl von Programmen zur Verfügung, von denen er eine bestimmte Anzahl, z.B. 4 Fernsehprogramm anfordern kann. Bei dem Vermittlungsnetz muß immer ein Rück-Kanal vom Teilnehmer an die Zentrale bestehen.

Die CCITT-Empfehlung X.92 (Hypothetische Referenzverbindung für öffentliche synchrone Datennetze <Hypothetical reference connections for public synchronous data networks>) definiert die in einem digitalen Datennetz möglichen Verbindungen. Technische Eigenschaften werden dabei nicht definiert, die Übertragung über Basiskanäle (64 kbit/s) ist aber bereits berücksichtigt. Die Definitionen von X.92 gehen über die physikalische Ebene hinaus und berücksichtigen auch die Verbindungsebene und teilweise die Paketebene.

Durch Zusammenfassung von Basis- und Steuerkanälen ist in den USA eine Hierarchie der Datenübertragungsraten <data rate hierarchy> gebildet worden, die in **Tabelle 3-2** dargestellt ist. DS1 entspricht dabei der Zusammenfassung von 24 Basiskanälen (1,536 Mbit/s) mit einem Steuerkanal. Durch die Hierarchie der Übertragungsraten wird nicht definiert, mit welchen Trägern die Übertragung stattfindet; es kann sich um parallel verlegte "langsame" Leitungen handeln, aber auch um eine "schnelle" Leitung, z.B. Glasfaserkabel.

Tabelle 3-2: Hierarchie der Datenübertragungsraten

Name	Datenübertragungsrate [Mbit/s]
DS1	1,544
DS1 C	3,152
DS2	6,312
DS3	44,736
DS4	274,176

Nach CCITT und CEPT sollen 30 Basiskanäle mit zwei Steuerkanälen für die Multiplexsteuerung zusammengefaßt werden, so daß sich eine Übertragungsrate von 2 048 Mbit/s ergibt.

3.2 Schnittstellen

Schnittstellen <interfaces> der physikalischen Ebene sind genormt für:
-- mechanischen Aufbau der Stecker,
-- Zuordnung der Signale zu den Steckerpunkten,
-- Bedeutung der Signale,
-- elektrische Kennwerte der Signale,
-- Zusammenarbeit der Signale.
Die wichtigsten Schnittstellen dieser Ebene sind V.24, X.20 und X.21, diese CCITT-Empfehlungen werden durch weitere Empfehlungen ergänzt.

3.2.1 Leitungen und Signale der V.24-Schnittstelle

Die Schnittstelle V.24 (Liste von Definitionen für Austauschleitungen zwischen Datenendeinrichtung und Datenübertragungseinrichtung, List of definitions for interchange circuits between data-terminal equipment and data circuit-terminating equipment)
ist auch nach DIN 66020 genormt. Weiterhin besteht die EIA-Norm **RS-232-C**: Interface between Data terminal equipment and data communication equipment employing serial binary data interchange
(Schnittstelle zwischen DEE und DÜE bei Verwendung des Austauschs serieller binärer Daten). RS-232-C umfaßt auch die Beschreibung des elektrischen Verhaltens der Signale, welche nach CCITT nicht in V.24, sondern in V.28 genormt ist.

V.28: <Electrical characteristics for unbalanced double-current interchange circuits>.
Die entsprechende deutsche Norm ist DIN 66 259 Teil 1: Elektrische Eigenschaften der Schnittstellenleitungen; Doppelstrom, unsymmetrisch, bis 20 kbit/s.

Durch diese mehrfache Normung bestehen mehrere Bezeichnungen für die Signale. Bei CCITT werden sie durch eine Nummer <interchange circuit number> und einen Namen <interchange circuit name> gekennzeichnet, bei DIN durch eine Abkürzung, die aus Buchstaben und Ziffern besteht sowie durch einen deutschen Namen, bei EIA durch eine Steckernummer <pin number>, eine Leitungsbezeichnung <circuit> und eine Beschreibung <description>, die dem Namen nach CCITT entspricht.

Die V.24-Schnittstelle gilt für den Anschluß von Datenendeinrichtungen (nachfolgend DEE) an das Fernsprechnetz über Datenübertragungseinrichtungen (nachfolgend DÜE), dabei kann sowohl synchrone wie asynchrone Übertragung vorliegen, die DÜEs können mit Stand- oder Wählleitungen verbunden sein, es kann eine Halbduplex- oder Vollduplexübertragung vorliegen.

Bild 3-5 zeigt die nach V.24 vorhandenen Leitungen mit ihren verschiedenen Bezeichnungen. Es gibt keine bidirektionalen Leitungen, die Richtung der Signale ist im Bild durch die Pfeilrichtung dargestellt. Die Zuordnung der logischen Pegel ist nach V.28

Datenleitungen:	"1"	<= -3 V
	"0"	>= +3 V
Andere Signalleitungen:	Ein <on>	>= +3 V
	Aus <off>	<= -3 V

Für die Datenleitungen liegt also eine negative Logik vor.

Datenleitungen (Bezeichnung nach DIN D):
Auf der Leitung für Sendedaten (D1, von DEE nach DÜE) und Empfangsdaten (D2, von DÜE nach DEE) müssen die Daten in serieller, digitaler Form vorliegen. Die Signalbezeichnung für die Sendedaten wird mit **TxD** <Transmitted Data>, die für die Empfangsdaten mit **RxD** <Received Data> abgekürzt.

Steuerleitungen (Bezeichnung S nach DIN) und **Meldeleitungen** (M nach DIN): Steuerleitungen gehen immer von der DEE zur DÜE, Meldeleitungen von der DÜE zur DEE. Meldesignale sind oft, aber nicht immer die Reaktion auf Steuersignale.

S1.1 Übertragungsleitung anschalten <connect data set to line>.
Veranlaßt die DÜE, sich an die Wählleitung anzuschalten, bzw. vom Sprech- auf den Datenverkehr überzugehen. Der Zustand wird solange beibehalten, wie S1.1 im Ein-Zustand ist. Ein Wechsel zu Aus führt erst dann zu einer Lösung, wenn alle der DÜE übergebenen Daten gesendet sind.

S1.2 Datenendeinrichtung betriebsbereit <data terminal ready>, **DTR**.
Dieses Signal zeigt einer DÜE an einer Standleitung an, daß die DEE bereit ist, Daten zu senden oder zu empfangen.
S1.1 und S1.2 können nie zugleich vorkommen, je nach Typ der Verbindung tritt nur eines der beiden Signale auf.

DIN	CCITT	RS-232-C	Bezeichnung	Richtung DEE DÜE
E2	102	AB	Erdleitung	
E2	102a		DEE-Rückleiter	
E2	102b		DÜE-Rückleiter	
D1	103	BA	Sendedaten	→
D2	104	BB	Empfangsdaten	←
S2	105	CA	Sendeteil einschalten	→
M2	106	CB	Sendebereitschaft	←
M1	107	CC	Betriebsbereitschaft	←
S1.1	108/1		Übertragungsltng. anschalten	→
S1.2	108/2	CD	DEE betriebsbereit	→
M5	109	CF	Empfangssignalpegel	←
M6	110	CG	Empfangsgüte	←
S4	111	CH	Hohe Übertr.geschw. einschalt.	→
M4	112	CI	Hohe Übertragungsgeschwind.	←
T1	113	DA	Sendeschrittakt zur DÜE	→
T2	114	DB	Sendeschrittakt zur DEE	←
T4	115	DD	Empfangsschrittakt zur DEE	←
HD1	118	SBA	HK Sendedaten	→
HD2	119	SBB	HK Empfangsdaten	←
HS2	120	SCA	HK Sendeteil einschalten	→
HM2	121	SCB	HK Sendebereitschaft	←
HM5	122	SCF	HK Empfangssignalpegel	←
T3	128		Empfangsschrittakt zur DÜE	→
S3	124		Auswahl von Frequenzgruppen	→
M3	125		Ankommender Anruf	←
S10	132		Datenbetrieb ablösen	→
S7	133		Empfangsdaten abrufen	→

Bild 3-5
Signale an der Schnittstelle V.24

M1 Betriebsbereitschaft <data set ready>, **DSR**.
Es zeigt an, daß die DÜE mit der Leitung verbunden ist und bereit ist, auf weitere Steuersignale hin aktiv zu werden. Das Signal kann eine Quittierung auf S1.1 oder S1.2 sein.

S2 Sendeteil einschalten <request to send>, **RTS**.
Steuert den Sendebetrieb der DÜE, bei einem Ein-Zustand soll die DÜE in den Sendebetrieb gehen <data channell transmit mode>. Wenn S2 in den Aus-Zustand geht, wird der Sendebetrieb erst dann verlassen, wenn alle übergebenen Daten gesendet sind.

M2 Sendebereitschaft <ready for sending>.
Zeigt als Quittungssignal für S2 die Sendebereitschaft der DÜE an. Werden die Signalnamen abgekürzt, so wird für M2, um Verwechslungen mit S2 (RTS) zu vermeiden, die Abkürzung **CTS** <clear to sending> verwandt.

M5 Empfangssignalpegel <data channell received line signal detector>, **CD**.
Das Signal soll der DEE anzeigen, daß die DÜE Signale auf der Fernsprechleitung empfängt, die sich in den vorgeschriebenen Grenzen befinden. Die Bildung des Signals liegt in der Verantwortung der DÜE, wird also nicht von der DEE gesteuert. Bedingungen für die Bildung von M5 sind in weiteren CCITT-Empfehlungen enthalten. Als Beispiel sei V.26 (2400 bit/s-Modem zur Datenübertragung auf festgeschalteten Vierdrahtleitungen, 2400 bit per second moden standardized for use on 4-wire leased telephone-type circuits) genannt. Für M5 gilt nach dieser Empfehlung:

Ist das ankommende Signal größer als -43 dBm, dann ist M5 = Ein; ist es kleiner als -48 dBm, so ist M5 = Aus (die Maßeinheit dBm ist in Abschnitt 11.1 erläutert). V.26 gibt keine direkte Anweisung darüber, wie M5 sich verhalten soll, wenn sich das ankommende Signal zwischen -43 und -48 dBm bewegt. Die Schaltung zur Bildung des M5-Signals soll aber ein Hystereseverhalten <hysteresis action> zeigen, wobei die beiden Schwellwerte mindestens 2 dBm auseinander liegen sollen. **Bild 3-6** zeigt den Zusammenhang zwischen dem Empfangssignal und M5. Nach V.26 wird weiter vorgeschlagen, nach Klärung der Übertragungsbedingungen weniger empfindliche Grenzwerte zu verwenden, z.B. -33 dBm und -38 dBm.

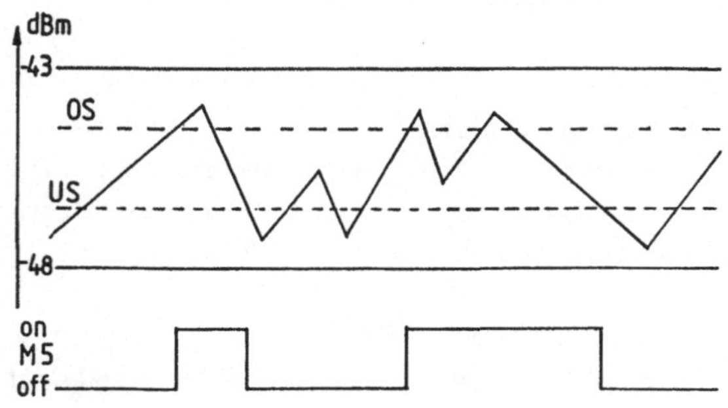

Bild 3-6
Zusammenhang zwischen dem Pegel des empfangenen Signals und dem Signal MS (Empfangssignalpegel) an der V.24-Schnittstelle

S4 Hohe Übertragungsgeschwindigkeit einschalten <data signalling rate selector>, **DRS**.
Dieses Signal, welches von der DEE kommt, entspricht dem Signal M4, welches von der DÜE kommt. Es darf immer nur eines der Signale verwendet werden. Es dient der Auswahl der Datenübertragungsrate aus zwei verschiedenen Möglichkeiten, ist also nur sinnvoll, wenn die DÜE mit zwei verschiedenen Geschwindigkeiten arbeiten kann <dual rate DCE>. Daher

ist in V.26 <2400 bit per second> keines der Signale vorgesehen, während Modems nach V.27ter <4800/2400 bit per second modem> den Anschluß von S4 vorsehen. Für beide Signale (M4, S4) gilt, daß bei Ein-Zustand die hohe Geschwindigkeit gewählt wird.

M3 Ankommender Ruf <calling indicator>.
Der Ein-Zustand zeigt an, daß die DÜE ein Ruf-Signal erkannt hat. Bei einem intermittierenden Ruf-Signal <pulse-modulated calling signal> geht das M3-Signal in den Pausen in den Aus-Zustand. Die Bezeichnung wird mit **RI** abgekürzt <Ring Indicator>.

Taktleitungen <timing>, nach DIN mit T bezeichnet.
Sie dienen der Synchronisation des Datenstroms zwischen der DEE und der DÜE.

T1, T2 Sendeschritt-Takt <transmitter signal element timing>, **TxC**.
Beide Signale, von denen immer nur eins vorhanden sein kann, takten den Datenfluß der Sendedaten auf D1. Sind beide Leitungen vorhanden, so ist die inaktive Leitung im Aus-Zustand zu halten. Der Übergang vom Ein- in den Aus-Zustand kennzeichnet die Mitte der Schritte <data cells> auf der Leitung D1 (**Bild 3-7**). Die Signale sollen ein Verhältnis der Ein- und Aus-Zustände von etwa 1:1 haben.

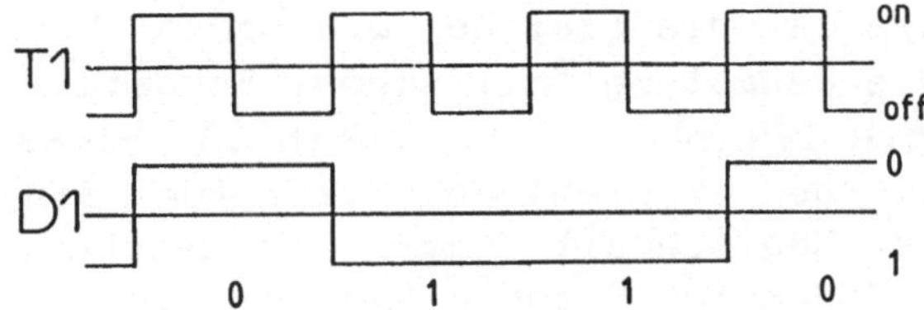

Bild 3-7
Zusammenhang zwischen T1 (Sendeschrittakt von der DEE) und D1 (Sendedaten) an der V.24-Schnittstelle

Damit T1 verwendet werden kann, muß die DEE über eine Takteinrichtung verfügen; damit T2 verwendet werden kann, muß sie in der DÜE sein (selbsttaktendes Modem). V.24 und die einzelnen Empfehlungen für Modems sehen beide Möglichkeiten vor. Wenn ein selbsttaktendes Modem vorliegt, ist keine Taktung durch die DEE erforderlich. Controller für die DFÜ werden daher teilweise in zwei Versionen angeboten, von denen nur eine die Takterzeugung durchführen kann.

T3,T4 Empfangsschritt-Takt <receiver signal element timing> **RxC**.
Die Signale, von denen wie bei T1 und T2 nur eins aktiv sein kann, haben eine ähnliche Funktion wie T1 und T2, sind

aber auf die Empfangsdaten (D2) bezogen. Abgeleitet werden muß der Empfangsschritt-Takt aus der Bitsynchronisation durch die empfangenden Daten (siehe Abschnitt 2.4). Der Empfangsschritt-Takt T4 von der DÜE wird nur gebildet, wenn auch das Signal M5 (Empfangssignalpegel) vorliegt.

In V.24 sind sowohl die Leitungen für T3 (von DEE) wie T4 (von DÜE) vorgesehen. Die Empfehlungen für die einzelnen Modems sehen im Gegensatz zu T1 und T2 nicht immer beide Leitungen vor, sondern teilweise nur die Verwendung von T4 (von DÜE). Empfangsschritt-Takt und Sendeschritt-Takt müssen bei einer synchronen Übertragung immer vorhanden sein.

T5 Empfangsseitige Abtastmarkierung <receive character timing>.
Es soll dazu dienen, einen Zeitrahmen für empfangene Daten zu bilden (Zeichensynchronisation). Es soll nur verwendet werden, wenn die Empfehlung für ein bestimmtes Modem dies vorsieht, die CCITT-Empfehlungen für Modems sehen es nicht vor.

Hilfskanal-Leitungen (nach DIN durch ein vorgestelltes H gekennzeichnet) sollen einen weiteren Kanal für die Datenübertragung <backward channell> ansteuern. Dieser arbeitet mit einer niedrigeren Datenübertragungsrate als der Hauptkanal. Die Bedeutung der Signale ist die gleiche wie oben beschrieben, z.B. hat HS2 die Bedeutung "Hilfskanal Sendeteil einschalten <transmit backward channell line signal>". Der Anschluß eines Hilfskanals ist z.B. in der Empfehlung V.23 für ein 600/1200 bit/s-Modem als Möglichkeit <option> vorgesehen, während V.29 (9600 bit/s-Modem für Standleitungen) keinen Hilfskanal vorsieht.

Die V.24-Schnittstelle sieht in der 200-Serie auch Anschlüsse für das automatische Wählen vor. Darauf wird in Abschnitt 3.3 eingegangen.

Die V.24-Schnittstelle wird nicht nur für den Anschluß von DEEs an das öffentliche Fernsprechnetz verwendet, sondern auch zur Verbindung von Geräten, die räumlich eng beieinander sind. Eine Modulation und damit die Verwendung von Modems ist so nicht erforderlich. Es wird auch meist nur ein Teil der in V.24 vorgesehenen Signale verwendet. Es seien dazu drei Beispiele gebracht:

1. **Bild 3-8** zeigt einen Direktanschluß, bei dem zwei DEEs mit einem Kabel ohne Zwischenschaltung von Modems verbunden sind. Die Controller der DEEs sollen dabei das gleiche Verhalten zeigen, das auch beim Anschluß über Modems vorliegen würde; damit sind keine Hard- oder Softwareanpassungen notwendig. Es werden daher auch Signale gebildet und erwartet, die bei dieser Art Anschluß keinen Sinn haben.

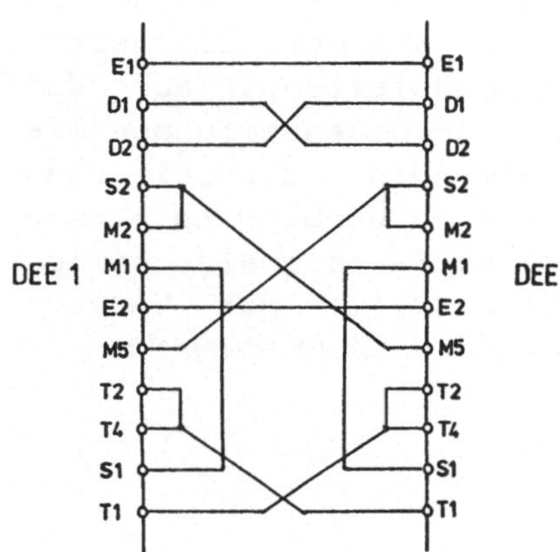

Bild 3-8
Direktverbindung zweier Dateneinrichtungen über V.24. Die Verbindung ist so gestaltet, daß auch eine DÜE von den DEEs angesprochen werden könnte.

Die Datenleitungen werden gekreuzt, damit aus Sendedaten der einen Station die Empfangsdaten der anderen Station werden. Durch die Brückung zwischen den Signalen S1 und M1 wird das Vorhandensein einer DÜE, welche S1 mit M1 quittiert, vorgetäuscht. Der gleiche Zweck wird durch die Brücke zwischen S2 und M2 erreicht. Das Signal S2 wird aber auch der anderen Station zugeführt; da es Daten auf der Sendedatenleitung anzeigt, die bei der empfangenden Station auf der Empfangsdatenleitung D2 sind, wird deren Vorhandensein mit M5 (Empfangssignalpegel) angezeigt.

Die Taktung erfolgt direkt, bei der in Bild 3-8 gezeigten Verbindung muß nur eine DEE über eine Takteinrichtung verfügen. Diese würde T1 und T3 bilden, welche bei der anderen Station als T2 und T4 scheinbar von der DÜE kommen.

Während in diesem Beispiel der DEE der Eindruck vermittelt wird, mit einer DÜE wie bei einem Anschluß an das Fernsprechnetz zusammenzuarbeiten, sind oft Verbindungen im Gebrauch, die speziell für den Anschluß peripherer Geräte gestaltet wurden, wenn sie auch die Signale von V.24 verwenden. Dabei sind zu unterscheiden:

-- Konfigurationen, bei denen beide Geräte als DEE arbeiten.
-- Konfigurationen, bei denen ein Gerät als DEE, das andere als DÜE nach den Schnittstellenregeln der V.24 arbeiten.

2. **Bild 3-9** zeigt eine Verbindung, bei der die Zentraleinheit als DÜE, das periphere Gerät als DEE konzipiert ist. Für die DÜE stellt die Leitung D1 eine Empfangsleitung dar; sie empfängt hier die Daten in digitaler Form, um sie dann moduliert ans Netz zu geben. Die Leitung D2 ist für die DÜE eine Sendeleitung, auf der sie Daten zur DÜE gibt. Die Kreuzung der Datenleitungen wie in Bild 3-8 ist damit nicht mehr notwendig, die Leitungen behalten ihre Bezeichnungen. Da an der Verbindung immer asynchron übertragen wird, sind keine Taktsignale nötig, die Synchronisierung erfolgt über Start-Bits. Als Steuersignale dienen nur S2 <request to send> und M2 <ready for sending, clear to sending>.

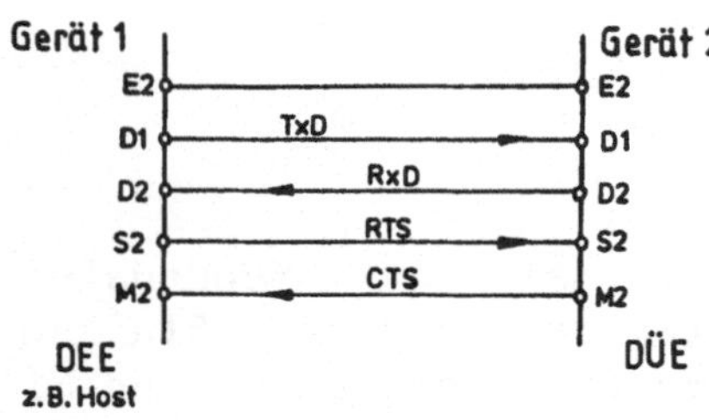

Bild 3-9
Verbindung zweier Geräte über V.24, wobei ein Gerät als DÜE, das andere als DEE konzipiert ist

3. **Bild 3-10** zeigt eine Verbindung für asynchrone Übertragung, bei der beide Geräte das DEE-Verhalten aufweisen, damit findet wieder die Kreuzung der Datenleitungen wie bei Bild 3-8 statt. Im Gegensatz zum Beispiel 1 sind hier aber alle Leitungen weggelassen, die nur in Zusammenarbeit mit einem Modem Sinn haben. Die Geräte können nicht ohne Modifikation über Modems miteinander verbunden werden.

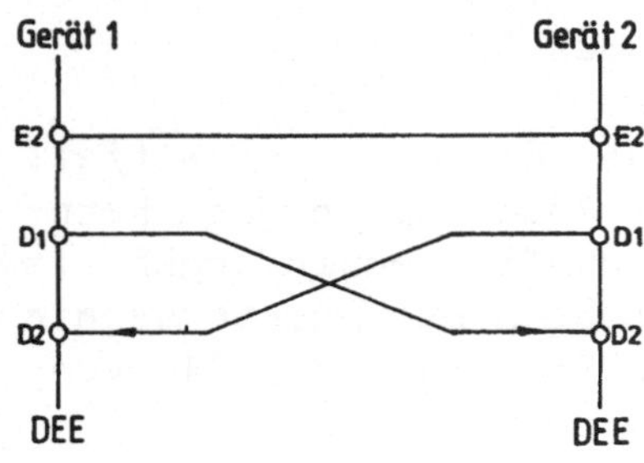

Bild 3-10
Verbindung zweier Geräte über V.24, wobei beide als DEE konzipiert sind

3.2.2 Modems und Akustik-Koppler

Die V.24-Schnittstelle verbindet DEE und DÜE für die Übertragung im Fernsprechnetz, dabei müssen die DÜEs als Modems (Modulator/Demodulator) ausgeführt sein. Die Modulationsverfahren wurden im Abschn. 2.2 behandelt. Die Funktionen der Modems sind ebenfalls über die Empfehlungen der V-Serie von CCITT erfaßt. **Bild 3-11** zeigt den Aufbau eines Modems. Die Anschalteinheit ist bei Verwendung von Wähl- und Standleitungen unterschiedlich ausgeführt. **Bild 3-12** zeigt ihren Aufbau bei Standleitungen (Direktrufnetz). Die interne Anschaltung wird über S1 gesteuert. Dieses Signal entscheidet darüber, ob die Leitung mit dem Sende- Empfangsteil oder mit der Sprecheinrichtung verbunden wird. Bei Wählleitungen ist zwischen der automatischen und manuellen Wahl zu unterschieden (siehe Abschn. 3.3).

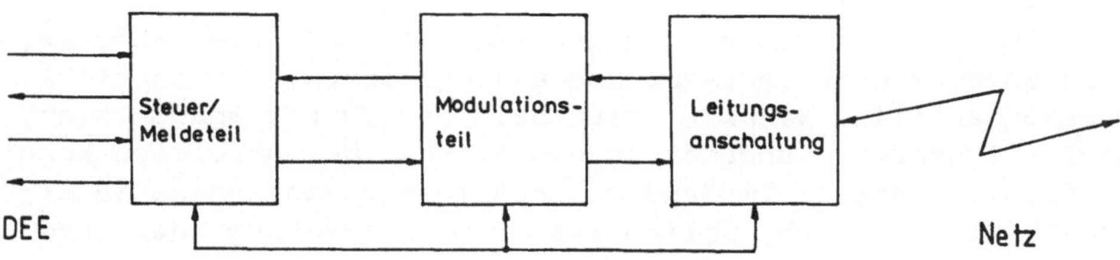

Bild 3-11
Aufbau eines Modems

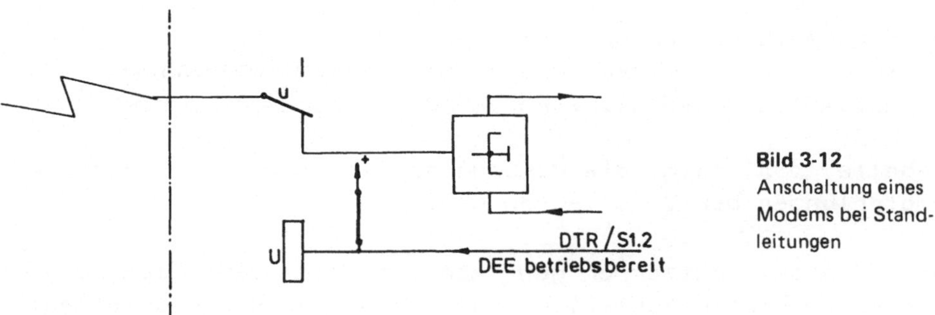

Bild 3-12
Anschaltung eines Modems bei Standleitungen

Bild 3-13 zeigt den Aufbau von Sende- und Empfangsteil. Die Arbeitsweise des eigentlichen Modulators richtet sich nach dem Modulationsverfahren. Der Sendefilter dient der Beseitigung unerwünschter Modulationsprodukte. Durch den Sendeverstärker werden die modulierten, tonfrequenten Signale auf den gewünschten Sendepegel verstärkt.

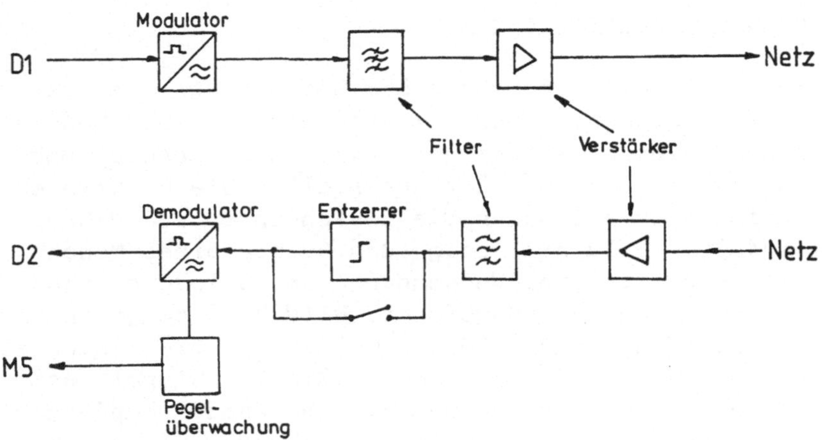

Bild 3-13
Sende- und Empfangsteil eines Modems
D1: Sendedaten; D2: Empfangsdaten; M5: Empfangssignalpegel

Der Entzerrer <equalizer> im Empfangsteil hat die Aufgabe, frequenzabhängige Verzerrungen auszugleichen. Er verstärkt Frequenzanteile stark, die bei der Übertragung stark gedämpft werden, andere weniger stark. Der Ausgleich kann im Prinzip bereits im Sender durch frequenzabhängige Sendeverstärker erfolgen, üblich ist die Entzerrung des Empfangssignals. Die Entzerrer sollen auch die unterschiedlichen Laufzeiten der verschiedenen Frequenzanteile (Gruppenlaufzeit, group delay) ausgleichen. Die Entzerrer können eingeteilt werden in:

-- Kompromiß-Entzerrer <compromise equalizer>,
-- manuell einstellbare Entzerrer <manually adjustable equalizer>,
-- automatische adaptive Entzerrer <automatic adaptive equalizer>.

Tabelle 3-3 zeigt die Verwendung der drei Typen nach den Empfehlungen der V-Serie von CCITT.

Der Kompromiß-Entzerrer geht von den "normalen" Eigenschaften einer Fernsprechleitung aus; Dämpfung und Gruppenlaufzeit für die verschiedenen Frequenzanteile sind in **Bild 3-14** dargestellt. Die **Bilder 3-15 und 3-16** zeigen das Verhalten des Kompromiß-Entzerrers, der so ausgelegt ist, daß die optimale Entzerrung bei einem Ortskabel mittlerer Länge stattfindet. **Bild 3-17** zeigt, daß bei Verwendung eines Kompromiß-Entzerrers nicht für jede Leitung die optimale Entzerrung erreicht wird. Linie a zeigt die typische

Tabelle 3-3: CCITT-Empfehlungen für Entzerrer

Empfehlung	Datenübertragungsrate [bit/s]	Entzerrer
V.21	200	keine Empfehlung
V.23	600/1200	keine Empfehlung
V.26	2400	keine Empfehlung
V.26bis	2400/1200	Kompromiß-Entzerrer
V.27	4800	manuell einstellbar[1]
V.27bis	4800	automatischer Entzerrer
V.27ter	4800/2400	automatisch einstellbarer Entzerrer
V.29	9600	automatisch einstellbarer Entzerrer

[1] Die Empfehlung V.27 stellt als Alternative auch die Verwendung anderer Entzerrungstechniken, z.B. manuell einstellbare Sendeverzerrer, frei.

Verzerrung (Mittelwert), Linie b die Grenze für 90% aller verwendeten Übertragungsleitungen. Bei 10% aller Leitungen ist die Verzerrung also höher als in Linie b angegeben. Bei einer Einstellung des Kompromiß-Entzerrers auf Linie c ergibt sich die vollständige Entzerrung nur bei Leitungen, die dem typischen Verhalten entsprechen. Eine ideale Leitung, auf der keine Verzerrung auftritt <clean line>, würde bei Verwendung des Kompromiß-Entzerrers das Signal verzerren.

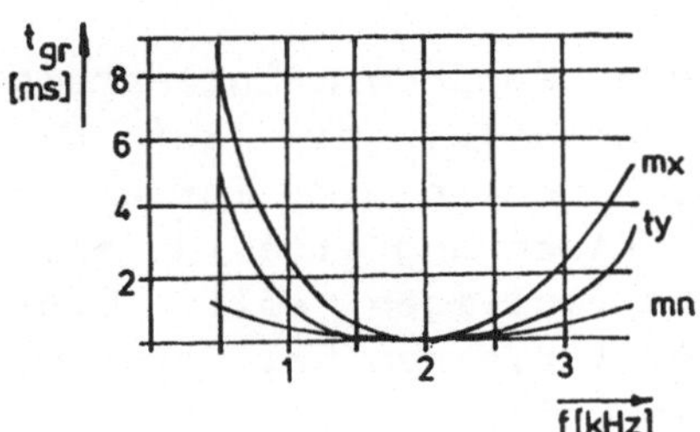

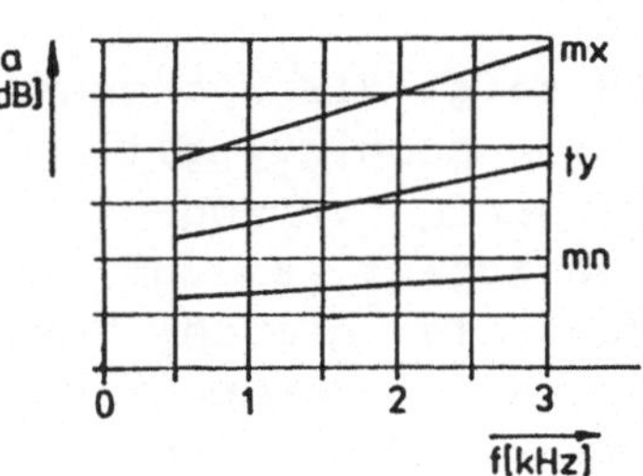

Bild 3-14
Verhalten von Gruppenlaufzeit und Dämpfung für verschiedene Frequenzen bei einer Telephonleitung
ty: typischer Verlauf
mn: minimaler Verlauf
mx: maximaler Verlauf

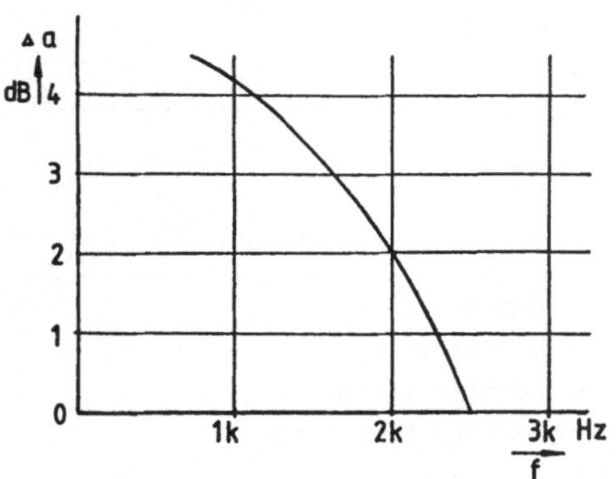

Bild 3-15
Kurvenverlauf eines Kompromiß-Entzerrers (Dämpfungsentzerrung)

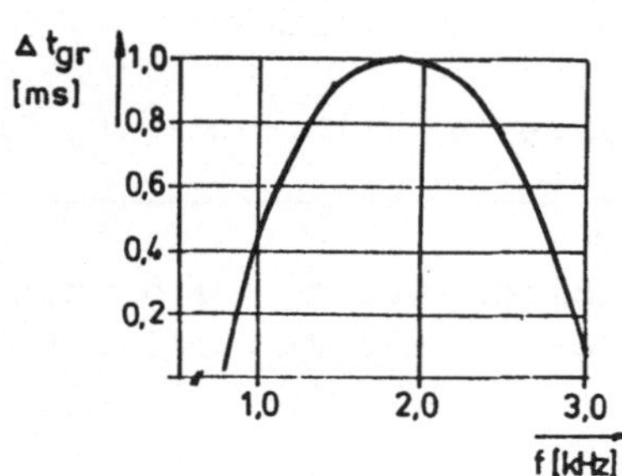

Bild 3-16
Kurvenverlauf eines Kompromiß-Entzerrers für die Laufzeitenentzerrung

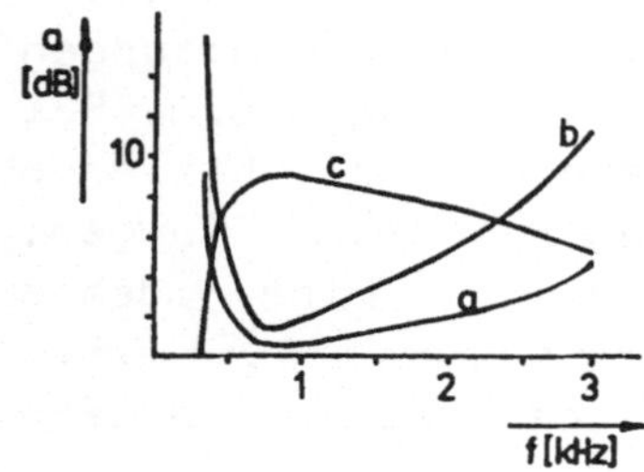

Bild 3-17
Wirkungsweise eines Kompromiß-Entzerrers für die Dämpfung
a) mittlerer Verzerrungsverlauf
b) 90 %-Linie des Verzerrungsverlaufes (90 % aller Leitungen weisen geringere Verzerrungen auf)
c) „Verzerrung" durch den Kompromiß-Entzerrer zum Ausgleich der Leitungsverzerrung

Bild 3-18 zeigt die Wirkungsweise des Kompromiß-Entzerrers für die Gruppenlaufzeit. Frequenzanteile, die auf der Leitung wenig verzögert wurden, werden im Entzerrer stärker verzögert, so daß nach der Entzerrung eine für alle Frequenzanteile gleiche Verzögerung vorliegen soll. Eine vollständige Entzerrung kann nur bei typischem Leitungsverhalten stattfinden. Der Verlauf der Entzerrungskurven, der den Verzerrungskurven entgegengesetzt sein muß, wird als Mirror image distortion (spiegelbildliche Verzerrung) bezeichnet.

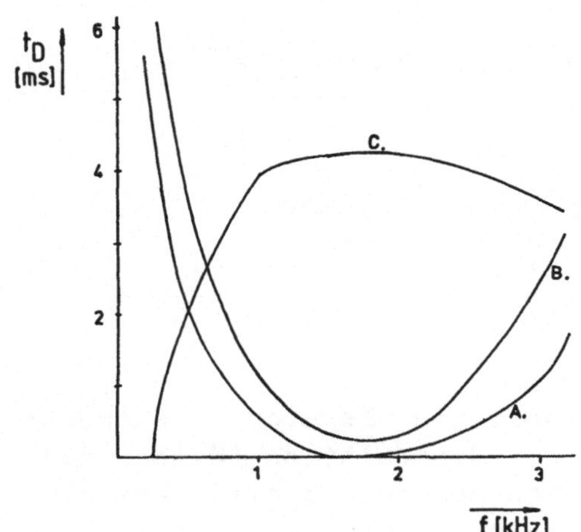

Bild 3-18
Wirkungsweise eines Kompromiß-Entzerrers für die Gruppenlaufzeit t_D
a) mittlerer Verzerrungsverlauf
b) 90 %-Linie des Verzerrungsverlaufs (90 % aller Leitungen weisen geringere Verzerrungen auf)
c) „Verzerrung" durch den Kompromiß-Entzerrer zum Ausgleich der Leitungsverzerrung

Manuell einstellbare Entzerrer geben die Möglichkeit, über Schalter eine von mehreren Entzerrungskurven auszuwählen, evtl. kann noch über ein Potentiometer eine Feineinstellung vorgenommen werden. Bild 3-19 zeigt den Verlauf von Kurven zur Laufzeitentzerrung.

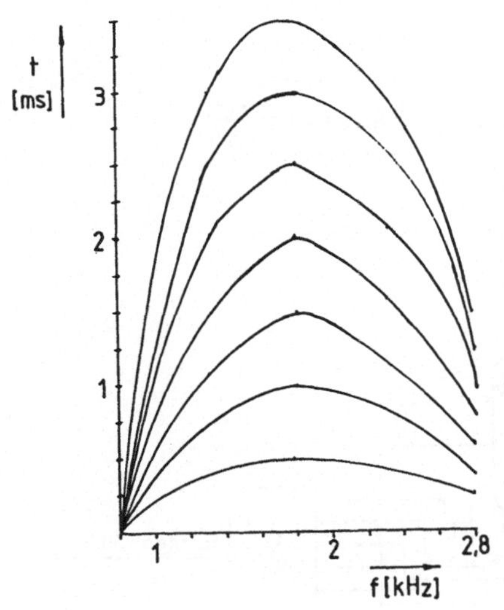

Bild 3-19
Kurvenverläufe bei manuell einstellbarem Entzerrer zur Laufzeitentzerrung

Automatische oder adaptive Entzerrer können in drei Konfigurationen eingesetzt werden.

1. Entzerrung auf der Sendeseite durch Aussenden vorverzerrter Signale (Bild 3-20). Wegen des zusätzlich notwendigen Übertragungsweges für das Einstellkriterium ist diese Anordnung nicht üblich.

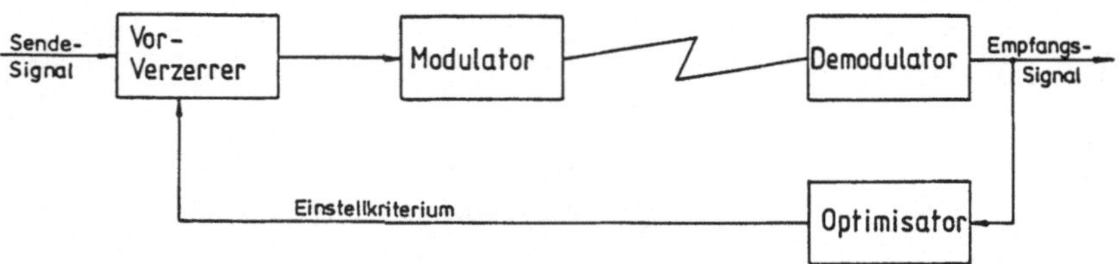

Bild 3-20
Vorverzerrung der Signale auf der Sender-Seite

2. Automatischer Entzerrer im analogen Bereich. Behandelt wird das "analoge" Signal vor der Demodulation (**Bild 3-21**). Die Entzerrung geschieht durch Mehrfachabgriff des Empfangssignals. Wie **Bild 3-22** zeigt, durchläuft das Empfangssignal eine Reihe von zeitverzögernden Elementen. Der Abgriff zwischen T2 und T3 liefert die Bezugsspannung. Die übrigen Anzapfungen liefern die Kompensationsspannungen, die bewertet und dann dem Summierer zugeführt werden. Zur Amplituden- und Phasenkorrektur werden die vier angezapften Spannungen zusammengefaßt, bewertet und nach einer 90°-Phasendrehung zur Bildung des entzerrten Empfangssignals mitverwendet.

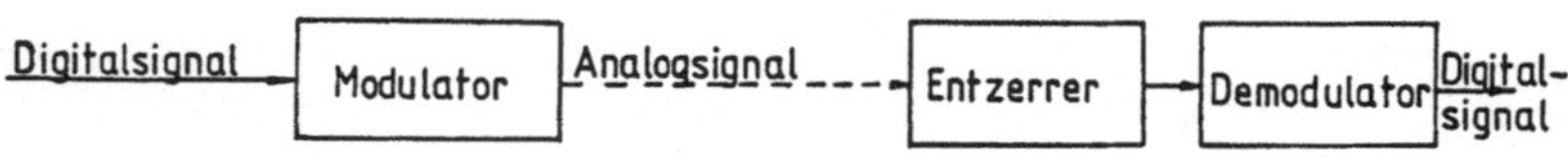

Bild 3-21
Anordnung des Analog-Entzerrers

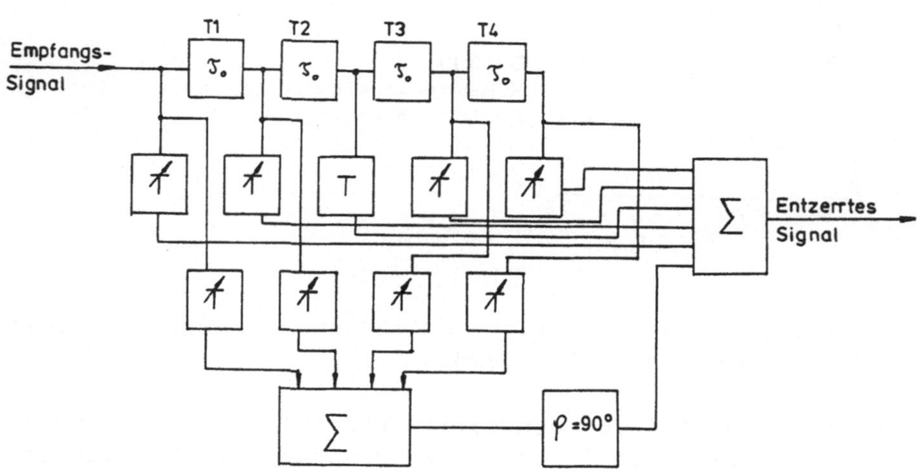

Bild 3-22
Aufbau eines Entzerrers im analogen Bereich (Entzerrung des Empfangssignals)

3. Entzerrung auf der Empfangsseite im digitalen Bereich. Die Entzerrung erfolgt nach der Demodulation, aber noch vor dem Abtaster und Decodierer mit einem Transversalfilter. **Bild 3-23** zeigt die Anordnung des Entzerrers, **Bild 3-24** die Grundschaltung. Die Verzögerungsleitungen schaffen den Abstand einer Modulationsstufe T. Die Einstellglieder können eine positive oder negative variable Verstärkung haben. Am Ausgang wird die Summe der bewerteten Teilspannungen gebildet. Die Verzerrungen (Vorschwinger) werden damit aus dem Signal beseitigt. Dem Beseitigen der Nachschwinger dient die im **Bild 3-25** dargestellte rekursive Schaltung. Aus dem Ausgangssignal werden Korrektursignale gewonnen, die die Nachschwinger auslöschen. Die Gesamtschaltung für einen adaptiven Entzerrer zeigt **Bild 3-26**.

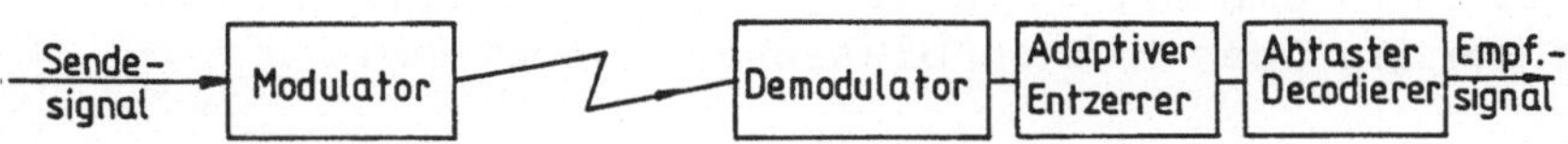

Bild 3-23
Anordnung eines adaptiven Entzerrers im Digitalbereich

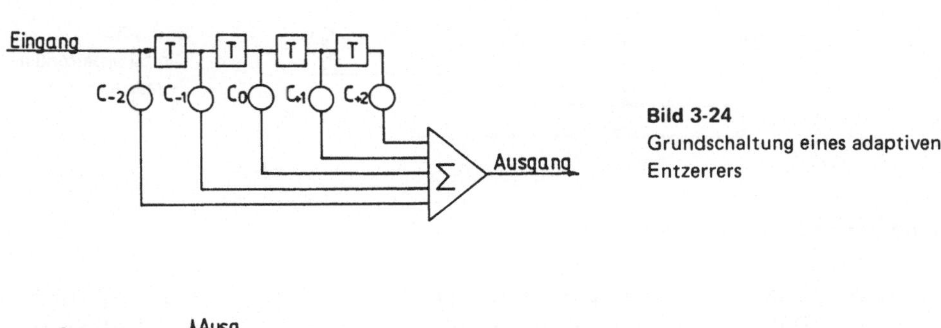

Bild 3-24
Grundschaltung eines adaptiven Entzerrers

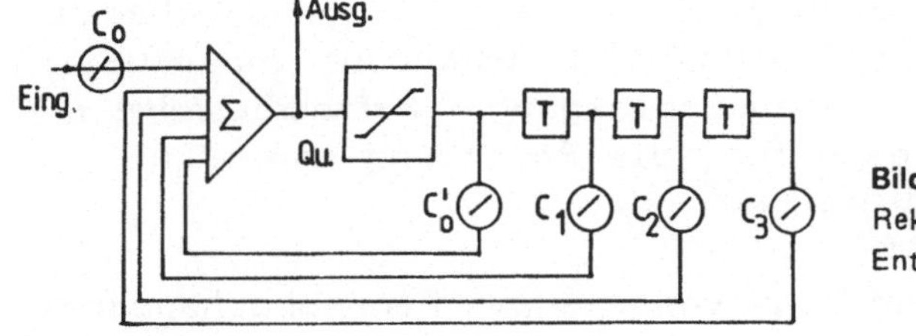

Bild 3-25
Rekursive Schaltung in einem adaptiven Entzerrer

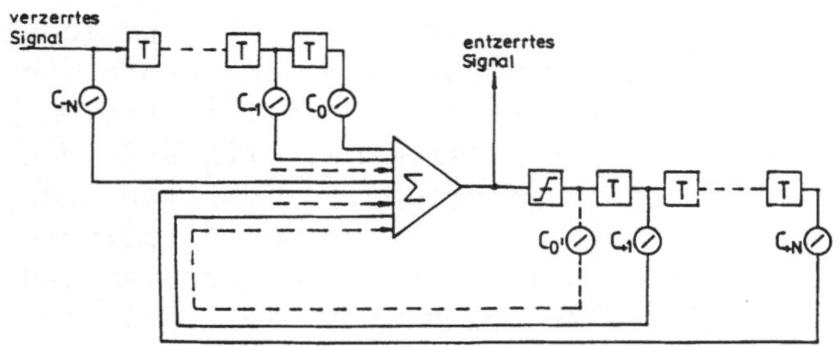

Bild 3-26
Gesamtschaltung eines adaptiven Entzerrers

Die Entzerrung kann auch auf rein rechnendem, digitalem Wege vorgenommen werden. **Bild 3-27** zeigt die Anordnung eines digitalen Transversalfilters. Die Zahl der Abzweigungen <taps> kann grundsätzlich frei gewählt werden, mit ihrer Anzahl steigt die Genauigkeit des Entzerrers. Das Bild stellt keine Hardware-Schaltung dar, sämtliche Rechenvorgänge werden über Mikroprozessoren ausgeführt.

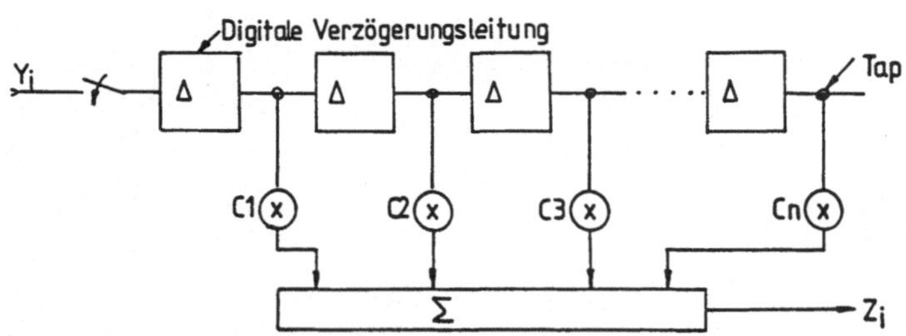

Bild 3-27
Digital arbeitender Entzerrer

Akustik-Koppler <acoustic coupler>

Akustik-Koppler gestatten die Benutzung des Fernsprechnetzes zur DFÜ unter Verwendung des normalen Fernsprechapparates. In der CCITT-Empfehlung V.15 Anwendung von akustischer Kopplung für die Datenübertragung <Use of acoustic coupling for data transmission> werden Regeln für die Anwendung von Akustik-Kopplern gegeben.

Mit dem Akustik-Koppler kann von jedem Fernsprechapparat aus DFÜ betrieben werden, wobei tragbare Geräte verwendet werden. Diese können die Daten sammeln und über das Fernsprechnetz an eine Zentrale geben. Der Akustik-Koppler verfügt dazu über einen Lautsprecher und ein Mikrophon. Diese sind in Mulden angeordnet, in die der Telephonhörer gelegt wird, um Nebengeräusche nach Möglichkeit auszuschalten. Die zu sendenden Daten werden moduliert, die elektrischen Signale werden im Lautsprecher in akustische Signale umgewandelt. Das Fernsprechnetz wandelt diese wieder in elektrische Signale um, die der angeschlossenen DEE über ein Modem zugeführt werden. Der Akustik-Koppler empfängt akustische Signale, die er in elektrische Signale umwandelt und demoduliert.

Die Übertragung von Daten mit Akustik-Kopplern unterscheidet sich von der durch Modems dadurch, daß die Übertragungsqualität nicht nur von der Leitung, sondern auch vom Telephonapparat abhängig ist. Das verwendete Kohlemikrophon neigt zu einer Frequenzverzerrung. Auch kann es zu einem "Einschlaf-Effekt" kommen; wird das Mikrophon längere Zeit nicht bewegt, so wird seine Empfindlichkeit geringer. Da das Mikrophon bei Akustik-Kopplern längere Zeit in den Mulden festliegt, kann es zu einem Absinken der gebildeten elektrischen Signale kommen.

Bei der akustischen Kopplung ist zu beachten:
-- Es darf keine Rückkopplung zwischen Hörkapsel und Mikrophon des Telephonapparates auftreten.

-- Es dürfen keine Nebengeräusche auftreten.
Nach der CCITT-Empfehlung V.15 darf das Auflegen des Handapparates auf den Akustik-Koppler nicht zu mechanischen Beschädigungen führen. Es dürfen keine Frequenzen verwendet werden, die die im Fernsprechdienst vorgesehenen Signalfrequenzen stören können. V.15 schreibt keine bestimmte Datenübertragungsrate vor; üblich sind 200 bit/s bei Verwendung der Frequenzmodulation.

3.2.3 Schnittstellen für öffentliche Datennetze

X.21 Schnittstelle zwischen Datenendeinrichtung und Datenübertragungseinrichtung für Synchronverfahren in öffentlichen Datennetzen <general purpose interface between data terminal equipment and data-circuit terminating equipment for synchronous operation on public data networks>.
Diese Schnittstelle zeichnet sich gegenüber der V.24-Schnittstelle durch eine Reihe grundlegender Unterschiede aus:

1. Sie dient nur der synchronen Übertragung (für die asynchrone Übertragung ist X.20 vorgesehen, die später beschrieben wird).

2. Die Taktung erfolgt immer aus dem Netz, nie über die DEE.
3. Die Schnittstelle umfaßt auch Einrichtungen zum automatischen Verbindungsaufbau, wofür in der V-Serie die eigene Schnittstelle V.25 vorgesehen ist.
4. Es gibt keine eigentlichen Steuer- und Datenleitungen, sondern alle Informationen werden über die Leitungen T <transmit> und R <receive> ausgetauscht; die Bedeutung der auf diesen Leitungen anliegenden Signale kann durch den Zustand der Leitung C <control> und I <indication> definiert werden. Damit tritt gegenüber der V.24 eine erhebliche Verminderung der Anzahl der Leitungen ein.

Die elektrischen Eigenschaften der Schnittstelle werden nach X.27 bestimmt, diese verweist auf V.11 Electrical characteristics for balanced double-current interchange circuits for general use with integrated circuit equipment in the field of data communications. Die entsprechende deutsche Norm ist DIN 66259 Teil 3: Elektrische Eigenschaften der Schnittstellenleitungen; Doppelstrom, symmetrisch, bis 10 Mbit/s.

Bild 3-28 zeigt die Leitungen von X.21. Es gibt auch hier keine bidirektionalen Leitungen. Das Zusammenwirken der Signale an den Leitungen wird durch Zustandsgraphen <state diagrams> beschrieben. **Bild 3-29** zeigt den Aufbau bei der Beschreibung eines Zustands. Neben der Nummer und dem Namen des Zustands wird die Belegung der vier Leitungen <Transmit, Receive, Control, Indication> angegeben.

Leitung	Bezeichnung	Richtung DEE DÜE
G	Erdleitung (signal ground, common return)	
Ga	DEE-Rückleiter (DTE common return)	→
T	Sendedaten (transmit)	→
R	Empfangsdaten (receive)	←
C	Steuern (control)	→
I	Anzeigen/Melden (indication)	←
S	Bittaktung (sigal element timing)	←
B	Bytetaktung (byte timing)	←

Bild 3-28
Leitungen an der X.21-Schnittstelle

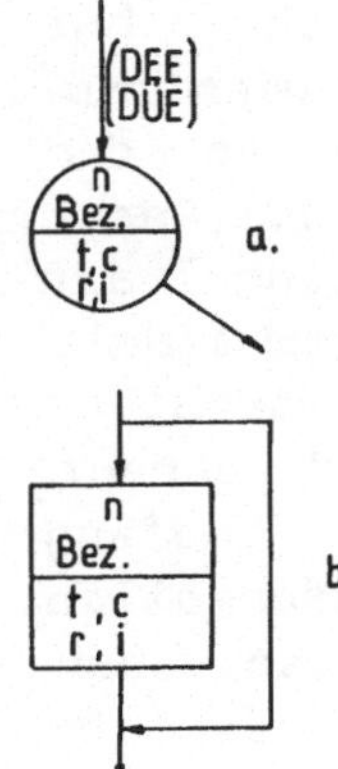

Bild 3-29
Zustandbeschreibung an der X.21-Schnittstelle
a) normaler Zustand
b) Zustand, der nicht in allen Konfigurationen sinnvoll ist, z. B. Wählzeichen bei Standleitung
(n: Nummer des Zustands; Bez.: Bezeichnung des Zustands; t: Zustand der Leitung Senden; r: Zustand der Leitung Empfangen; c: Zustand der Leitung Steuern; i: Zustand der Leitung Anzeigen/Melden).
Die Pfeile zeigen die Übergänge von einem Zustand zum anderen, jeder Übergang muß mit DEE oder DÜE gekennzeichnet sein, um anzuzeigen, wer für den Übergang verantwortlich ist.

Bild 3-30 zeigt das Verhalten der Schnittstelle beim Datenverkehr über eine Standleitung <leased circuit service>. Der Bereitzustand von DEE und DÜE wird durch eine "1" an T und R sowie durch "Aus" an I und C angezeigt. Damit sind beide Einheiten für einen neuen Datenaustausch <call> bereit. Der Wunsch nach Datenverkehr kann sowohl von der DÜE (I geht auf "Ein") wie der DEE (C geht auf "Ein") kommen. Nachdem die DEE bzw. die DÜE das andere Signal (C bzw. I) auf "Ein" geschaltet haben (Zustand 12) kann der Datenverkehr in beiden Richtungen beginnen (T und R mit Daten belegt).

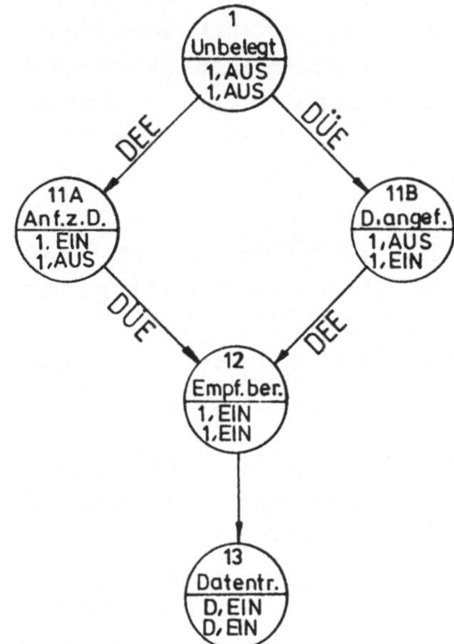

Bild 3-30
Herstellung des Datentransfers bei X.21 auf einer Standleitung
11A Anforderung zum Datentransfer
11B Datentransfer angefordert
12 Empfangsbereit
13 Datentransfer/Datenübermittlung

Komplizierter wird der Übergang zum Datenverkehr bei Anschluß an eine Wählleitung <call establishment phase for circuit switching service>. Es soll ein erfolgreicher Verbindungaufbau von der DEE her geschildert werden. Nach dem Bereitzustand <ready> schaltet die DEE die Leitung C auf "Ein" und Leitung T auf "0". Dies veranlaßt die DÜE, in den Zustand 3 <proceed to select> zu gehen. Sie zeigt die Bereitschaft, die Wählinformation <select information> zu empfangen, durch SYNC-Zeichen und darauf folgenden "+"-Zeichen an. Dies setzt sie auch bei Empfang der Wählinformation fort. Nach Empfang der Wählinformation kann der Zustand 10 <line identification> eingeschoben werden, der von X.21 als mögliche Einrichtung vorgesehen ist. In ihm wird von der DÜE die Kennung des gerufenen Anschlusses zurückgemeldet, damit soll eine Sicherheit gegeben werden, daß tatsächlich die gewünschte Verbindung aufgebaut wurde. Nach dem Übergangszustand 6 <DCE waiting> wird der Zustand 11 <connection in progress> erreicht, in dem die Verbindung durch das Netz aufgebaut wird. Der Zustand 12 Verbindungsbestätigung <ready for data> wird von der DÜE angezeigt, indem sie das Signal I auf "Ein" schaltet. Dies soll nach spätestens 20 Sekunden nach den letzten Wählsignalen erfolgen. Aus der Verbindungsbestätigung wird der Zustand 13 <data transfer> erreicht, in dem Daten in beiden Richtungen übertragen werden.

Während des Verbindungsaufbaus kann als zusätzlicher Dienst ein Zustand 7 eingeschoben werden, in dem Dienstsignale von der DÜE gebildet werden. Die Bedeutung der Dienstsignale wird in X.96: Dienstsignale während der Verbindungsherstellung in öffentlichen Datennetzen <Call progress signals in public data networks> erläutert. Sie dienen besonders dazu, der rufenden Station mitzuteilen, welche Gründe den Aufbau einer Verbindung verhindert haben. Beispiele sind

-- Nicht erreichbar <not obtainable>. Die gerufene Nummer ist nicht vergeben, nicht mehr vorhanden oder sie gehört einer anderen Benutzerklasse an (vergl. Tabelle 2-9).
-- Nummer besetzt <number busy>. Die gerufene Nummer ist an einer anderen Verbindung beteiligt.

In der Phase des Verbindungsaufbaus kann es zu erfolglosen Versuchen <unsuccessful calls> kommen. Die DÜE kann dann im Zustand 7 das entsprechende Dienstsignal bilden, sie geht dann in den Zustand 19 <DCE clear indication> über.

Die Auslöschung <clearing> einer Verbindung kann sowohl von der DEE wie der DÜE aus jedem anderen Zustand heraus erfolgen.

Bild 3-31 zeigt das Zustandsdiagramm, als Ergebnis wird Zustand 1 <ready> erreicht.

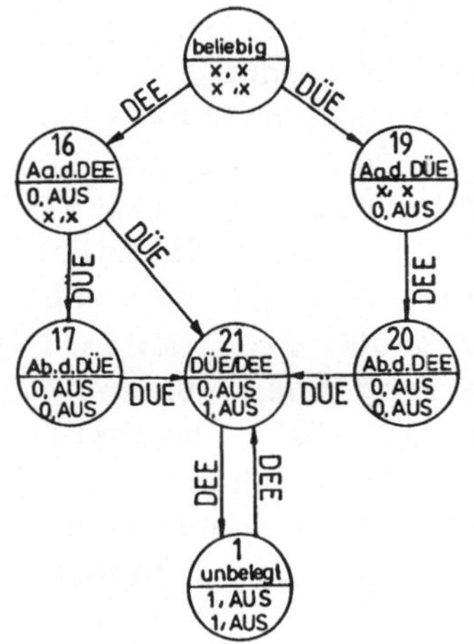

Bild 3-31
Zustanddiagramm für das Auslösen einer Verbindung an der X.21-Schnittstelle
(Aa. d. DEE: Auslösungsanforderung der DEE; Aa. d. DÜE: Auslösungsanforderung der DÜE; Ab. d. DÜE: Auslösebestätigung der DÜE; Ab. d. DEE: Auslösebestätigung der DEE)

Für den Übergang von einem Zustand in den anderen müssen Zeitgrenzen genannt werden, die ebenfalls in X.21 definiert sind. Es sei ein Beispiel genannt:

Zeitgrenze der DÜE <DCE time out>. Zeit zwischen der Anforderung einer Aktivität durch die DÜE bis zur Ausführung dieser Aktivität durch die DEE (T15).
Eingeleitet durch: Übergang auf DÜE-Auflösungsanzeige (Zustand 19).
Beendet durch: Übergang auf DEE-Auflösungsbetätigung (Zustand 20).

Maßnahme bei Überschreiten der Zeitgrenze von 100 ms: DÜE sendet "DÜE unbelegt/bereit" (R = 1; I = Aus), damit wird der Zustand 21 <DCE ready/DTE uncontrolled not ready> erreicht.

Die elektrischen Eigenschaften der X.21-Schnittstelle, wie sie in X.27 bzw. V.11 angegeben sind, unterscheiden sich von denen der V.24-Schnittstelle, wie sie in V.28 definiert sind, durch die Höhe der Spannungen, für die Daten liegt aber ebenfalls eine negative Logik vor.

Leitungen T und R:	"1"	<= -0,3V
	"0"	>= +0,3V
Andere Leitungen:	Ein <on>	>= +0,3V
	Aus <off>	<= -0,3V

X.20 Schnittstelle zwischen DEE und DÜE für Start-Stop-Verfahren in öffentlichen Datennetzen <Interface between DTE and DCE for start-stop transmission services on public data networks>.

Die elektrischen Eigenschaften dieser Schnittstelle, deren Leitungen in **Bild 3-32** dargestellt sind, werden in V.28 bestimmt, entsprechen also denen der V.24-Schnittstelle. Auch das Verhalten der X.20-Schnittstelle wird durch Zustandsdiagramme bestimmt, wobei hier die Belegung der Leitungen T <transmit> und R<receive> angegeben ist. **Bild 3-33** zeigt den Impulsplan für einen Datenaustausch, der von der DEE angestoßen wird <calling DTE>. Dabei sind auch die maximal zulässigen Reaktionszeiten zwischen den Vorgängen vermerkt. Im Status 1<ready> liegen beide Leitungen auf "0". Wechselt die Leitung T auf "1", so liegt eine Rufanforderung <call request> durch die DEE vor. Die DEE muß jetzt mit einem Wechsel des Signals auf Leitung R die Bereitschaft zur Annahme der Verbindung zeigen (Zustand 2, proceed to select). Zustand 4 mit Ausgabe der Wählsignale <selection signals> entfällt bei einer Standleitung.

Leitung	Bezeichnung	Richtung DEE DÜE
G	Erdleitung (signal ground, common return)	
Ga	DEE-Rückleiter (DTE common return)	→
Gb	DÜE-Rückleiter (DCE common return)	←
T	Sendedaten (transmit)	→
R	Empfangsdaten (receive)	←

Bild 3-32
Leitungen an der X.20-Schnittstelle

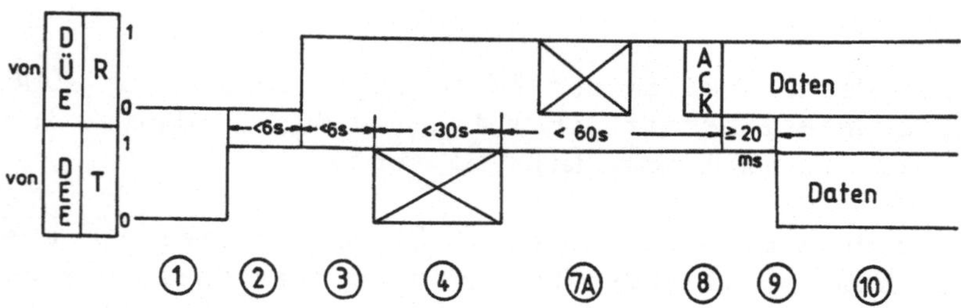

Bild 3-33
Impulsverlauf an der X.20-Schnittstelle bei rufender DEE

Die im Zustand 7A gebildeten Signale zur Identifikation der gerufenen Station <called line identification> sind wie bei X.21 eine mögliche Zusatzeinrichtung. Die Herstellung der Verbindung wird durch das Steuerzeichen ACK <acknowledgement> angezeigt, damit beginnt der Zustand 8 <connected>; genau beginnt er in der Mitte des ersten Stopbits des Steuerzeichens ACK. Mit einem Mindestabstand von 20 ms nach Erreichen des Zustands 8 kann die DEE den Zustand 9 <ready for data> anzeigen. Damit kann der Datenaustausch (Zustand 10, data transfer) beginnen.

Bild 3-34 zeigt den Aufbau einer Verbindung bis zum Zustand 10 <data transfer> beim Aufbau durch die DÜE mit den dabei möglichen Störungsfällen. Der Zustand 7B <calling line identification> ist ebenfalls eine Zusatzeinrichtung, die der gerufenen Station anzeigt, welche Station mit ihr verbunden werden soll.

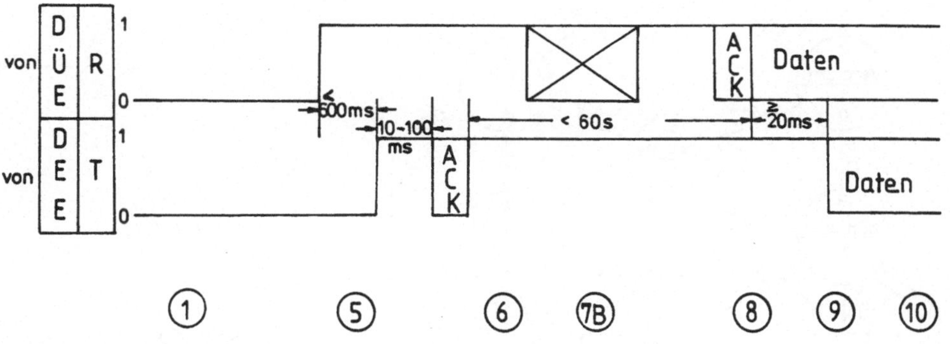

Bild 3-34
Impulsverlauf an der X.20-Schnittstelle bei rufender DÜE

Eine Anruf-Kollision (Zustand 18, call collision) liegt vor, wenn DEE und DÜE zur gleichen Zeit eine Verbindung aufbauen wollen. Die DÜE kann reagieren, indem sie die Anrufanforderung akzeptiert oder indem sie in den Löschvorgang geht. Fordert die DEE eine Verbindung an, zu der die DÜE nicht in der Lage ist, so liegt Zustand 17 <call not accepted> vor. Er wird durch das Steuerzeichen NAK <Negative Acknowledgement> angezeigt. Danach muß die DEE einen Löschvorgang auslösen <DTE clear request>.

In den **Bildern 3-33 und 3-34** sind Maximalzeiten für die Reaktionen zwischen DEE und DÜE angegeben. Bei Überschreitung wird ein Löschvorgang ausgelöst. Erfolgt z.B. nach der

Rufanforderung durch die DEE nicht innerhalb von 6 s eine Rückmeldung der DÜE durch den Übergang der Leitung R nach "1" (Zustand 3, proceed to select), so löst die DEE den Löschvorgang aus.

Der Löschvorgang (**Bild 3-35**) kann sowohl von der DEE wie von der DÜE ausgelöst werden, er muß durch eine Clear-Confirmation-Nachricht bestätigt werden. Im Impulsplan (**Bild 3-36**) sind die erforderlichen Zeiten eingetragen. Der Übergang vom Zustand 15 <DTE ready> nach Zustand 1 <DCE ready> erfolgt nicht auf Grund eines Signalwechsels, sondern auf Grund der Zeitangaben.

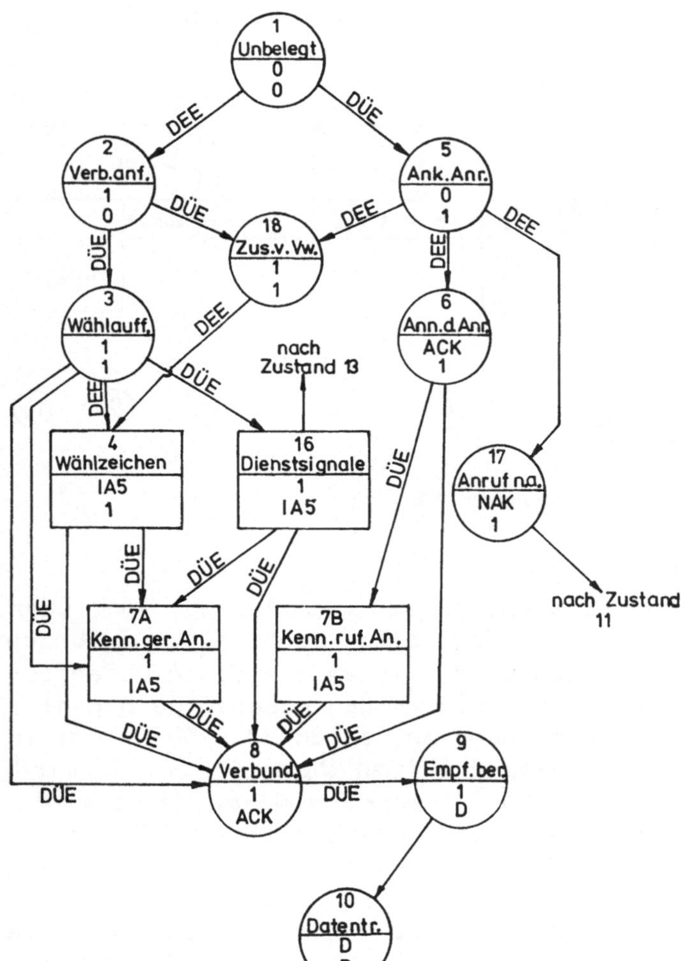

Bild 3-35
Aufbau einer Verbindung an der X.20-Schnittstelle

2 Verbindungsanforderung
3 Wählaufforderung
5 Ankommender Anruf
6 Annahme des Anrufs
7A Kennung des gerufenen Anschlusses/Leitung
7B Kennung des rufenden Anschlusses/Leitung
9 Datenempfangsbereitschaft
10 Datentransfer/Datenübermittlung
17 Anruf nicht angenommen

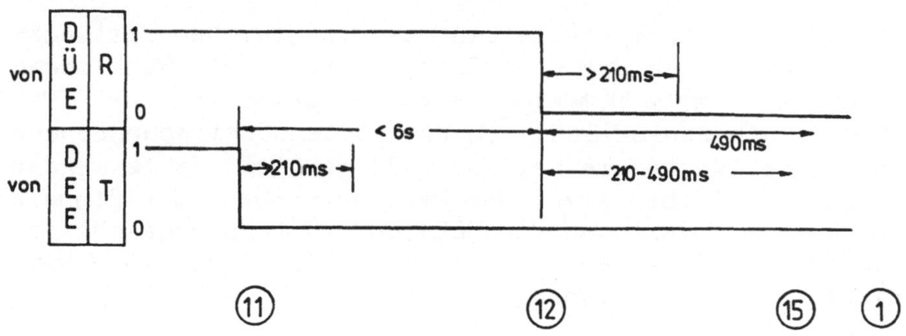

Bild 3-36
Impulsverlauf an der X.20-Schnittstelle beim Löschen

Übergangsempfehlungen

Die Empfehlungen X.21 bzw. X.20 für den Anschluß der DEEs an öffentliche Datennetze stellen gegenüber den Schnittstellen der V-Serie eine große Umstellung dar. Dies bezieht sich nicht nur auf einzelne Signalbezeichnungen, sondern auf die ganze Art des Informationsaustauschs. Die Leitungen T <Transmit> und R <Receive> der X-Serie entsprechen nicht den Leitungen D1 <Transmitted Data> und D2 <Received Data> der V-Serie. Bei R und T liegt ein Multiplexverhalten vor, zeitweise sind es Datenleitungen, zeitweise werden aber auch Steuer- und Wählinformationen über diese Leitungen gegeben.

Die Umstellung eines Gerätes von einer Schnittstelle der V-Serie auf eine Schnittstelle der X-Serie ist daher eine tiefgreifende und teure Maßnahme. Um die Vielzahl von Geräten, die mit V-Schnittstellen ausgestattet sind, auch beim Übergang vom Fernsprechnetz auf das Datennetz nutzen zu können, wurden Übergangsregelungen geschaffen.

X.21bis Einsatz von Datenendeinrichtungen, die mit Schnittstellen für Modems der V-Serie ausgestattet sind, in öffentlichen Datennetzen <use on public data networks of DTEs wich are designed for interfacing to synchronous V-series modems>.

X.20bis V.21-kompatible Schnittstelle zwischen Datenendeinrichtung und Datenübertragungseinrichtung für Start-Stop-Verfahren in öffentlichen Datennetzen <V.21-compatible interface between DTE and DCE for start-stop-transmission services on public data networks>.

An der X.21bis-Schnittstelle gibt es die gleichen Leitungsbezeichnungen wie an der V.24-Schnittstelle. Die Funktionen der Signale <functions in the network> sind teilweise von der V-Empfehlung unterschiedlich. In der Datenübertragungsphase werden die Leitungen wie bei der V.24 genutzt. Takte werden wie bei der X.21 aber immer dem Netz entnommen, die Signale T1 (Sendeschritt-Takt von der DEE) und T3 (Empfangsschritt-Takt von der DEE) bestehen nicht. Das Signal M1 <data set ready> definiert folgende Zustände:

Ein <on> Zustand 12 <ready for data>
Aus <off> Zustand 19 <DCE clear indication>
Zustand 20 <DCE clear confirmation>

Das Signal S1 <connect data set to line> von der DEE an die DÜE definiert:

Ein <on> Zustand 2 <call request>
Zustand 9 <call accepted>
Aus <off> Zustand 16 <DTE clear request>
Zustand 20 <DTE clear confirmation>.

In der Schnittstelle X.20bis werden folgende Signale verwendet:

D1 <transmitted data>, D2 <received data>, M2 <ready for sending>, M1 <data set ready>, S1 <connect data set to line>, M5 <data channel received line signal detector>, M3 <calling indicator>.

M3 wird nur bei Verbindung über Wählleitungen eingesetzt.

3.3 Aufbau von Verbindungen in Wählnetzen

Die Verbindung von DEEs, die nicht ständig, z.B. im Direktrufnetz, verbunden sind, wird als Vermittlung <switching> bezeichnet. In diesem Abschnitt geht es um die Leitungsvermittlung <line switching>, die Paketvermittlung wird in Kapitel 5 besprochen. Die Vermittlung erfolgt auf Grund des Wählvorgangs, dieser kann manuell oder automatisch <automatic calling> erfolgen. Dies gilt auch für die Annahme des Anrufs <automatic answering>.

Für die automatische Wahl bzw. Annahme gibt es mehrere CCITT-Empfehlungen:

V.24. In einer 200-Serie sind die für die automatische Wahl notwendigen Leitungen definiert (**siehe Bild 3-37**).

CCITT	DIN	Bezeichnung	DEE DÜE
201	E22	Betriebserde	
202	S21	Übertragungsleitung belegen (call request)	→
203	M21	Übertragungsleitung belegt (data line occup.)	←
204	M24	Gerufene Station angeschaltet	←
205	M23	Wahl erfolglos (abandon call)	←
206	W21	Wählbit 2^0 (digit signal)	→
207	W22	Wählbit 2^1	→
208	W23	Wählbit 2^2	→
209	W24	Wählbit 2^3	→
210	M22	Wählzeichen-Übernahmebereitschaft	←
211	S22	Wählzeichen übernehmen (digit present)	→
213	M25	Funktionsbereitschaft (power indication)	←

Bild 3-37
Signale der Schnittstelle V.24 für den automatischen Aufbau von Verbindungen (200-Serie)

V.25. Automatische Wähl- und/oder Anrufsbeantwortungseinrichtungen im öffentlichen Fernsprechwählnetz und Abschaltung von Echosperren bei handvermittelten Verbindungen <automatic calling and/or answering equipment on the general switching telephone network, including disabling of echo suppressors an manually established calls>. Diese Empfehlung beschreibt die Durchführung des Wählvorgangs.

DEEs am Fernsprechnetz, welche eine automatische Wahl oder Annahme durchführen, verfügen über besondere Einrichtungen:
AWD Automatische Wähleinrichtung für Datenübertragung
AAE Automatische Antworteinrichtung.

X.21. Im Abschnitt 3 werden die Formate für das Wählen und die Annahme beschrieben <selection, call progress and line identifications formats>.

X.20. Im Abschnitt 3 werden die Verfahren zur Kontrolle der Verbindung <call control procedures>, im Abschnitt 4 die Formate <call control formats> beschrieben.

Beim Verkehr mit dem Datennetz nach X.21 bzw. X.20 werden auch die Wählinformationen über die Leitung T <transmit> bzw. die Anrufinformationen über die Leitung R <receive> übertragen, die sonst als Datenleitungen dienen. Der Ablauf der

Prozedur ist in Abschn. 3.2 beschrieben. Bei den Adreß-Formaten kann es sich um die vollständige Teilnehmernummer <full address signal> oder um eine Kurzwahlnummer <abbreviated address signal> handeln.

Im Fernsprechnetz können die Verbindungen auf vier verschiedene Arten aufgebaut werden:
1. Manuelle Wahl mit manueller Annahme <manual data station to manual data station>.
2. Manuelle Wahl mit automatischer Rufbeantwortung <manual data station to automatic answering data station>.
3. Automatische Wahl mit manueller Annahme <automatic calling data station to manual data station>.
4. Automatische Wahl mit automatischer Rufbeantwortung <automatic calling data station to automatic answering data station>.

Die Übergabe der Wählzeichen erfolgt bitparallel, ziffernseriell über die Leitungen W21 bis W24 (Wählbit, digit signal). **Bild 3-38** zeigt das Zusammenspiel mit den Steuersignalen M22 (Wählzeichenübernahmebereitschaft, present next digit) und S22 (Wählzeichen übernehmen, digit present). Die DEE schaltet eine Ziffer auf die Leitungen W21 bis W24 und zeigt sie mit S22 an. Hat die AWD den Wählvorgang für diese Ziffer beendet, so sie M22 auf "Aus". Dann kann die DEE das Signal S22 auf "Aus" schalten und die Ziffer ändern. Sobald S22 auf "Aus" geschaltet ist, kann die AWD das Signal M22 auf "Ein" schalten und damit eine neue Ziffer anfordern. Die neue Ziffer darf erst übernommen werden, wenn S22 wieder auf "Ein" geht. Die Wählziffern umfassen die dual verschlüsselten Zahlen 0 - 9; dazu können die Steuerzeichen SEP (D hexa) und EON (C hexa) gegeben werden. Bei SEP <separator> muß die AWD ein vorgegebenes Zeitintervall zwischen den Ziffern einhalten. EON <End Of Number> zeigt das Ende der Teilnehmernummer an; es ist notwendig, da im Fernsprechnetz verschieden lange Rufnummern existieren.

Der Wählvorgang wird von der DEE eingeleitet, indem S1.2 (Übertragungsleitung anschalten) und S21 (Übertragungsleitung belegen) auf "Ein" geschaltet werden.

Wenn die Wahl erfolgreich war, empfängt die rufende Station einen Antwortton und schaltet die Leitung M24 (gerufene Station angeschaltet) auf "Ein". Die DEE kann dann die Leitung S21 wieder auf "Aus" schalten, ohne daß die Verbindung gelöst wird.

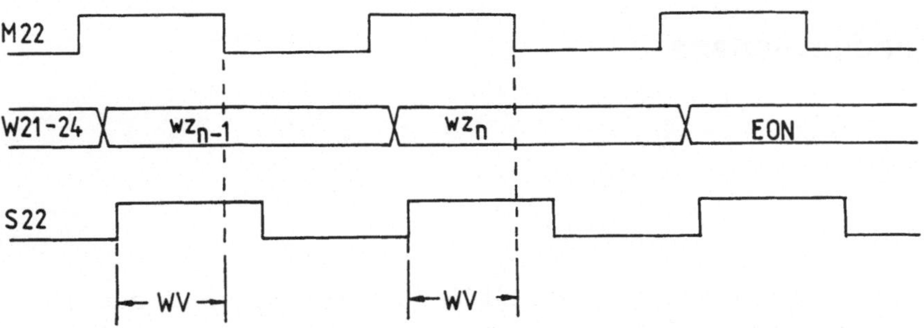

Bild 3-38
Zusammenwirken von M22 (Wählzeichenübernahmebereitschaft) und S22 (Wählzeichen übernehmen) an der V.25-Schnittstelle.
(wz: Wählziffer; EON: Steuerzeichen „Ende der Wählzeichenfolge"; WV: Zeitraum des Wählvorganges)

Die Wahl war nicht erfolgreich, wenn kein Antwortton kommt oder ein Antwortton, der nicht von einer DÜE, sondern von einem normalen Fernsprechapparat stammt. In solchen Fällen wird von der AWD nach 10 bis 40 Sekunden das Signal M23 (Wahl erfolglos) auf "Ein" geschaltet, die DEE muß dann das Signal S21 (Übertragungsleitung belegen) abschalten.

Bei der AAE (Automatische Antworteinrichtung) wird der Rufton erkannt und mit dem Signal M3 (Ankommender Ruf) an die DEE gemeldet. Wenn die Leitung S1 nicht auf "Ein" ist, wird der Anruf nicht beantwortet. Wenn S1 auf "Ein" ist, wird der Antwortton gesendet und M1 (Betriebsbereitschaft) gebildet.

Bei einem Duplexverkehr bilden dann beide DÜEs die Signale M2 (Sendebereitschaft) und M5 (Empfangssignalpegel), die Übertragung der Daten kann beginnen. Beim Halbduplexverkehr muß zwischen beiden Stationen eine Vereinbarung darüber bestehen, welche Station zuerst senden soll <prearrangement>. Die DÜE, die S2 (Sendeteil einschalten) auf "Ein" findet, bildet M2 (Sendebereitschaft); die DÜE, welche S2 auf "Aus" findet, bildet nach einer Wartezeit M5 (Empfangssignalpegel).

4 Verbindungsebene

Die Verbindungsebene <link level, link layer>, die Ebene 2 des ISO/OSI-Modells, nach DIN ISO 7498 als Sicherungsschicht bezeichnet, zeichnet sich gegenüber der physikalischen Ebene aus durch:

a) Sie ist eher Software- als Hardware-orientiert.

b) Die übertragenen Daten werden nicht als ein Bitstrom aufgefaßt, sondern als eine strukturierte Nachricht.

c) Es wird nicht nur die Übertragung eines Bits oder Zeichens betrachtet, sondern der gesamte Ablauf einer Nachrichtenübertragung, wozu mehrfacher Nachrichtenaustausch in beiden Richtungen gehören kann.

d) Es findet eine Fehlererkennung statt.

e) Bei Fehlern wird auf der Verbindungebene versucht, den Fehler zu korrigieren <Recovery shemes>, ohne daß ein Eingreifen höherer Ebenen oder des Bedieners erforderlich werden soll.

Im ersten Abschnitt des Kapitels werden die Aufgaben der Verbindungsebene genannt, außerdem wird der Begriff Prozedur oder Protokoll erläutert. Der zweite Abschnitt befaßt sich mit den synchronen Prozeduren, der dritte mit der asynchronen Übertragung.

4.1 Aufgaben der Verbindungsebene

a) **Knoten-zu-Knoten-Flußkontrolle** <node to node flow control>:
In der Verbindungsebene wird der Nachrichtenfluß zwischen zwei Knoten überwacht, nicht der Nachrichtenfluß im gesamten Netzwerk. Zu den Aufgaben der Verbindungsebene gehört auch meist nicht das Herstellen der Verbindung zwischen zwei Knoten. Zu der Verbindungsebene kann aber das Aktivieren von Knoten gehören, wie es z.B. in HDLC vorgesehen

ist. Dabei handelt es sich aber um eine Aktivierung im logischen Sinne, nicht um eine physikalische Aktivierung.

b) **Zugriffssteuerung** <access control>: Auf diese Aufgabe der Verbindungsebene, die besonders bei lokalen Netzwerken auftritt, wird in Kapitel 8 näher eingegangen. Für die eigentliche DFÜ ist sie nicht relevant.

c) **Sequenzbildung** <sequencing>: Der Austausch von Nachrichten erfolgt nicht regellos durch das Senden und Empfangen von Daten, sondern nach Regeln, die meist als Protokolle <protocols> oder Prozeduren <procedures> bezeichnet werden. Diese Regeln erfordern einen bestimmten zeitlichen Ablauf beim Austausch von Nachrichten und Steuerzeichen. Die Sequenzbildung umfaßt sowohl die Regeln darüber, wie beim korrekten Verlauf der Datenübertragung zu verfahren ist, wie auch darüber, wie zu verfahren ist, wenn der korrekte Ablauf nicht vorliegt oder nicht zu erkennen ist. Da beide an der Datenübertragung beteiligten Stationen unabhängig voneinander bestehen und nur über die DFÜ Nachrichten austauschen können, muß für jede Station definiert sein, was sie in jeder Betriebssituation zu tun hat, damit nicht eine inkorrekt arbeitende Station die andere Station lahmlegen kann.

Zur Sequenzbildung gehört das Verhalten im Fehlerfalle. Dabei kann es sich sowohl um Übertragungsfehler handeln wie um Fehler beim Einhalten der Übermittlungsprozedur. Grundsätzlich können auf der Verbindungsebene nur formale Fehler erkannt und behandelt werden. Zur Sequenzbildung gehört auch die Verfahrensweise bei der Quittierung, insbesondere die Regel dafür, nach wieviel Übertragungen eine Quittierung erfolgen muß. Dies wird als Fensterbildung <windowing> bezeichnet.

d) **Adressierung** <addressing>: Bei einigen Verfahren der Verbindungsebene ist eine Adressierung notwendig. Darauf wird bei Beschreibung dieser Verfahren eingegangen.

e) **Fehlererkennung** <error detection>: Bei der Fehlererkennung auf dieser Ebene handelt es sich grundsätzlich um die Erkennung "formaler" Fehler bei der Datenübermittlung. Der Empfänger kann nicht feststellen, ob die Daten, die er empfängt, richtig oder falsch sind. Er kann aber feststellen, ob die empfangenen Daten die gleichen Daten sind, wie sie der Sender abgeschickt hat. Für die Fehlererkennung gilt:

-- Die übertragene Information muß redundant sein, d.h. sie muß mehr Informationen enthalten, als Daten übertragen werden sollen.
-- Übertragungsfehler können mit einer sehr hohen Wahrscheinlichkeit erkannt werden, diese Wahrscheinlichkeit liegt aber immer unter 100 %.

f) **Formatierung** < formatting >: Der Aufbau der zu übertragenden Informationen erfolgt nach bestimmten formalen Regeln, die sich auch auf die Reihenfolge der verschiedenen Arten der Information beziehen. Neben den eigentlichen Daten werden Steuerzeichen, Quittungszeichen, Blockprüfzeichen übertragen. Um welche Art von Zeichen es sich handelt, kann oft nur am Zusammenhang der gesamten Nachricht erkannt werden.

Bei einigen Verfahren, z.B. HDLC, werden die Nachrichten in der Form von Rahmen <frames> übertragen, die Formatierung wird dann auch als Rahmenbildung <framing> bezeichnet.

4.2 Synchrone Prozeduren

Prozeduren oder Protokolle sind Vorschriften über die Art, in der ein Nachrichtenaustausch durchgeführt wird. Für die synchrone Übertragung sind eine Reihe von Prozeduren entwickelt worden, die teilweise genormt sind.

4.2.1 Aufgaben und Merkmale synchroner Prozeduren

Synchrone Prozeduren werden meist angewendet, wenn größere Datenmengen übertragen werden sollen, wobei höhere Geschwindigkeiten verwendet werden. Asynchrone Übertragung wird oft bei niedrigeren Übertragungsgeschwindigkeiten verwendet. Moderne Datennetze wie das Paketnetz setzen die synchrone Übertragungsprozedur voraus, es gibt allerdings Anpassungseinrichtungen.

Die synchronen Prozeduren zeichnen sich aus durch:

a) Die Übertragung der Nachrichten erfolgt nicht in einzelnen Zeichen, sondern in größeren Mengen, die als Block <block> oder Rahmen <frame> bezeichnet werden.

b) Die Synchronisation zwischen Sender und Empfänger erfolgt am Beginn eines Blocks, während der eigentlichen Übertragung erfolgt keine Synchronisation (vergl. Abschnitt 2.4).

c) Die Menge der Daten, die innerhalb eines Blocks übertragen werden, ist nicht festgelegt, sondern kann variiert werden. Es können aber maximale Längen vereinbart sein.

d) Die Nachricht wird nicht Zeichen für Zeichen auf Fehler überprüft, sondern der gesamte Block wird mit Blockprüfzeichen <Block Check Character, BCC> versehen. Damit ist eine Fehlererkennung möglich, nicht aber eine direkte Fehlerkorrektur. <Forward Error Correction, FEC>. Die Sicherstellung einer korrekten Übertragung erfolgt durch Wiederholungen. Auch für diese sind in den Prozeduren Regeln vereinbart.

Die Beseitigung von Fehlern durch Wiederholung wird auch als Wiederherstellung <recovery> bezeichnet.

e) Eine Datenübertragung ist in mehrere, zeitlich aufeinander folgende Phasen gegliedert, wobei die eigentliche Datenübertragung nur eine Phase darstellt.

f) Trotz der Regeln, die eine Prozedur setzt, können eine Reihe von Parametern durch den Anwender bestimmt werden, wobei dies nicht willkürlich geschieht, sondern meist durch die vorhandene technische Ausrüstung bestimmt wird. Zu diesen Parametern können gehören:

-- Datenübertragungsrate.
-- Anzahl der Zeichen je Block.
-- Anzahl der Wiederholungen im Fehlerfalle.
-- Anzahl der Blöcke, die beim Ablauf einer Datenübertragung mit allen dafür vorgesehen Phasen übertragen werden.
-- Bestimmung der Zeit für den Time-Out-Fall. Unter Time-Out-Fall versteht man den Fehlerfall, bei dem auf eine Nachricht keine Reaktion der Gegenseite erfolgt. Da es von technischen Gegebenheiten (Übertragungsverzögerung, Modemumschaltzeiten) abhängt, wann eine Reaktion zu erwarten ist, muß die Zeit für den Time- Out-Fall frei bestimmbar bleiben.

Daß die genannten Faktoren frei gewählt werden können, bedeutet nicht, daß jeder Anwender sie frei bestimmen darf.

So muß die Wahl der Datenübertragungsrate auf der Sender- und Empfängerseite gleich erfolgen.

Zu den Merkmalen einer Prozedur gehört die **Leitungsausnutzung** <line utilization>. Unter Leitungsausnutzung wird hier der Anteil der Zeit, in der sich Daten auf der Leitung befinden, bezogen auf die Zeit, in der die Leitung zur Verfügung steht, verstanden. Die Leitungsausnutzung wird von mehreren Faktoren bestimmt, die von der Prozedur abhängig sind:

a) Ausnutzung der Richtung: Bei einer Datenübertragungsrate n beträgt die Leitungskapazität einer Halbduplexleitung n, die einer Vollduplexleitung 2n. Bei Verwendung einer Prozedur, welche halbduplex arbeitet, wird eine Vollduplexleitung schlecht ausgenutzt.

Bei Verwendung einer Halbduplexleitung kann nie die Geschwindigkeit n ausgenutzt werden, da für die Richtungsumkehr Zeit erforderlich ist, in denen keine Datenübertragung stattfinden kann (Modemumschaltzeit).

b) Aufwand für die Steuerung: Je größer der Anteil der Steuerzeichen an der Gesamtnachricht ist, desto schlechter wird die Leitungsausnutzung. Zu den Steuerzeichen müssen auch die Zeichen oder Bits gerechnet werden, welche zur Erzielung der Transparenz notwendig sind.

c) Art der Quittierung: Die Art der Quittierung wirkt sich auf die Leitungsausnutzung aus, da der Aufwand bei verschiedenen Quittierungsverfahren verschieden ist. So wird der Aufwand höher, wenn Quittierungen durch eigenen Nachrichten erfolgen, als wenn es möglich ist, eine Quittierung mit Datenblöcken vorzunehmen. Weiterhin ist der Aufwand bei Verfahren, bei denen jeder einzelne Datenblock quittiert werden muß, höher als bei Verfahren, bei denen mehrere Blöcke gleichzeitig quittiert werden können.

d) Anzahl der Stationen an der Leitung: Wenn eine Leitung durch den Verkehr zwischen zwei Stationen nicht ausgelastet ist, kann durch Hinzufügen weiterer Stationen die Leitungsausnutzung verbessert werden. Sind nur zwei Stationen vorhanden, nennt man diese eine Punkt-zu-Punkt-Verbindung <point-to-point>, sind es mehrere, so spricht man von einer Mehrpunktverbindung (Multipoint- oder Multidrop-Verbindung). Der Steueraufwand bei einer Mehrpunkt-Verbindung ist höher als bei einer Punkt-zu-Punkt-Verbindung.

4.2.2 HDLC <High-level Data Link Control>

Die Prozedur HDLC ist aus der Prozedur SDLC <Synchronous Data Link Control> entstanden, welche von der Firma IBM entwickelt wurde. HDLC ist sowohl nach ISO genormt, wird aber auch innerhalb der CCITT-Empfehlung X.25 (Paketverkehr) als 2. Ebene beschrieben. HDLC zeichnet sich durch einige Merkmale aus, die es von anderen synchronen Prozeduren, z.B. BSC, unterscheiden:

a) Das Verfahren ist bitorientiert. Die Nachricht kann aus beliebig vielen Bits bestehen, diese brauchen nicht zu Zeichen zusammengefaßt sein.

b) Das Verfahren ist für den Voll-Duplex-Verkehr ausgelegt. Es können zur gleichen Zeit Nachrichten gesendet und quittiert werden; es können auch zur gleichen Zeit Nachrichten in beiden Richtungen übertragen werden.

Da ein Verkehr in beiden Richtungen stattfinden kann, wobei nicht auf eine Quittung gewartet werden muß, ehe weitere Aktionen stattfinden können, muß mit der Quittierung auch die Art der quittierten Nachricht bestimmt werden; dies geschieht durch die Verwendung von Zählern für den Sende- und Empfangsvorgang.

c) Es muß nicht jeder Nachrichtenblock einzeln quittiert werden; durch die Verwendung der Zähler ist es möglich, mehrere Blöcke mit einer Quittierung zu quittieren.

d) Jede übertragene Information wird mit Blockprüfzeichen abgeprüft, gleichgültig ob es sich um Textblöcke oder Steuerinformationen handelt.

e) Es gibt mehrere Betriebsarten. Die an einer Leitung angeschlossenen Stationen haben dabei bestimmte Funktionen innerhalb einer Hierarchie. Auf die unterschiedlichen Betriebsarten wird im Anschluß an die Beschreibung des Nachrichtenaufbaus eingegangen.

Nachrichtenaufbau bei HDLC

Der Austausch von Informationen erfolgt bei HDLC grundsätzlich in Rahmen <frames>. **Bild 4-1** zeigt den Aufbau eines Rahmens.

Flag	Adresse	Steuerfeld	I-Feld	FCS	Flag
8bit 01 111110	8bit	8 bit	n bit	16 bit	8 bit 01111110

Bild 4-1
Aufbau eines Rahmens bei HDLC (FCS: Frame Check Sequence)

Jeder Rahmen wird mit einem Merker <flag> begonnen und mit einem Merker abgeschlossen. Dabei kann der Ende-Merker eines Rahmens gleichzeitig der Anfangsmerker eines neuen Rahmens sein. Die Codierung der Merker ist 0111 1110, als Hexadezimalzahl 7E. Die übrigen im Rahmen enthaltenen Informationen werden auf Grund ihrer Lage zum Merker identifiziert; das erste Oktett nach dem Anfangsmerker ist das Adreßfeld <address field>, das zweite Oktett nach dem Anfangsmerker ist das Steuerfeld <control field>. Auf die Möglichkeiten zur Erweiterung des Adreßfeldes wird später eingegangen. Die Rahmen-Prüf-Sequenz <FCS, Frame Checking Sequence> besteht aus den letzten beiden Oktetts (16 Bits) vor dem Ende-Merker.

Das Informationsfeld <information field> ist nicht bei allen Arten von Rahmen verhanden; es befindet sich zwischen Steuerfeld und der Rahmen-Prüf-Sequenz; es kann eine beliebige Anzahl von Bits umfassen. Wird die Prozedur HDLC allerdings innerhalb der Paketvermittlung nach X.25 eingesetzt, so ist die Länge des Informationsfeldes begrenzt. Darauf wird im Kapitel 5 näher eingegangen.

Da Adreß-Feld, Steuer-Feld und Rahmen-Prüf-Sequenz nur an ihrer Stellung zu den Merkern, nicht aber an einer bestimmten Codierung erkannt werden, darf die Codierung der Merker nicht innerhalb der Rahmen vorkommen. Wegen der bitorientierten Art der Prozedur sind dabei keine Zeichengrenzen zu beachten. Das Verfahren zur Verhinderung einer Merker-Kombination ist das in Abschnitt 2.2 geschilderte "Bit-Stuffing". Es wird nach 5 aufeinanderfolgenden "1" innerhalb eines Rahmens eine "0" eingeschoben, beim Empfänger wird sie wieder entfernt. Die Mindestlänge eines Rahmens innerhalb der Merker beträgt also 4 Oktetts (32 Bits).

Werden auf eine "Ø" folgend mehr als 6 mal "1" empfangen, so handelt es sich um einen Abbruch <abort>; der Rahmen wurde nicht korrekt vom Sender abgeschlossen, er wird vom Empfänger nicht ausgewertet. Werden auf einer Leitung nur "1" empfangen, so erkennt der Empfänger, daß die Leitung sich im untätigen Zustand <idle state> befindet.

Es gibt drei verschiedene Arten von Rahmen:
-- Informations-Rahmen <I-frame, Information frame>,
-- Überwachungs-Rahmen <S-frame, Supervisor frame>,
-- Rahmen ohne Sequenzbildung <U-frame, Unnumbered frame>.

Im folgenden werden diese Rahmen als I-Frame, S-Frame und U-Frame bezeichnet. Für den U-Frame findet man auch die Bezeichnung NS-Frame <Non Sequenced frame>.

Unterschieden werden die Rahmen an Hand des Steuerfeldes. **Bild 4-2** zeigt den Aufbau des Steuerfeldes für die drei Arten von Rahmen. Das zuerst empfangene Bit des Steuerfeldes (nach X.25 als Bit 8 bezeichnet) definiert einen I-Frame, wenn es auf "Ø" gesetzt ist. Ist es auf "1" gesetzt, so dient Bit 7 zur Unterscheidung, ob es sich um einen S-Frame (Bit 7 = Ø) oder um einen U-Frame (Bit 7 = 1) handelt.

1	2	3	4	5	6	7	8	
0	N(S)			P/F	N(R)			I-Frame
1	0	S		P/F	N(R)			S-Frame
1	1	M		P/F	M			NS-Frame

Bild 4-2
Aufbau des Steuerfeldes bei HDLC-Rahmen (P/F: Poll/Final-Bit, N(S): Sendefolgezähler, N(R): Empfangsfolgezähler, S: Codierung der Meldung im S-Frame, M: Codierung der Meldung im NS-Frame)

Allen Steuerfeldern gemeinsam ist das P/F-Bit. Bei einer Nachricht aus einer Primärstation wird dieses Bit als Poll-Bit bezeichnet, bei einer Nachricht aus einer Sekundärstation als Final-Bit. Ein Setzen dieses Bits soll die andere Station zu einer Reaktion veranlassen, z.B. zur Quittierung des Nachrichtenblocks. Bei Verwendung einer Halbduplex-Leitung dient das P/F-Bit zur Umkehrung der Senderichtung.

Das Steuerfeld eines I-Frames enthält zwei Zähler, Ns (Sendefolgezähler, s: sending) und Nr (Empfangsfolgezähler, r: receiving). Beide Zähler können die Zahlenwerte 0 - 7 enthalten, da sie je drei Bits lang sind. Bei der Initialisierung eines Übertragungsvorgangs werden beide Zähler in beiden Stationen auf 0 gesetzt. Mit dem Ns-Zähler wird die Nummer des gesendeten Blocks angezeigt, wobei die Blöcke mit 0,1,2,3,4,5,6,7,0,1,2....... numeriert werden. Mit dem Nr-Zähler zeigt die Station die Nummer des Blocks an, den sie als nächsten erwartet, damit bestätigt sie den korrekten Empfang der Blöcke bis zur Nummer Nr - 1. Ein I-Frame wird also sowohl zum Senden von Information wie zum Quittieren von Texten verwendet.

Der S-Frame enthält nur den Nr-Zähler. Er dient zum Quittieren von Textblöcken, kann aber auch verwendet werden, um eine andere Station zum Senden aufzufordern. Mit den verbleibenden 2 Bits im Steuerfeld wird eine Nachricht an die andere Station formuliert, es sind drei Nachrichten möglich:

RR <Receive Ready>; Es wurden die Blöcke bis zur Blocknummer Nr-1 korrekt empfangen, die Station ist weiter bereit, Text zu empfangen. Diese Nachricht kann auch verwendet werden, um die andere Station zum Senden aufzufordern.

RNR <Receive Not Ready>; Mit dieser Nachricht wird angezeigt, daß kein I-Frame mehr empfangen werden kann (kein Rahmen, der Pufferspeicher benötigt). Die Nachricht sagt aber auch aus, daß I-Frames bis zur Nummer Nr-1 korrekt empfangen wurden.

REJ <Reject>: Diese Nachricht entspricht der Anforderung einer erneuten Übertragung von I-Frames, beginnend mit dem Rahmen der Nummer Nr. Ein REJ mit Nr = 6 bedeutet, daß I-Frames bis zur Nummer Ns = 5 korrekt empfangen wurden. Sie sagt aber aus, daß der I-Frame mit Ns = 6 nicht korrekt empfangen wurde, sondern gestört war. Wegen des Duplexverkehrs und der bei der Auswertung der Rahmen notwendigen Verzögerungszeit kann es vorkommen, daß REJ erst dann beim Sender eintrifft, wenn er bereits weitere I-Frames gesendet hat. Auch wenn diese korrekt empfangen werden, besteht keine Möglichkeit, dies dem Sender anzuzeigen, auch diese müssen erneut gesendet werden.

Art und Bedeutung der U-Frames sind von der Betriebsart <mode> des Netzwerks abhängig. Es werden unterschieden:

1. Netze, die aus Primär- und Sekundärstationen gebildet sind <primary stations, secondary stations>; diese Netze werden als unsymmetrische Konfigurationen <unbalanced configurations> bezeichnet.

2. Netze, die aus gleichberechtigten Stationen bestehen; diese werden als symmetrische Konfigurationen <balanced configurations> bezeichnet. Die Stationen in diesen Netzen werden auch als kombinierte Stationen <combined station> bezeichnet, da sie Eigenschaften der Primär- und Sekundärstationen vereinigen. **Bild 4-3** zeigt den Aufbau solcher Konfigurationen.

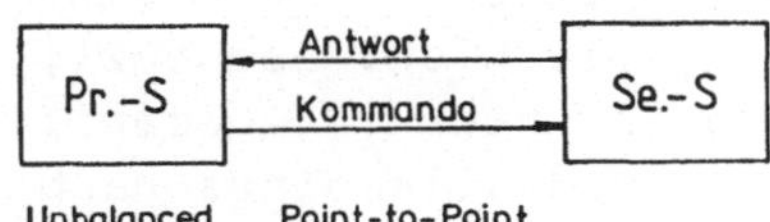

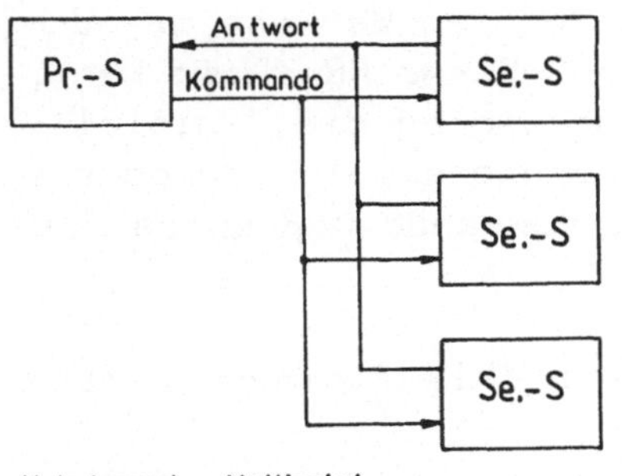

Bild 4-3
Konfigurationen bei HDLC (Pr.-S: Primärstation; Se.-S: Sekundärstation; Co.-S: kombinierte Station)

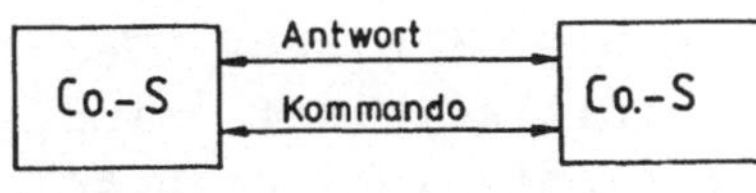

Die Kommunikation zwischen den Stationen erfolgt in drei verschiedenen Betriebszuständen:

1. Initialisierung <IS, Initialization state>
2. Informationsaustausch <ITS, Information Transfer State>
3. Verbindungsauflösung <LDS, Logically Disconnected State>.

Die Initialisierung erfolgt bei Konfigurationen mit Primär- und Sekundärstationen immer von der Primärstation aus. Bei "Balanced"-Konfigurationen kann sie von beiden Stationen aus erfolgen. Bei Paketverkehr nach X.25 erfolgt sie von der DEE her, sie kann aber von der DÜE durch das Aussenden von Flags angefordert werden. Die initialisierende Station sendet das Kommando SNRM <Set Normal Respond Mode>. Mit diesem Kommando werden die Zähler für I-Frames auch in der Sekundärstation auf 0 gesetzt. Die Station, welche SNRM empfängt, muß mit der Meldung NSA <Non Sequenced Acknowledegement> den Empfang des Initialisierungskommandos anzeigen.

Während der Phase des Informationsaustauschs erfolgt das Senden von Daten mit I-Frames, die Quittierung erfolgt entweder mit I-Frames oder Supervisor-Frames. Die verschiedenen Arten der S-Frames sind oben beschrieben. Die Anzahl der I-Frames, die ausgetauscht werden, ist nicht begrenzt, da die Zähler Ns und Nr zyklisch von 0 nach 7 gezählt werden. Eine Bestätigung der I-Frames muß allerdings nach mindestens 7 Frames erfolgen, da die Zählung sonst mißverständlich interpretiert werden könnte. Die Quittierung kann mit dem Setzen des Poll- bzw. Finalbits angefordert werden. Beginnt eine initialisierende Station den Verkehr in der Informationsaustauschphase mit dem S-Frame RR <Receive Ready>, so wirkt dies als eine Sendeaufforderung an die initialisierte Station. Die Verbindungsauflösung erfolgt durch das Kommando DISC <Disconnect>. Auch dieses Kommando muß durch die Meldung NSA quittiert werden.

Bild 4-4 zeigt an zwei Beispielen den Ablauf einer Datenübertragung nach HDLC.

Der Begriff Verbindungsauflösung bedeutet nicht, daß die physikalische Verbindung zwischen den beiden Stationen aufgelöst ist, es handelt sich nur um die logische Verbindung. Sekundärstationen, welche initialisiert sind, werden auch als "on-line", wenn sie nicht initialisiert sind, als "off-line" bezeichnet.

Zur Überwachung der Prozedur müssen Systemparameter vereinbart werden:

-- Primär-Zeitüberwachung T1 <Timer 1>. Er gibt die Zeit an, die gewartet werden soll, ehe eine Wiederholung eines Frames erfolgt, auf den keine Reaktion einging. T1 muß länger angelegt sein als die Zeit, die zwischen dem Aussenden einer Nachricht, z.B. SNRM, und ihrer Bestätigung, z.B. NSA, vergeht. Damit die Zeitüberwachung nicht ungewollt anspricht, soll keine Station diese Bestätigung länger aufhalten als eine Zeit T2, wobei T2 kleiner als T1 sein muß.

A.

PR.-ST.		SE.-ST
C/SNRM/P	→	
	←	C/NSA/F
C/RR/0/P	→	
	←	C/I0/0/F
C/RR/1/P	→	
	←	C/I1/0/$\overline{F}$
	←	C/I2/0/$\overline{F}$
	←	C/I3/0/F
C/I0/4/$\overline{P}$	→	
C/I1/4/P	→	
	←	C/RR/2/F
C/DISC/P	→	
	←	C/NSA/F

B.

PR.-ST		SE.-ST
D/SNRM/P	→	
	←	D/NSA/F
D/RR/0/P	→	
D/I0/0/$\overline{P}$	→	
	←	D/I0/0/$\overline{F}$
D/I1/0/$\overline{P}$	→	
D/I2/0/$\overline{P}$	→	
	←	D/I1/2/$\overline{F}$
D/I3/1/$\overline{P}$	→	
	←	D/I2/4/F
D/RR/3/P	→	
	←	D/RR/4/F

Bild 4-4
Ablauf einer Datenübertragung nach HDLC
a) Halbduplex-Verkehr;
b) Vollduplex-Verkehr.
PR-ST.: Primärstation; SE-ST.: Sekundärstation
Dargestellt ist der Adreßteil (C oder D), bei NS-Frames die Bedeutung (SNRM: Set Normal Response Mode; NSA: Non Sequenced Acknowledge; DISC: Disconnection), bei S-Frames die Meldung (PR: Receive Ready) und der Empfangsfolgezähler. Bei I-Frames stellt die auf das I folgende Ziffer den NS-Zähler (Sendefolgezähler), die Ziffer danach den Empfangsfolgezähler dar.
P und F: Poll- und Finalbit, der Strich sagt aus, daß das Bit nicht gesetzt ist.

-- Höchste Anzahl der Wiederholungen N2 <maximum numbers of transmission>. Um eine unbegrenzte Anzahl von Wiederholungen, etwa nach dem Auftreten einer Zeitüberschreitung, zu verhindern, muß ein Wert N2 vereinbart sein, nach dessen Überschreitung die Übertragung abgebrochen wird.

-- Höchste Anzahl der Bits in einem Block N1 <maximum number of bits in an I-frame>. Nach X.25 kann eine solche Begrenzung des Datenfeldes in einem I-Frame vereinbart sein.

-- Höchste Anzahl der ausstehenden Blöcke k <maximum number of outstandig I-frames>. Die höchstmögliche Anzahl der Datenblöcke, die zu einer bestimmten Zeit noch nicht bestätigt wurden. Die Zahl k darf dabei niemals den Wert 7 überschreiten.

Für die Anzeige von Fehlern auf der Prozedurebene dient der NS-Frame CMDR <Command Reject>. Es handelt sich um einen Frame ohne Zähler, er enthält aber ein Informationsfeld von 24 Bits, welches Aussagen über die Art des Fehlers macht. **Bild 4-5** zeigt die Einteilung dieser Information. Byte 1 zeigt das Steuerfeld des zurückgewiesenen Kommandos. Es handelt sich nicht um das Steuerfeld des CMDR-Frames, das nicht im I-Feld enthalten ist. Byte 2 zeigt den Status der Station, welche den CMDR-Frame erzeugt, also den aktuellen Stand von Nr und Ns in dieser Station. Im Byte 3 sind in den ersten vier Bits die Fehlerursachen dargestellt.

W = 1: Das Steuerfeld des empfangenen Frames ist ungültig.
X = 1: Der empfangene Frame enthielt ein nach dem Steuerfeld nicht zulässiges Datenfeld, z.B. war in einem S-Frame ein Datenfeld enthalten. Wenn X = 1, muß auch W = 1 sein.
Y = 1: Das Datenfeld hat die höchstzulässige Länge überschritten, die von der empfangenden Station verarbeitet werden kann.
Z = 1: Der empfangene Frame hat eine ungültige Nummer für Nr in seinem Steuerfeld, z.B. quittiert er einen Frame, der noch nicht gesendet wurde.
Die letzten vier Bits des Bytes 3 werden auf 0 gesetzt.

Steuer-Feld	Informations-Feld			FCS
	Steuerfeld des zurückgewiesenen Befehls	0 Ns 0 Nr	W X Y Z 0 0 0 0	

Bild 4-5
Einteilung des Informationsfeldes für den CMDR-Frame (Command Reject)

Es kann eine Adreßerweiterung <extended address field> vereinbart werden, dabei gilt:

-- Ist das zuerst gesendete Bit des Adreß-Bytes eine 0, so gehört auch das nachfolgende Byte zum Adreß-Feld.

-- Ist das zuerst gesendete Bit des Adreß-Bytes eine 1, so ist dies das letzte Byte des Adreß-Feldes.

Im Paketnetz wird von der Adreßerweiterung kein Gebrauch gemacht.

4.2.3 BSC <Binary Synchronous Communication>

BSC wurde 1968 als synchrone Prozedur von der Firma IBM entwickelt. Normungen bestehen unter anderem in

ISO 2111 <Data communication - Basic Mode control procedures - code independent information transfer>,

ISO 2628 <Basic mode control procedures - Complements>,

ISO 1745 <Information processing - Basic Mode control procedures for data communications systems>,

ISO 2629 <Basic Mode control procedures - Conversational information message transfer>.

Folgende Kennzeichen der BSC-Prozedur können hervorgehoben werden:

a) Zeichenorientierte Prozedur. Die Erkennung der Steuer-Zeichen und ihre Unterscheidung von Daten geschieht immer innerhalb von Zeichen. Anders als bei HDLC wird also nicht jede beliebige Bit-Kombination untersucht, sondern die gesamte empfangene Nachricht wird in Zeichen unterteilt (oft 8 Bits); diese Zeichen werden darauf untersucht, ob es sich um Daten oder Steuerzeichen handelt.

b) Halbduplex-Prozedur. Die Prozedur läßt die Aktivität einer Station nur zu, wenn eine andere Station ihre Aktivität beendet hat. Nachrichtenblöcke werden nur gesendet, wenn der vorhergehende Block bereits quittiert ist. Auch bei Vorhandensein einer Vollduplexleitung kann damit nur ein Halbduplex-Betrieb unterhalten werden.

c) Fehlerprüfung. Sie erfolgt ähnlich wie bei HDLC über CRC-Blockprüfzeichen. Im Gegensatz zu HDLC werden aber nicht sämtliche gesendeten Nachrichten in die Berechnung der Blockprüfzeichen aufgenommen, sondern nur die eigentlichen Texte.

d) Es sind mehrere Betriebsarten möglich, z.B. der Konkurrenzbetrieb mit gleichberechtigten Stationen, aber auch ein Betrieb mit Leit- und Folgestationen.

e) Die Datenübertragung ist in mehrere Phasen gegliedert.

Bild 4-6 zeigt den Aufbau eines Nachrichtenblocks bei BSC. Dabei sind der physikalischen Ebene zuzurechnen:

-- Pad1 <leading pads>; sie dienen der Bitsynchronisierung.
-- SYNC-Zeichen; sie dienen der Zeichensynchronisierung.
-- Pad2 <trailing pad>; diese haben die Aufgabe, das Signal auch nach der eigentlichen Sendung auf der Leitung zu halten, um nicht durch abruptes Abschalten Verzerrungen zu erhalten.

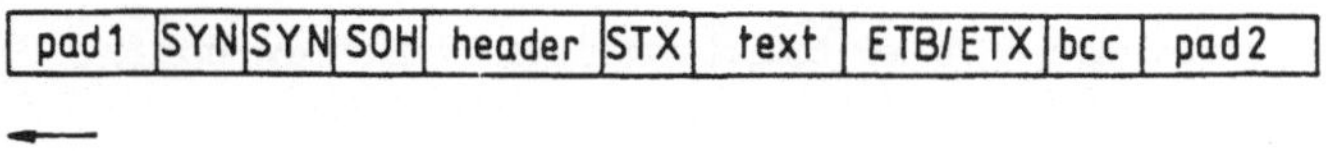

pad1	SYN	SYN	SOH	header	STX	text	ETB/ETX	bcc	pad2

←

Bild 4-6
Aufbau eines Nachrichtenblocks bei BSC (bcc: Blockprüfzeichen)

Die Verwendung eines Nachrichtenkopfs <header> ist nicht zwingend erforderlich <optional>, die Nachricht kann auch direkt nach den Synchronisationszeichen und STX <Start of Text> beginnen. Damit ergibt sich der Blockaufbau nach **Bild 4-6a**. Wird ein Header verwendet, so wird das Ende dieses Headers mit dem Steuerzeichen STX angezeigt. Das Ende des Textes kann sowohl durch ETX <End of Text> wie durch ETB <End of Block> angezeigt werden. Welches dieser Steuerzeichen verwendet wird, richtet sich danach, ob weitere Blöcke folgen (ETB) oder ob es sich um den letzten Block der Übertragung handelte (ETX).

Die Länge der Blöcke ist nicht begrenzt, es kann aber erforderlich sein, die Blöcke zu gliedern oder eine Nachsynchronisation durchzuführen. Dies erfolgt mit Hilfe des Steuerzeichens ITB <Intermediate Text Block>, dessen Codierung dem

ASCII-Zeichen US <Unit Separator> identisch ist. Blockprüfzeichen folgen nach einem ETX oder ETB, es kann aber auch vereinbart werden, daß nach einer Blockunterbrechung diese Prüfzeichen eingefügt werden.

SYN	SYN	STX	text	ETX/B	BCC

Bild 4-6a
Aufbau eines Datenblocks bei BSC ohne Header

Bild 4-7 zeigt den grundlegenden Ablauf einer Datenübertragung nach BSC, wobei von einer korrekten Übertragung ausgegangen wurde. Die dargestellte Prozedur verläuft halbduplex; es wird eine Nachricht immer erst dann gesendet, wenn die andere Nachricht vollständig empfangen wurde. Durch die Verwendung zweier abwechselnd gesendeter Quittierungszeichen (ACK0, ACK1) wird verhindert, daß der gleiche Block, der wegen eines Fehlerfalls wiederholt wurde, zweimal abgespeichert wird.

STATION A		STATION B
ENQ	→	
	←	ACK 0
STX, text 1, ETB, bcc	→	
	←	ACK 1
STX, text 2, ETB, bcc	→	
	←	ACK 0
	.	
	.	
STX, text n, ETX, bcc	→	
	←	ACK 0/1
EOT	→	

Bild 4-7
Ablauf einer ungestörten Übertragung bei BSC

Bei der Durchführung der Prozedur können mehrere Abweichungen von dem in Bild 4-7 gezeigten Schema auftreten:

a) Nachrichten erreichen nicht ihren Empfänger. Dies muß über eine Time-out-Schaltung erkannt werden. Auf welches Intervall die dazu erforderlichen Zeitschaltungen eingestellt werden, hängt von den technischen Gegebenheiten ab. Eine Time-out-Schaltung muß deutlich länger eingestellt werden als die Zeit beträgt, innerhalb derer eine Nachricht erwartet werden kann. Die Zeitschaltungen <timer> sind in EDV-Anlagen meist nicht als Hardware ausgeführt, sondern über die Uhr des EDV-Systems (Software) gesteuert.

Der Start der Zeitschaltungen erfolgt immer dann, wenn das letzte Zeichen einer Nachricht gesendet wird, auf die man eine Antwort erwartet; die Time-out-Schaltung wird gestoppt, wenn eine gültige Rückmeldung kommt. Erreicht die Time-out-Schaltung ihren Endwert, so wird eine Wiederherstellungsprozedur durchlaufen. Nach ISO 2628 erfolgt eine Wiederübertragung <retransmission> von entweder der gleichen Nachricht oder einer davon unterschiedlichen Information, z.B. ENQ. Da in einem solchen Fall damit gerechnet werden muß, daß eine ernsthafte Leitungstörung vorliegt, ist es wirtschaftlicher, die zweite Möglichkeit zu wählen. Die Wiederholung wird dabei n-mal durchgeführt, wenn kein Erfolg eintritt. Wird die Zahl n erreicht, so bricht die Station die Übertragung mit EOT <End Of Transmission> ab. Dann muß eine höhere Systemebene alarmiert werden, damit Reaktionen auf die nicht zustande gekommene Datenübertragung getroffen werden können. Die Bestimmung der Zahl n erfolgt über programmierbare Zähler <counter>.

Bei Nachrichten, die den Empfänger nicht erreichen, kann es sich auch um Quittungszeichen handeln, die vom "logischen" Empfänger ausgesendet wurden. Da auf diese Quittierung wieder eine Quittierung erwartet wird, z.B. durch einen neuen Datenblock, müssen auch hier Time-out-Bedingungen abgeprüft werden, um ein zu langes Warten zu vermeiden.

b) Nachrichten werden verstümmelt übertragen. Da eine Abprüfung nur bei Datenblöcken erfolgt, wird eine Verfälschung der übrigen Nachrichten nicht direkt erkannt. Ein nicht sinnvoll interpretierbares Zeichen wird aber als ein Prozedurfehler wirken. Eine Wahrscheinlichkeit des Datenblocks wird mit großer Wahrscheinlichkeit durch die Verwendung und Abprüfung der CRC-Zeichen erkannt. Der Empfänger des Datenblocks reagiert darauf mit dem Steuerzeichen NAK <Negative Acknowledgement>. Nach ISO 2628 kann auf NAK in zwei Arten reagiert werden:

-- Aussenden eines ENQ-Zeichens, als Antwort wird ACK oder NAK erwartet, um Leitung und Empfängerstation zu überprüfen.
-- Wiederholung des Datenblocks <retransmission>.

Der Empfang eines NAK durch den Absender der Nachricht beweist, daß zumindest zeitweise die Leitung noch funktioniert und auch die empfangende DEE funktionsbereit ist. Im Gegensatz zum Time-out-Fall ist hier die Neuübertragung des Datenblocks daher durchaus sinnvoll. Auch die Anzahl der NAK-Zeichen muß über Wiederholungszähler erfaßt werden, damit ein Prozedurabbruch erfolgen kann. Das Zeichen "NAK" wird auch als negative gültige Rückmeldung bezeichnet.

Der Abbruch muß nicht im "logischen" Sender erfolgen. Wiederholungszähler werden auch im "logischen" Empfänger geführt, bei Überschreiten erfolgt der Abbruch durch den "logischen" Empfänger ebenfalls durch Aussendung des Zeichens EOT <End Of Transmission>. **Bild 4-8** zeigt die Verwendung des NAK bei fehlerhaften Übertragungen.

Die Möglichkeit des Abbruchs von beiden Seiten aus muß immer gegeben sein. Eine korrekt arbeitende Anlage darf niemals durch eine inkorrekt arbeitende Anlage blockiert oder über längere Zeit behindert werden.

c) Bei der blockweisen Datenübertragung stehen keine weiteren Blöcke zur Verfügung, obwohl der letzte Block mit einem ETB <End of Transmission Block> abgeschlossen wurde. Wenn der Sender damit rechnet, innerhalb befristeter Zeit weiteren Text zum Senden aus seinen Pufferspeichern zu erhalten, zeigt er dies durch Sendung der Nachricht TTD <Temporary Text Delay> an.

Diese wird durch die Steuerzeichen STX ENQ codiert. Die korrekte Quittierung dieser Nachricht ist NAK. Auch hierbei werden Wiederholungszähler verwendet, damit nicht der Empfänger durch fortlaufende Nachrichten TTD blockiert wird.

d) Der Empfänger empfängt einen Block korrekt, der mit ETB abgeschlossen ist. Er muß damit rechnen, daß in Kürze ein weiterer Datenblock folgt. Wenn er keinen Pufferspeicher mehr zur Verfügung hat, aber erwarten kann, daß diese Situation sich in absehbarer Zeit ändert, quittiert er den Block mit WACK <Wait Acknowledgement>. Bei WACK handelt es sich um

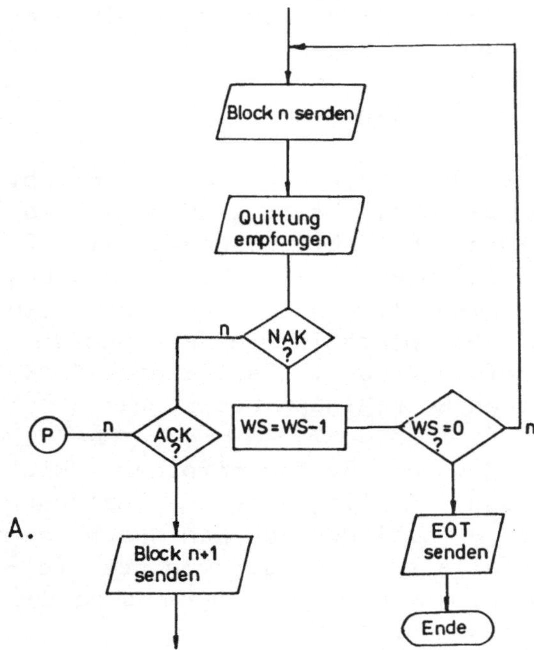

Bild 4-8
Verwendung des Steuerzeichens NAK
a) Aus der Sicht des Datensenders (WS: Wiederholungszähler Sender, P: weiterer Prozedurverlauf mit Fehler, hier nicht weiter verfolgt)
b) Aus der Sicht des Empfängers (WE: Wiederholungszähler des Empfängers)

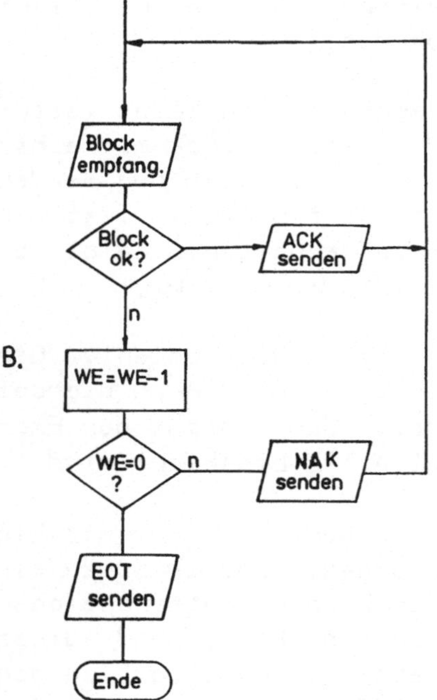

eine positive gültige Rückmeldung. Diese Meldung ist vergleichbar dem S-Frame RNR <Receive Not Ready> bei dem Verfahren HDLC.

Auf WACK reagiert der Sender mit einer Zustandsabfrage ENQ, wird diese wieder mit WACK beantwortet, wiederholt er die Zustandsabfrage. Auch hier muß ein Wiederholungszähler dafür sorgen, daß keine dauernde Blockierung durch fortlaufendes Senden von WACK erfolgt. **Bild 4-9** zeigt den Verlauf bei einer Verwendung von WACK.

e) Es erfolgt keine gültige Rückmeldung. Geschieht dies mit Zeichen, die nicht interpretierbar sind <invalid>, so wird wie bei einer Erkennung von Time-out verfahren.

f) Übertragungsabbruch <abort>. Innerhalb der Prozedur kann durch Störungen im Sender ein Abbruch der Übertragung notwendig sein. Dabei sind zwei Fälle zu unterscheiden:

-- Abbruch innerhalb des Datenblocks. Dieser erfolgt durch Einschub des Steuerzeichens ENQ, welches in diesem Fall die Bedeutung des Abbruchszeichens <block abort> hat. Blockprüfzeichen werden nicht mehr gebildet. Der Empfänger wertet diesen Block nicht aus, er bestätigt mit NAK. Der Sender kann dann mit einem weiteren Block fortfahren oder mit EOT die Prozedur beenden.

-- Abbruch zwischen den Informationsblöcken. Dieser erfolgt durch Aussenden des Steuerzeichens EOT <End Of Transmission>.

g) Umkehrunterbrechung. Durch Aussenden des Zeichens RVI <Reverse Interrupt> fordert die Empfangsstation das Ende der Sendung an. RVI stellt eine positive Bestätigung für den letzten gesendeten Block dar, ersetzt also ACK. Die sendende Station soll darauf die Übertragung beenden und dies mit EOT anzeigen. Ob dies tatsächlich sofort geschieht, ist systemabhängig. Es kann vorkommen, daß die Sendestation zuerst Pufferspeicher leerräumen muß, also noch weitere Datenblöcke senden wird. RVI kann dazu benutzt werden, die Richtung der DFÜ umzukehren.

h) Unterbrechung durch BEL. Durch das Steuerzeichen BEL zeigt die Empfangsstation an, daß die Sendung zu unterbrechen ist, damit auf Sprechverkehr umgeschaltet werden kann. Ebenso wie RVI dient auch BEL als positive Bestätigung und ersetzt ACK.

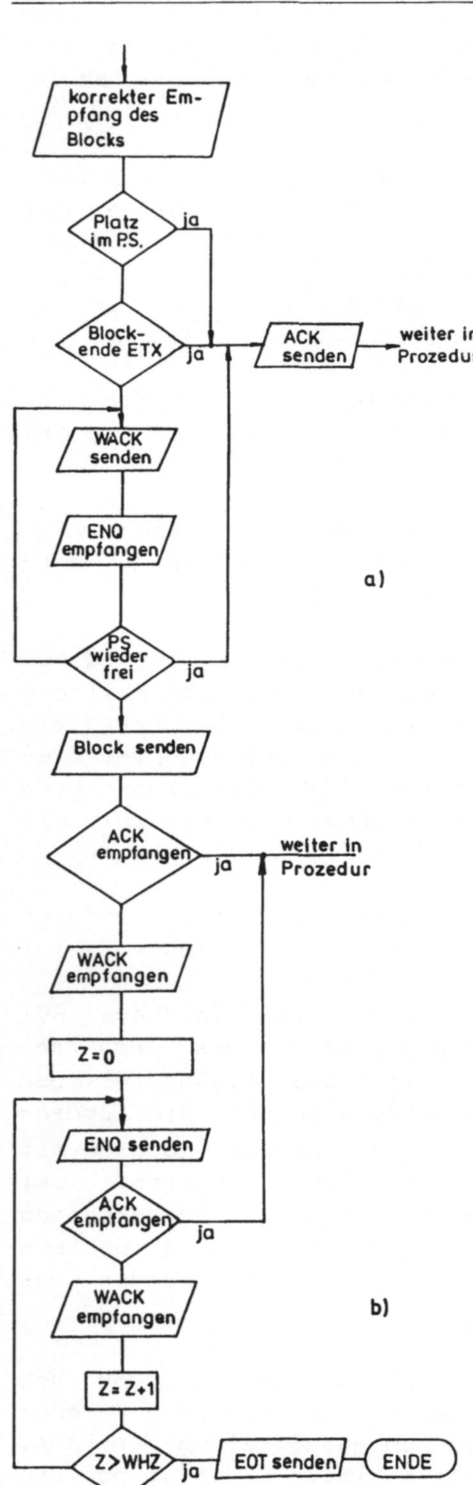

Bild 4-9

Verwendung des Steuerzeichens WACK

a) Aus der Sicht des Empfängers

b) Aus der Sicht des Senders (PS: Pufferspeicher)

Bei der BSC-Prozedur sind mehrere **Betriebsarten** möglich.

a) Konkurrenzbetrieb <contention mode>. Beide Stationen sind gleichberechtigt, die Initiative zu einer Datenübertragung geht von der Station aus, die senden will. In der Phase 2 (Aufbau der Datenübermittlung) fragt sie die andere Station durch ENQ auf Empfangs- und Betriebsbereitschaft ab. In Wählnetzen kann es dabei sinnvoll sein, eine Überprüfung auf korrekte Verbindung durch Identifikationszeichen <identifier> durchzuführen. Diese bestehen aus Zahlenlisten, welche in beiden Stationen bekannt sein müssen. Nur bei Übereinstimmung wird die Phase 3, die eigentliche Datenübertragung, begonnen. Bei der Verwendung von Identifikationszeichen muß auch die Quittierung in der Phase 2 mit ACK0 mit diesen Zeichen versehen werden.

Im Konkurrenzbetrieb kann es vorkommen, daß beide Stationen gleichzeitig eine Sendung aufnehmen wollen. Um eine gegenseitige Blockierung zu verhindern, können die beiden Wiederholungszähler mit verschiedenen Werten geladen werden, damit es nicht zu einem Abbruch der Versuche in beiden Stationen kommt, sondern eine Station die Sendung eröffnen kann, nachdem die andere Station die Versuche abgebrochen hat.

b) Betrieb mit Leitstation <master-slave mode>, auch als Multipoint-Betrieb bezeichnet. Es besteht eine Leitstation <master>, an die mehrere nachgeordnete Stationen <slaves> angeschlossen sein können. Die Initiative zu einem Datenverkehr gleich welcher Richtung geht grundsätzlich von der Leitstation <master> aus. Die Aufforderung zum Senden wird dabei als Sendeaufruf, die zum Empfangen als Empfangsaufruf bezeichnet. Beide arbeiten mit dem Steuerzeichen ENQ. Ein Aufruf kann erst erfolgen, wenn alle nachgeschalteten Stationen in den rückgesetzten Zustand versetzt worden sind <reset>, dies geschieht durch das Zeichen EOT.

Die Aufrufnachricht besteht aus "Vorauszeichen" gefolgt von ENQ. Die Anzahl und Art der Vorauszeichen muß zwischen den Stationen vereinbart sein, zulässig sind maximal 7 Zeichen. Die Vorauszeichen müssen die Adresse der angewählten Slave-Station enthalten sowie Information darüber, ob es sich um einen Sende- oder Empfangsaufruf handelt. Bei der Anwahl handelt es sich natürlich nicht um eine Wahl im Sinne der Leitungsvermittlung, sondern um ein logisches Zuschalten.

Bei einem Sendeaufruf reagiert die angesprochene Slave-Station entweder mit dem Senden eines Textes oder dem Zeichen EOT, wenn sie keine Daten zu übertragen hat. Auf einen Empfangsaufruf reagiert die Slave-Station entweder mit ACK0 bei Empfangsbereitschaft oder mit NAK (keine Empfangsbereitschaft) oder mit WACK (zeitweise keine Empfangsbereitschaft).

Bild 4-10a und b zeigt die Mitschrift über einen Informationsaustausch nach BSC, die Mitschrift erfaßt die Zeichen im Hexa-Code, jeweils zwei Ziffern stellen ein Zeichen dar. Nicht erfaßt sind die "Leading-Pads". Die Zeichenmitschrift kann natürlich erst dann beginnen, wenn die Zeichensynchronisation erfolgt ist, die SYNC-Zeichen dafür kommen erst nach den für die Bitsynchronisation erforderlichen Pads. Da mindestens ein SYNC-Zeichen zur Zeichensynchronisation erforderlich ist, ist mindestens ein SYNC-Zeichen mehr übertragen, als die Mitschrift zeigt.

Bild 4-10a zeigt die ungestörte Übertragung von drei Blöcken. Die Zeichen + und - geben die Richtung des Datenflusses an. Die erste Nachricht setzt sich zusammen aus:

SYNC, SYNC, SYNC, SYNC, SYNC, ENQ, pad, pad.

Es handelt sich also um die Abfrage auf Empfangsbereitschaft in der Phase 2 der Datenübertragung. Diese Nachricht wird quittiert mit:

SYNC, SYNC, SYNC, SYNC, SYNC, ACK0, pad, pad.

Das Zeichen ACK0 wird dabei durch die Bytes 10 70 dargestellt (EBCDIC-Code). Damit ist die Phase 2 erfolgreich abgeschlossen, die Datenübertragung kann beginnen.

- 32,32,32,32,32,2D,FF,FF 'ENQ'

+ 32,32,32,32,32,10,70,FF,FF 'ACK0'

- 32,32,32,32,02,C1,C1,1F,4F,37,32,32,C2,C2,C2,26,4D,E0,FF,FF 1. Block

+ 32,32,32,32,10,61,FF,FF 'ACK1'

- 32,32,32,32,32,02,40,40,40,26,B6,F3,FF,FF 2. Block

+ 32,32,32,32,10,70,FF,FF 'ACK 0'

- 32,32,32,32,02,41,41,41,1F,4E,32,32,32,42,42,42,03,12,34,FF,FF 3.Block

+ 32,32,32,32,10,61,FF,FF 'ACK1'

- 32,32,32,32,32,37,FF,FF 'EOT'

Bild 4-10
Protokoll einer Datenübertragung nach BSC
a) ungestörte Übertragung
b) Übertragung mit Störungen
Daten sich einfach, Blockprüfzeichen (BCC) doppelt unterstrichen; Daten sind nicht vollständig dargestellt.

+ 32,32,2D,FF,FF 'ENQ'

- 32,32,32,10,70,FF,FF 'ACK0'

+ 32,32,02,C1,C2,C3,C4,C5,C6,C7,C8,C9,26,05,0E,FF,FF 1. Block

- 32,32,3D,FF,FF 'NAK'

+ 32,32,02,C1,C2,C3,C4,00,00,00,00 1. Block

+ 32,32,32,2D,FF,FF 'ENQ'

- 32,32,10,70,FF,FF 'ACK0'

+ 32,32,02,C1,C2,C3,C4,C5,C6,C7,C8,C9,26,05,0E,FF,FF 1. Block

- 32,32,32,37,FF,FF . 'EOT'

Der erste Datenblock enthält nach den SYNC-Zeichen 02 <Start of Text>. Da kein DLE-Zeichen vorgesetzt war, handelt es sich um eine nicht transparente Übertragung. Nach einigen Datenbytes folgt die Zeichenfolge:

US <Unit Separator>, BCC (Blockprüfzeichen), BCC, SYNC, SYNC.

Das Zeichen für die Trennung der Daten wird hier nicht für eine logische Unterteilung des Blocks verwendet, sondern zum Zwecke der Nachsynchronisation. Unmittelbar nach den SYNC-Zeichen folgt der nächste Teilblock. Der Block schließt ab mit der Folge:

ETB, BCC, BCC, pad, pad.

Das Endezeichen ETB anstatt von ETX weist darauf hin, daß weitere Blöcke folgen. Nach der Quittierung mit ACK1 folgt der zweite Block, der ebenfalls mit ETB abgeschlossen ist und mit ACK0 quittiert wird. Der dritte und letzte Block schließt mit ETX ab. Die Quittierung erfolgt mit ACK1, dann erfolgt die Meldung EOT, die Prozedur ist abgeschlossen.

Bild 4-10b zeigt eine gestörte Übertragung. Nachdem Phase 2 erfolgreich abgeschlossen ist, wird der erste Datenblock gesendet. Ein Fehler ist in der Mitschrift nicht erkennbar. Die Quittierung erfolgt mit dem Zeichen NAK <Negative Acknowledgement>, der Block ist offenbar empfangen worden, aber fehlerhaft.

Der Sender reagiert auf die Meldung NAK mit einer erneuten Übertragung des gleichen Datenblocks. Diesmal ist allerdings bereits bei der Mitschrift des Blocks erkennbar, daß keine einwandfreie Übertragung stattfindet; der Block ist nicht korrekt abgeschlossen, es erfolgt auch kein Blockabbruch. Die nächste Nachricht stammt ebenfalls vom Sender. Da offenbar keine Reaktion auf den Datenblock erfolgt ist – da der Block nicht korrekt abgeschlossen wurde, konnte auch keine erfolgen – , ist die Time-out-Kontrolle beim Sender aktiv geworden. Der Sender reagiert nicht wie bei NAK mit einer Blockwiederholung, sondern mit einer erneuten Zustandsabfrage ENQ. Dies wird mit einer korrekten Meldung ACK0 quittiert. Es findet eine erneute Blockwiederholung statt, wobei der Block anscheinend korrekt übertragen wird, ein korrekter Empfang findet aber nicht statt, auch keine Quittierung. Offenbar durch Ablauf der Time-out-Schaltung registriert der Empfänger, daß auch der dritte Versuch, den Block zu übertragen, erfolglos war und bricht durch Aussenden von EOT <End Of Transmission> die Prozedur ab.

4.3 Asynchrone Übertragungen

Asynchrone Übertragungen sind nicht immer in der Art von Prozedurregeln festgelegt, wie dies bei synchroner Übertragung üblich ist, sie werden daher teilweise auch als **protokollfrei** bezeichnet. **Bild 4-11** zeigt den Übertragungsrahmen bei einer asynchronen Übertragung. Das Zeichen wird eingekleidet vom Startbit und den Stopbits, die Abprüfung erfolgt zeichenweise mit einem Paritätsbit. Die Anzahl der Datenbits innerhalb des Zeichens ist vom verwendeten Code abhängig. Wie in Abschn. 2.4 erläutert, besteht zwischen den einzelnen Zeichen kein zeitlicher Zusammenhang, sie sind auch nicht in Blöcke oder Rahmen zusammengefaßt. Die asynchrone Übertragung wird auch als Start-Stop-Betrieb bezeichnet.

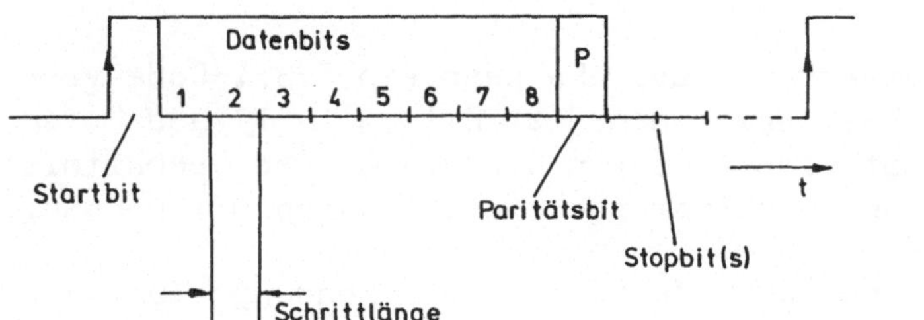

Bild 4-11
Übertragungsrahmen bei der asynchronen Übertragung

Die asynchrone Übertragung wird z.B. für niedrige Geschwindigkeiten angewendet (Benutzerklasseneinteilung nach X.1 bis 300 bit/s). Diese Geschwindigkeit steht auch bei Benutzung von Datex-L oder Datex-P zur Verfügung. Auf gemieteten Telephonleitungen oder auf privaten Leitungen kann eine asynchrone Übertragung auch mit höheren Geschwindigkeiten stattfinden. Asynchrone Übertragung gibt es auch im Verkehr mit langsamen peripheren Geräten bis 19,2 kbit/s über genormte Schnittstellen, etwa nach V.24. Im "Nahbereich" ist V.24/asynchron als "Standard" anzusehen.

Auch bei einer asynchronen Übertragung muß es eine Steuerung des Übertragungsablaufs geben. Dazu stehen Steuerzeichen, wie sie etwa im ASCII-Code vereinbart sind, zur

Verfügung. Die Regeln, nach denen bei diesem Austausch verfahren werden soll, sind nur wenig genormt, sie müssen meisten zwischen den Beteiligten frei vereinbart werden. Aktuelle Beispiele für die Normung sind DIN 66 258 Teil 1 und Teil 2. Eine Normung für den asynchronen Datenaustausch besteht beim Zugriff auf das Paketnetz mit einer DEE nach dem Start-Stop-Prinzip (X.28), dies wird in Kap. 5 näher erläutert.

Eine Möglichkeit der Steuerung der Übertragung ist die Verwendung der Steuerzeichen X-ON und X-OFF. Diese dienen dazu, das Gerät zu aktivieren bzw. es zu inaktivieren. Mit Übertragung dieser Steuerzeichen können der Beginn und das Ende einer Nachrichtenübertragung signalisiert werden.

Zur Fehlersicherung kann ein Verfahren angewendet werden, welches als ARQ <Autontic Request> bezeichnet wird. Das Verfahren ist sowohl bei synchroner wie bei asynchroner Übertragung möglich, da es auf der Übertragung und Abprüfung bzw. Wiederholung einzelner Zeichen beruht. Es wird besonders bei der Funkübertragung von Daten verwendet. Zum ARQ-Verfahren gehören:

a) Ein fehlererkennender Code. Es kann ein 7-Bit-Code verwendet werden, bei dem immer drei Bits mit "1" und vier Bits mit "0" belegt sind (m-aus-n-Code). Dieses Verhältnis von "1" und "0" kann vom Empfänger leicht überprüft werden.

b) Anforderung und Durchführung einer Sendung für als falsch erkannte Zeichen.

c) Abruf der Nachrichten vom Teilnehmer erfolgt nur während eines wiederholungsfreien Betriebes, falsche Zeichen werden nicht weitergegeben.

Bild 4-12 zeigt das Blockschaltbild einer Übertragungsstrecke mit ARQ. **Bild 4-13** zeigt den Nachrichtenverlauf bei einer Duplex-Übertragung. Zur Anforderung einer Wiederholung dient das Zeichen RQ <Request>. Der Empfangsteil der Station B erkennt das Zeichen nach C als gestört (ursprünglich D). Sie sendet nach U das Aufforderungssignal RQ. Der Empfang dieses Zeichens führt in Station A zur Aussendung von RQ nach dem Zeichen F (Quittungssignal). Beim "4er-Wiederholungszyklus" werden dann drei Zeichen wiederholt, in diesem Fall die Zeichen D, E und F. Der Empfänger gibt die empfangenen Zeichen nach dem gestörten

Zeichen nicht weiter, erst nachdem er von der Station A das Zeichen RQ korrekt empfangen hat, nimmt er die Zeichen D, E, F und die weitere Nachricht auf. Auch von der Station B aus werden nach Aussenden des Zeichens RQ drei Zeichen wiederholt. Damit ist es möglich, dem Empfangsteil jeder Station die Regel zu geben, daß drei Zeichen vor RQ zu ignorieren sind.

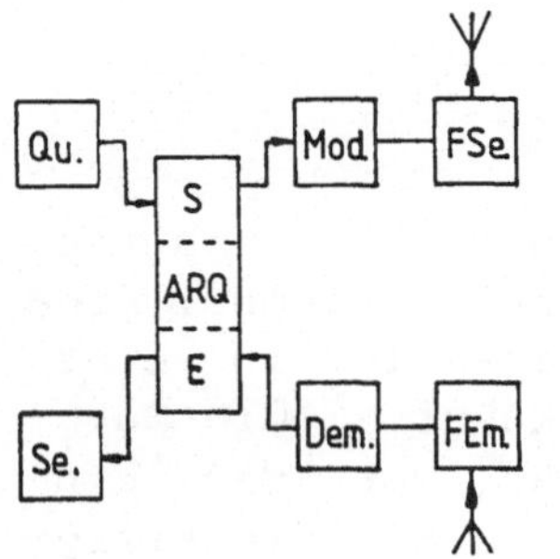

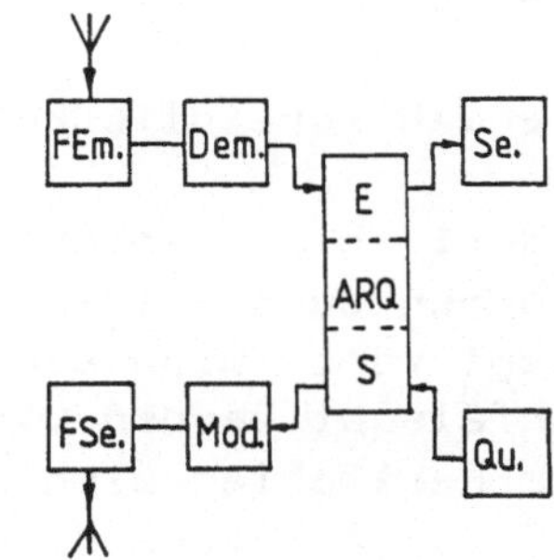

Bild 4-12
Aufbau eines Systems zur Funkübertragung von Daten mit ARQ-Einrichtung (Qu: Datenquelle; SE: Datensenke; FEm: Funkempfänger; FSe: Funksender; Mod: Modulator; Dem: Demodulator)

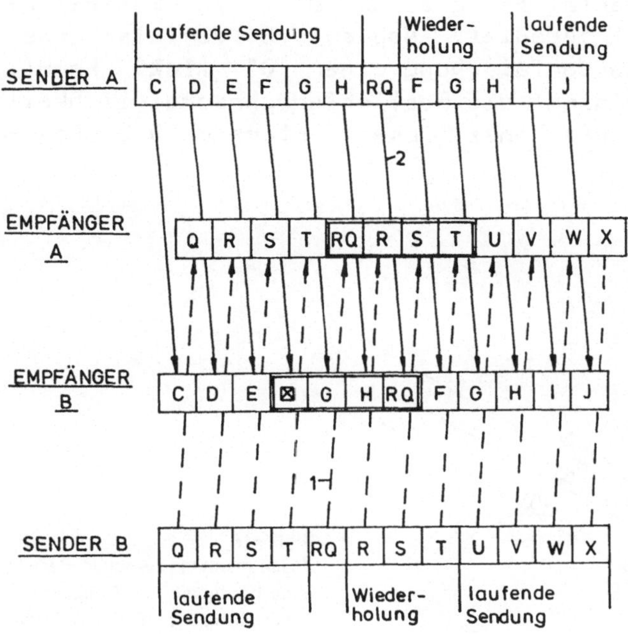

Bild 4-13
Nachrichtenverlauf bei einem ARQ-System im Duplexbetrieb

⊠ gestörtes Zeichen

Die Wirksamkeit des ARQ-Verfahrens hängt zunächst davon ab, mit welcher Wahrscheinlichkeit Fehler erkannt werden. Man rechnet damit, daß das Verhältnis

W_r/W_z

etwa 1/100 bis 1/1000 beträgt.

W_r: Restfehlerwahrscheinlichkeit

W_z: Zeichenfehlerwahrscheinlichkeit

Der Anteil der Restfehler besteht in den nicht erkannten Fehlern, diese kommen durch "Transposition" zustande. Eine Transposition liegt vor, wenn ebenso viele "1" in einem Zeichen zu "0" verfälscht werden wie umgekehrt. Die Wahrscheinlichkeit der Restfehler wird geringer, wenn der "Einseitigkeitsfaktor" von 0,5 verschieden ist. Ein Einseitigkeitsfaktor von 0,5 bedeutet, daß die Wahrscheinlichkeit einer Verfälschung einer "1" gleich hoch ist wie die Wahrscheinlichkeit der Verfälschung einer "0". Ein Einseitigkeitsfaktor von 0,1 bedeutet, daß auf 9 Verfälschungen einer "1" (90%) eine Verfälschung einer "0" (10%) kommt. Wie **Bild 4-14** zeigt, nimmt die Restfehlerwahrscheinlichkeit mit der Annäherung des Einseitigkeitfaktors an 0,5 (symmetrische Störung) zu.

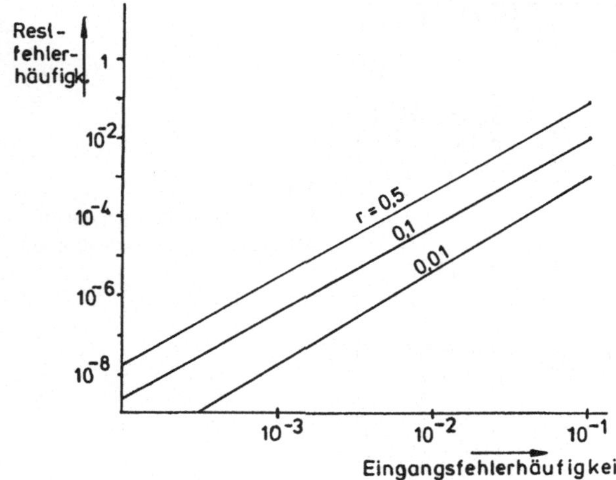

Bild 4-14
Zusammenhang zwischen Restfehlerhäufigkeit und Eingangsfehlerhäufigkeit bei einem ARQ-System (r: Einseitigkeitsfaktor)

Wie bei allen Verfahren mit Wiederholung im Fehlerfall sinkt die effektive Datenrate auch beim ARQ-Verfahren bei auftretenden Fehlern. Mit der Anzahl der Wiederholungen verringert sich die Anzahl der richtig übertragenen Zeichen, der Wirkungsgrad wird

$$u = (N - n*R)/N*100 \quad [\%]$$

N: Gesamtzahl der übertragenen Zeichen
n: Anzahl der Zeichen im Wiederholungszyklus (Üblich 4 oder 8)
R: Anzahl der Wiederholungen

Werden z.B. von 100 Zeichen 3 fehlerhaft empfangen, so wird bei einem 4er-Wiederholungszyklus der Wirkungsgrad
$u = (100-4*3) = 88$ %

Bild 4-15 zeigt den Wirkungsgrad in Abhängigkeit von der Zeichenfehlerhäufigkeit. Da auch Zeichen, die wiederholt werden, der Störungsmöglichkeit unterliegen, wird ein Wirkungsgrad von 0 bereits erreicht, wenn die Wahrscheinlichkeit für Zeichenfehler unter 100 % liegt. Der Wirkungsgrad ist bei einem 8er-Wiederholungszyklus ungünstiger als bei einem 4er-Wiederholungszyklus. Dabei ist aber zu beachten, daß das Bild von statistisch verteilten Fehlern ausgeht. In der Praxis ist aber die Bündelung <burst> der häufigere Fall. Die statistische Verteilung von Fehlern führt dazu, daß die Wahrscheinlichkeit dafür, daß ein Zyklus gestört ist und wiederholt werden muß, mit der Größe des Wiederholungszyklus steigt. Bei einer Bündelung von Fehlern ist dies nicht der Fall; hier steigt mit zunehmender Bündelung die Wahrscheinlichkeit, daß mehrere Fehler mit einem Wiederholungszyklus korrigiert werden.

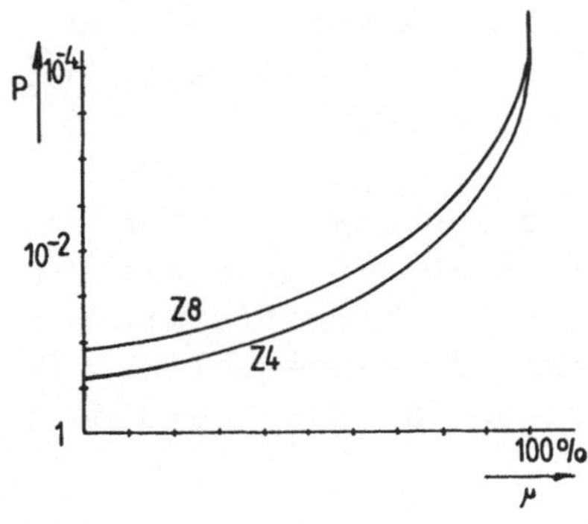

Bild 4-15
Wirkungsgrad eines ARQ-Systems in Abhängigkeit von der Zeichenfehlerhäufigkeit (P: Zeichenfehlerhäufigkeit; Z8: Achter-Wiederholungszyklus; Z4: Vierer-Wiederholungszyklus)

5 Paketebene

Die dritte Ebene des ISO/OSI-Modells wird als Paketebene <packet layer> oder als Netzwerkebene <network layer> bezeichnet, nach DIN ISO 7498 als Vermittlungsschicht. Die Ebene wird durch das Paketnetz <packet switching network> realisiert. Paketnetze sind nach CCITT-Empfehlungen genormt und in vielen Ländern eingeführt.

Die Merkmale der Paketebene sind:

1.Zum Paketnetz gibt es genormte Schnittstellen. Informationen müssen nach Schnittstellen-Regeln übergeben werden.

2. Aus der Sicht des Anwenders stellt das Paketnetz ein geschlossenes Gebilde dar, dem Pakete nach definierten Regeln übergeben werden und das Pakete nach definierten Regeln liefert.

3. Das Paketnetz stellt nicht Leitungen zur Verfügung, sondern einen Transportdienst für Daten. Da zwischen zwei Teilnehmern keine direkte Leitungsverbindung besteht, können auch Teilnehmer verschiedener Benutzerklassen <user classes> mit unterschiedlichen Datenübertragungsraten verbunden werden.

4.Das Paketnetz enthält aktive Elemente, die Informationen auswerten und speichern können.

5. Dem Netz müssen nicht nur die zu übertragenden Informationen übergeben werden, sondern auch Informationen, die zur Steuerung der Übertragung notwendig sind.

Im ersten Abschnitt dieses Kapitels werden die Aufgaben der Paketebene erläutert. Der zweite Teil befaßt sich mit den genormten Schnittstellen zum Paketnetz, der dritte mit der Realisierung des Paketnetzes in der Bundesrepublik. Im letzten Abschnitt sind die Bezeichnungen für das Paketnetz in anderen Ländern genannt.

5.1 Aufgaben der Paketebene

Wegefindung <routing>: Ein Paketnetz (**Bild 5-1**) besteht aus mehreren Knoten, wobei zwischen dem Einstiegs- und dem Ausstiegs- Knoten mehrere Wege möglich sind. Die Wegefindung soll den "günstigsten" Weg finden; zu den Kriterien für den günstigsten Weg können gehören:

-- kürzester Weg,
-- geringste Verzögerung,
-- gute Ausnutzung der Netzwerkkomponenten.

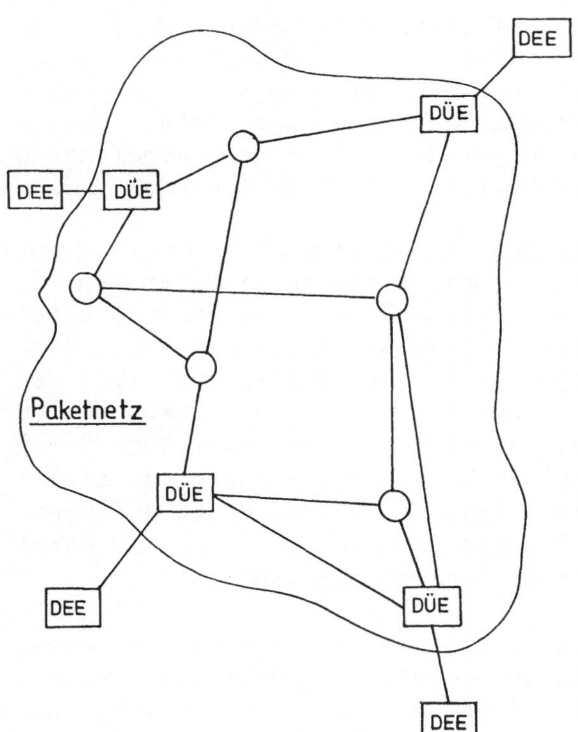

Bild 5-1
Paketnetz (DEE: Dateneinrichtung; DÜE: Datenübertragungseinrichtung)

Es sind mehrere Methoden der Wegefindung entwickelt worden:

<u>Paketströmungsmethode</u> <packet flooding>. Jeder Knoten, der ein Paket empfängt, sendet es an alle Nachbarknoten mit Ausnahme des Absenders. Dies wird von allen nachfolgenden Knoten wiederholt. Die Methode hat den Vorteil, daß ein Paket immer auf dem kürzesten möglichen Weg sein Ziel erreicht und Ausfälle einzelner Leitungen ohne besondere Steuerungsmaßnahmen überwunden werden, solange überhaupt noch

ein Weg von der Quelle zum Ziel besteht. Der Nachteil ist das starke entstehende Verkehrsaufkommen; außerdem müssen die Duplikate der Pakete, die den Empfänger erreichen, aussortiert werden.

Zufallsmethode <random routing>. Das Paket wird nach Empfang durch einen Knoten an einen zufällig ermittelten Knoten weitergegeben, dies kann auch der Herkunftsknoten sein. Die Wahrscheinlichkeiten für den zufällig ermittelten Zielknoten können dabei ungleich verteilt sein. Der Vorteil dieses Verfahrens wie auch der Paketströmungsmethode liegt darin, daß die Knoten nur über wenig Intelligenz verfügen müssen. Der Nachteil der Zufallsmethode besteht darin, daß nicht der günstigste Weg gefunden wird. Die Netzbelastung ist nicht so hoch wie bei der Paketströmungsmethode, aber höher als unbedingt erforderlich, da das Paket Umwege nimmt. Außerdem können wegen der zufälligen Wegefindung keine maximalen Übertragungszeiten garantiert werden.

Wegefindung mit Wegetabellen <directory routing>. In jedem Knoten besteht eine Liste <directory>, welche den günstigsten Weg zu allen anderen Knoten weist. **Bild 5-2** zeigt den Aufbau eines Netzes mit der Wegetabelle. In jedem Knoten muß eine Zeile dieser Tabelle abgespeichert sein. Der Knoten muß nicht den Gesamtweg des Paketes kennen. Soll z.B. ein Paket von 6 nach 3 übertragen werden, so ist der günstigste Weg 6 - 5 - 7 - 3. Kommt das Paket in 5 an und der Knoten 5 stellt fest, daß es für 3 bestimmt ist, so schickt er es auf Grund seiner Wegetabelle nach 7. Die Information, daß das Paket von 6 stammt, ist für Knoten 5 nicht relevant.

Es können mehrere günstigste Wege von einem Knoten zu einem anderen bestehen, in **Bild 5-2** könnte ein Paket von 4 nach 1 auf dem Weg 4 - 1 und auf dem Weg 4 - 5 - 7 - 1 mit dem gleichen Aufwand übertragen werden. Zur Vereinfachung soll dann in der Wegetabelle nur ein Weg eingetragen sein. Das Verfahren erfordert mehr Intelligenz für die Knoten als die erstgenannten Verfahren.

Der Nachteil des Verfahrens liegt darin, daß auf Änderungen im Netzwerk durch Ausfall einzelner Verbindungen, Überlastung von Leitungen usw. nur schlecht reagiert werden kann. Um reagieren zu können, muß der Knoten nicht nur über eine Wegetabelle für den Normalfall <primary choice path>, sondern auch über eine alternative Wegetabelle <secondary choice path> ver-

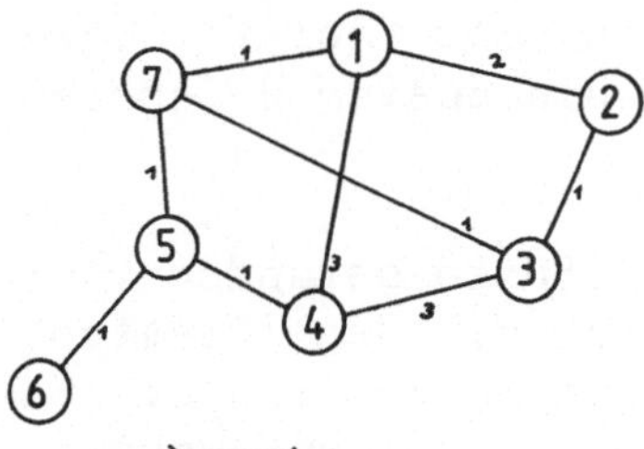

von \ nach	1	2	3	4	5	6	7
1	-	2	2	4	7	7	7
2	1	-	3	3	3	3	3
3	7	2	-	4	7	7	7
4	1	3	3	-	5	5	5
5	7	7	7	4	-	6	7
6	5	5	5	5	5	-	5
7	1	3	3	5	5	5	-

Bild 5-2
Aufbau eines Paketnetzes mit Wegetabelle. Die Zahlenangaben an den Verbindungen sind eine Größe für den Aufwand der Übertragung über diese Verbindung, z.B. die Entfernung

fügen. Dies setzt voraus, daß alternative Wege vorhanden sind. In **Bild 5-2** ist dies zwischen den Knoten 5 und 6 nicht gegeben; der Anschluß eines Knotens auf diese Art ist im Paketnetz nicht günstig.

Adaptive Wegefindung mit Wegetabellen <adaptive directory routing>. Es werden ähnlich wie bei der oben geschilderten Methode in den Knoten Wegetabellen geführt, die aber auf Grund der aktuellen Netzwerksituation laufend angepaßt werden. Die Methode stellt die höchsten Anforderungen an die Intelligenz der Knoten, soll aber auch die höchste Auslastung des Netzes mit dem höchsten Verkehrsdurchsatz erreichen. Dieser Vorzug ist so gravierend, daß die Methode überwiegend angewendet wird. Der Nachteil der Methode besteht darin, daß das Netzwerkverhalten nicht völlig sicher vorherzubestimmen ist <nondeterministic method>.

Während bei der Paketströmungsmethode und der Zufallsmethode jedes Paket sein Ziel erreichen wird, bei der Wegefindung mit Wegetabellen ein fester Weg vorgeschrieben ist, ist dies hier nicht durch die Methode selber sichergestellt. Die Zuverlässigkeit des Netzwerks hängt von der Zuverlässigkeit der Software der Knotenrechner ab. Da die Zuverlässigkeit komplexer Software schlecht zu testen und damit eine absolute Zuverlässigkeit nicht zu erreichen ist, müssen weitere Maßnahmen getroffen werden, um sicher zu verhindern, daß "ein Paket jahrelang im Netz kreist". Dazu kann die Lebensdauerkontrolle dienen, die später beschrieben wird.

Zur adaptiven Wegefindung müssen Algorithmen gefunden werden, die es den Knotenrechnern ermöglichen, den "besten" Weg unter den gegebenen Netzwerkbedingungen zu finden. Es sind eine Reihe solcher Algorithmen vorgeschlagen worden, hier sollen zwei Beispiele gebracht werden.

Beispiel 1: Adaptive Wegefindung mit Verzögerungsminimierung [ROSN01].

Das Kriterium für die Wegefindung ist die geringstmögliche Verzögerung zwischen den beiden Teilnehmern <end-to-end delay>. Bei einem Netz, welches nur wenig belastet ist, ist die Verzögerung ausschließlich eine Funktion der Leitungslänge und der Anzahl der aktiven Elemente, z.B. der Knoten auf dem Weg des Pakets. Bei einem schwach belasteten Netz kann damit die Verzögerung von Knoten zu Knoten als feste Größe für die Wegefindung mit Wegetabellen verwendet werden. Steigt die Netzwerkbelastung, kommt es in den Knoten zu Warteschlangen <queues>. Damit entstehen weitere Verzögerungszeiten, die nicht fest einzuplanen sind, sondern von der aktuellen Netzwerksituation abhängen.

Zur Auswahl des besten Weges muß jeder Knoten über die Verbindung zu jedem Nachbarknoten unterrichtet sein mit den Werten für:
-- Datenübertragungsrate,
-- Fehlerrate,
-- Anzahl und Länge der Pakete, welche bereits auf Übertragung zu diesem Knoten warten.

Nachbarknoten sind alle Knoten, die ohne zwischenliegenden Knoten erreicht werden können. In **Bild 5-2** hat der Knoten 3 die Nachbarknoten 4, 7 und 2. Aus den oben genannten Parametern kann die Verzögerung bis zum Aussenden des Pakets bestimmt werden. Die wahrscheinliche Fehlerrate muß berücksichtigt werden, da von ihr die Anzahl der Wiederholungen einer Übertragung abhängt.

Jeder Knoten kann eine Berechnung durchführen, die die Verzögerungszeiten zu seinen Nachbarn bestimmt. Durch Kombination mit der Berechnung der Nachbarn und der eigenen

Berechnungen kann die Verzögerung zu einem nachfolgenden Knoten bestimmt werden. Durch Fortsetzung dieser Kombinationen kann der günstigste Weg zum Ziel gefunden werden.

In **Bild 5-3** ist ein einfaches Netzwerk dargestellt, welches als Beispiel dienen soll. Zur weiteren Vereinfachung wird angenommen:

-- Die Fehlerrate ist bei allen Verbindungen gleich hoch.

-- Die Länge der Pakete ist immer gleich, es wird von 1000 Bits ausgegangen.

-- Der Einfluß der Leitungslänge wird nicht berücksichtigt.

-- Die Zeit, welche ein Knoten benötigt, um ein Paket zu bearbeiten, wird mit 40 ms angenommen.

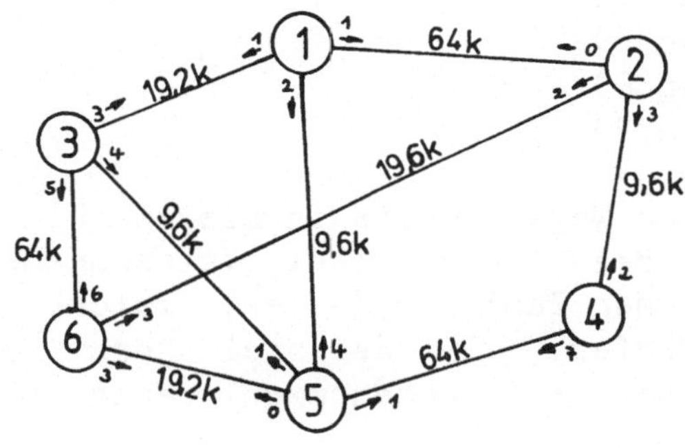

von	n.	t
1	1	-
1	2	16
1	3	52
1	4	-
1	5	208
1	6	-
2	1	0
2	2	-
2	3	-
2	4	312
2	5	-
2	6	104

v.	n.	t
3	1	156
3	2	-
3	3	-
3	4	-
3	5	417
3	6	78
4	1	-
4	2	208
4	3	-
4	4	-
4	5	109
4	6	-

v.	n.	t
5	1	417
5	2	-
5	3	104
5	4	16
5	5	-
5	6	0
6	1	-
6	2	156
6	3	94
6	4	-
6	5	156
6	6	-

Bild 5-3
Paketnetz mit Verzögerungstabellen für neu ankommende Pakete (die mit Pfeilen gekennzeichneten Zahlen geben die Anzahl der bereits wartenden Pakete an)

Die Verzögerungstabellen in **Bild 5-3** berücksichtigen die wartenden Pakete (kleine Ziffern), die Verzögerungszeit ist

t = (n*l/D)*1000

t: Verzögerungszeit, welche ein neu beim Knoten eintreffendes Paket bis zum Beginn seiner Sendung hat, Angabe in Millisekunden
n: Zahl der bereits auf die Leitung wartenden Pakete
D: Datenübertragungsrate (bit/s)
l: Länge des Paketes (bit).

Es soll ein Paket von Knoten 3 nach Knoten 1 übertragen werden, welches noch nicht im **Bild 5-3** berücksichtigt ist. Es stehen folgenden Wege zur Verfügung:

3 - 1 (Weg 1)
3 - 5 - 1 (Weg 2)
3 - 6 - 2 - 1 (Weg 3)
3 - 6 - 5 - 1 (Weg 4)
3 - 5 - 4 - 2 -1 (Weg 5)
3 - 6 - 5 - 4 - 2 - 1 (Weg 6)
3 - 5 - 6 - 2 - 1 (Weg 7)

Die Vielzahl der möglichen Wege bereits in diesem kleinen Beispielsnetzwerk zwingt dazu, diese Zahl einzuschränken, z.B. durch Einschränkung der Zahl der Knoten, welche auf einem Weg vorkommen dürfen. Im Beispiel kann eine Einschränkung auf die Wege 1 - 4 vorgenommen werden. Die Vorteile einer Einschränkung sind:

1. Durch die Verarbeitungszeiten in den Knoten sind Wege über viele Knoten mit hoher Wahrscheinlichkeit keine günstigen Wege.
2. Die Anzahl der möglichen Wege steigt exponential mit der Anzahl der Knoten im Netz. Eine Einschränkung ist bei großen Netzen notwendig, um erträgliche Rechenzeiten in den Knoten zu erhalten.

Zur Suche des günstigsten Weges bestehen zwei Möglichkeiten:

1) Jedem Knoten stehen alle Tabellen zur Verfügung.
2) In jedem Knoten ist bereits die Tabelle vorhanden, die zu anderen Knoten den günstigsten Weg angibt.

So kann z.B. die Entscheidung zwischen den Wegen 3 und 4 im Beispiel entfallen, wenn Knoten 6 bereits den günstigsten Weg nach Knoten 1 gespeichert hat. Jeder Knoten kann nur direkt oder über einen Nachbarknoten erreicht werden. Die Alternative der Wege von 3 nach 1 lautet dann:

3 - 1 Alternative A (Weg 1)
3 - 5 .. 1 Alternative B (Weg 2, 5, 7)
3 - 6 .. 1 Alternative C (Weg 3, 4, 6)

Für die Alternativen B und C muß der günstigste Weg von Knoten 5 bzw. 6 nach Knoten 1 gefunden werden. Das Problem wird hier aber dadurch eingeschränkt, daß kein Weg betrachtet werden muß, der über Knoten 3 führt; es muß also auch die Herkunft des Pakets berücksichtigt werden.

Damit ergibt sich **Tabelle 5-1** mit dem Ergebnis, daß der direkte Weg (3 - 1) in diesem Fall der günstigste ist.

Dadurch, daß ein Paket für einen bestimmten Weg eingeplant wird, ändern sich die Netzwerkparameter, da dieses Paket die Wartezeiten erhöht. Um die sich ständig ändernden Netzwerkparameter in jedem Knoten zu aktualisieren, ist ein umfangreicher Informationsaustausch notwendig.

Tabelle 5-1: Alternative Wege in einem Paketnetz

Alternative	Weg	Wartezeiten	Summe	Zahl der Knoten	Bearbeitungszeit	Bester Weg
A	1	156	156	0	0	1(156)
B	2	417;417	834	1	40	
	5	417;16;208;0	641	3	120	
	7	417;0;156;0	573	3	120	7(693)
C	3	78;156;0	234	2	80	
	4	78;156;417	651	2	80	
	6	78;156;16; 208;0	458	4	160	3(314)
					total	1(156)

Beispiel 2: "hot potato heuristic routing doctrine "
Dieses Beispiel der adaptiven Wegefindung berücksichtigt nur die Übertragungszeiten. Jeder Knoten hat eine Routing-Tabelle, aus der für jeden anderen Knoten der optimale Weg

mit Angabe des anzusprechenden Nachbarknotens hervorgeht (**Bild 5-4**). Zu dieser Angabe gehört die Distanztabelle. Änderungen im Netzwerk-Verhalten führen zu "Netchange"-Meldungen. Fällt im Beispiel der Knoten F aus, so kann der Weg von B nach E nicht mehr über F gehen. Damit werden für den Weg von C nach E über B jetzt 6 Zeitabschnitte benötigt. Dies führt zu einer Änderung in der Distanz-Tabelle von C, aber nicht zu einer Änderung der Routing-Tabelle, da der günstigste Weg von C nach E über D führt. Änderungen der Distanztabelle, die nicht zu Änderungen der Routing-Tabelle führen, werden nicht an die Nachbarknoten weitergegeben.

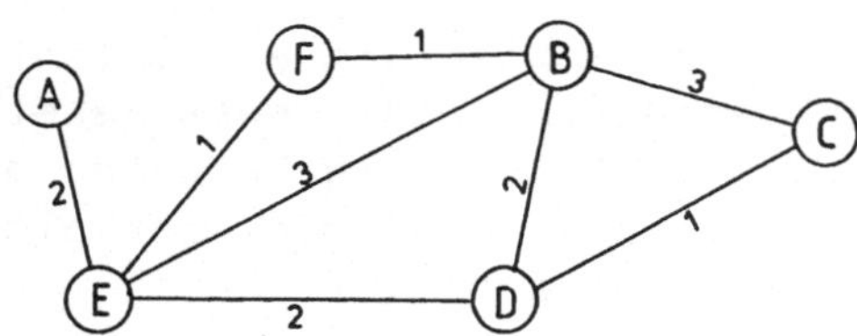

von C (nach)	über B	über D	Route über	Route Distanz
A	8	5	D	5
B	3	3	B	3
C	—	—	—	—
D	5	1	D	1
E	5	3	D	3
F	4	4	B	4

Bild 5-4
Routing-Tabelle für einen Knoten im Paketnetz. Angegeben sind die Routen vom Knoten C zu einem der anderen Knoten

Fluß-Kontrolle <flow control>: Beim Fluß der Datenpakete durch das Netzwerk können zwei Methoden angewendet werden:

-- virtuelle Verbindung/permanente virtuelle Verbindung <virtual call, permanent virtual circuit>,
-- Datagramm.

Bei der virtuellen Verbindung wird eine Folge von Paketen übertragen, die logisch zusammenhängen; es ist eine bestimmte Sequenz einzuhalten, die Pakete werden auf der Paketebene quittiert. Zu Beginn der Sequenz wird zum anderen Teilnehmer eine virtuelle Verbindung aufgebaut, die über eine "logische Kanalnummer" benutzt werden kann. Die nach X.25 vorgeschriebene virtuelle Verbindung wird in Abschnitt 5.2 ausführlich erläutert.

Bei der Datagramm-Methode wird jedes Paket mit seiner Zieladresse versehen und dem Netz übergeben. Es besteht zwischen den Paketen kein Zusammenhang, es wird auf der Paketebene auch nicht quittiert. Der Datagramm-Verkehr ist gut geeignet für Anwendungen, bei denen kurze Pakete einmalig übertragen werden, z.B. bei Kassenterminals <point of sale terminals, POS-terminals>, Abfragesystemen <inquiry systems>, Meßstellenabfragen <remote sensor systems>.

Tabelle 5-2: Vergleich Datagramm/Virtuelle Verbindung

Merkmal	Datagramm	Virtuelle Verbindung
Zusammenhang mit anderen Paketen	kein Zusammenhang	bestehender Zusammenhang
Identifikation	voll identifizierbar	nur im Zusammenhang mit anderen Paketen möglich
Zuverlässigkeit der Übertragung	hoch	sehr hoch
Kontrolle auf Paketebene	keine Kontrolle	starke Kontrolle
Reihenfolge der Pakete an Sender und Empfänger	gleiche Reihenfolge nicht gesichert	gleiche Reihenfolge gesichert

Tabelle 5-2 stellt Eigenschaften des Datagramm-Verkehrs und der virtuellen Verbindung gegenüber. Die Selbständigkeit <self contained> ist beim Datagramm-Verkehr voll gegeben, jedes Paket trägt seine erforderlichen Informationen mit sich. Damit ist es auch voll identifizierbar. Bei der virtuellen Verbindung besteht über die logische Kanalnummer ein Zusammenhang zwischen den Paketen <long term>, das einzelne Paket ist nicht identifizierbar. Die Zuverlässigkeit <reliability> kann auch beim Datagramm-Verkehr hoch sein, da auf der Verbindungsebene eine Fehlerkorrektur durchgeführt werden kann; diese erfolgt aber nicht auf der Paketebene. Während

bei der virtuellen Verbindung eine bestimmte Reihenfolge der Pakete eingehalten und durch Zähler kontrolliert wird, sucht sich beim Datagramm-Verkehr jedes Paket unabhängig seinen Weg <unsequenced>. Damit kann es vorkommen, daß Pakete beim Empfänger in einer anderen Reihenfolge ankommen, als sie beim Sender abgeschickt wurden. Eine Quittierung der Pakete findet beim Datagramm-Verkehr nicht statt; auch bei der virtuellen Verbindung erfolgt keine Quittierung zwischen Sender und Empfänger <end-to-end-control>.

Lebensdauerkontrolle <lifetime control>: Da die Pakete innerhalb des Netzes gespeichert werden können, ist die Verweilzeit nicht nur von der Übertragungszeit abhängig. Wegen der komplizierten Mechanismen bei der Wegefindung und Zwischenspeicherung kann es zu Verweilzeiten kommen, die zu lang sind. Zwar soll die Wegefindung sicherstellen, daß jedes Paket in annehmbarer Zeit zum Empfänger gelangt, wegen der Komplexität des Problems und der dazu erforderlichen Software kann es aber zu abweichendem Verhalten kommen. Durch eine Kontrolle des Alters der Pakete kann festgestellt werden, ob der Wegefindungsmechanismus geändert werden muß. Bei der Übergabe der Pakete an das Netz nach X.25 werden keine Zeitangaben übergeben; die Lebensdauerkontrolle ist also eine netzinterne Funktion.

Verstopfungskontrolle <congestion control>: Das Paketnetz verfügt über Zwischenspeicher und die Möglichkeit, überlastete Verbindungen zu umgehen. Aber auch die Kapazität des Netzes und besonders der Zwischenspeicher ist nicht unbegrenzt. Pakete dürfen nicht verloren gehen, wenn weder Übertragungsleitungen noch Zwischenspeicher zur Verfügung stehen, daher muß die Verstopfungskontrolle durchgeführt werden. Nach X.25 kann das Netz Pakete, die ein Teilnehmer eingeben will, zurückweisen, um das Netz zu entlasten.

Transport der Nachrichten <messages forwarding>: Aufgabe des Paketnetzes ist es, die Nachrichten zum Empfänger zu transportieren. Zur besseren Ausnutzung kann es sinnvoll sein, Pakete innerhalb des Netzes zu größeren Einheiten zusammenzufassen. Dabei muß aber nicht nur die optimale Ausnutzung des Netzes berücksichtigt werden, sondern auch die Übertragungszeit des einzelnen Pakets. Es muß ein Kompromiß geschlossen werden zwischen der Forderung, jedes Paket unverzögert zu übertragen, und der Forderung, Pakete zu möglichst großen Transporteinheiten zusammenzufassen. Bei

Verwendung von PADs <Packet Assembly/Disassembly facilities>, bei denen die Daten dem Netz asynchron übergeben und von diesem zu Paketen zusammengestellt werden, hat der Teilnehmer die Möglichkeit, die Sendung des Pakets zu veranlassen, auch wenn die optimale Paketgröße noch nicht erreicht ist (vergl. Abschn. 5.2).

5.2 Genormte Schnittstellen zum Paketnetz

Empfehlungen von CCITT, die sich mit dem Paketnetz befassen, sind:

X.25; Schnittstelle zwischen DEE und DÜE für Datenstationen, die im Paketmodus auf öffentlichen Datennetzen arbeiten <Interface between Data terminal equipment and Data circuit-terminating equipment for terminals operating in the packet mode on public data networks>.

X.29; Prozedur für den Austausch von Steuerinformationen und Benutzerdaten zwischen einer DEE im Paketmodus und einer Paket-Anordnungs/Auflösungseinrichtung (PAD) <Procedures for exchange of control information and user data between an packet mode DTE and an packet assembly/disassembly facility>.

X.28; Schnittstelle zwischen DEE und DÜE für ein Datenterminal mit Start-Stop-Betrieb, welches auf eine Paket-Anordnungs/Auflösungseinrichtung zugreift, die sich im gleichen Land befindet <DTE/DCE interface for a start/stop mode data terminal equipment accessing the packet assembly/disassembly facility on a public data network situated in the same country>.

X.3; Paket-Anordnungs/Auflösungseinrichtung (PAD) in einem öffentlichen Datennetz <Packet assembly/disassembly facility (PAD) in a public data network>.

Bild 5-5 zeigt die Anordnung dieser Schnittstellen an einem Paketnetz. Das Paketnetz ist selber nicht in dieser Weise genormt; es gibt aber Empfehlungen für den Übergang von einem Paketnetz zu einem anderen, z.B.

X.75; Signalisierung zwischen öffentlichen Datennetzen mit Paketvermittlung.

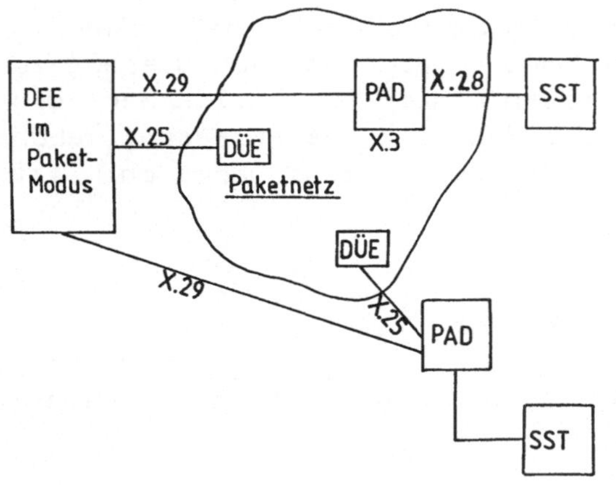

Bild 5-5
Genormte Schnittstellen am Paketnetz (SST: Start-Stop-Terminal; PAD: Packet Assembly/Disassembly facility)

Die normale Schnittstelle zum Paketnetz stellt X.25 dar. Die weiter genannten Empfehlungen müssen dann verwendet werden, wenn eine DEE vorliegt, die nicht für einen Anschluß an das Paketnetz konzipiert ist.

X.25 wird in drei Ebenen analog dem ISO/OSI-Modell gegliedert. Ebene 1 über die physikalische Schnittstelle <level 1 DTE/DCE-interface characteristics> definiert, daß die Schnittstelle X.21, in einer Übergangsfrist X.21bis zu verwenden ist (siehe Kap. 3), als Benutzerklassen sind 8 - 11 nach X.1 vorgesehen (vergl. Abschn. 2.3).

Ebene 2 <link access procedure across the DTE/DCE interface (level 2)> schreibt als Verbindungsprozedur HDLC vor (siehe Kap. 4).

Es ist die symmetrische Betriebsart <LAP-B, Link Access Procedure Balanced> anzuwenden. Das Adressierungsschema ist in **Tabelle 5-3** dargestellt. Die Länge des Informationsfeldes ist in dieser Ebene nicht begrenzt, es tritt aber eine Begrenzung auf Ebene 3 ein.

Ebene 3 definiert den eigentlichen Paketverkehr <Description of the packet level DTE/DCE interface for virtual call and permanent virtual circuit facilities (level 3)>. Es wird festgelegt, daß ein I-Frame nach HDLC nur ein Paket enthalten kann und von begrenzter Länge ist. Eine Aufteilung in mehrere Pakete, die grundsätzlich denkbar ist, da die Pakete innerhalb des Netzwerks aus der HDLC-Umgebung entfernt werden, wird auf spätere Erweiterungen von X.25 verschoben.

Tabelle 5-3: Adressierung auf HDLC-Ebene im Paketnetz (das zuerst gesendete Bit ist links dargestellt)

Art	von	nach	Adresse
Kommando	DÜE	DEE	3 (1100 0000)
Reaktion	DEE	DÜE	3 (1100 0000)
Kommando	DEE	DÜE	1 (1000 0000)
Reaktion	DÜE	DEE	1 (1000 0000)

Bild 5-6 zeigt den Aufbau des Datenpakets. Die Länge des Feldes für Benutzerdaten ist auf 128 Bytes begrenzt, statt Byte (8 Bits) wird in den CCITT-Empfehlungen der Begriff Oktett <octett> verwendet. Das Datenfeld kann bis zur Länge von 128 Oktetts jede Anzahl von Bits betragen. Der Pakettyp wird durch das 3. Oktett im Paketkopf bestimmt, bei Datenpaketen ist Bit 1 = 0. Auf die übrigen Eintragungen im Paketkopf wird später eingegangen.

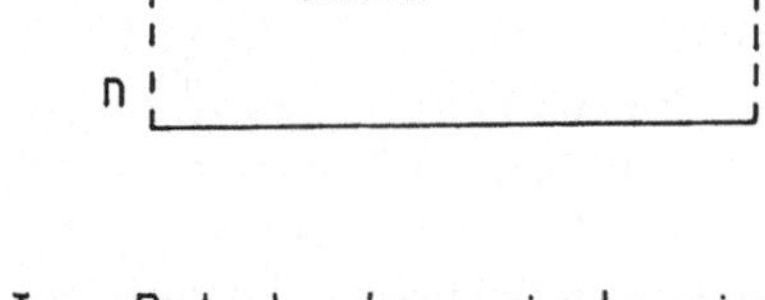

Oktett	8	7	6	5	4	3	2	1
1	Q	0	0	1	LKGN			
2	LKG							
3	P(R)			M	P(S)			0
4 … n	Benutzer-Daten							

Bild 5-6
Datenpaketformat (M: Folgepaketanzeiger; Q: Bestimmungskennzeichen für Daten; P(R): Paketsequenz-Zähler Empfangen; P(S): Paketsequenz-Zähler Senden; LKGN: Logische Kanalgruppen-Nummer; LKG: Logische Kanalnummer)

Im Paketnetz wird nicht der in Abschn. 5.1 erläuterte Datagramm-Verkehr durchgeführt, sondern der Austausch der Pakete erfolgt in Sequenzen, die als

-- virtuelle Verbindung <virtual call>,

-- permanente virtuelle Verbindung <permanent virtual circuit>

genannt werden. Mit "virtuell" bezeichnet man in der Technik eine Einrichtung, die nur scheinbar vorhanden ist, deren Funktion aber von anderen Einrichtungen vorgetäuscht wird. So wird dem Anwender bei der virtuellen Verbindung der Eindruck vermittelt, mit einem anderen Anwender verbunden zu sein, obwohl eine solche Verbindung direkt nie besteht. Die virtuelle Verbindung vereinfacht das Adressieren der Pakete und ermöglicht die Quittierung auf der Paketebene (aber keine Quittierung zwischen den beiden Teilnehmern).

Eine virtuelle Verbindung schafft eine logische Verbindung zwischen zwei DEEs für den Zeitraum zwischen einer Verbindungsanforderung <call request> und der Verbindungsauflösung <clear>. Zu einer Zeit kann eine DEE eine Vielzahl virtueller Verbindungen unterhalten. Der Aufbau der virtuellen Verbindung ist in **Bild 5-7** dargestellt. Im Zustand p1 (unbelegt) sind DÜE und DEE arbeitsbereit. Will eine DEE eine virtuelle Verbindung mit einem anderen Teilnehmer aufbauen, sendet sie ein Paket des Typs "Verbindungsanforderung <call request>" an die DÜE, dieses Paket enthält die Teilnehmernummer des gewünschten Partners. Die logische Kanalnummer (12 Bits) wird von der DEE gewählt. Das Netz quittiert die Verbindungsanforderung mit einem Paket des Typs "Verbindung hergestellt <call connected>", die erwähnten Pakettypen sind in den **Bildern 5-8** und **5-11** dargestellt.

Auf der Gegenseite muß die DÜE den gewünschten Teilnehmer davon unterrichten, daß eine Verbindung mit ihm gewünscht wird, dies geschieht durch ein Paket des Typs "Ankommender Anruf <incoming call>". Die logische Kanalnummer wird dabei von der DÜE gewählt, sie entspricht nicht der logischen Kanalnummer, welche die rufende DEE verwandt hat. Die DEE kann durch ein Paket des Typs "Annahme des Anrufs <call accepted>" den Aufbau der logischen Verbindung bestätigen. Die beiden Pakettypen sind in **Bild 5-8** und **5-11** dargestellt, eine Verwechslung kann trotz gleicher Typenkennungen im Oktett 3 nicht auftreten, da die Richtung der Pakettypen festgelegt ist (siehe auch **Bild 5-10**). Der Zustand p5 (Zusammenstoß von Verbindungswünschen <call collision>) tritt nur dann auf, wenn DEE und DÜE zur gleichen Zeit eine virtuelle Verbindung unter Verwendung der gleichen logischen Kanalnummer aufbauen wollen. Um dies zu verhindern, soll die DEE ihre logischen Kanalnummern möglichst klein, die DÜE möglichst groß (im Bereich 1 - 4095) wählen. Tritt der Zustand trotzdem auf, wird der Wunsch der DEE ausgeführt, die DÜE muß die Verbindung mit einer anderen logischen Kanalnummer neu aufbauen.

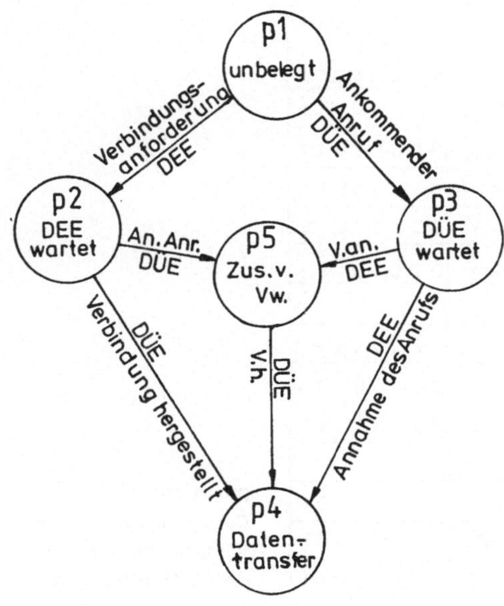

Bild 5-7
Aufbau der virtuellen Verbindung nach X.25 (p5: Zusammenstoß von Verbindungswünschen; V.h.: Verbindung hergestellt; An.Anr.: Ankommender Anruf; V.an: Verbindungsanforderung)

Oktett	8	7	6	5	4	3	2	1
1	0	0	0	1	LKGN			
2	LKG							
3	0	0	0	0	1	0	1	1
4	LARD				LAGD			
	A-DEE							
					0	0	0	0
	0	0	LFAL					
	Leistungsmerkmale							
	Angaben des Benutzers							

Bild 5-8
Format für Pakettyp „Verbindungsanforderung" und „Ankommender Anruf" (LKGN: Logische Kanalgruppennummer; LKG: Logische Kanalnummer; LARD: Länge der Adresse der rufenden DEE; LAGO: Länge der Adresse der gerufenen DEE; A-DEE: Adresse der DEE)

8	7	6	5	4	3	2	1	
P(R)			M	P(S)			0	Daten-Paket
P(R)			m			0	1	RR-, RNR-, REJ-Pakete
m						1	1	andere Pakete

Bild 5-9
Bestimmung des Pakettyps. Dargestellt ist der Aufbau des 3. Bytes (Oktetts)

DÜE → DEE	DEE → DÜE	Oktett 3 8 7 6 5 4 3 2 1
Verbindungsherstellung und -auslösung		
Ankommender Anruf	Verbindungsanforderung	0 0 0 0 1 0 1 1
Verbindung hergestellt	Annahme des Anrufes	0 0 0 0 1 1 1 1
Auslösungsanzeige	Auslösungsanforderung	0 0 0 1 0 0 1 1
Auslösungsbestätigung	Auslösungsbestätigung	0 0 0 1 0 1 1 1
Daten und Unterbrechung		
Daten	Daten	x x x x x x x 0
Unterbrechung	Unterbrechung	0 0 1 0 0 0 1 1
Unterbrechungs-Bestätig.	Unterbrechungs-Bestätig.	0 0 1 0 0 1 1 1
Flußkontrolle und Rücksetzen		
Empfangsbereit (RR)	Empfangsbereit (RR)	x x x 0 0 0 0 1
Nicht empfangsbereit (RNR)	Nicht empfangsbereit (RNR)	x x x 0 0 1 0 1
	Wiederholungsaufford. (REJ)	x x x 0 1 0 0 1
Rücksetzanzeige	Rücksetzanforderung	0 0 0 1 1 0 1 1
Rücksetzbestätigung	Rücksetzbestätigung	0 0 0 1 1 1 1 1
Restart		
Restart-Anzeige	Restart-Anforderung	1 1 1 1 1 0 1 1
Restart-Bestätigung	Restart-Bestätigung	1 1 1 1 1 1 1 1

Bild 5-10
Codierung des 3. Bytes (Oktetts) bei verschiedenen Pakettypen. Die mit x bezeichneten Bits werden als Zähler verwendet

Oktett	8	7	6	5	4	3	2	1
1	0	0	0	1	LKGN			
2	LKN							
3	0	0	0	0	1	1	1	1

Bild 5-11
Format des Pakets vom Typ „Annahme des Anrufs" (call accepted) und „Verbindung hergestellt" (call connected); (LKGN: Logische Kanalgruppennummer; LKG: Logische Kanalnummer)

Die virtuelle Verbindung bleibt zwischen den Teilnehmern so lange bestehen, bis sie durch die Verbindungsauflösung getrennt wird. Über die virtuelle Verbindung können in der Datentransferphase Datenpakete in beiden Richtungen ausgetauscht werden (**Bild 5-6**). Datenpakete müssen auf der Paketebene quittiert werden; diese Quittierung ist aber keine Bestätigung darüber, daß das Paket den Empfänger erreicht hat, sondern bestätigt nur, daß die DÜE bzw. die DEE das Paket empfangen hat. Die Quittierung geschieht mit ähnlichen Mitteln wie bei der Prozedur HDLC (vergl. Kap. 4). Sie kann durch Datenpakete erfolgen, da neben dem Zähler P(S) <send packet sequence number> zur Zählung der gesendeten Pakete auch der Zähler P(R) <receive packet sequence number> vorhanden ist. Wird kein Datenpaket zur Quittierung verwendet, so kann ein Paket des Typs "Empfangsbereit <RR, receive Ready> verwandt werden (**Bild 5-13**), welches Datenpakete quittiert und weitere Empfangsbereitschaft anzeigt (ähnlich dem S-Frame RR bei HDLC).

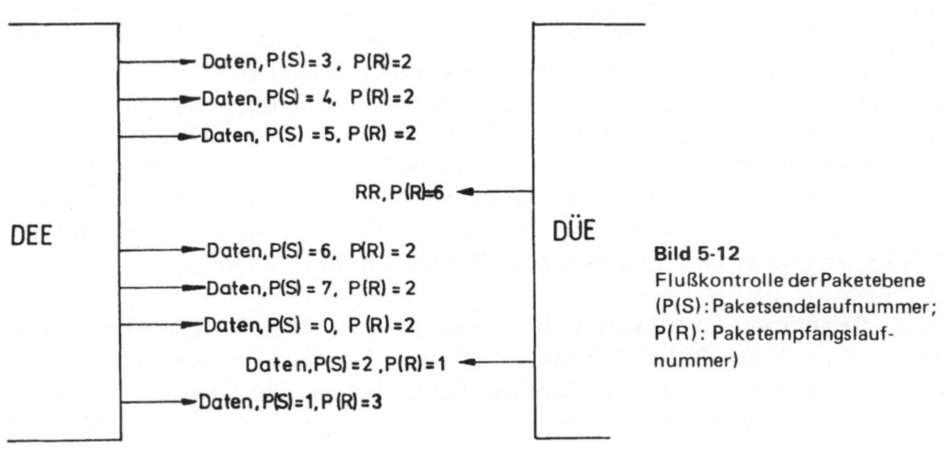

Bild 5-12
Flußkontrolle der Paketebene (P(S): Paketsendelaufnummer; P(R): Paketempfangslaufnummer)

Oktett	8	7	6	5	4	3	2	1	
1	0	0	0	1	LCGN				
2	LCN								
3	P(R)			0	0	0	0	1	RR Paket
3	P(R)			0	0	1	0	1	RNR-Paket

Bild 5-13
Format der Pakete zur Flußkontrolle (RP: Empfangsbereit; RNR: Nicht empfangsbereit)

Die Flußkontrolle der Pakete erfolgt durch die Fensterbildung <window method> grundsätzlich zwischen zwei Knoten, also nicht zwei Teilnehmern. Die Fenstergröße <window size> legt fest, nach wieviel Datenpaketen eine Quittierung zu erfolgen hat. Die Fenstergröße soll 2 betragen, sie kann aber bis auf 7 erhöht werden. **Bild 5-12** zeigt einen Austausch von Paketen zwischen DEE und DÜE bei der Fenstergröße 3. Eine Vergrößerung der Fenstergröße steigert den Datendurchsatz besonders dann, wenn nur in einer Richtung Datenverkehr stattfindet. Es vermindert sich die Zahl der erforderlichen RR-Pakete, die Leitung kann in der dadurch gewonnenen Zeit für andere virtuelle Verbindungen genutzt werden.

Für die Verstopfungskontrolle <congestion control> kann mit dem Paket des Typs "Nicht empfangsbereit <RNR, Receive Not Ready>" gesorgt werden; die empfangenen Datenpakete werden quittiert, es wird angezeigt, daß keine weiteren Datenpakete angeommen werden können (**Bild 5-13**).

Eine Rückweisung von Paketen und erneute Anforderung dieser Pakete gibt es nur von der DEE aus als zusätzliche Einrichtung nach X.25. Sie erfolgt mit Paketen des Typs "Wiederholungsaufforderung <REJ, Reject>. Auf Paketebene findet keine Bitfehlerüberprüfung statt. Die Pakete bilden das Informationsfeld eines I-Frames nach HDLC. Auf der Verbindungsebene findet eine Bitfehlerüberprüfung unter Verwendung von FCS <Frame check sequence> statt. Auf dieser Ebene kann eine Wiederholung des I-Frames und damit des Pakets angefordert werden. Pakete des Typs RR, RNR oder REJ enthalten den Zähler P(R), welcher das quittierte Paket kennzeichnet.

Die Datenpakete (**Bild 5-6**) sind die einzigen Pakete, bei denen Bit 1 im Oktett 3 auf "0" steht. Bit 5 von Oktett 3 stellt einen Anzeiger für weitere Daten dar <more data mark>. Mit dem M-Bit lassen sich zwei Kategorien von Datenpaketen bilden:

1. Pakete, die nicht die maximale Datenfeldlänge haben
   oder
   Pakete, die die maximale Datenfeldlänge haben, aber M=0.
2. Pakete, die die maximale Datenfeldlänge haben und M =1.

Das M-Bit wird von der DEE gesetzt. Empfängt die DÜE ein Datenpaket der Kategorie 2, so hat sie die Möglichkeit, netzintern dieses Paket mit nachfolgenden Datenpaketen zu größeren Übertragungseinheiten zusammenzustellen. Ein Paket der Kategorie 1 kann nicht mit nachfolgenden Paketen zusammengefaßt werden. Durch die netzinterne Zusammenfassung entstehen Paketsequenzen <packet sequences>, eine komplette Paketsequenz kann gebildet werden von

-- einem Paket der Kategorie 1
-- aufeinanderfolgenden Paketen der Kategorie 2 und einem Paket der Kategorie 1.

Die Sequenzbildung dient der Transportsteuerung der Nachrichten <forwarding>. Durch Übergabe eines Datenpakets der Kategorie 1 veranlaßt die DEE die DÜE, die Pakete in Richtung Empfänger zu transportieren. Übergibt die DEE ein Paket der Kategorie 2 an die DÜE, erst nach längerer Verzögerung ein Paket der Kategorie 1, so wird der Transport des erstübergebenen Pakets verzögert.

Mit dem Datenqualifizierer <data qualifier> im Oktett 1, Bit 8 können Daten logisch in zwei Kategorien eingeteilt werden. Er wird beim Verkehr zwischen PAD und DEE nach X.29 verwandt, das Q-Bit = 1 kennzeichnet dann Steuerdaten für das an die PAD anzuschließende asynchrone Terminal.

Die virtuelle Verbindung wird aufgelöst durch die Pakete "Auslösungsanzeige <clear indication>" von der DÜE bzw. "Auslösungsanforderung <clear request>" von der DEE (**Bild 5-14**). Die Auflösung muß durch ein Paket des Typs "Auslösungsbestätigung <clear confirmation>" bestätigt werden. Erfolgt die Auslösungsanforderung von der DEE, so können von der DÜE noch weitere Pakete übersendet werden, ehe sie mit der Auslösungsbestätigung den Vorgang abschließt. Nach der Bestätigung befindet sich der logische Kanal im Zustand p1 <ready>, die logische Kanalnummer kann für eine neue virtuelle Verbindung verwendet werden.

Oktett	8	7	6	5	4	3	2	1
1	0	0	0	1	LKGN			
2	LKN							
3	0	0	0	1	0	0	1	1
4	Auslösungsgrund							

Bild 5-14
Auslösungsanzeige

Der Paketfluß über ein virtuelle Verbindung kann durch Pakete anderen Typs unterbrochen werden.

1. <u>Rücksetzen der virtuellen Verbindung.</u> Sowohl die DEE kann mit einem Paket "Rücksetzanforderung" <reset request> wie die DÜE mit einem Paket "Rücksetzanzeige" <reset indication> eine virtuelle Verbindung zurücksetzen. Zur Ausführung dieses Vorgangs ist eine Bestätigung durch das Paket "Rücksetzbestätigung" <reset confirmation> notwendig (**Bild 5-16**). Durch den Rücksetzvorgang werden alle Daten- und Unterbrechnungspakete, welche sich für diese virtuelle Verbindung im Netzwerk befinden, beseitigt. Die Paketzähler P(R) und P(S) werden auf Ø gesetzt. Nach Bestätigung des Rücksetzvorgangs wird wieder der Zustand "Flußkontrolle bereit" <flow control ready> erreicht, die virtuelle Verbindung kann weiter benutzt werden (**Bild 5-15**). Erfolgt das Rücksetzen von der DÜE aus, werden im 4. Oktett Angaben über den Rücksetzgrund gemacht, z.B. Netzwerkverstopfung <network congestion> oder Lokaler Prozedurfehler <local procedure error>. Bei einem Rücksetzen von

der DEE aus wird dieses Feld mit Nullen gefüllt. Für weitere Angaben ist das Diagnosefeld im 5. Oktett vorgesehen, eine bestimmte Codierung ist dabei noch nicht vorgegeben.

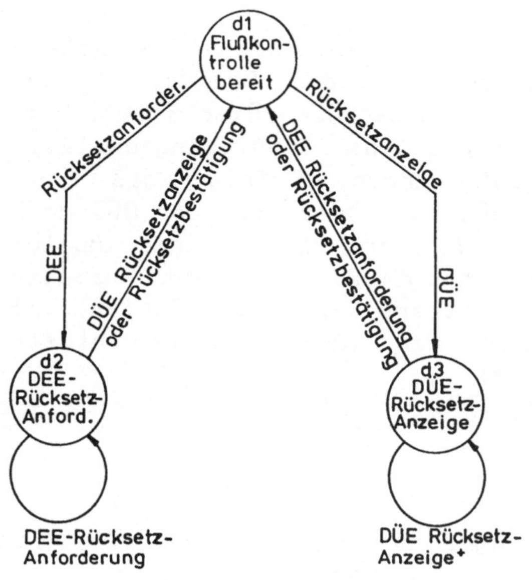

Bild 5-15
Rücksetzphasen (+ Dieser Übergang findet nur bei Netzausfall statt)

A

Oktett	8	7	6	5	4	3	2	1
1	0	0	0	1	LKGN			
2	LKG							
3	0	0	0	1	1	0	1	1
4	Rücksetzgrund							
5	Diagnose-Angaben							

B

Oktett	8	7	6	5	4	3	2	1
1	0	0	0	1	LKGN			
2	LKN							
3	0	0	0	1	1	1	1	1

Bild 5-16
Paketformat Rücksetzen

2. Unterbrechungspakete. Mit Unterbrechungspaketen <interrupt packets> kann ein Teilnehmer eine kurze Nachricht an einen anderen Teilnehmer, mit dem er eine virtuelle Verbindung hat, senden. Die DEE sendet ein Unterbrechungspaket (**Bild**

5-16a) an die DÜE, welches im Oktett 4 eine Nachricht von 8 Bits hat. Die DÜE bestätigt mit dem Paket "Unterbrechungsbestätigung" <interrupt confirmation>. Solange diese Bestätigung nicht erfolgt ist, darf die DEE keine weiteren Unterbrechungspakete senden. Auf der Gegenseite übergibt die DÜE ein Paket mit den gleichen Daten im Oktett 4, sie läßt sich dieses Paket durch eine Unterbrechungs-Bestätigung von der DEE bestätigen. Unterbrechungspakete unterliegen im Gegensatz zu Datenpaketen nicht der Flußkontrolle mit Zählung von Sende- und Empfangspaketen.

a.

Oktett	8	7	6	5	4	3	2	1
1	0	0	0	1	LKGN			
2	LKG							
3	0	0	1	0	0	0	1	1
4	Benutzerangaben							

b.

Oktett	8	7	6	5	4	3	2	1
	0	0	0	1	LKGN			
	LKG							
	0	0	1	0	0	1	1	1

Bild 5-17
Unterbrechungs-Paketformate
a) Unterbrechung
b) Unterbrechungsbestätigung

Die **permanente** virtuelle Verbindung <permanent virtual circuit> unterscheidet sich von der virtuellen Verbindung durch die Dauer ihres Bestehens. Sie wird von der Bundespost als "Feste Virtuelle Verbindung" (FVV) bezeichnet. Der Betreiber des Netzwerks richtet sie für einen längeren Zeitraum, z.B. monatsweise, zwischen zwei Teilnehmern ein. Verbindungsaufforderung und Verbindungsauflösung sind also nicht notwendig.

Während sich die bisher beschriebenen Vorgänge immer auf eine virtuelle Verbindung (von sehr vielen möglichen) an einer X.25-Schnittstelle bezogen, ist es durch einen Restart möglich, den Zustand aller virtuellen und permanenten virtuellen Verbindungen an einer Schnittstelle zu ändern. Ein Paket "Restart-Anzeige" <restart indication> von der DÜE oder ein Paket "Restart-Anforderung" <restart request> von der DEE hat die Wirkung

-- alle virtuellen Verbindungen werden ausgelöst,
-- alle permanenten virtuellen Verbindungen werden zurückgesetzt.

Die Durchführung des Restart-Vorgangs muß mit einem Paket "Restart-Bestätigung" <restart confirmation> bestätigt werden (**Bild 5-18, 5-19**). Im Oktett 4 des Pakets "Restart-Anzeige" von der DÜE wird der Grund für den Restart <restarting cause> codiert. Vorgesehen sind "Lokaler Prozedur-Fehler" <local procedure error> und Netzwerk-Verstopfung <network congestion>. Bei einem Paket "Restart-Anforderung" von der DEE wird Oktett 4 mit Nullen aufgefüllt. Die Restart-Pakete sind die einzigen Pakete, die keine logische Kanalnummer haben, da sie sich auf alle virtuellen und permanenten virtuellen Verbindungen einer X.25-Schnittstelle beziehen.

Oktett	8	7	6	5	4	3	2	1
1	0	0	0	1	0	0	0	0
2	0	0	0	0	0	0	0	0
3	1	1	1	1	1	0	1	1
4	Restart-Grund							

Bild 5-18
Paketformat Restart-Anforderung

Oktett	8	7	6	5	4	3	2	1
1	0	0	0	1	0	0	0	0
2	0	0	0	0	0	0	0	0
3	1	1	1	1	1	1	1	1

Bild 5-19
Paketformat Restart-Bestätigung

Zusammenfassend seien noch einmal die drei Phasen einer normal ablaufenden virtuellen Verbindung genannt:

1. Aufbau der Verbindung <call setup phase>
2. Datentransfer <data transfer phase>
3. Auslösung <clearing>.

Die Phase 3 kann auch durch einen Restart-Vorgang ersetzt werden, was aber auf eine Störung des normalen Betriebs schließen ließe.
Tabelle 5-4 zeigt das Protokoll einer Verbindung nach X.25, wobei an der Schnittstelle nur eine virtuelle Verbindung besteht. Besonders zu beachten ist, daß die Zählung der

Rahmen auf der Verbindungsebene und die Zählung der Pakete auf der Paketebene, die nach ähnlichen Mechanismen verlaufen, völlig unabhängig voneinander sind. Der auftretende Übertragungsfehler (CRC-Fehler) wird nicht als Fehler in der Paketebene erkannt und behandelt, sondern in der Verbindungsebene; da der Rahmen als gestört identifiziert wird, findet eine Auswertung des Informationsfeldes im Rahmen, welches das Paket enthält, nicht statt. Es entsteht damit auch keine Abweichung von der vorgesehenen Zählsequenz auf Paketebene.

Anschluß asynchroner Geräte an das Paketnetz

Sollen asynchrone DEEs mit dem Paketnetz verbunden werden, wird eine PAD (Paket-Anordnungs/Auflösungseinrichtung, Disassembly facility) benötigt (**Bild 5-5**). Nach X.3: Paket-Anordnungs/Auflösungs-Einrichtung in einem öffentlichen Datennetz hat die PAD Grundfunktionen <basic functions> und Funktionen, die vom Benutzer angewählt werden können <user selectable functions>. Die Grundfunktionen sind:

-- Einbau der asynchron eintreffenden Zeichen in Pakete.
-- Auflösung der Pakete und asynchrone Übertragung der Zeichen an die DEE.
-- Handhabung der Prozeduren für Aufbau und Auslösung der virtuellen Verbindung, Rücksetz- und Unterbrechungsprozeduren.
-- Erzeugung von Dienstsignalen.
-- Transportieren der Pakete <forwarding> unter bestimmten Bedingungen.
-- Handhabung eines Abbruchsignals <break signal> von der DEE.

Beispiele für vom Benutzer anwählbare Funktionen sind:

-- Echobildung. Alle Zeichen, die die DEE an die PAD sendet, werden unverändert zurückgesendet. Dies kann zur Fehlerkontrolle verwandt werden.

-- Erkennung von Datentransportsignalen <data forwarding signals>. Die DEE kann durch Sendung eines bestimmten Zeichens die PAD dazu veranlassen, das Paket unabhängig von seinem Zustand abzusenden. Dies dient der Beschleunigung beim interaktiven Verkehr.

Tabelle 5-4: Protokoll einer Verbindung auf Paketebene

Verbindungsebene						Paketebene	
Adresse		Frame	S	R	P	LCN	Paket
DCE	2	SABM			1		
DTE	3	UA			1		
DCE	3	INFO	0	0	0	000	RESTART C=00 D=00
DTE	1	INFO	0	1	0	000	RESTART CONFIRM
DCE	1	RR		1	0		
DCE	3	INFO	1	1	0	001	CALL REQUEST 02345613
DTE	1	INFO	1	2	0	001	CALL ACCEPT
DCE	1	RR		2	0		
DCE	3	INFO	2	2	0	001	DATA M=0 PS=0 PR=0
DTE	1	INFO	2	3	0	001	RR PACKET PR=1
DCE	1	RR		3	0		
DCE	3	INFO	3	3	0	001	INTERRUPT IUD =00
DTE	1	INFO	3	4	0	001	INTERRUPT CONFIRM
DCE	1	RR		4	0		
DCE	3	INFO	4	4	0	001	DATA M=0 PS=1 PR=0
DTE	1	INFO	4	5	0	001	RNR PACKET PR=2
DCE	1	RR		5	0		
DTE	1	INFO	5	5	0	001	RR PACKET PR=2
DCE	3	INFO	5	6	0	001	DATA M=0 PS=2 PR=0 CRC
DCE	3	INFO	6	6	0	001	DATA M=0 PS=3 PR=0
DTE	3	REJ		5	0		
DCE	3	INFO	5	6	0	001	DATA M=0 PS=2 PR=0
DTE	1	INFO	6	6	0	001	RR PACKET PR=3
DCE	3	INFO	6	7	0	001	DATA M=0 PS=3 PR=0
DTE	1	INFO	7	7	0	001	RR PACKET PR=4
DCE	3	INFO	7	0	0	001	DATA M=0 PS=4 PR=0
DTE	1	INFO	0	0	0	001	RR PACKET PR=5
DCE	3	INFO	0	1	0	001	DATA M=0 PS=5 PR=0
DTE	1	INFO	1	1	0	001	RR PACKET PR=6
DCE	3	INFO	1	2	0	001	DATA M=0 PS=6 PR=0
DTE	1	INFO	2	2	0	001	RR PACKET PR=7
DCE	3	INFO	2	3	0	001	DATA M=0 PS=7 PR=0
DTE	1	INFO	3	3	0	001	RR PACKET PR=0

S = Sendefolgezähler auf Verbindungsebene
R = Empfangsfolgezähler auf Verbindungsebene
P = Poll/Final-Bit
LCN = Logische Kanalnummer
PS = Sendefolgezähler auf Paketebene
PR = Empfangsfolgezähler auf Paketebene
M = More-Data-Bit

-- Einstellung des Zeitgebers <selection of idle timer delay>. Ein Paket wird, auch wenn es noch nicht voll ist, nach einer vom Anwender bestimmten Zeit in das Netz gesandt.

-- Auffüllen nach Wagenrücklaufsignal <padding after carriage return>. Enthält die Nachricht ein Wagenrücklaufzeichen, so wird dieses entfernt, die Zeile mit Leerzeichen aufgefüllt. Diese Nachrichten sind für Drucker bestimmt, die nur nach vollen Zeilen einen Wagenrücklauf ausführen.

Der Datenverkehr zwischen der asynchronen DEE und der PAD wird nach X.28 (Schnittstelle zwischen Datenendeinrichtung und Datenübertragungseinrichtung für eine Start-Stop-Datenendeinrichtung, die eine Paket-Anordnungs/Auflösungseinrichtung eines öffentlichen Datennetzes im gleichen Land erreicht) geregelt. Der Zugriff auf der physikalischen Ebene ist möglich über:

1. Fernsprechnetz mit den Schnittstellen nach V.24 und V.28 bzw. V.25 beim automatischen Verbindungsaufbau (vergl. Kap. 3).

2. Datennetz mit Schnittstellen nach X.20 bzw. X.20bis.
Der Informationsaustausch zwischen DEE und PAD erfolgt asynchron durch Austausch von 8-Bit-Zeichen, von denen ein Bit das Paritätsbit ist (**Bild 5-20**). Die Auswahl der vom Benutzer anwählbaren Funktionen erolgt mit den PAD-Kommandos. Mit diesen Kommandos kann auch der aktuelle Parameterstand abgerufen werden <current values of specified parameters>. Jede DEE, die an einen PAD angeschlossen ist, kann über einen eigenen Parametersatz verfügen, so daß in einer PAD mehrere Parametersätze vorhanden sein können.

In der Datentransfer-Phase (Zustand 9) werden die asynchron angelieferten Daten vom PAD zu Paketen zusammengestellt, sie werden in das Netz hinein übertragen, wenn:
-- genügend Daten für ein Paket vorhanden sind,
-- Fluß-Kontroll-Informationen von der DEE kommen, die eine Sendung veranlassen,
-- eine bestimmte Zeit seit Empfang des letzten Zeichens von der DEE vergangen ist.

Die beiden letztgenannten Möglichkeiten können durch Parameter weiter spezifiziert werden.

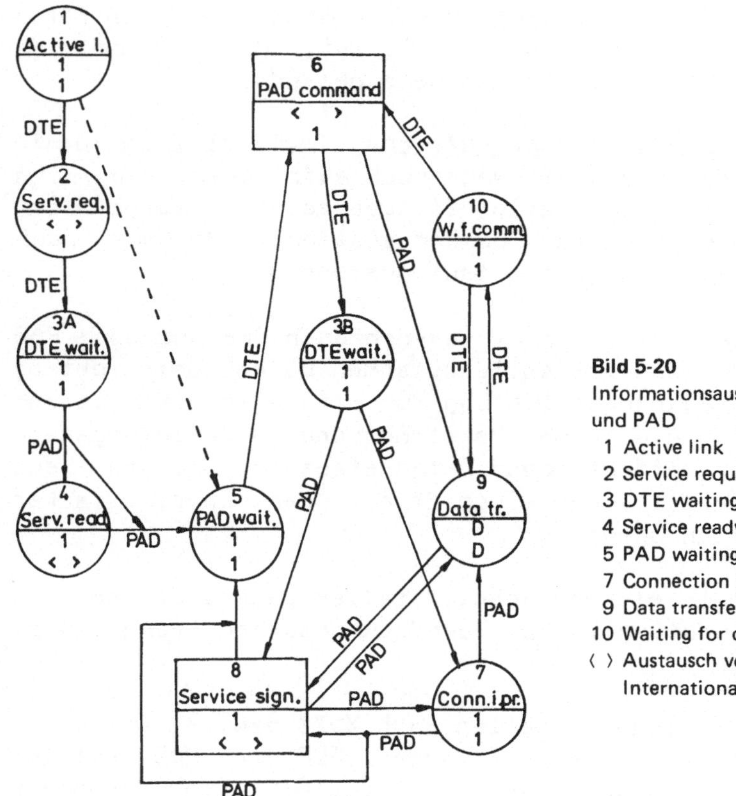

Bild 5-20
Informationsaustausch zwischen DEE und PAD
1 Active link
2 Service request
3 DTE waiting
4 Service ready
5 PAD waiting
7 Connection in progress
9 Data transfer
10 Waiting for command
⟨ ⟩ Austausch von Informationen nach Internationalem Alphabet Nr. 5

Die PAD-Kommandos <PAD command signals, direction DTE to PAD> dienen neben der Parameterübergabe auch dem Aufbau und der Auflösung der virtuellen Verbindung.

Bild 5-21 zeigt den Anschluß einer DEE, die im Paketmodus arbeitet, an eine PAD. Dabei gilt X.29 Verfahren für den Austausch von Steuerinformationen und von Benutzerdaten zwischen einer Paketdatenendeinrichtung und einer Paket-Anordnungs/Auflösungs-Einrichtung. Der Verkehr zwischen DEE und PAD erfolgt über Pakete, bei Steuerinformationen ist das Q-Bit (Bit 7 im Oktett 1) auf "1" gesetzt. **Bild 5-22** zeigt den Aufbau von Datenfeldern solcher Pakete. Die benutzerspezifischen Funktionen des PAD können sowohl von dem asynchronen Terminal wie von der Paket-DEE aus verändert werden.

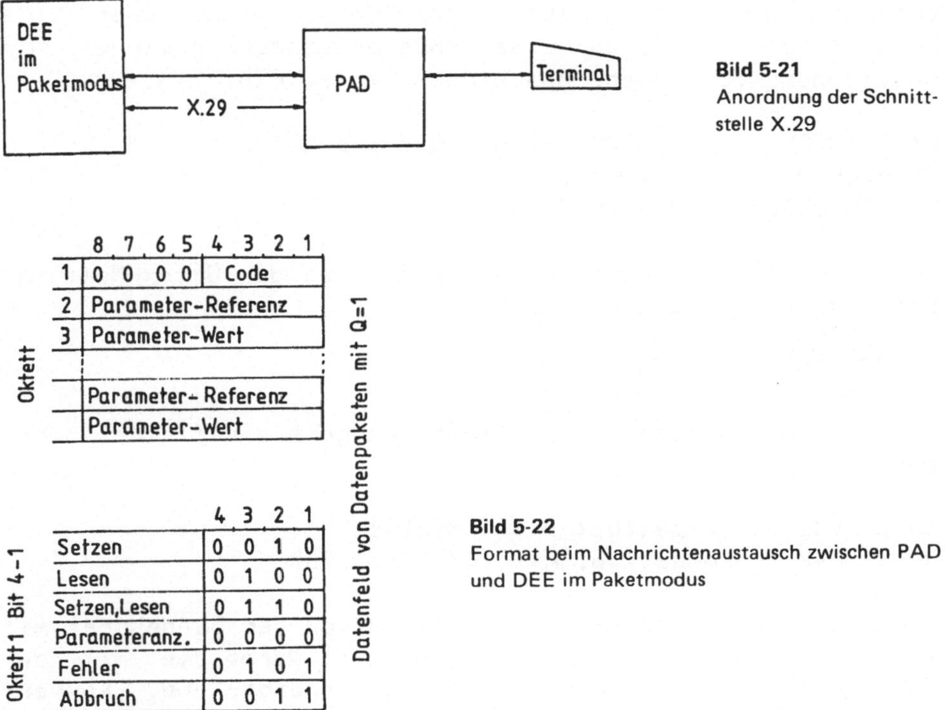

Bild 5-21
Anordnung der Schnittstelle X.29

Bild 5-22
Format beim Nachrichtenaustausch zwischen PAD und DEE im Paketmodus

Anschlußmöglichkeiten von asynchronen Geräten an das Paketnetz der Bundespost werden in Abschn. 5.3 genannt.

5.3 Paketvermittlungsnetz der Bundespost

Die Bundespost bietet die Paketvermittlung unter der Bezeichnung Datex-P an, dieses Netz stellt einen Teil des Datex-Netzes dar. Der Anschluß an das Datex-P-Netz ist mit Geräten der Übertragungsgeschwindigkeit 110 bis 48000 bit/s möglich. Bei Datex-P muß bei Sender und Empfänger nicht die gleiche Datenübertragungsrate vorliegen.

Erfolgt der Anschluß über die X.25-Schnittstelle, so wird er als Basisdienst bezeichnet, die Anschlüsse werden mit P10H gekennzeichnet. Angeboten werden

		Benutzerklasse nach X.1
DX-P10H2400	2400 bit/s	8
DX-P10H4800	4800 bit/s	9
DX-P10H9600	9600 bit/s	10
DX-P10H48000	48000 bit/s	11

Erfolgt der Zugang zum Datex-P-Netz nicht über die Schnittstelle X.25, so müssen PADs angesprochen werden. Die Bezeichnung für solche Anschlüsse lautet P20:

DX-P20H300	bis 300 bit/s	Benutzerklasse 1 und 2
DX-P20H1200	1200 bit/s	
DX-P20H1200/75	1200/75 bit/s	

Außerdem ist ein asynchroner Zugang aus dem Datex-Netz mit Leitungsvermittlung möglich:

DX-P20L300 bis 300 bit/s

Es sind Anschlüsse für bestimmte Endgeräte definiert worden:

Datex-P32	kompatibel mit IBM 3270
Datex-P42	kompatibel mit IBM 2780/3780

Die Bitfehlerwahrscheinlichkeit wird von der Bundespost mit 10^{-9} angegeben, dieser Wert entsteht durch die mit der HDLC-Prozedur verbundenen Fehlererkennungs- und Korrekturverfahren.

Die Gebühren, die für den Paketverkehr erhoben werden, sind unterteilt in:

-- Verbindunggsdauer (hierfür wird nur eine geringe Gebühr erhoben). Berechnet wird dabei die Zeit, während derer eine virtuelle Verbindung aufrechterhalten wird; sie beträgt 0,01 DM/Minute. Die Erhebung dieser geringen Gebühr soll die Teilnehmer veranlassen, daß virtuelle Verbindungen aufgelöst werden, wenn sie nicht mehr benötigt werden. Wäre dies nicht der Fall, müßte das Netz die Verwaltung einer großen Anzahl von logischen Kanälen übernehmen, ohne daß ein entsprechender Paketverkehr und damit Gebühreneinnahmen stattfänden.

-- Volumengebühr. Dies ist im Paketverkehr die Hauptgebühr. Sie wird innerhalb des Bundesgebiets entfernungsunabhängig erhoben, sie ist auch nicht von der Datenübertragungsrate des Datex-P-Anschlusses abhängig. Berechnet wird die Gebühr nach übertragenen Segmenten, wobei einem Segment 64 Bytes entsprechen. Die Gebühr wird nach einem Tagesgebührensatz und zwei Nachtgebührensätzen erhoben, sie sinkt mit der Anzahl der übertragenen Segmente. So werden im Tagesgebührensatz für die ersten 200 000 Segmente 0,33 Pfennig/Segment, für die zweiten 200 000 Segmente 0,18 Pfennig/Segment und für alle weiteren 0,09 Pfennig je Segment erhoben.

-- Verbindungsgebühren. Für jede virtuelle Verbindung wird ein Betrag von 0,05 DM erhoben, gleichgültig, wie lange diese Verbindung besteht.

-- Anpaßgebühren. Bei Verwendung von PADs im Netzwerkeinstieg oder beim Netzwerkausgang werden Anpaßgebühren erhoben, sie sind teilweise zeitabhängig, teilweise nach der Volumengebühr berechnet.

-- Anschließungsgebühr. Sie wird für jeden Hauptanschluß einmalig erhoben, sie steigt mit der Datenübertragungsrate.

-- Monatliche Grundgebühr. Auch diese steigt mit der Datenübertragungsrate des Hauptanschlusses.

-- Zuschläge. Diese werden monatlich erhoben für permanente virtuelle Verbindungen, Einrichtungen von Teilnehmerbetriebsklassen, Gebührenübernahme durch die gerufene Station.

5.4 Internationale Verbreitung des Paketnetzes

Auslandsverkehr mit dem Paketnetz ist nur möglich, wenn auch in den anderen Staaten ein Paketnetz besteht. Dies ist in Europa, den USA und einigen überseeischen Ländern der Fall. Das Paketnetz ist unter verschiedenen Bezeichnungen bekannt, von denen hier einige genannt seien:

USA	Telenet
	Tymnet
BRD	Datex-P
Österreich	Datex-P
Kanada	Datapac
Japan	DDX-P
Niederlande	DN 1
Schweiz	EDWP
Großbritannien	PPS
Frankreich	Transpac
Norwegen	Norpac
Schweden	Swenet
Spanien	RETD

6 Transportebene

Die Transportebene <transport layer>, in DIN ISO 7498 Transportschicht, wird auch als Ende-zu-Ende-Kontrolle <end-end control> bezeichnet. Sie ist nicht in der Weise genormt wie die unter ihr liegenden Ebenen. Im ISO/OSI-Modell stellt die Transportebene die unterste Schicht dar, bei der zwischen den miteinander verbundenen Stationen eine Verbindung besteht, während diese bei den unteren Ebenen über das Netz verläuft.

Die allgemeine Aufgabe der Transportebene ist der Aufbau logischer Verbindungen, deren Verwaltung und deren Abbau, wenn sie nicht mehr benötigt werden. Durch die logischen Verbindungen entstehen zwischen kooperierenden Programmen, die auf verschiedenen Computersystemen laufen, virtuelle Verbindungen. Als virtuell bezeichnet man in der Informationsverarbeitung eine Einrichtung, die das Verhalten einer bestimmten Einrichtung hat, ohne daß diese Einrichtung tatsächlich vorhanden ist. So wirkt der virtuelle Speicher wie ein Hauptspeicher, obwohl er zu einem erheblichen Teil als Magnetplattenspeicher realisiert ist. Eine virtuelle Verbindung wirkt auf den Anwender wie eine Leitungsverbindung zwischen zwei Punkten, obwohl tatsächlich keine direkte Verbindung zwischen diesen Punkten besteht. Die Aufgaben der Transportebene können nur allgemein beschrieben werden, da wegen der nicht abgeschlossenen Normung Unterschiede zwischen den einzelnen Systemen bestehen.

6.1 Nachrichtensegmentierung

Wie jeder Ebene innerhalb des ISO/OSI-Modells werden der Transportebene Nachrichten von der höheren Ebene übergeben; sie muß diese Nachrichten an die niedrigere Ebene weitergeben (Senden), beim Empfangen ist der Weg umgekehrt. Die unter der Transportebene befindliche Ebene ist die Paketebene, die Daten müssen beim Senden in das Paketformat gebracht werden. Diese Tätigkeit wird als Nachrichtensegmentierung <message segmentation> bezeichnet. Dabei können längere

Datenblöcke in mehrere Pakete zerlegt werden, die in einer gemeinsamen Paketsequenz über einen logischen Kanal gesendet werden (vergl. Kap. 5).

6.2 Multiplexen

Auf den unter der Transportebene liegenden Ebenen laufen die Daten von einer DEE zu einer anderen DEE, wobei das Paketnetz zwischengeschaltet sein kann. **Bild 6-1** zeigt den Aufbau einer Verbindung mit Multiplexern. Station A und B wirken auf das Netz wie DEEs, sie leiten die Nachrichten aber zu den einzelnen Empfängern bzw. von den eigentlichen Datenquellen her auf die Verbindung zwischen A und B. Sinn des Multiplexens ist eine bessere Ausnutzung der Verbindung zwischen A und B, was besonders bei größeren Entfernungen aus Kostengründen wichtig ist. Da der Datenverkehr durch die Einrichtungen in A und B konzentriert wird, werden sie als Konzentratoren <concentrators> bezeichnet, oft auch als Multiplexer. Zur technischen Ausführung der Multiplexer ist in Kapitel 9 etwas ausgesagt. Erforderlich ist eine Verwaltung des Multiplexvorgangs, dieser muß in der Transportebene ausgeführt werden.

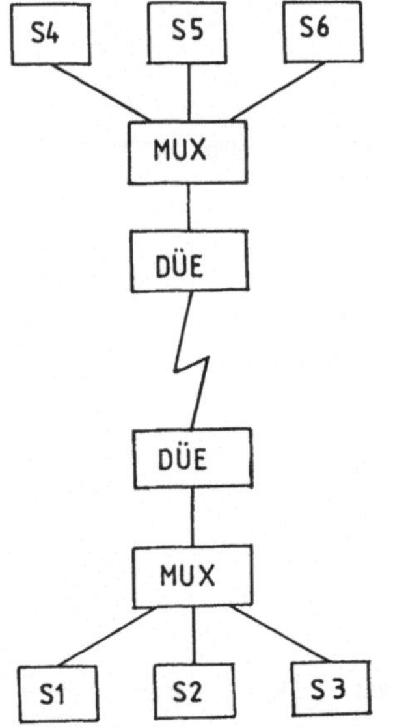

Bild 6-1
Multiplexer bei der Datenfernübertragung (MUX: Multiplexer; S1–S6: Datenstationen)

Mit Multiplexen wird auch der Vorgang der Verteilung der Daten innerhalb des EDV-Systems bezeichnet. Besonders bei größeren Systemen, die einen Vielfachbenutzer-Betrieb <multi user mode> erlauben, ist der physikalische gemeinsame Hauptspeicher in Speicherbereiche <partitions> eingeteilt. Zugriff auf diese Speicherbereiche haben entweder nur bestimmte Benutzer, bestimmte Benutzergruppen oder alle Benutzer. Werden dem System Daten über die DFÜ zugeführt, gelangen sie in einen Ein-/Ausgabe-Pufferbereich. Von dort aus müssen sie den einzelnen Speicherbereichen zugeführt werden, umgekehrt müssen sie beim Senden den einzelnen Speicherbereichen entnommen und dem gemeinsamen Pufferspeicher zugeführt werden.

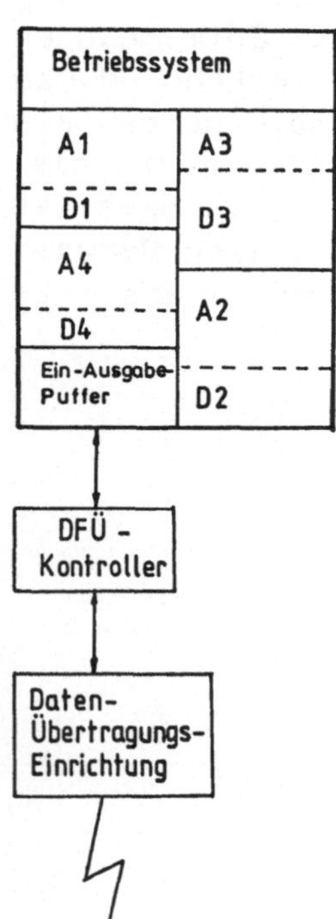

Bild 6-2
Speicheraufteilung bei Multiuser-Betrieb (A: Anweisungsbereich; D: Datenbereich der Anwenderprogramme)

6.3 Adreßbildung

Dazu gehören alle Funktionen, die der Ermittlung der Paketadresse dienen, ferner die Festlegung der logischen Kanalnummern, soweit diese von der DEE erfolgt.

6.4 Fehlererkennung

Die Funktion der Fehlererkennung tritt in allen Ebenen des ISO/OSI-Modells auf. Hier handelt es sich um die Fehlererkennung auf der Transportebene, also um Fehler, die bei der Datenkommunikation zwischen den Endgeräten auftreten. Z.B. kann bei der Datenkommunikationsform Teletex (siehe Abschn. 10.2) die Fehlermeldung

RGDR; Meldung Dokument Allgemeine Zurückweisung
<Response Document General Reject>

auftreten, welche der Transportebene zuzuordnen ist.

6.5 Sequenzbildung

Zu jeder Datenübermittlung gehört ein bestimmter Ablauf, der je nach der Form der Datenübertragung verschieden sein kann. Die Sequenzbildung muß dabei von beiden DEEs getragen werden. Die Abschnitte der Sequenz können dabei z.B. bestehen aus:

a) Anforderung der Transportverbindung. Diese umfaßt die Aktivierung nicht nur der DEE, welche angesprochen werden soll, sondern auch die Aktivierung der für die Verbindung notwendigen Netzwerkknoten.

b) Annahme einer Transportverbindung. Es muß quittiert werden, daß alle Bedingungen zum Aufbau einer Transportverbindung erfüllt sind, was nicht nur Leitungen und Netzwerkknoten umfaßt, sondern auch das Datenendgerät, welches zur Aufnahme der Daten bereit sein muß. Die Funktion geht dabei über das Vorhandensein von genügend Pufferspeicher hinaus, das ja bereits auf der Verbindungsebene abgeprüft wird.

c) Datenübertragung. Phase der eigentlichen Datenübermittlung.

d) Auflösung einer Transportverbindung. Je nach der verwendeten Kommunikationsart ist die Auflösung einer Transportverbindung von beiden beteiligten Endgeräten aus oder nur von einem "Master" oder aus dem Netzwerk heraus möglich. Bei der Auflösung handelt es sich immer um eine reguläre Beendigung der Datenkommunikation.

6.6 Ende-zu-Ende-Flußkontrolle

Die Flußkontrolle innerhalb eines Netzes wie des Paketnetzes gibt nur Aufschluß über die korrekte Datenübertragung von einem Knoten zum anderen, aber nicht über die korrekte Datenübertragung zwischen zwei DEEs. Bei Netzen mit Leitungsvermittlung, also bei Verbindung zweier DEEs über das Fernsprechnetz oder das Datex-L-Netz kann eine solche Kontrolle vorliegen, wenn nicht Multiplexer o.ä. in die Verbindung eingeschaltet sind. Solch eine Ende-zu-Ende-Kontrolle findet z.B. bei der Übertragungsform Teletex statt.

Die als Möglichkeit <option> für die Schnittstelle X.21 gegebene "Kennung des gerufenen Anschlusses" ist nicht als eine Ende-zu-Ende-Kontrolle zu betrachten, da hierbei nur die physikalisch korrekte Verbindung zurückgemeldet wird, nicht aber das Funktionieren der Datenübertragung.

Für die Ebene 4 des ISO/OSI-Modells liegen Normungsvorschläge der ISO vor, die noch nicht verabschiedet worden sind <draft proposals>. In der Transportebene soll besonders die Dienstgüte des Kommunikationssystems festgelegt werden. Zur Dienstgüte werden gezählt:

-- Auf- und Abbauzeiten für eine Transportverbindung.
-- Durchsatz (damit ist nicht die Datenübertragungsrate gemeint, sondern der Gesamtdurchsatz über einen längeren Zeitraum).
-- Dauer der Zeichenlaufzeit.
-- Verbleibende Fehlerwahrscheinlichkeit.

Die Merkmale der Dienstgüte sind nicht allein aus der Transportebene ableitbar. So setzt sich die verbleibende Fehlerwahrscheinlichkeit zusammen aus der Bitfehlerrate auf der physikalischen Ebene und den Verbesserungen, die auf den drei darüber liegenden Ebenen durch Fehlererkennung und -korrektur erreicht werden. Die Dienstgüte ist damit ein Merkmal der Ebenen 1 - 4, die auch als "transport-orientierte Ebenen" bezeichnet werden.

Bei der Erarbeitung der auf der Transportebene anzuwendenden Protokolle soll eine Einteilung in fünf Klassen vorgenommen werden, wobei die Funktionen der Klassen von 0 nach 4 zunehmen:

<u>Klasse 0:</u> Einfachklasse. Diese Klasse liegt z.B. bei der CCITT-Empfehlung S.70 für das Transportprotokoll bei Teletex vor (vergl. Abschn. 10.2).
<u>Klasse 1:</u> Grundklasse mit Fehlererkennung und -behebung bei netzseitig gemeldeten Fehlern.
<u>Klasse 2:</u> Multiplexverbindungen.
<u>Klasse 3:</u> Dasselbe wie Klasse 2, aber mit Fehlerbehandlung wie Klasse 1.
<u>Klasse 4:</u> wie Klasse 3, aber mit einer zusätzlichen Behandlung von selbsterkannten Fehlern.

Die Klasse 4 ist für Systeme gedacht, an die besonders hohe Anforderungen bezüglich der Restfehlerwahrscheinlichkeit oder des Durchsatzes zu stellen sind. Dabei kann eine Steigerung des Durchsatzes auch über einen Parallelbetrieb mehrerer Netzwerkverbindungen erfolgen.

7 Anwenderbezogene Ebenen des Schichtenmodells

Die drei oberen Ebenen des ISO/OSI-Modells werden in diesem Kapitel zusammen behandelt, weil sie nicht allgemeinverbindlich genormt sind und weil sie nicht einen so unmittelbaren Bezug zur DFÜ haben wie die unteren. Im ersten Teil dieses Kapitels geht es um die Sitzungsebene, im zweiten um die Datenbereitstellungsebene und im dritten um die Anwendungsebene. In einem vierten Teil soll noch einmal auf die Zusammenarbeit zwischen den Ebenen des ISO/OSI-Modells eingegangen werden. Diese Zusammenarbeit wird realisiert durch die Zusammenarbeit verschiedener Module des Betriebssystems, dies soll an zwei Beispielen dargestellt werden.

7.1 Sitzungsebene

Die Sitzungsebene <session layer>, in DIN ISO Kommunikationssteuerungsschicht, wird auch als die Steuerung logischer Verbindungen bezeichnet. Ehe auf die Aufgaben dieser Ebene im einzelnen eingegangen wird, soll erst der Begriff der Sitzung <session> in seiner Bedeutung für die Datenverarbeitung näher untersucht werden. Unter einer Sitzung versteht man in der Datenverarbeitung die Nutzung des Systems oder von Teilen des Systems für einen bestimmten Anwender oder eine bestimmte Aufgabe. Eine Sitzung zeichnet sich durch folgende Eigenschaften aus:

a) Der Begriff wird nur in Systemen verwendet, die von mehreren Benutzern verwendet werden <multi-user system>.

b) Während der Sitzung stehen dem Benutzer bestimmte Betriebsmittel zur Verfügung, z.B. bestimmte Speicherbereiche, periphere Geräte, Pufferspeicher.

c) Eine Sitzung hat einen definierten Beginn und ein definiertes Ende, welche vom Betriebssystem registriert werden; die Benutzung des Systems durch den einzelnen Benutzer wird erfaßt <job accounting>.

d) Dem Benutzer stehen Betriebsmittel nur in der Form zu, wie sie ihm vom Systemplaner zugewiesen wurden. So steht z.B. nicht allen Benutzern der Zugriff auf den gesamten Speicher oder ein bestimmtes Peripheriegerät zu. Bei der Benutzung von Betriebsmittelm, die mehreren Benutzern zustehen, können zwischen den einzelnen Benutzern Prioritäten <priorities> bestehen. In einigen Systemen wird den Benutzern ein bestimmter Grad von Möglichkeiten <capabilities> zugewiesen, nach dem sich seine Vorgehensweisen richten. So hat er z.B. ab einem bestimmten Grad die Möglichkeit, seine Stellung innerhalb des Prioritätenschemas zu ändern.

Zu den besonderen Aufgaben der Sitzungsebene bei der DFV gehören:

a) Multiplexen. Liegen in einem größeren System mehrere Aufträge zur DFÜ vor, müssen diese zeitlich versetzt der DÜE zugeführt werden. Dieses Multiplexen kann unter Berücksichtigung von Prioritäten erfolgen.

b) Verwaltung der Pufferspeicher <buffer management>. Daten gelangen bei der Ein- und Ausgabe, vom Rechner her gesehen ist dazu auch die DFÜ zu zählen, in Pufferspeicherbereiche. Pufferspeicher können in den Steuergeräten für die Ein-/Ausgabe, z.B. in einem Front-End-Prozessor, angeordnet sein, aber auch Bestandteil des allgemeinen Hauptspeichers sein. Die Zuweisung von Pufferspeicherbereichen und deren Größe kann teilweise vom Anwender beeinflußt werden. Es muß aber vom Betriebssystem, besonders wenn mehrere Anwender parallel an der Anlage arbeiten, eine Speicherverwaltung durchgeführt werden. Dazu kann bei einem stark beanspruchten Hauptspeicher auch das zeitweise Auslagern von Speicherabschnitten auf Hintergrundspeicher <swapping> gehören.

c) Prioritäten-Verwaltung <priority management>. Bei fest zugewiesenen Prioritäten muß die Prioritätenverwaltung bei jedem Auftrag prüfen, ob nicht ein Auftrag höherer Priorität vorliegt. Es kann aber auch eine dynamische Prioritätenverwaltung vorliegen. Dann wird bei Erteilung eines Auftrags, z.B. an das DFÜ-System, eine bestimmte Priorität mit einer bestimmten Zahl vorgegeben. Diese richtet sich nach der Einstufung des Anwenders oder der Anwendung in dem Prioritätenschema, aber auch nach allgemeinen Systemgesichtspunkten. Wenn mehrere Aufgaben ein Betriebsmittel benötigen, werden sie meist nach einem Zeitscheibenverfahren abgearbeitet <time sharing>. In regelmäßigen Abständen wird die Verarbeitung eines Auftrags unterbrochen; es wird festgestellt, welcher der anstehenden Aufträge die höchste Priorität hat, dann wird dieser für eine Zeitscheibe bearbeitet.

Bei einer dynamischen Verwaltung der Prioritäten kann z.B. in der Form vorgegangen werden, daß bei Arbeit an einem bestimmten Auftrag die Prioritätszahl vermindert wird, oder daß bei Erreichen einer Zeitscheibe, die nicht zur Bearbeitung des Auftrags führt, die Prioritätszahl erhöht wird (es wird davon ausgegangen, daß die höchste Zahl auch die höchste Priorität bedeutet; in der Praxis wird oft auch die höchste Priorität mit der niedrigsten Zahl dargestellt).

Natürlich können beide Methoden auch kombiniert werden. **Bild 7-1** zeigt die Abarbeitung von mehreren Aufträgen nach einem dynamisch verwalteten Prioritätsschema. Bei jedem bearbeiteten Auftrag wird die Prioritätszahl um 2 vermindert, bei jeder Nichtbearbeitung um 1 erhöht. Wenn zwei Aufträge der gleichen Priorität vorliegen, wird der mit der niedrigeren Auftragsnummer ausgeführt. Bei dem in **Bild 7-1** dargestellten Beispiel wird angenommen, daß alle Aufträge mit 4 Zeitscheiben abzuarbeiten sind.

Die dynamische Prioritätenverwaltung erreicht zwei Zwecke:

1. Es ist möglich, sehr wichtige Aufträge (im Beispiel 4 und 7) durch ihre hohe Prioritätsvorgabe schnell ausführen zu lassen.

2. Auch Aufträge, die eine niedrige Prioritätsvorgabe haben, kommen irgendwann einmal zur Ausführung. Dies gilt auch dann, wenn immer neue Aufträge mit hoher Priorität in das System eingeschleust werden, solange eine Zahlengrenze für die Priorität nach oben besteht. Im Beispiel wird der Auftrag 5 mit der niedrigsten Priorität erst zur Zeit 19 zum ersten Mal ausgeführt, obwohl er bereits zum Zeitpunkt 4 angemeldet wurde. Obwohl aber in der Zeit dazwischen eine Reihe von Aufträgen höherer Priorität eingebracht wurden, wird auch Auftrag 5 abgearbeitet.

d) <u>Austausch von Kennungen</u> <identifier exchange>. Bei vielen Kommunikationsformen, z.B. bei Telex oder Teletex (vergl. Kap. 10), ist ein Austausch von Kennungen über die gerufene und

Zeit-abschnitt	Aufträge mit Priorität 1	2	3	4	5	6	7	8	Auftrag in Bearbeitung
1	3	4	8	-	-	-	-	-	3
2	4	5	6	-	-	-	-	-	3
3	5	6	4	20	-	-	-	-	4
4	6	7	5	18	1	-	-	-	4
5	7	8	6	16	2	5	-	-	4
6	8	9	7	14	3	6	-	-	4
7	9	10	8	-	4	7	20	-	7
8	10	11	9	-	5	8	18	-	7
9	11	12	10	-	6	9	16	6	7
10	12	13	11	-	7	10	14	7	7
11	13	14	12	-	8	11	-	8	2
12	14	12	13	-	9	12	-	9	1
13	12	13	14	-	10	13	-	10	3
14	13	14	12	-	11	14	-	11	2
15	14	12	13	-	12	15	-	12	6
16	15	13	14	-	13	13	-	13	1
17	13	14	15	-	14	14	-	14	3
18	14	15	-	-	15	15	-	15	2
19	15	13	-	-	16	16	-	16	5
20	16	14	-	-	14	17	-	17	6
21	17	15	-	-	15	15	-	18	8
22	18	16	-	-	16	16	-	16	1
23	16	17	-	-	17	17	-	17	2
24	17	-	-	-	18	18	-	18	5

Bild 7-1
Abarbeitung von Aufträgen nach Prioritäten gesteuert

die rufende Station vorgesehen. Ob die ausgetauschten Werte in der Anwenderebene ausgegeben werden, hängt von der Kommunikationsform und der Programmierung der betreffenden Geräte ab.

e) Parameter-Übergabe <flow parameter setting>. In dieser Ebene ist der Austausch von Parametern für die Flußsteuerung vorgesehen. Dabei kann es sich beim Paketverkehr z.B. um Parameter für die bevorzugte Behandlung eines Pakets ("Eilpaket") handeln. Ein Parameteraustausch kann auch auf privater Ebene erfolgen, z.B. Angaben über die Formatierung von Nachrichten oder die Behandlung von Daten in der empfangenden Anlage.

7.2 Bereitstellungsebene

Die Ebene wird auch als Datendarstellungsebene <presentation layer> oder Darstellungs-Steuerung bezeichnet, in DIN ISO 7498 als Darstellungsschicht. Sie dient dazu, die Daten so darzustellen, wie sie tatsächlich auf der Leitung übertragen werden sollen. Diese Darstellung muß nicht identisch sein mit der Darstellung auf der Anwendungsebene. Zu den Aufgaben der Bereitstellungsebene gehören insbesondere die nachfolgend diskutierten.

7.2.1 Datenkompression <data compression>

Die Datenkompression dient der Verminderung des Verkehrsaufkommens, bei vorhandener Übertragungskapazität können mehr Informationen übertragen werden. Die Datenkompression setzt voraus, daß in den auf der Anwenderebene vorhandenen Daten eine Redundanz vorhanden ist. Die Datenkompression kann mit mehreren Methoden erfolgen, die Möglichkeit der Anwendung hängt vom speziellen Anwendungsfall ab.

1. Nachrichtenreduktion <message reduction>. Der vorhandene Text wird automatisch reduziert, ohne daß Informationsgehalt verloren geht. Die Reduzierung erfolgt auf Grund formaler Kriterien, also nicht auf Grund der Untersuchung des Bedeutungsinhalts des Textes (Semantik). Angewendet werden können:

-- Wiederholungscodierung <run lenght coding>. Werden im Text Zeichen mehr als dreimal wiederholt, erfolgt die Übermittlung durch Senden von drei Codierungen (Wiederholungszeichen/Zeichen/Anzahl, run flag/character identifier/lenght of run>.

-- Verwandlung alphanumerisch dargestellter Zahlen in gepackte Dezimalzahlen.

-- Umcodierung von alphanumerischen Zeichen. Eine Darstellung von Buchstaben, Ziffern, Sonderzeichen erfordert nicht umbedingt ein Byte, sondern es besteht die Möglichkeit, mit 6 bit auszukommen. Bei Beibehaltung des 8-Bit-Nachrichtenmusters muß dann eine Aufteilung der Zeichen auf die Bytes vorgenommen werden (siehe **Bild 7-2**).

Wieweit sich diese Methoden anwenden lassen und wie groß dabei die Ersparnis an Verkehrsaufkommen ist, hängt von der

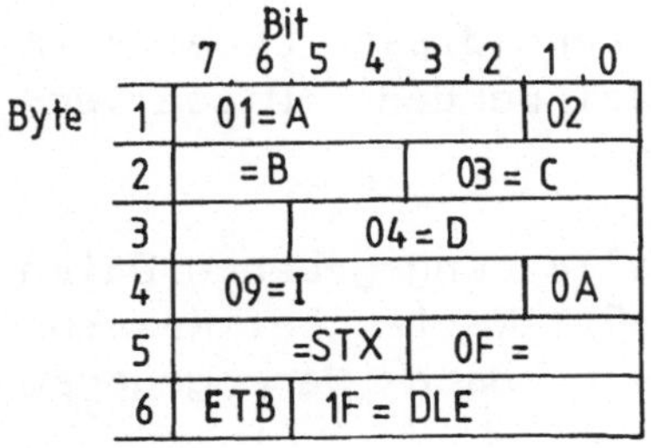

Bit 7 6 5 4 3 2 1 0

Byte		
1	01= A	02
2	=B	03 = C
3		04 = D
4	09=I	0A
5	=STX	0F =
6	ETB	1F = DLE

Bild 7-2
Datenkompression durch Verwendung eines 6-Bit-Codes bei 8-Bit-Zeichen (die Codierung entspricht dem 6-Bit-BCD-Interchange-Code)

Art des Textes ab. Für einen automatischen Datenkompressor <CP, Compression Processor>, der auf einer Leitung mit einer Übertragungskapazität von 9600 bit/s arbeitet, wird angegeben:

Art des Textes	Datenreduzierung [%]	Durchsatzverbesserung [%]	Effektive Bitrate [bit/s]
BASIC-Programm	35	53	14 688
COBOL-Programm	40	67	16 037
Text englisch	36	56	14 926
Buchführungsdatei	39	64	15 744

2. Datenvorverarbeitung <data preparation>. Diese kann bei Verwendung von intelligenten Terminals stattfinden. Sie führt dadurch zu einer Reduzierung des Datenverkehrs, daß nicht alle am Terminal eingegebenen Daten übertragen, sondern diese in eine reduzierte Form umgesetzt werden, wobei es im Gegensatz zu 1 auf eine Interpretation der Daten ankommt. Dabei kann es sich z.B. handeln um:

-- Abprüfung von Eingaben. Bei der Datenverarbeitung werden oft formale Kriterien für Eingaben verwendet, z.B. bestimmte Anzahl von Stellen, bestimmte Abfolge von Ziffern und Buchstaben, Verwendung von Prüfziffern. Damit kann bereits bei der Eingabe erkannt werden, ob diese korrekt erfolgt ist. Wenn dies nicht der Fall ist, erfolgt eine Fehlermeldung bereits am Terminal, ohne daß es zu einer Datenübertragung zum Zentralcomputer kommt.

-- Umsetzung der Eingaben. Datenbestände werden meist auf Grund numerischer Kriterien verwaltet. Erfolgt die Abfrage der Datenbestände an Hand von Namen, kann dieser bereits im Terminal in Kennummern o.ä. umgesetzt werden. Diese verkürzten Nachrichten werden übertragen.

-- Zusammenfassung. Es werden nicht alle eingegebenen Daten übertragen, sondern nur zusammengefaßte Werte, bei Kassensystemen nicht jeder Betrag, sondern nach Warengruppen aufgeteilte Summen.

3. <u>Meßwertreduzierung.</u> Bei der Übertragung von Meßwerten werden nicht alle Werte übertragen, sondern z.B. nur Werte, die sich gegenüber der letzten Messung verändert haben, oder nur Werte, die bestimmte Minimal- oder Maximalwerte über- bzw. unterschreiten.

4. <u>Arbeit mit Strukturen.</u> Bei der interpretativen Abarbeitung von Programmen kann mit Typenangaben gearbeitet werden. Jede Variable im Programm wird dann mit einer indirekten Adressierung angesprochen. Die im Programm angegebene Adresse verweist nicht auf den Speicherplatz der Variablen, sondern auf eine Typ-Angabe. Innerhalb der Typ-Angabe ist der Variablentyp näher gekennzeichnet sowie angegeben, ab welcher Speicheradresse die Variable gespeichert ist (**Bild 7-3**). Diese Art von Variablenverwaltung hat bei der Programminterpretation Vorteile, führt aber dazu, daß viel Speicherraum benötigt wird. Wird z.B. eine ganze Zahl <integer> eingeführt, so werden nicht nur zwei Bytes für die Zahl benötigt, sondern auch weitere 4 Bytes für die Typ-Angabe, also insgesamt 6 Bytes Speicherplatz belegt. Bei der DFÜ würden dann ebenfalls 6 Bytes übertragen werden müssen.

Byte	1	2	3	4	
	Typ	Adrh	Adrn	Länge	Aufbau
	02	82	3A	2	Beispiel Integer
	07	84	F3	7	Character

823A	823B
01	02

84F3	84F4	84F5	84F6	84F7	84F8	84F9
A	B	C	D	E	F	G

Bild 7-3
Verwaltung von Variablen über Typ-Angaben
Adrh: Höherwertiges Adreßbyte
Adrn: Niederwertiges Adreßbyte
Integer: Ganze Zahl
Character: Text mit alphanumerischen Zeichen

Die Datenkompression erfolgt dadurch, daß für die Übertragung Strukturen deklariert werden. Eine solche Deklaration sieht z.B. so aus:

```
DCL  1  LIST,
     2  NAME CHAR (20),
     2  ZAHL BIN FIXED,
     2  MAL  DEC FIXED (5,1);
```

Auf Grund der Deklaration werden im Speicher drei Typenangaben (12 Bytes) und drei Variablen (25 Bytes) angelegt. Wie in **Bild 7-4** gezeigt, werden die eigentlichen Variablen auf Grund der Strukturdeklaration nacheinander folgend im Speicher abgelegt. Bei einer DFÜ werden nur die eigentlichen Variablen, nicht aber die Typenbezeichnungen übertragen. Es muß natürlich beim Empfänger der Nachricht eine Struktur angelegt sein, welche gleich eingeteilt ist wie die Struktur beim Sender, da die Daten sonst nicht verständlich sind.

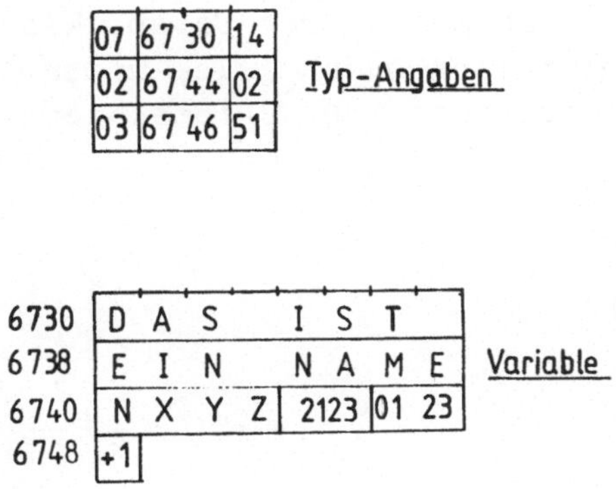

07	67 30	14
02	67 44	02
03	67 46	51

Typ-Angaben

6730	D	A	S		I	S	T	
6738	E	I	N		N	A	M	E
6740	N	X	Y	Z	2123		01	23
6748	+1							

Variable

Bild 7-4
Speicherbelegung bei einer Strukturdeklaration (alle Zahlen bei der Typ-Angabe im Hexadezimalformat)

7.2.2 Umcodierung <data format conversion>

Eine Umcodierung von Daten kann notwendig werden, wenn zwei Anlagen miteinander kommunizieren, die mit verschiedenen Codes arbeiten, z.B. mit ASCII- oder EBCDIC-Code. Bei zeichenorientierten Protokollen, wie z.B. BSC, ist die Umcodierung so vorzunehmen, daß die Übertragung auf der Verbindungsebene mit einem gemeinsamen Code erfolgt. Bei bitorientierten Protokollen, z.B. HDLC, kann der Datenaustausch auf der Verbindungsebene codeunabhängig erfolgen, zur DFV ist aber ein gemeinsamer Code notwendig. Die Codierung erstreckt sich dabei nicht nur auf die Datenzeichen, sondern auch auf Steuerungsfunktionen für periphere Geräte, Darstellung graphischer Zeichen usw.

7.2.3 Datenverschlüsselung und -entschlüsselung <data encryption/decryption>

Die Verschlüsselung von Daten, die der Geheimhaltung dienen soll, ist besonders wichtig bei Netzen, die jedem Teilnehmer das Abhören von Nachrichten möglich machen oder es notwendig machen, z.B. bei den Lokalen Netzwerken. Von der Industrie werden eine Reihe von Verschlüsselungs- und Entschlüsselungsgeräten angeboten, die automatisch arbeiten.

Eine Möglichkeit der Verschlüsselung besteht in der Verwendung einer Schaltung nach dem Prinzip des "Scramblers", wie er auch in Modems verwendet wird (vergl. Kap. 3). Während dabei das Schieberegister bei Beginn der DFÜ stets mit dem gleichen Bitmuster geladen wird, wird für den Verschlüsselungsvorgang ein Schlüsselwort gewählt, welches nur dem Sender und dem Empfänger bekannt ist. **Bild 7-5** zeigt die Prinzipschaltung zum Verschlüsseln der Daten. Wie das Zahlenbeispiel zeigt, ergibt sich durch die unterschiedliche Initialisierung des Registers ein unterschied-

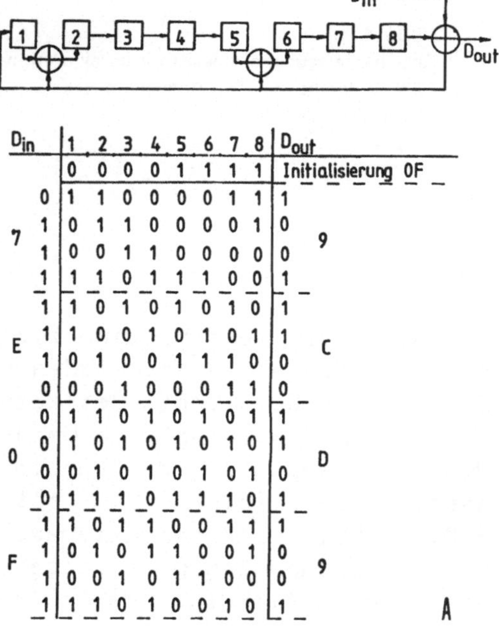

	D_{in}	1	2	3	4	5	6	7	8	D_{out}	
		0	0	0	0	1	1	1	1	Initialisierung 0F	
	0	1	1	0	0	0	0	1	1	1	
7	1	0	1	1	0	0	0	0	1	0	9
	1	0	0	1	1	0	0	0	0	0	
	1	1	1	0	1	1	1	0	0	1	
	1	1	0	1	0	1	0	1	0	1	
E	1	1	0	0	1	0	1	0	1	1	C
	1	0	1	0	0	1	1	1	0	0	
	0	0	0	1	0	0	0	1	1	0	
	0	1	1	0	1	0	1	0	1	1	
0	0	1	0	1	0	1	0	1	0	1	D
	0	0	1	0	1	0	1	0	1	0	
	0	1	1	1	0	1	1	1	0	1	
	1	1	0	1	1	0	0	1	1	1	
F	1	0	1	0	1	1	0	0	1	0	9
	1	0	0	1	0	1	1	0	0	0	
	1	1	1	0	1	0	0	1	0	1	

A

Bild 7-5
Verschlüsselung von Daten mit Scrambler. Durch unterschiedliche Initialisierung eines Schlüsselworts (key word) werden unterschiedliche Übertragungsdaten gebildet

D_{in}		1	2	3	4	5	6	7	8	D_{out}	
		0	1	0	1	0	1	0	1	Initialisierung 55	
	0	1	1	1	0	1	1	1	0	1	
7	1	1	0	1	1	0	1	1	1	1	C
	1	0	1	0	1	1	1	1	1	0	
	1	0	0	1	0	1	1	1	1	0	
	1	0	0	0	1	0	1	1	1	0	
E	1	0	0	0	0	1	0	1	1	0	1
	1	0	0	0	0	0	1	0	1	0	
	0	1	1	0	0	0	1	1	0	1	
	0	0	1	1	0	0	0	1	1	0	
0	0	1	1	1	1	0	1	0	1	1	6
	0	1	0	1	1	1	1	1	0	1	
	0	0	1	0	1	1	1	1	1	0	
	1	0	0	1	0	1	1	1	1	0	
F	1	0	0	0	1	0	0	1	1	0	0
	1	0	0	0	0	1	0	0	1	0	
	1	0	0	0	0	0	1	0	0	0	

B

licher Wert der Übertragungsdaten bei gleichen Ursprungsdaten. Die Schaltung kann beliebig verkompliziert werden durch Vergrößerung des Registers, Variation bei der Anlage der Exklusiv-Oder-Stufen usw.

7.2.4 Datenbank-Zugriff und -Verwaltung <data base management/access>

Größere Datenbestände sind in Form von Datenbanken angelegt. Es bestehen nicht eine Reihe von Dateien unabhängig voneinander, sondern zwischen allen Daten bestehen Beziehungen, die ein gezieltes Aufsuchen von bestimmten Daten in einer möglichst kurzen Zeit ermöglichen.

Probleme, die bei der DFV in diesem Zusammenhang gelöst werden müssen, sind insbesondere:

-- Zugriffsberechtigung: Wer darf auf Daten der Datenbank zugreifen und in welcher Form? Zugriff kann dabei bedeuten, daß Datenbestände gelesen werden, daß sie verändert werden <update>, daß sie neu angelegt werden <create> oder daß sie entfernt werden <kill>. Die Berechtigung für diese Tätigkeiten muß auf die Netzwerkteilnehmer verteilt und abgeprüft werden, z.B. über Schlüssel oder über Schlüsselworte <pass words>.

-- Zentralisierung oder Dezentralisierung: **Bild 7-6** zeigt die Möglichkeiten bei der Anlage einer Datenbank. Die Zentralisierung (**Bild 7-6a**) hat den Vorteil, daß die Änderung der Daten stets zu einer für alle Teilnehmer gleichzeitigen Aktualisierung führt. Sie hat den Nachteil, daß jeder Zugriff zur Datenbank nur über DFÜ erfolgen kann. Die völlige Dezentralisierung hat den Vorteil, daß viele Vorgänge ohne DFÜ direkt am Ort bearbeitet werden können. Sie hat aber den Nachteil, daß beim Zugriff auf einen entfernten Teil der Datenbank bereits bekannt sein muß, in welcher Station sich der gesuchte Teil befindet. Dazu muß sich ein großer Teil der für die Verwaltung der Datenbank erforderlichen Informationen in jeder Station befinden. Wenn dies nicht der Fall ist, können Suchvorgänge notwendig werden, die sehr aufwendig sind, da sie über DFÜ stattfinden müssen.

Bild 7-6c zeigt den Aufbau einer Datenbank mit Auszügen in einzelnen Stationen. Diese Methode hat den Vorteil, daß viele Vorgänge direkt am Ort bearbeitet werden können und bei Zugriff auf Datenbestände, die nicht am Ort vorhanden

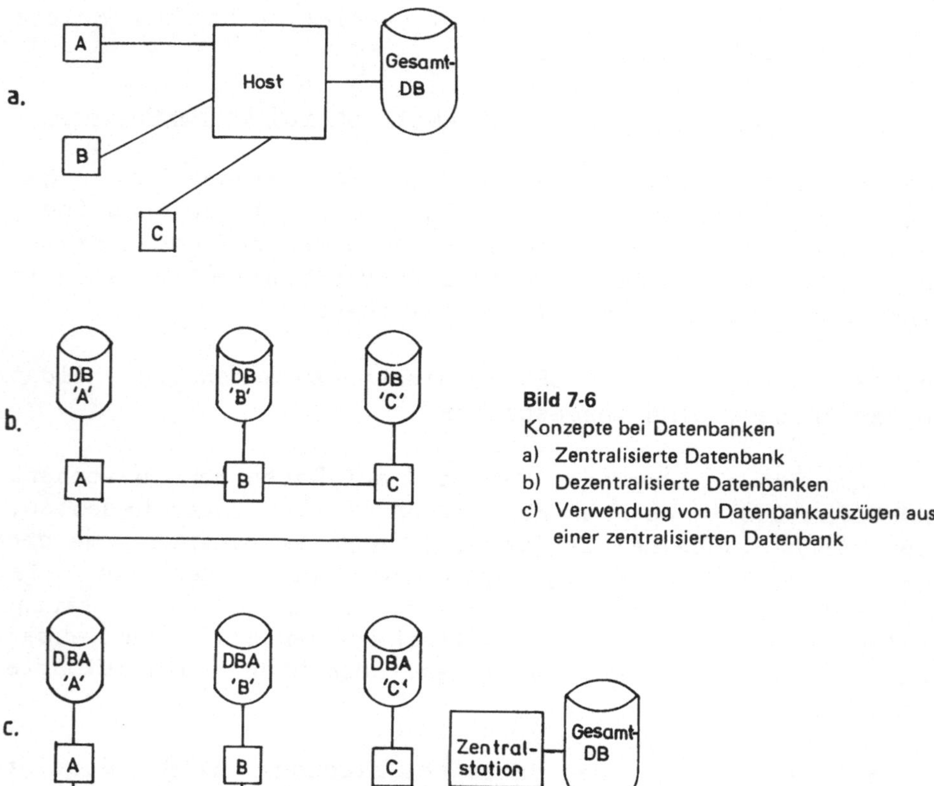

Bild 7-6
Konzepte bei Datenbanken
a) Zentralisierte Datenbank
b) Dezentralisierte Datenbanken
c) Verwendung von Datenbankauszügen aus einer zentralisierten Datenbank

sind, auf eine Zentrale zugegriffen werden kann. Der Nachteil dieser Organisationsform besteht darin, daß Datenbestände mehrfach gespeichert werden müssen, was Speicherkapazität kostet. Weiter besteht das Problem der Aktualisierung der Datenbestände; jede Änderung muß an mindestens zwei Orten durchgeführt werden.

-- Suchverfahren; Zugriff auf Datenbestände wird heute oft mit einem benutzerfreundlichen Frage-Antwort-Spiel (Menü-Technik) durchgeführt, bei dem durch immer weitere Verfeinerung von Fragen der Benutzer auch ohne Kenntnis des Aufbaus der Datenbank zu den gewünschten Daten geführt wird. Dieses Frage-Antwort-Spiel belastet den Kommunikationsweg. Durch Verwendung intelligenter Arbeitsstationen kann er so abgekürzt werden, daß nur der eigentliche Suchbegriff mit DFÜ übertragen werden muß.

7.3 Anwendungsebene

Die Anwendungsebene <application layer>, in DIN ISO Verarbeitungsschicht, ist die Ebene, in der dem Anwender die Daten der DFÜ und DFV unmittelbar zur Verfügung stehen. Wegen der sehr unterschiedlichen Einsatzgebiete der DFV lassen sich für die Anwendungsebene nur einige wenige gemeinsame Gesichtspunkte herausstellen.

a) Auf der Anwenderebene werden Aufträge der DFÜ über Dateien abgewickelt. In den problemorientierten Sprachen, welche der Anwender benutzt, werden keine Ein-/Ausgabe-Befehle geschrieben, sondern es werden Daten einer Datei entnommen bzw. zugewiesen; das Betriebssystem <operating system> führt die eigentlichen Ein-/Ausgabe-Operationen aus. Bei vielen Systemen werden die dazu verwendeten Dateien unterteilt in:

-- Stream-Dateien, diese dienen dem Verkehr mit Geräten wie Tastatur oder Bildschirm.
-- Record-Dateien, diese dienen der DFÜ und dem Verkehr mit Hintergrundspeichern.

Während Stream-Dateien während des Programms ständig zur Verfügung stehen und auch kleine Datenmengen zur Ein- oder Ausgabe bringen können, werden Record-Dateien innerhalb des Programms über bestimmte Statements (OPEN, CLOSE) aktiviert bzw. deaktiviert, wobei bei der Aktivierung eine Übergabe bestimmter Parameter für die Art der Durchführung der DFÜ erfolgen kann. Die Arbeit mit Record-Dateien erfolgt immer über Sätze, d.h. die ein- oder auszugebenden Daten werden in größeren Einheiten zusammengefaßt. Die Sätze sind nicht identisch mit den Blöcken auf der Verbindungsebene oder den Paketen auf der Paketebene. **Bild 7-7** zeigt das Flußdiagramm für die Übertragung von mehreren Sätzen zu einer anderen Station, die dafür notwendigen Statements in der problemorientierten Sprache PL/1 lauten:

```
DCL  dfue  FILE REC ENV(MED(n) BUFFER (m));
   ***
OPEN  FILE (dfue) SEQUENTIAL OUTPUT SYSTPAR (para)  SYSCODE
(tabe);
DO saz = 1 TO 10;
WRITE FILE (dfue) FROM (data);
IF para1 = 0 THEN DO;  PUT FILE (druck) SKIP EDIT ('SATZ=',
saz)(format); END;
ELSE DO; PUT FILE (druck) SKIP EDIT
('Fehler',para1)(format);END;
   ***
   ***          Füllen von data mit weiteren  Sendedaten
   ***
END;
CLOSE FILE (dfue);
```

Die Deklaration DCL weist dem Datenübertragungsanschluß einen bestimmten Dateinamen, in diesem Fall "dfue" zu. Mit der Zahlenangabe n wird für diese Datei ein bestimmtes Kanalprogramm <driver> zugewiesen, welches für eine bestimmte Hardware-Schnittstelle zuständig ist. Das OPEN-Statement dient der Eröffnung der Datei. Dabei wird das Kanalprogramm aktiviert und mit bestimmten Parametern versehen, welche bereits vorher in dem Datenfeld "para" niedergelegt waren.

Diese Parameter beziehen sich auch auf Hardware-seitige Angaben, z.B. Datenübertragungsrate, teilweise auf die Verbindungsebene, z.B. Zahl der Bits je Zeichen. In diesem Datenfeld sind auch freie Bereiche angelegt, die nach Ausführung der Datenübertragung Rückmeldungen enthalten, die vom Kanalprogramm übergeben werden. So bedeutet die Rückmeldung 0 in einem bestimmten Teil des Feldes, welcher hier als "para1" bezeichnet ist, daß ein Sendeauftrag erfolgreich abgeschlossen wurde.

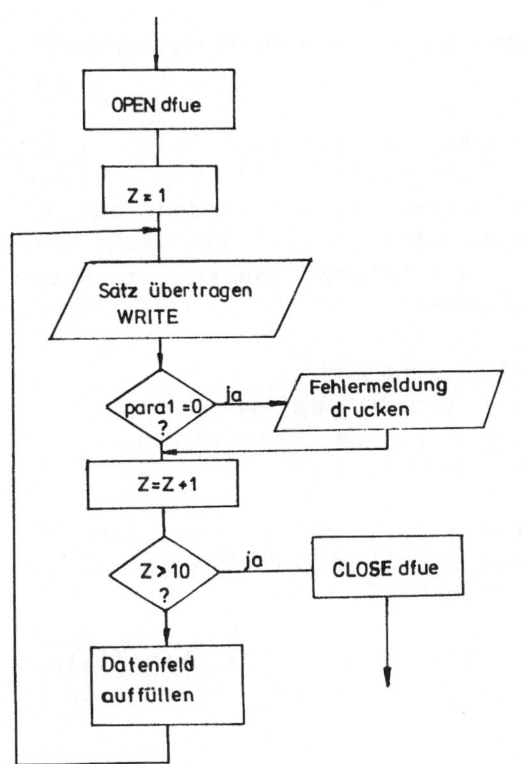

Bild 7-7
Flußdiagramm für Datenfernübertragung (Sendeseite)

Es werden 10 Sätze ausgegeben, welche mit dem Satzzähler "saz" mitgezählt werden. Dazu gehört die Angabe der Datei (dfue) und des Datenbereichs, aus dem die Daten ausgegeben werden sollen (data). Die Daten werden vom Anwender in diesen Datenbereich als beliebig verschlüsselte Anwenderdaten hinterlegt, enthalten also keinerlei für die DFÜ bestimmten Overhead. Die Größe des Bereichs "data" darf nicht größer sein als die in der Deklaration angegebene Pufferspeichergröße.

Die Größe des Bereichs "data" muß nicht der Blocklänge bei der DFÜ entsprechen, die Übertragung kann in mehreren Blöcken erfolgen, was vom Kanalprogramm festgelegt wird. Nach der Übertragungsaktion wird ein Ausdruck erzeugt, der aussagt, welcher Satz übertragen wurde bzw. welcher Fehler vorliegt, wobei die Art des Fehlers mit einer Nummer angezeigt wird. Wenn die 10 Sätze übertragen wurden, erfolgt mit CLOSE das logische Schließen der Datei. Vor einer neuen Übertragung muß ein erneutes Öffnen (OPEN) durchgeführt werden.

7.4 Normungen und Vereinbarungen innerhalb der anwendungsbezogenen Ebenen

Eine Normung innerhalb der anwendungsbezogenen Ebenen liegt z.B. für den Teletex in Form der CCITT-Empfehlung S.62 vor (vergl. Abschn. 10.2). Diese bezieht sich besonders auf die Ebene 5 (Sitzungsebene). Grundsätzlich soll aber eine weitergehende Normung erfolgen, die "Dienstklassen" der Ebene 5 definiert. Vorgesehen sind dabei:

1. Kombinierte Basisklasse <basic combined subset>,
2. Synchronisierte Basisklasse <basic synchronized subset>,
3. wie 2, aber mit der Möglichkeit der Kennzeichnung von Kommunikationsabschnitten <basic activity subset>.

Eine Definition dieser Dienstklassen müßte von der ISO vorgenommen werden, die Klasse 3 soll dabei etwa der CCITT-Empfehlung S.62 entsprechen [JEND01].

Es besteht auch die Absicht, die Ebene 6 (Datenbereitstellung) und die Ebene 7 (Anwendung) zu normen, dabei sind in Aussicht gestellt:

-- Übermittlung, Zugriff und Verwaltung von Dateien <file transfer, access and management>.

-- Übermittlung und Verwaltung von Aufträgen <job transfer and manipulation>.

-- Betrieb virtueller Terminals <virtual terminals>.

Eventuell soll von der ISO aus diesen drei getrennten Aufgabenfeldern eine gemeinsame Darstellung erarbeitet werden. Weiterhin besteht die Absicht, eine Vereinbarung über "Allgemeine Dienste der Anwendungsschicht" <common application services> zu erarbeiten. [JEND01]

Die Serie X.400 von CCITT befaßt sich besonders mit der Kommunikation in Büroautomatisierungs-Anwendungen und gibt Empfehlungen für eine elektronische Post <universal electronic mail service>. Die Empfehlungen erstrecken sich bis zur Anwenderebene, die in zwei Teilebenen <sublayers> aufgeteilt wird:

-- UAL <user agent layer>,
-- MTL <message transfer layer.

Für den Austausch von Nachrichten zwischen zwei Benutzern wird ein Protokoll P2 vorgesehen <Interpersonal Messaging services>, welches nach X.420 spezifiziert ist.

Daneben bestehen in dieser Serie Empfehlungen, die der Bereitstellungsebene zuzurechnen sind, z.B. X.408; Umwandlung von Telexzeichen in Zeichen nach Internationalem Alphabet Nr. 5 (ASCII-Code). [CUNN0]

Während die öffentliche Normung dieser Ebenen noch nicht abgeschlossen ist, müssen zwischen den an einer DFV beteiligten Partnern Vereinbarungen bestehen, die eine gemeinsame Basis für DFV und DFÜ schaffen. Eine solche Vereinbarung besteht z.B. beim Terminalkonzept 3270 von IBM. Terminals und Terminalsteuereinheiten tauschen Daten nach vereinbarten Regeln aus, wobei besonders die Formatierung der Daten bei einer Bildschirmdarstellung nach festen Regeln behandelt wird. Der Datenverkehr findet mit den Prozeduren SDLC oder BSC statt. Der Datenpuffer eines 3270-Systems kann mit 6 verschiedenen Methoden <orders> gesteuert werden. Dies geschieht durch die Übertragung von Order-Sequenzen <order sequences>. Eine Order-Sequenz kann aus einem oder mehreren Bytes bestehen. Weiterhin können Attribut-Zeichen <attribut characters> übertragen werden. Es bestehen sechs Order-Sequenzen.

1. <u>Puffer-Adreß-Order</u> <set buffer address order>. Sie besteht aus drei Bytes (11H, gefolgt von zwei Adreßbytes). Sie legt die Pufferadresse für den Anfang des nachfolgenden Feldes fest, wobei bei einer Bildschirmdarstellung einer bestimmten Pufferadresse auch eine bestimmte Bildschirmposition entspricht.

2. <u>Start-Feld-Order</u> <start-field order>. Sie besteht aus dem Zeichen 1DH, gefolgt von einem Attribut-Byte. Angezeigt wird der Beginn eines neuen Feldes, es erfolgt aber kein Rücksetzen der Pufferadresse. Diese muß vorher gesetzt sein (Puffer-Adreß-Order) oder entsteht durch Weiterzählen beim Anlegen des vorigen Feldes. Das Attribut-Byte legt fest, welche Attribute den nachfolgenden Datenbytes zukommen; die Attribute gelten so lange, bis ein neues Attribut-Byte auftritt.

3. <u>Cursor-Einschub</u> <insert cursor>. Es handelt sich um eine 1-Byte-Angabe, der Cursor wird auf der aktuellen Adresse

dargestellt, verändert die Adresse selber aber nicht. Bei einer Eingabe stellt der Cursor die Eingabeposition dar.

4. Programm-Tabulations-Order <program tab order>. Dient der Tabulation auf dem Bildschirm, die nachfolgenden Bildschirmplätze werden bis zum nächsten Attributfeld mit Nullen aufgefüllt.

5. Wiederholungs-Order <repeat to address order>. Um bei der Übertragung vieler gleichartiger Zeichen Zeit zu sparen, wird in einer 4-Byte-Anweisung angegeben, bis zu welcher Adresse ab der laufenden Adresse welches Zeichen zu senden ist. Es wird also nicht die Anzahl der Zeichen angegeben, diese ergibt sich aus der Differenz der aktuellen und der in der Wiederholungs-Order angegebenen Adresse.

6. Löschen ungeschützter Felder <erase unprotected to address order>. Die ungeschützten Bildschirmpositionen werden von der aktuellen Adresse bis zu einer in der Order angegebenen Adresse - aber nicht diese - gelöscht. Soll ab der aktuellen Position der gesamte Bildschirm gelöscht werden, so ist in der 3-Byte-Anweisung die Adresse 0 anzugeben. Felder, die durch Attribute geschützt sind, werden im definierten Bereich nicht gelöscht. Dies kann dazu dienen, beim Dialogverkehr nach einer Eingabe die Abfrageinformation für den Bediener stehen zu lassen, die Eingaben aber nach der Übertragung zu löschen. Ebenso können bei einer Ausgabe feste Felder stehenbleiben, die die Art der auszugebenden Daten kennzeichnen, während die Daten selbst wechseln.

Bei einem Bildschirm gehört zu jeder Bildschirmposition ein Platz im Pufferspeicher (Bildwiederholspeicher). Attributzeichen werden im Gegensatz zu den Orders in diesen Speicher miteingetragen, sie werden auf dem Bildschirm als Blanks dargestellt. Der Text zwischen zwei Attributzeichen wird als Feld bezeichnet <field>, das Attribut-Byte beschreibt das nachfolgende Feld. Durch Codierung einzelner Bits oder Bitgruppen gibt das Attribut-Byte an:

-- numerische oder alphanumerische Darstellung,
-- Art der Darstellung (normal, intensiv, Ausgabe unterdrücken),
-- geschützt oder ungeschützt,
-- Feld wurde modifiziert.

Bild 7-8 zeigt den Aufbau eines Datenstroms nach 3270.

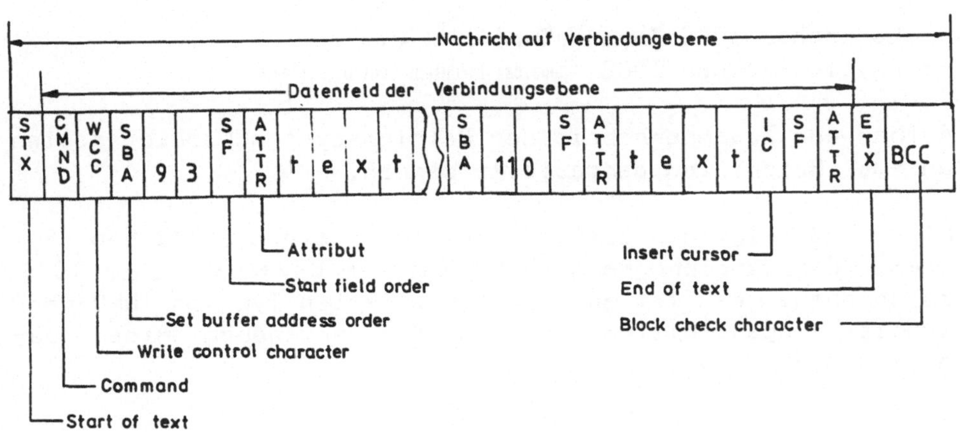

Bild 7-8
Datenaufbau beim 3270-Konzept

Durch SBA <Set Buffer Address> wird als Pufferadresse 93 festgelegt. SF <Start Field order> zeigt das nachfolgende Attribut-Byte an. Wie aus **Bild 7-8** zu sehen, ist auch bei Abschluß des Datenfelds ein Attribut-Byte anzugeben. Auf der Verbindungsebene wird der Block mit ETX <End of Text> abgeschlossen.

7.5 Zusammenarbeit der Betriebssystem-Module

Für die Realisierung der Funktionen auf den einzelnen Ebenen des ISO/OSI-Modells werden Komponenten des Betriebssystems verwendet. Nur auf der physikalischen Ebene und zu einem kleineren Teil auf der Verbindungsebene, z.B. bei Bildung und Abprüfung von CRC-Zeichen, können Hardware-Komponenten eingesetzt werden.

Die auf den verschiedenen Ebenen eingesetzten Software-Module müssen zur Lösung der Aufgaben von DFÜ und DFV zusammenarbeiten. Im Idealfall ist jeder Ebene ein Software-Modul zugeordnet, die Software-Module arbeiten voneinander unabhängig und verkehren miteinander über Schnittstellen. Dabei muß z.B. der Bereitstellungsebene nicht bekannt sein, nach welcher Prozedur die Daten auf der Verbindungebene übertragen werden, der Netzwerkebene muß nicht bekannt sein, mit welcher Geschwindigkeit die Daten auf der physikalischen Ebene übertragen werden. Nicht immer ist die strenge Trennung der einzelnen Ebenen voneinander realisiert. Die Ein-Ausgabe-Steuerung zerfällt aber meist in:

-- Logisches IOCS <logical In/Output Control System>,
-- Physikalisches IOCS <physical In/Output Control System>.

Aufbau und Zusammenarbeit der Betriebssystem-Module sollen an zwei Beispielen dargestellt werden.

Bild 7-9 zeigt den Software-Aufbau in einem einfachen System. Das Kanalprogramm <driver> ist dem physikalischen IOCS zuzuordnen, es ist auf einen bestimmten Typ von DFÜ-Controller zugeschnitten und auf die Verwendung einer bestimmten Prozedur.

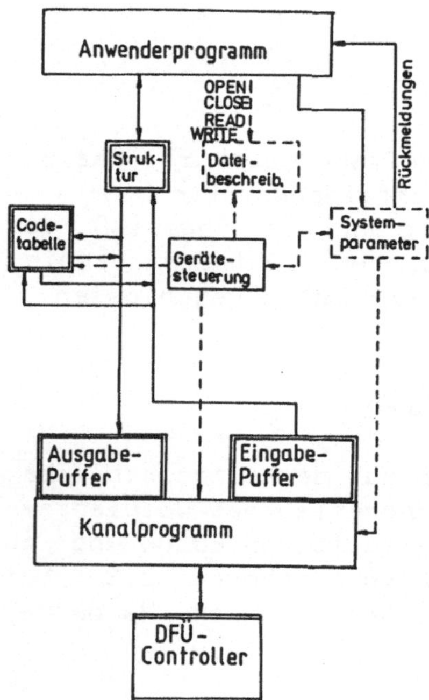

Bild 7-9
Software-Struktur für DFÜ (doppelt umrandete Felder Daten; einfach umrandete Felder Programmbereiche; gestrichelt umrandete Felder Steuerinformation; durchgezogene Linien Datenfluß; gestrichelte Linien Austausch von Steueranweisungen und -Informationen

Das Anwendungsprogramm ist in einer bestimmten Sprache, z.B. PL/1 oder FORTRAN geschrieben, es wird dann in den Maschinencode übersetzt oder interpretiert. Wie auch in Abschn. 7.3 dargestellt ist, sind die Operationen der DFÜ vom Anwenderprogramm her gesehen Zuweisungen oder Entnahmen von Daten in eine oder aus einer Datei <file> vom Typ RECORD. Diese Dateien müssen vor ihrer Verwendung geöffnet (OPEN) und nach ihrer Verwendung geschlossen (CLOSE) werden. OPEN und CLOSE führen nicht zu einer Datenübertragung, diese wird erst durch WRITE bzw. READ hervorgerufen. OPEN hat aber unter anderem die Wirkung, daß der Pufferzeiger für Ausgabeoperationen an den Anfang des Pufferspeichers gestellt wird. Ein DFÜ-Verkehr ist bei nicht eröffneter Datei nicht möglich, auch wenn eine Leitung zur Verfügung steht.

Die Datei muß im Programm vor einer Benutzung deklariert sein, wobei auch der Name vergeben wird, der mit OPEN, CLOSE, READ, WRITE verwendet wird. Innerhalb eines Programms können mehrere RECORD-Dateien mit unterschiedlichen Namen bestehen. Möglich, wenn auch meist nicht sinnvoll, ist es, einen Leitungsanschluß über mehrere unterschiedlich benannte Dateien anzusprechen. Durch die Deklaration der Datei entsteht bei der Übersetzung eine Dateibeschreibung. Diese enthält:

-- Adresse des Pufferspeicherbereichs.
-- Anfangsadresse des Kanalprogramms.
-- Gerätenummer des DFÜ-Anschlusses.
-- Parameterfelder, die bei Aktivierung der Datei vom Kanalprogramm beschrieben werden können oder gelesen werden müssen.
-- Größe des Pufferspeichers.

Die gewünschte Größe des Pufferspeichers kann bei der Deklaration angegeben werden, erfolgt diese Angabe nicht, benutzt das System einen Standardwert <default>. Vor dem Laden prüft der Binder <linkage editor>, ob Anwenderprogramm, Kanalprogramme und Pufferspeicher (auch für andere Ein-/Ausgabegeräte) den zur Verfügung stehenden Speicherplatz nicht überschreiten. Wenn dies nicht der Fall ist, stellt der Binder die Adreß-Verbindungen zwischen den verschiedenen Programmteilen her, und der Lader <loader> lädt das Programm mit den anderen Modulen in den Arbeitsspeicher.

Die Daten, die vom Anwenderprogramm aus der DFÜ übergeben werden, müssen in einer Struktur zusammengefaßt sein (siehe **Bild 7-4**). Bei Eröffnung der Datei mit OPEN müssen Systemparameter übergeben werden. Diese beziehen sich auch auf die Eigenschaften der physikalischen Schnittstelle, z.B. Datenübertragungsrate, auf Art und Zahl der "Identifiers", Verwendung eines "Headers" usw. Weiter sind in den Systemparametern Felder für Rückmeldungen an das Anwenderprogramm freigehalten, die vom Anwenderprogramm gelesen werden können. Dabei sind auch Meldungen aus der Verbindungsebene für das Anwenderprogramm möglich, z.B. wird in einem Feld die Zahl der Wiederholungen auf Grund von CRC-Fehlern erfaßt.

Soll eine Übertragung mit Codewandlung stattfinden, d.h. beim Senden eine Umcodierung der in der Struktur vorhandenen Daten vor dem Schreiben in den Sendepuffer vorgenommen werden, werden Code-Tabellen verwendet. Die Zuordnung der Zeichen erfolgt dabei über eine Feldindizierung mit dem Quellcode. Es soll z.B. aus dem ASCII-Code in den EBCDIC-Code umgesetzt werden. Im ASCII-Code gilt für "R" die Codierung 52 (Hexa) = 82 (Dezimal), für "S" die Codierung 53 (hexa) = 83 (Dezimal). In ein Feld mit 256 Elementen wird dann das Element 82 mit D9 (Hexa) = 217 (Dezimal) gefüllt (Codierung von "R" im EBCDIC-Code), in das Element 83 die Zahl E2 (Hexa) = 226 (Dezimal) (Codierung von "S" im EBCDIC-Code).

Die Gerätesteuerung, welche ebenfalls ein Bestandteil des Betriebssystems ist, sorgt für die Übertragung und eventuelle Umcodierung der Daten zwischen Pufferspeicher und Struktur im Anwenderprogramm. Der Pufferspeicher ist ein Bereich des Hauptspeichers, der eigentliche DFÜ-Controller verfügt nur über wenig Pufferspeicherkapazität. Während der laufenden DFÜ findet aber nur ein Verkehr zwischen DFÜ-Controller und Leitungs-Pufferspeicher statt. Dieser kann nach der Methode des Direkt-Speicher-Zugriffs <DMA, Direct Memory Access> erfolgen.

Im Leitungspuffer befinden sich nur die Texte. Overhead-Zeichen werden vom Kanalprogramm hinzugefügt oder entfernt. Die Blockprüfzeichen werden von der Hardware des DFÜ-Controllers errechnet und abgeprüft.

Während das **Bild 7-9** eine einfache Software-Struktur zeigt, die es dem Anwender ermöglicht, direkt bis in die physikalische Ebene einzugreifen, etwa durch Bestimmung der Datenübertragungsrate, wird bei größeren Systemen eine strikte funktionale Trennung der Software-Module angestrebt. Die dem Anwenderprogramm benachbarten Komponenten des Betriebssystems werden als Kommunikations-Zugriffs-Methoden <TAM, Teleprocessing Access Methods> bezeichnet. Als Beispiel seien die Komponenten VTAM und TCAM genannt (IBM).

Bild 7-10 zeigt die Anordnung eines Systems mit Verwendung von VTAM <Virtual Telecommunications Access Method>. VTAM hat den Zweck, dem Anwender einen Zugriff auf Software und Betriebsmittel in entfernten Stationen anzubieten, ohne dabei Rücksicht auf die Art der Leitung, Zwischenschaltung weiterer Knoten nehmen zu müssen. Die Verbindung muß dabei allerdings über bestimmte Steuereinheiten gehen. Die Vorteile von VTAM sind:

-- Unabhängigkeit von Leitungszuordnungen.
-- Für das Anwendungsprogramm ist es gleichgültig, in welcher Weise der Anschluß erfolgt, ob z.B. ein lokaler oder ein DFÜ-Anschluß der Steuereinheit vorliegt.
-- Es ist On-line-Verkehr möglich, damit auch Dialogbetrieb.

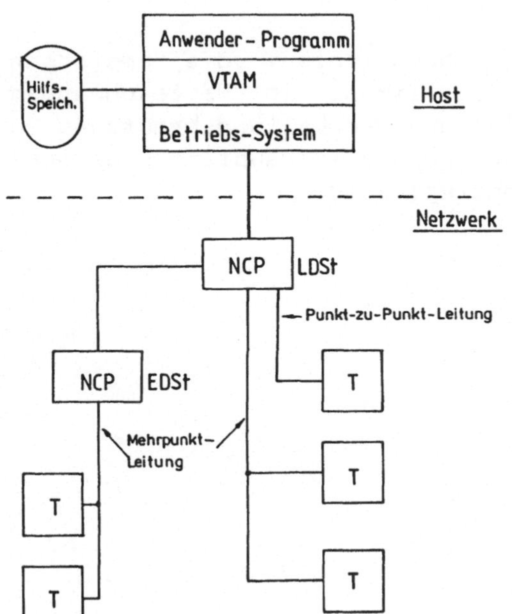

Bild 7-10
Software in einem Datenfernverarbeitungssystem
VTAM: Virtual Teleprocessing Access Method
NCP: Network Control Program
LDSt: Lokale Datenfernverarbeitungs-Steuereinheit
EDSt: Entfernte Datenververarbeitungs-Steuereinheit
T: Terminal

VTAM führt dabei sowohl die Herstellung der Verbindungen zwischen dem "Host" und den Steuereinheiten aus, wie auch die eigentliche DFÜ. Es gestattet dabei eine Mehrfachnutzung der Mehrfachleitungen der Steuereinheiten durch die Anwendungsprogramme. Es können also mehrere Anwendungsprogramme parallel im "Host" laufen, die DFÜ über VTAM benutzen. Vom "Host" aus können die Steuereinheiten initialisiert, also mit bestimmten Programmen oder Programmparametern versehen werden. Damit wird auch eine Änderung einer Netzwerkkonfiguration ohne Unterbrechung des Netzwerkbetriebs möglich.

TCAM <Telecommunications Access Method> kann direkt oder in Verbindung mit VTAM verwendet werden. Einem Anwendungsprogramm stehen durch TCAM folgende Funktionen zur Verfügung:

-- Nachrichtenvermittlung. Es können Nachrichten von einem Terminal bzw. einer Steuereinheit in eine Warteschlange für ein anderes Terminal bzw. eine Steuereinheit eingereiht werden.

-- Stapelübertragung zwischen einem Anwendungsprogramm und einem Terminal. Dabei handelt es sich um die Stapelübertragung von Daten, nicht von Programmen.

-- Warteschlangenverwaltung. Nachrichten, die empfangen wurden, werden nach ihrer Bestimmung in Warteschlangen eingereiht, um eine Überlappung der Leitungsbenutzung zu erreichen. Die Warteschlangen können im Hauptspeicher oder auf Magnetplattenspeicher angelegt sein.

8 Aufbau und Betrieb von Netzwerken

In diesem Kapitel sollen Aufbau und Betrieb von Netzwerken geschildert werden, wobei im Gegensatz zu den Ausführungen in Abschnitt 1.5 weniger grundsätzliche Überlegungen, sondern technische Realisierung im Vordergrund stehen. Im ersten Teil des Kapitels geht es um Netzwerkkonzepte, beginnend bei den lokalen Netzwerken; im zweiten Teil um den Betrieb der Netzwerke, ihre Optimierung und Konzepte zur Fehlersuche im Netzwerk.

8.1 Netzwerkkonzepte

Netzwerkkonzepte liegen in sehr unterschiedlicher Form vor. Teilweise handelt es sich um Konzepte eines einzelnen Herstellers, teilweise um Konzepte, die gemeinsam von mehreren Herstellern erarbeitet wurden, teilweise um genormte Konzepte, die herstellerunabhängig sind. Es lassen sich aber für Netzwerkkonzepte einige gemeinsame Merkmale definieren:

a) Es handelt sich nicht um bestimmte EDV-Systeme, die durch DFÜ und DFV miteinander verbunden werden sollen (wenn das Netzwerkkonzept auch manchmal auf bestimmte Systeme zugeschnitten wurde).

b) Das Netzwerkkonzept umfaßt meist nicht nur die Ebenen 1-3 des ISO/OSI-Modells, sondern geht darüber hinaus.

c) Das Netzwerkkonzept ist niemals ein reines Hardware-Modell, in vielen Fällen überwiegt die Software-Komponente.

d) Es ist nicht auf eine bestimmte Anwendung zugeschnitten, sondern soll möglichst universell verwendbar sein.

8.1.1 Lokale Netzwerke

Lokale Netzwerke, die in den letzten Jahren konzipiert worden sind und die eins der Haupteinsatzgebiete der Datenübertragung in den nächsten Jahren darstellen werden, werden auch als Lokal-Bereichs-Netzwerke <LAN, Local Area Networks> bezeichnet. Der Begriff des lokalen Netzwerks sagt bereits aus, daß es sich um Netzwerke in einem räumlich begrenzten Gebiet handelt, dies ist aber nicht das einzige Merkmal eines lokalen Netzwerkes, die Merkmale sind:

a) Es liegt eine Verbindung zwischen mehreren intelligenten Stationen über eine gemeinsame Leitung <party line> vor.

b) Die Stationen sind in einem räumlich begrenzten Gebiet angeordnet.

c) Die Datenübertragungsrate ist hoch, sie reicht von 1 Mbit/s bis zu 50 Mbit/s.

d) Die Daten werden in diskreten Paketen übertragen.

e) Jedes Paket enthält nicht nur eine Zieladresse <destination address>, sondern auch eine Quelladresse <source address>.
f) Es sind drei Arten der Adressierung (Angabe der Zieladresse) möglich:
1. Einzeladressierung <individual addressing>; eine Station wird als Empfangsstation angesprochen.
2. Gruppenadressierung <group addressing>; eine bestimmte Gruppe von Stationen wird als Empfänger angesprochen.
3. Rundspruch <broadcasting>; sämtliche Stationen außer der Sendestation sind Empfangsstationen.

g) Es gibt keine zentrale Netzwerksteuerung oder Datenvermittlung.

Die Definition von IEEE über den Begriff der lokalen Netzwerke sagt:

"Ein Local Area Network ist ein Datenkommunikationssystem, welches es einer Anzahl von unabhängigen Datengeräten <data devices> erlaubt, mit jedem anderen zu kommunizieren. Ein Local Area Network wird von anderen Typen von Datennetzwerken dadurch unterschieden, daß die Kommunikation üblicherweise auf einen geographischen Bereich mäßiger Größe beschränkt ist, wie etwa ein einzelnes Bürogebäude, ein Warenhaus, einen Campus, und abhängig sein kann von einem physikalischen Kommunikationskanal mit einer Datenrate, die mäßig bis hoch sein kann <moderate-to-high data rate>, und der eine vereinbarte niedrige Fehlerrate hat. Dies ist ein Gegensatz zu Netzwerken über große Entfernungen, welche Einrichtungen untereinander verbinden, die in unterschiedlichen Teilen des Landes sind, und von Netzwerken von Datengeräten im Rahmen einer Einzelausrüstung".

Die Hauptunterscheidungsmerkmale bei den lokalen Netzwerken betreffen:
-- Topologie,
-- Zugriffsmethode,
-- Datenträger und Modulation.

Topologie <topology> beschreibt die Art der Anordnung von Netzwerkknoten und ihre Verbindung untereinander, unabhängig von der räumlichen Ausdehnung. Die vier Grundformen sind:

1. Sternnetz <star net>. Diese Topologie war bei den Vorformen der lokalen Netzwerke, z.B. bei Datensammelsystemen, sehr verbreitet. Bei den heutigen Konzepten für lokale Netzwerke spielt es keine Rolle, da es eine zentrale Steuerung durch die Zentraleinheit voraussetzt. Es gestattet auch nicht den Verkehr von einer Station zu jeder anderen Station, da aller Verkehr über die Zentraleinheit laufen muß. Das Problem der Zugriffsmethode tritt beim Sternnetz nicht auf, da die Zentraleinheit den gesamten Datenverkehr steuert, zwischen Zentraleinheit und den Stationen ist immer eine Leitung vorhanden (**Bild 8-1**).

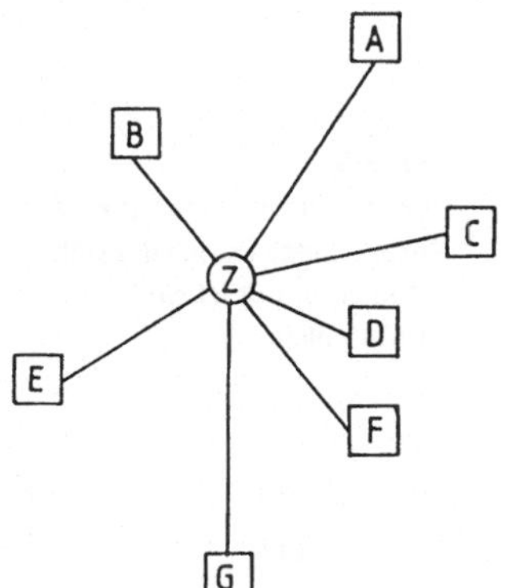

Bild 8-1
Topologie eines Sternnetzes (Z: Zentraleinheit; A–G: Stationen)

2. Ring-Netz <ring net>.In dieser Topologie (**Bild 8-2**) wandern die Nachrichten in einer Richtung von Knoten zu Knoten. In Knoten, die nicht Empfänger der Nachricht sind, werden sie meist demoduliert, gespeichert und wieder moduliert auf den

Ring gegeben. Damit wirken die Knoten als verstärkende Wiederholer <repeater>. In dieser Topologie ist eine Zugriffsmethode erforderlich, die bestimmt, welcher Knoten das Senderecht hat. Ein Nachteil der Topologie besteht darin, daß der Ausfall eines Knotens zur Stillegung des gesamten Netzwerks führt. Um dies zu verhindern, muß eine "Bypass"-Anordnung getroffen werden (**Bild 8-3**). Damit sind Einrichtungen erforderlich, die den Ausfall eines Knotens erkennen. Weiterhin ist die maximal mögliche Entfernung zwischen zwei Knoten auf die Hälfte der physikalisch möglichen begrenzt, da mit dem Ausfall eines Knotens immer gerechnet werden muß. Ein Vorteil der Topologie liegt darin, daß alle angeschlossenen Stationen als wiederholende Verstärker wirken, dadurch oftmals auch bei größerer Ausdehnung des Netzwerks keine weiteren Verstärker mehr notwendig sind.

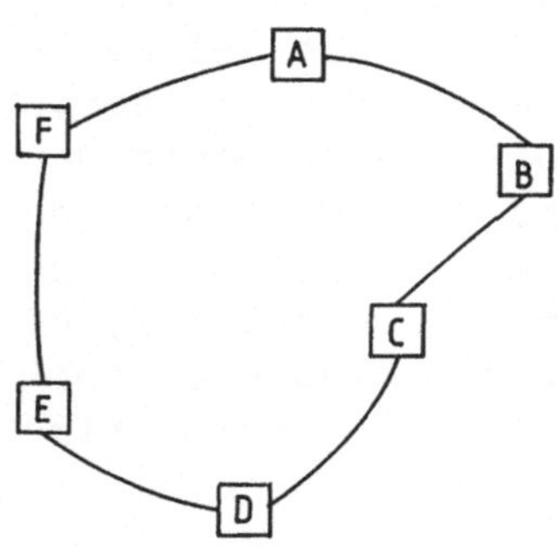

Bild 8-2
Topologie eines Ringnetzes (A–F: Stationen)

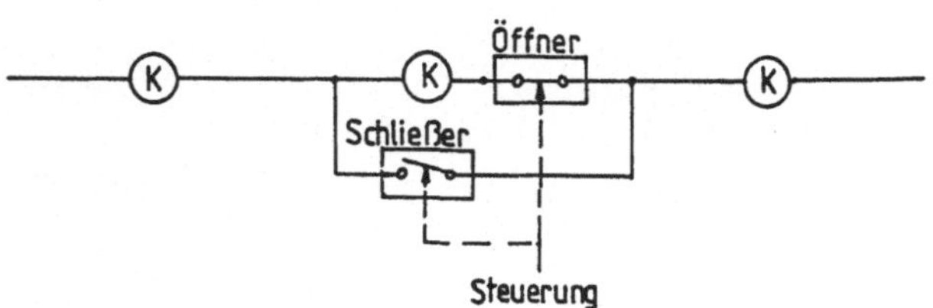

Bild 8-3
Bypass-Einrichtung an einem Netzknoten. In der gezeichneten Stellung ist der Knoten aktiv

3. Bus-Topologie <bus net>. Die Bus-Topologie (**Bild 8-4**) ist die bei lokalen Netzwerken verbreitetste Topologie. Sie ist auch das übliche Schema zur Verbindung von Komponenten in einem EDV-System. Auch hier ist eine Zugriffsmethode erforderlich, die bestimmt, welcher Sender das Senderecht hat. Die Adressierung erfolgt in der Art, daß alle Stationen alle Nachrichten empfangen, aber nur die für sie bestimmten Nachrichten auswerten. Bei der Bus-Topologie entspricht die maximal mögliche Entfernung zwischen zwei Stationen der

maximal möglichen Netzwerkausdehnung, da die angeschlossenen Stationen im Gegensatz zur Ring-Topologie die Nachrichten nicht verstärken. Durch Einbau von Wiederholern mit verstärkender Wirkung <repeater> kann die räumliche Ausdehnung des Netzwerks erweitert werden, weiterhin sind Abzweigungen <splits> möglich (**Bild 8-5**). Ein Vorteil liegt darin, daß neue Stationen eingefügt werden können, ohne den Netzwerkaufbau ändern zu müssen. Der Ausfall eines Knotens bringt keinen Netzwerkausfall mit sich, falls sich dieser Knoten nicht so verhält, daß er das Zugriffschema unwirksam macht, dies wird bei der Besprechung der Zugriffsmethoden erläutert.

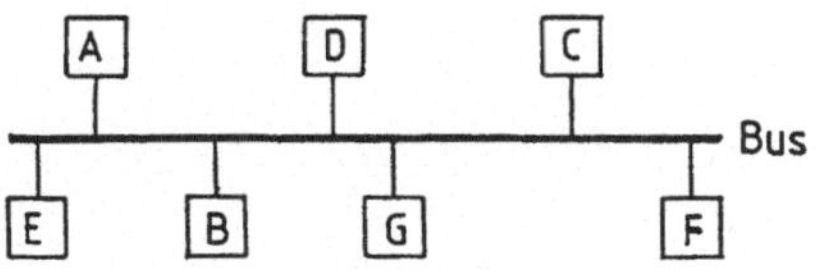

Bild 8-4
Topologie eines Bus-Netzes (A–G: Stationen)

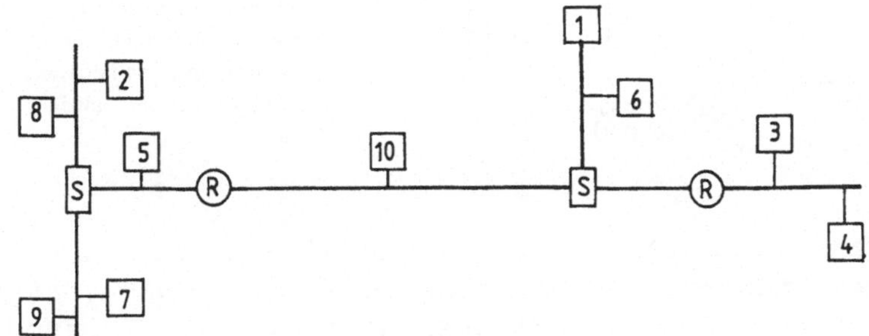

Bild 8-5
Netzwerk mit Bus-Topologie mit Wiederholern (R: Repeater) und Abzweigungen (S: Split)

4) Baum-Struktur <tree>. Diese wird besonders bei Breitbandnetzen verwandt. Wie in **Bild 8-5a** zu sehen ist, findet der Datenverkehr stets nur in einer Richtung statt, jedes Gerät verfügt über einen Sendeleitungsanschluß und einen Empfangsleitungsanschluß. Die sich zu den einzelnen Geräten verzweigenden Leitungen laufen zu einer Leitung zusammen <main trunk cable> und bilden eine Schleife <network loop>. Der Punkt, bei dem die Daten von der Empfangsleitung in die Sendeleitung überwechseln, wird als Netzwerkkopf <network headend> bezeichnet. An dieser Stelle kann ein Verstärker angeordnet sein.

Durch die Zusammenführung der Leitungen in der Netzwerkschleife treten bei der Baumstruktur ähnliche Probleme wie bei der Busstruktur auf. Durch ein Zugriffsverfahren muß die Belegung der Leitung geregelt werden. Die Daten werden durch die Abzweigungen nicht im Sinne eines Telephonnetzes vermittelt, da die Abzweigungen meist keine aktiven Komponenten sind, sondern nur verteilt. Damit ist wie bei einem Bus-System eine Adressierung der angeschlossenen Komponenten notwendig.

Bei der Ring-, der Bus- und der Baumtopologie wird jede Nachricht von jeder Station empfangen. Die Netzwerkkonzepte sehen meist keine Methoden zur Verhinderung der Auswertung fremder Nachrichten vor. Ein Schutz gegen unbefugtes Mithören, etwa durch Verschlüsselung der Daten <data encryption>, muß vom Anwender selbst implementiert werden.

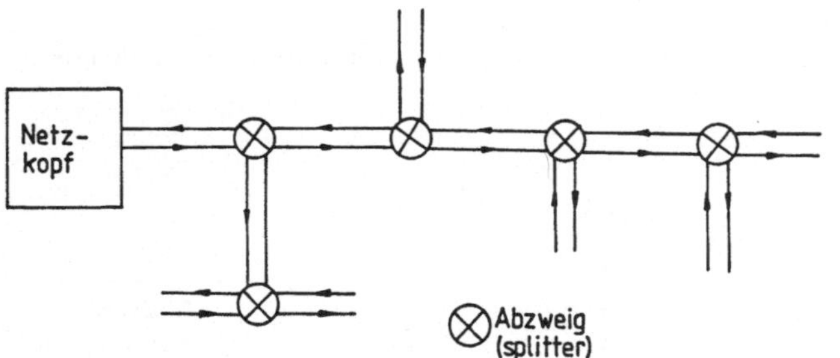

Bild 8-5a
Netz mit Baumstruktur. Hint- und Rückleitungen können mit getrennten Kabeln, aber auch durch Benutzung verschiedener Frequenzkanäle realisiert sein

Zugriffsmethoden <access methods> sind die Verfahren, die angewendet werden müssen, um den einzelnen Stationen das Senderecht zu geben. Dies trifft besonders dann zu, wenn nur ein Übertragungsmedium vorhanden ist, also besonders bei der Baum-, Bus- und Ringstruktur. Im ISO/OSI-Modell wird die Zugriffsmethode entweder der Verbindungsebene zugeordnet oder als eine eigene Ebene <access layer> zwischen die Verbindungsebene und die physikalische Ebene eingeschoben (**Bild 8-6**).
Nach der Vergabe des Senderechts an die einzelnen Stationen kann man wie folgt unterscheiden:

-- Faire Netzwerke: Bei diesen hat grundsätzlich jede Station die gleiche Möglichkeit, das Senderecht zu erhalten. Das bedeutet nicht, daß jede Station den Träger gleich lang belegt, es bedeutet auch nicht unbedingt, daß jede Station das Senderecht gleich oft erhält. Da die Zugriffsmethoden oft ein zufälliges Verhalten bei Erhalt des Senderechts

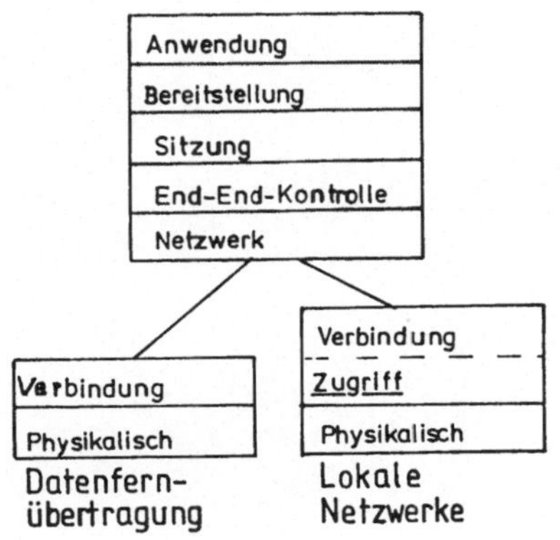

Bild 8-6
Einordnung der Zugriffsmethode in das ISO/OSI-Modell

bewirken, können auch bei fairen Netzwerken Stationen benachteiligt werden. Dies geschieht dann aber zufällig und ist nicht durch das Verfahren vorgesehen.

-- Hierarchische Netzwerke: Bestimmte Stationen erhalten das Senderecht öfter als andere, oder sie erhalten das Senderecht mit einer größeren Wahrscheinlichkeit als andere.

Welche Art von Netzwerk benötigt wird, hängt von der Anwendung ab. Die Schnelligkeit, mit der eine Station das Senderecht erhält, bestimmt weitgehend das Zeitverhalten beim Datenaustausch. Besonders bei zeitkritischen Anwendungen kommt daher der Zugriffsmethode eine hohe Bedeutung zu. Bestimmte Zugriffsverfahren gestatten nur den Aufbau fairer Netzwerke. Zugriffsverfahren, die den Aufbau hierarchischer Netzwerke gestatten, können auch zum Aufbau fairer Netzwerke verwendet werden, indem jeder Station der gleiche Rang in der Hierarchie eingeräumt wird. Umgekehrt kann ein hierarchisches Netzwerk nicht mit einer Zugriffsmethode realisiert werden, die sich nur zum Aufbau fairer Netzwerke eignet.

Bild 8-7 zeigt eine weitere Einteilung der Zugriffsmethoden. Festgelegte Zuweisungs-Verfahren weisen einer Station das Senderecht zu, ohne Berücksichtigung der tatsächlich vorliegenden Sendewünsche. Bei der Netzwerkplanung wird selbstverständlich von einem bestimmten Sendeaufkommen der Station ausgegangen, bei der tatsächlichen Vergabe des Senderechts wird aber die aktuelle Bedarfslage nicht berücksichtigt. Ein Anforderungs-Zuweisungs-Schema erteilt einer Station nur dann das Senderecht, wenn tatsächlich ein Sendewunsch vorliegt.

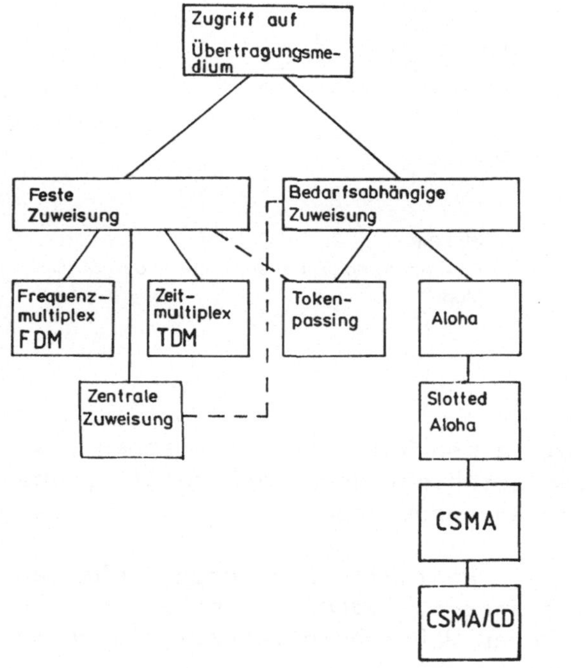

Bild 8-7
Gliederung der Zugriffsmethoden bei lokalen Netzwerken (CSMA: Carrier Sense Multiple Access; CSMA/CD: CSMA/Collision Detection)

Der Vorteil der festgelegten Zuweisungsverfahren <fixed assigment shemes> besteht darin, daß

-- beliebige Prioritäten geschaffen werden können,
-- wenig Verwaltungsaufwand anfällt, d.h. die Datenübertragungskapazität zu einem großen Teil für die eigentliche Datenübertragung genutzt werden kann,
-- die Systeme leicht zu implementieren sind,
-- maximale Zugriffszeiten zu garantieren sind,
-- ein Abweichung im Netzwerkverhalten durch unkorrektes Verhalten einer Station leicht zu lokalisieren ist, da das korrekte Verhalten des Netzwerks vorgeschrieben ist.

Der Nachteil liegt darin, daß jeder Station eine bestimmte Sendekapazität zur Verfügung gestellt wird, welche sich nach dem angenommenen Verhalten richtet. Liegen die tatsächlichen Sendewünsche niedriger, so ist es bei den festgelegten Zuweisungsverfahren nicht möglich, die freiwerdende Kapazität anderen Stationen zur Verfügung zu stellen. Festgelegte Zuweisungsverfahren eignen sich daher besonders gut für Anwendungen, bei denen der Datenverkehr der einzelnen Stationen gut vorherbestimmbar ist und gleichmäßig verteilt anfällt. Sie eignen sich nicht gut für Anwendungen, bei denen sich der Datenverkehr der einzelnen Stationen schlecht vorherbestimmen läßt oder bei denen er unregelmäßig über die Zeit verteilt anfällt <sporadic data source>. Die bekanntesten festgelegten Zuweisungsschemata sind:

Zuweisung durch zentralen Rechner. Dieses Schema ist am besten durch die Stern-Topologie zu implementieren. Die Zentraleinheit gibt Nachrichten an die angeschlossenen Terminals ab; sie sendet Sendeaufrufe <polls> zu den angeschlossenen Terminals, um diese zum Senden zu veranlassen, wobei sie im allgemeinen die Terminals der Reihe nach abfragt <scanner>. Die Zentraleinheit kann dabei als Datenverarbeitungssystem dienen; oder als Datensammelsystem, welches die von den Terminals eingegebenen Daten auf einen Hintergrundspeicher sammelt; oder als Datenübertragungssteuereinheit, welche die Verbindungen zwischen den einzelnen Terminals schaltet; aber auch als Cluster-Controller, welcher eine Verbindung in ein größeres Datennetz schafft (**Bild 8-8**).

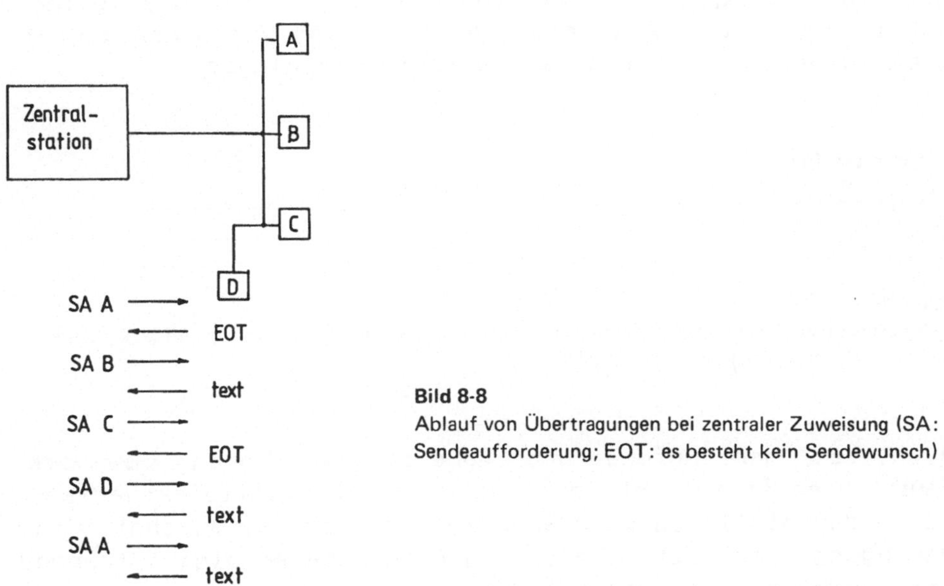

Bild 8-8
Ablauf von Übertragungen bei zentraler Zuweisung (SA: Sendeaufforderung; EOT: es besteht kein Sendewunsch)

Frequenzmultiplex <FDM, Frequency Division Multiplexing>. Dieses Verfahren eignet sich für die Bus- und Baum-Topologie, weniger gut für die Ringtopologie. Innerhalb des mit dem Träger zur Verfügung stehenden Frequenzbandes werden den einzelnen Stationen Frequenzbänder zugewiesen, diese werden auch als

Kanäle <channells> bezeichnet (**Bild 8-9**). Ein Vorteil des Verfahrens liegt darin, daß der gleiche Träger sowohl für die Übertragung digitaler wie analoger Daten verwendet werden kann, dies bezeichnet man als Breitbandausnutzung <broadband>.

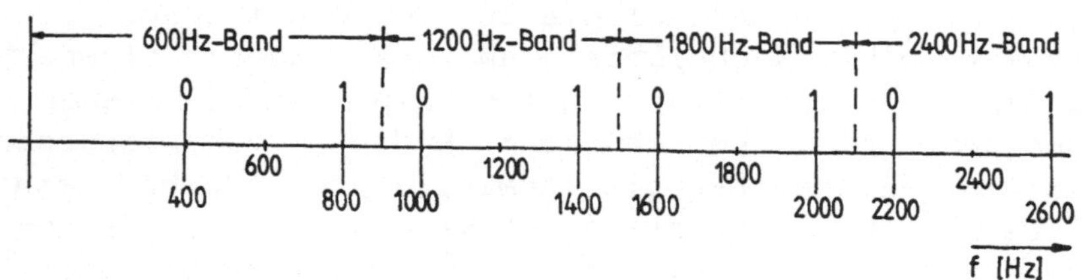

Bild 8-9
Frequenzaufteilung bei FDM (Beispiel). In lokalen Netzwerken wird meist mit höheren Frequenzen gearbeitet

Zeitmultiplex <TDM, Time Division Multiplexing>: Der Träger wird mit seiner gesamten Bandbreite einer Station für eine bestimmte Zeit zur Verfügung gestellt (**Bild 8-10**), wobei die Zeitabschnitte <time slots> fest vergeben sind. Das Verfahren eignet sich sowohl für die Bus- wie die Ring-Topologie.

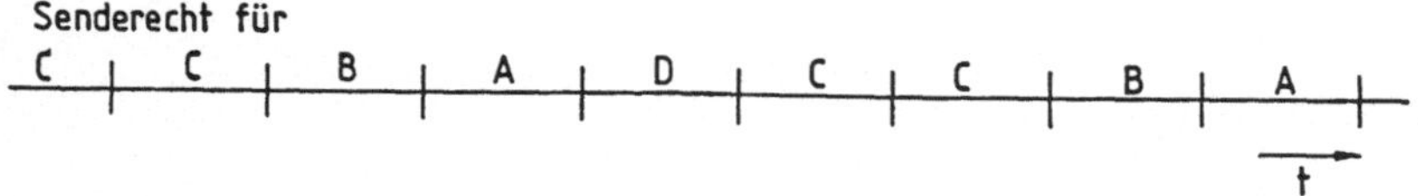

Bild 8-10
Zeitmultiplexverfahren (TDM). Es sind vier Stationen vorhanden (A–D), wobei C 40 % des Senderechts erhält, die übrigen Stationen je 20 %

Auch bei den Anforderungs-Zuweisungsverfahren <demand access shemes> handelt es sich im Prinzip um Zeitmultiplex-Verfahren; den Stationen wird aber kein fester Zeitabschnitt zur Verfügung gestellt, sondern die Vergabe erfolgt auf Grund des Bedarfs. Der Vorteil der Verfahren liegt darin, daß Sendekapazität nur dann in Anspruch genommen wird, wenn sie tatsächlich gebraucht wird, was sich am günstigsten bei unregelmäßigem Datenanfall bemerkbar macht. Der Nachteil liegt in einem höheren Verwaltungsaufwand, außerdem haben Stationen, die unkorrekt arbeiten, die Möglichkeit, das gesamte Netzwerk stillzulegen.

Bei den Anforderungs-Zuweisungsverfahren unterscheidet man die Verfahren, die mit Kollisionen arbeiten, vom Verfahren mit Token- Passing. Bei den Verfahren, die mit Kollisionen arbeiten, besteht von der historischen Entwicklung her folgende Einteilung:

1. Aloha-Verfahren <pure Aloha>. Jede Station, welche einen Sendewunsch hat, sendet ihre Nachricht. Da sich zu dieser Zeit andere Nachrichten auf der Leitung befinden können, kann es zu Überlagerungen kommen, welche einen Empfang unmöglich machen, diese werden als Kollision <collision> bezeichnet. Die Kollision wird vom Sender nur dadurch festgestellt, daß er für seine Nachricht keine Quittierung erhält. Das Problem dieses Verfahrens liegt wie bei allen Verfahren mit Kollisionen darin, daß deren Wahrscheinlichkeit mit steigendem Verkehrsaufkommen steigt, damit steigt auch die Zahl der notwendigen Wiederholungen, womit die Belegung der Leitung überproportional ansteigt. Beim Aloha-Verfahren führte bereits eine Verkehrsbelastung von etwa 0,2 Erlang zu einer Selbstblockade des Systems, eine höhere Auslastung war nicht zu ereichen. Dabei entsprechen 0,2 Erlang einer Ausnutzung von 20 % der Kanalkapazität.

2. Aloha mit Zeitschlitzen <slotted Aloha>. Die Übertragungszeit wird in Zeitschlitze <time slots> eingeteilt. Eine Sendung darf nur bei Beginn eines solchen Zeitschlitzes beginnen. Wie **Bild 8-11** zeigt, wird dabei die Wahrscheinlichkeit der Störung von Paketen herabgesetzt, die Verwundbarkeit <vulnerarbility> der Pakete sinkt. Voraussetzung dafür ist eine Begrenzung der Paketlänge auf die Länge eines Zeitschlitzes. Mit dieser Verbesserung des Verfahrens konnte die Ausnutzung des Trägers auf etwa 0,38 Erlang gesteigert werden, ehe die Blockade einsetzte.

3. CSMA <Carrier Sense Multiple Access>. Bei dieser Methode (etwa "Vielfach-Zugriff auf einen Träger mit Abhören") horcht eine Station, welche senden will, vorher den Träger danach ab, ob sich auf diesem Träger bereits Verkehr befindet <listen before talking>. Ist dies nicht der Fall, so nimmt sie an, das Senderecht zu besitzen und beginnt mit der Sendung. Durch Stationen, die diesen Vorgang gleichzeitig vornehmen, kann es auch hierbei zu Kollisionen kommen. Diese werden wie beim Aloha-Verfahren nur auf einer höheren Ebene des ISO/OSI-Modells erkannt. Damit nicht zwei Stationen im gleichen Rhythmus Sendungen eröffnen, auf die Quittierung

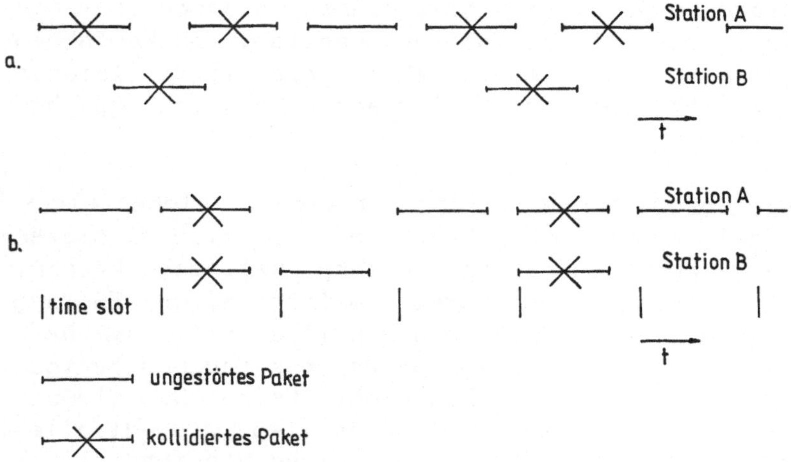

Bild 8-11
Auftreten von Kollisionen bei Aloha
a) Pure Aloha
b) Slotted Aloha

warten, wenn diese nicht kommt erneut eröffnen usw., ist ein erneuter Zugriff auf die Leitung nur mit einer Verzögerung möglich, die von einem Zufallszahlengenerator bestimmt wird <random number generator>.

4. CSMA/CD <Carrier Sense Multiple Access/Collision Detection>. Das Verfahren (CSMA mit Kollisionsfeststellung) arbeitet ähnlich wie CSMA, es wird aber auch während der Sendung die Leitung abgehört <listen while talking>. Entdeckt der Sender auf der Leitung Signale, die nicht seinen Sendesignalen entsprechen, so nimmt er an, daß eine Kollision vorliegt und bricht die Sendung ab. Er erwartet dann auch keine Quittierung, sondern versucht, erneut zu senden, wenn er feststellt, daß die Leitung wieder frei ist. Aus dem genannten Grund muß er auch hier eine vom Zufallsgenerator bestimmte Wartezeit einhalten. Das Verfahren wird auch als unslotted contention protocoll bezeichnet (Konkurrenz-Protokoll ohne Zeiteinteilung), da jede Station das Senderecht mit gleicher Priorität erhält, auch keine Einteilung in Zeitschlitze für den Beginn einer Sendung vorliegt. Bei CSMA/CD tritt ein Laufzeitproblem ein, die Kollisionen werden nicht unter allen Umständen entdeckt. **Bild 8-12** zeigt die mögliche Anordnung dreier Stationen A, B und C.

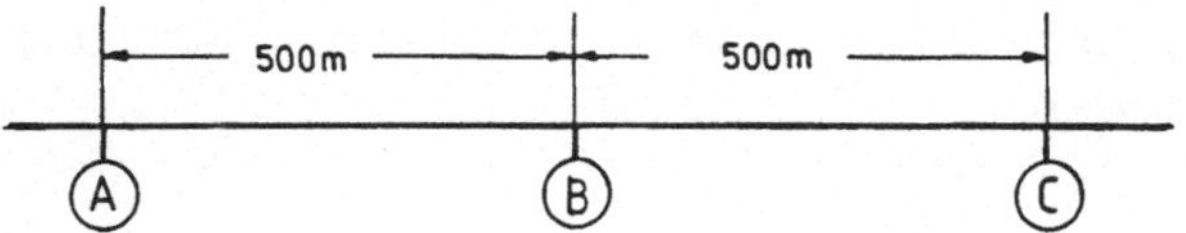

Bild 8-12
Beispiel für die Anordnung von Stationen bei einem System mit CSMA/CD

Die Ausbreitungsgeschwindigkeit der Signale betrage 2/3 der Lichtgeschwindigkeit, also 200 m/µs. Zur Vereinfachung sei angenommen, daß keine aktiven Elemente, z.B. Verstärker in der Leitung angeordnet sind. Beginnt Station A zum Zeitpunkt t zu senden, so kann Station C bis zum Zeitpunkt t + 5 µs annehmen, daß die Leitung frei ist. Beginnt sie zum Zeitpunkt t + 5 µs zu senden, so bemerkt Station A die Kollision nicht bis zum Zeitpunkt t + 10 µs. Schließt A vor diesem Zeitpunkt die Sendung ab, so ist sie der Meinung, eine Nachricht korrekt abgeschlossen zu haben, sie hat damit keine Veranlassung zu einer Wiederholung. Bei Station B als Empfänger wäre die von A gesendete Nachricht ab dem Zeitpunkt t + 7,5 µs gestört. Station C würde die Kollision entdecken und die Sendung abbrechen.

Daß die Kollision von A nicht entdeckt wird, hängt mit der Länge der Nachricht zusammen. Wäre sie in dem Beispiel länger als 10 µs gewesen, so hätte A die Kollision noch während der Sendung entdeckt.

Für die Mindestlänge der Dauer einer Sendung ergibt sich damit:

$$t_s > 2*t_d$$

t_s: Länge der Sendung = N/D
t_d: maximale Ausbreitungsverzögerungszeit zwischen zwei Stationen
N: Anzahl der Bits im Paket (Daten und Overhead)
D: Datenübertragungsrate

In der Ausbreitungsverzögerungszeit ist nicht nur die Laufzeit der Signale auf den Leitungen enthalten, sondern auch die Schaltverzögerungszeit von Verstärkern oder anderen in der Leitung befindlichen aktiven Elementen.

Wie aus dem Beispiel hervorgeht, handelt es sich bei t_d nicht um die Ausbreitungsverzögerungszeit zwischen der

Sendestation und der adressierten Empfangsstation. Für das Beispiel würde sich ergeben

$t_s > 2*5\,\mu s$.

Bei einer Datenübertragungsrate D von 10 Mbit/s, wie sie etwa für "Ethernet" vorgesehen ist, wäre N > 100 bit.

Weist das zu sendende Paket nicht die Mindestlänge auf, so muß es durch Leerzeichen <filler> verlängert werden. Da diese Leerzeichen keinen Informationsgehalt haben, aber Übertragungskapazität beanspruchen, stellen sie einen Nachteil für dieses Zugriffsverfahren dar.

Sowohl Aloha wie auch CSMA und CSMA/CD sind keine deterministischen Zugriffsverfahren. Die Zugriffszeit, die zwischen einem Sendewunsch und der tatsächlich ausgeführten Sendung vergeht, ist eine statistische Größe. Es können zwar durchschnittliche Zugriffszeiten bestimmt werden; es kann aber keine Garantie für eine Zugriffszeit in einem konkreten Fall gegeben werden. Für zeitkritische Anwendungen, etwa in der Prozeßrechentechnik, ist CSMA/CD daher nicht geeignet. In den genannten Verfahren stellen die Kollisionen keinen "Betriebsunfall" dar, sondern sind im Verfahren vorgesehen. Die Wahrscheinlichkeit der Kollisionen steigt mit steigendem Verkehrsaufkommen. Da jede Kollision zum Abbruch der Sendung führt, die dann neu initialisiert werden muß, geht damit auch immer mehr Kanalkapazität verloren. Es kommt zu einer Blockierung bereits unter einem Wert von 100 % Verkehrsaufkommen, bezogen auf die Kanalkapazität. **Bild 8-13** stellt diesen Zusammenhang dar. Durch weitere Verfeinerung des Zugriffsmechanismus kann diese Blockierung verhindert werden, dies wird unter Ethernet geschildert.

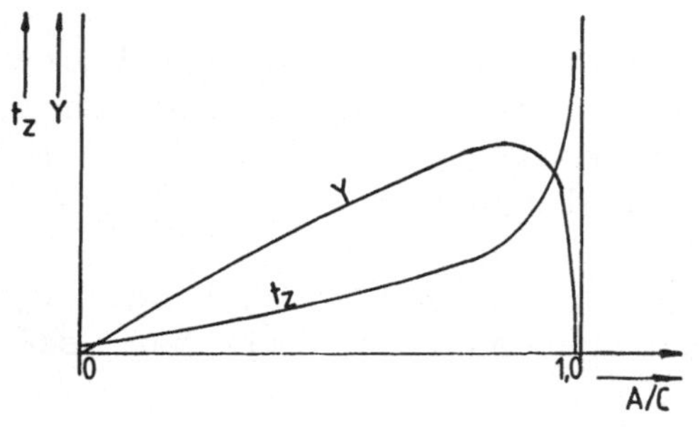

Bild 8-13
Verhalten eines Netzes mit CSMA/CD
A/C: Verkehrsaufkommen in Relation zur Kanalkapazität
Y: tatsächlich stattfindender Verkehr
t_z: durchschnittliche Zugriffszeit

Ein weiterer Nachteil des Verfahrens, wie auch anderer Verfahren ohne festes Zuweisungsschema, liegt darin, daß eine Station, die das Senderecht erhalten hat und nun "endlos" sendet, alle anderen Stationen blockiert. Von Seiten des Netzes besteht kein Schutz gegen solche sich inkorrekt verhaltende Stationen <hostile users>; der Schutz gegen eine zu lange Inanspruchnahme des Senderechts muß in den einzelnen Stationen sichergestellt werden <jabber control>.

Kollisionen, die bei diesem Zugriffsverfahren nicht zu vermeiden sind, führen zu Signalen auf der Leitung, die von fehlerhaften Signalen, wie defekte Schaltungen sie erzeugen könnten, nicht unterscheidbar sind. Das erschwert die meßtechnische Untersuchung solcher Netzwerke.

Der Vorteil von CSMA und CSMA/CD besteht darin, daß die Geräte von der Hardware her relativ einfach sind, die Systeme sind leicht zu implementieren. Bei CSMA/CD müssen die Geräte aufwendiger sein, da zur gleichen Zeit gesendet und empfangen werden muß (Duplexverkehr).

Nach einem anderen Verfahren arbeiten die Systeme mit "Token-Passing" (etwa: Zeichenweitergabe). In einem Netz verfügt immer eine Station zu einem bestimmten Zeitpunkt über das Senderecht. Wenn sie dieses Senderecht ausübt, also eine Nachricht an eine oder mehrere andere Stationen abgibt, so ist in dieser Nachricht auch enthalten, welche Station als nächstes das Senderecht erhält.

"Token-Passing" ist kein rein bedarfsorientiertes Zuweisungsverfahren (vergl. **Bild 8-7**). Das Senderecht wird nicht auf Anforderung durch eine Station vergeben; damit kann auch eine Station das Senderecht erhalten, welche gar keinen Sendewunsch hat. Im Gegensatz zu den festgelegten Zuweisungsverfahren wird aber keine bestimmte Sendezeit oder kein bestimmter Kanal vergeben. Stationen, die das Senderecht erhalten, aber nicht benötigen, können es sofort weitergeben.

Bei Netzwerken mit der Ring-Struktur läuft in Zeiten, in denen keine Station senden will, ein Rahmen im Netzwerk, welcher ein leeres Feld für die Zugriffskontrolle enthält. Wenn eine Station das Senderecht erhalten will, setzt sie ein Zeichen in dieses Feld. Benötigt sie das Senderecht nicht mehr, so entfernt sie dieses Zeichen wieder. Das

Verfahren ist in dieser Form bei der Bus-Topologie nicht anwendbar. Die nachfolgenden Abschnitte über Token-Passing beziehen sich auf die Bus-Topologie.

Im einfachsten Fall bilden die Stationen bei "Token-Passing" einen "logischen Ring". Die Ring-Struktur (**Bild 8-14**) hat nichts mit der räumlichen Anordnung der Stationen zu tun; das Verfahren ist bei der Ring- und der Bus-Topologie anwendbar. Jede Station hat bei der Bildung des logischen Rings einen Vorgänger <predecessor> und einen Nachfolger <sucessor> im Senderecht. Die mit Pfeilen versehenen Linien in **Bild 8-14** stellen keine Leitungen dar, der Nachrichtenaustausch mit Vergabe des Senderechts erfolgt ausschließlich über den Bus.

Die Festlegung der Nachfolger im Senderecht erfolgt innerhalb der Stationen durch Software. Damit können auch Strukturen gebildet werden, die nicht dem logischen Ring entsprechen. Der logische Ring realisiert ein faires Netzwerk. Ein streng hierarchisches Netzwerk mit einer Zentralstation ist dadurch zu realisieren, daß eine Station den Nachfolger aller anderen Stationen bildet. Damit erlangt diese Station das Senderecht immer wieder und kann bestimmen, wer als nächster das Senderecht erhält.

Zwischen den Extremen "logischer Ring", bei dem keine Station eine Priorität hat (faires Netzwerk) und der "zentralen Zuweisung" des Senderechts sind auch Übergangsformen möglich. **Bild 8-15** zeigt die beiden extremen Varianten und eine Zwischenlösung. Die genannten Anteile am Senderecht gehen davon aus, daß die Länge der gesendeten Nachrichten für alle Stationen gleich ist. Alle drei Varianten gehen von 5 Stationen im Netz aus.

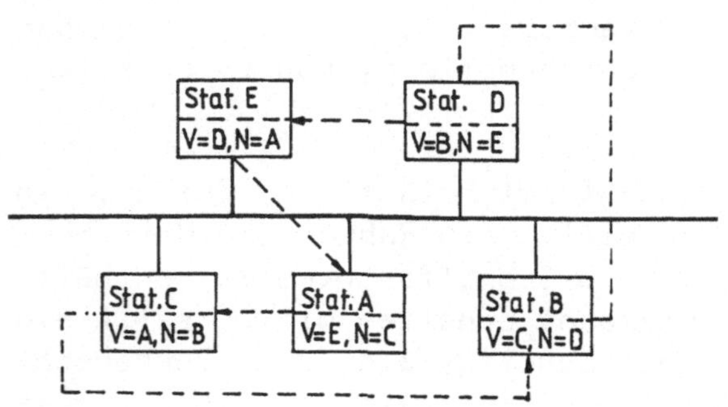

Bild 8-14
Zugriffsmethode Token-Passing als logischer Ring (V: Vorgänger im Senderecht; N: Nachfolger im Senderecht)

a.

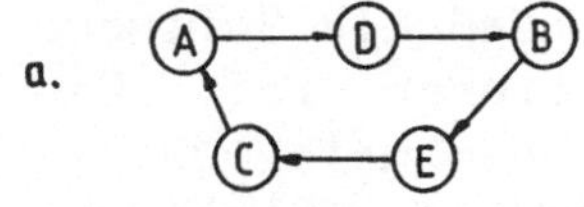

Stat.	Vorgänger	Nachfolger	SR %
A	C	D	20
B	D	E	20
C	E	A	20
D	A	B	20
E	B	C	20

b.

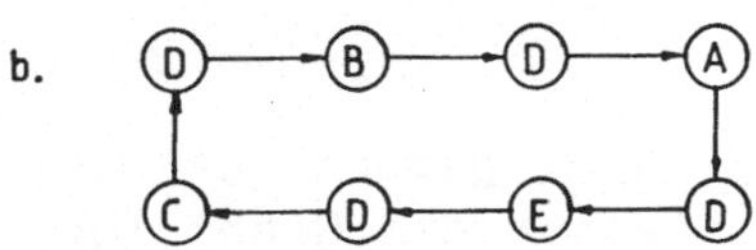

Stat.	Vorgänger	Nachfolger	SR %
A	D	D	12,5
B	D	D	12,5
C	D	D	12,5
D	A,B,C,E	A,B,C,E	50
E	D	D	12,5

c.

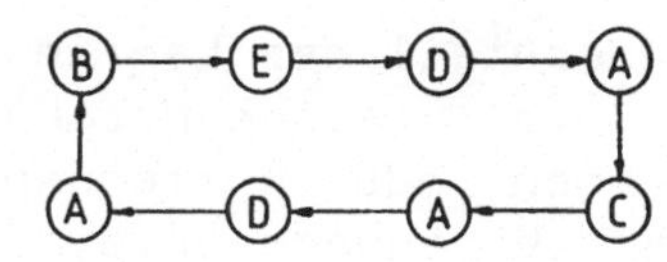

Stat.	Vorgänger	Nachfolger	SR %
A	C,D	B,C,D	37,5
B	A	E	12,5
C	A	A	12,5
D	A,E	A	25
E	B	D	12,5

Bild 8-15
Varianten von Token-Passing
a) Logischer Ring mit gleichberechtigten Stationen
b) Zentrale Zuweisung
c) Kombination
(SR %: Senderecht in Prozent der Gesamtzeit)

Als Vorteil des Verfahrens gilt es, daß die Priorität für die Vergabe des Senderechts flexibel verteilt werden kann. Es ist dazu nur eine Änderung der Software der einzelnen Stationen notwendig. So kann das System leicht an wechselnde Betriebsbedingungen angepaßt werden, z.B. an wechselnden Datenanfall der Stationen während bestimmter Tageszeiten.

Durch Begrenzung der Sendezeit und Vergabe des Senderechts nach einem bestimmten Schema können auch maximale Zugriffszeiten garantiert werden, damit sind auch zeitkritische Anwendungen möglich. Es muß aber noch einmal betont werden, daß keine Station von sich aus das Senderecht erlangen kann; es muß ihr von ihrem Vorgänger übergeben werden. Ein weiterer Vorteil des Verfahrens besteht darin, daß es zu keiner Blockierung des Systems kommen kann. Wenn bei steigendem Verkehrsaufkommen jede Station ihr Senderecht wahrnimmt, verlängern sich zwar die Wartezeiten, es geht aber keine Leitungskapazität durch Kollisionen verloren. Der Anteil an Leitungskapazität, der dadurch verloren geht, daß Stationen das Senderecht erhalten, die keinen Sendewunsch haben, nimmt mit steigendem Verkehrsaufkommen ab. Dies gilt aber nur dann, wenn sich das Verkehrsaufkommen auf die Stationen gleichmäßig verteilt.

Ein Nachteil des Verfahrens besteht darin, daß die Software für die Stationen schwierig zu implementieren ist. Das Einfügen oder Entfernen einer Station aus dem Netz muß zu einer Veränderung der Software auch in anderen Stationen führen. Wird eine Station entfernt, muß die Vorgängerstation im Senderecht umprogrammiert werden. Entfernen der Station kann dabei auch bedeuten, daß die Station ausgefallen ist. Während der Ausfall einer Empfangsstation an der fehlenden Quittierung festgestellt werden kann, wird der Ausfall einer Station, die das Senderecht erhalten hat, nicht bemerkt, da keine zentrale Netzwerkkontrolle vorhanden ist.

Beim Einfügen einer neuen Station muß dafür gesorgt werden, daß sie bei mindestens einer anderen Station als Nachfolger im Senderecht definiert wird. Ähnlich wie bei CSMA/CD blokkiert auch bei "Token-Passing" eine dauernd sendende Station das gesamte Netzwerk.

Als **Datenträger** <carrier> in einem lokalen Netzwerk kommen nicht alle Leitungen in Frage, da lokale Netzwerke sich durch eine relativ hohe Datenübertragungsrate auszeichnen. Die Entwicklung der lokalen Netzwerke hat mit der Verwendung von Leitungssystemen begonnen, die für den Gemeinschaftsempfang von Fernsehsendungen verwendet wurden <CATV, Community Television Antenna>. **Bild 8-16** zeigt den Aufbau einer solchen Anlage. Der Betrieb für die Datenübertragung hat einige Einschränkungen:

-- Die Bandbreite beträgt bis zu 300 MHz.
-- Die Anlagen sind für die Verteilung der Signale aus den Gemeinschaftsantennen an die einzelnen Teilnehmer gedacht,

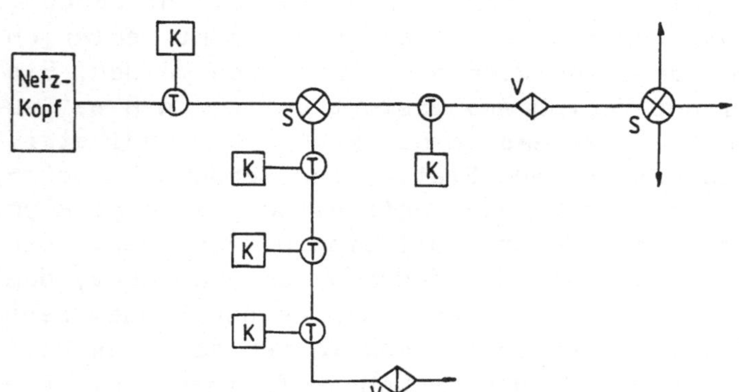

Bild 8-16
Aufbau eines Netzes auf CATV (Community Antenna Television)
V: Verstärker
T: Kabelanschluß (tap)
S: Abzweig (splitter)
K: Knoten

erlauben also den Nachrichtenverkehr nur in einer Richtung. Damit ein Verkehr in zwei Richtungen möglich wird, kann eine Frequenzaufteilung in Kanäle vorgenommen werden, wobei eine Gruppe von 150 MHz für eine Richtung, die andere für die Gegenrichtung verwendet wird. Da das Netz in einer Baumstruktur angelegt ist, die aus dem ursprünglichen Zweck zu erklären ist, müssen die Nachrichten erst auf eine Zentrale zulaufen <head end equipment>, ehe sie wieder an die angeschlossenen Teilnehmer verteilt werden können.

Für den Aufbau lokaler Netze werden als Leitungsmedien verwendet:

Koaxial-Kabel <coax cable>. Dabei werden z.B. Kabel mit dem Wellenwiderstand 50 Ohm (Ethernet) oder 75 Ohm (Proway) verwendet.

Glasfaserkabel <optical data link, fibre optic>. Auf die Eigenschaften von Glasfaserleitungen wurde bereits in Kap. 2 eingegangen. Es werden Systeme angeboten, die aus Sendern, Empfängern und den eigentlichen Leitungen bestehen. Es seien hier als Beispiel die Daten eines Systems genannt.

Sendeelement:	LED <Light Emitting Diode>
Empfangselement:	PIN-Photodiode
Übertragungslänge maximal:	8 km bei 10 Mbit/s
	6 km bei 50 Mbit/s
Versorgungsspannung:	5 V
Versorgungsstrom:	195 mA (Sender)
	110 mA (Empfänger)
Lichtleistung des Senders:	70 µW (High-Signal)
	2,5 µW (Low-Signal)

Optische Empfindlichkeit des Empfängers <optical sensivity>

bei einer Bitfehlerrate von 10^{-15}: 2 µW

Elektrischer Anschluß: Die Eingänge stellen eine TTL-Standardlast dar, an einen Ausgang kann eine TTL-Standardlast angeschlossen werden.

Einige Beispiele für lokale Netzwerke

Es sind eine Vielzahl von Konzepten für lokale Netzwerke entwickelt worden, die teilweise firmenspezifisch sind, teilweise von Firmengruppen oder öffentlichen Körperschaften festgelegt sind. Es können deshalb nur einige Beispiele genannt werden.

Ethernet. Dieses Konzept wurde von der Firmengruppe DIX (Digital Equipment Corporation, Intel, Rank-Xerox) entwickelt. Beschrieben wird in der Ethernet-Spezifikation [ETHE01] nur die physikalische und die Verbindungsebene.

Die wichtigsten Kennzeichen von Ethernet sind:

a) Feste Datenrate von 10 Mbit/s; es liegt also keine Breitbandlösung vor.

b) Das Medium ist ein abgeschirmtes Koaxialkabel. Es liegen mittlerweile aber auch Vorschläge vor, unter Verwendung der übrigen Ethernet-Merkmale ein Glasfaserkabel als Medium zu verwenden.

c) Als Zugriffsmethode wird CSMA/CD verwendet.

d) Es können maximal 1024 Stationen angeschlossen werden.

e) Es wird mit Rechtecksignalen nach dem Manchester-Code gearbeitet <baseband signalling>.

f) Die Länge der Nachrichtenblöcke ist variabel.

Bild 8-17 zeigt den Aufbau einer Station mit dem Anschluß an das Koaxialkabel. Der Begriff Client-Layer faßt die Ebenen 3 - 7 des ISO/OSI-Modells zusammen, die nicht in Ethernet spezifiziert sind. **Bild 8-18** zeigt den Aufbau eines einfachen Ethernet-Systems. Die Topologie des Netzwerks entspricht der Bus-Topologie.

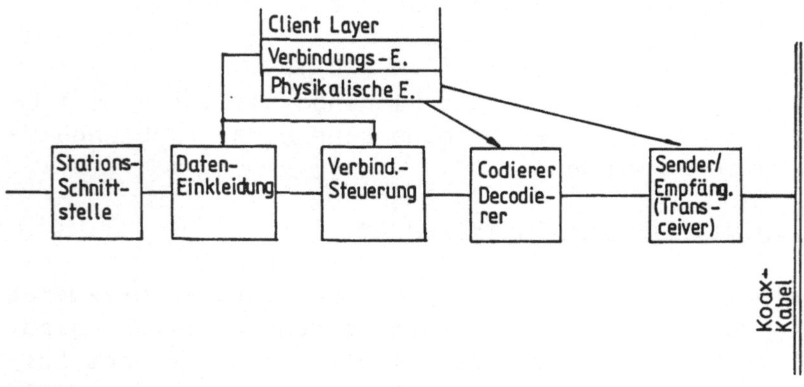

Bild 8-17
Aufbau einer Ethernet-Station mit Anschluß an das Koax-Kabel

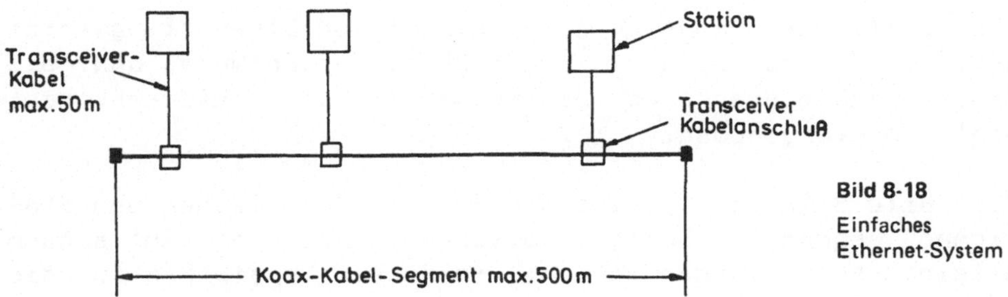

Bild 8-18
Einfaches Ethernet-System

Ethernet ist ein innerhalb des ISI/OSI-Modells auf die Ebenen 1 und 2 beschränktes Konzept, welches nicht beliebig erweitert werden kann. Es sind deshalb einige Ziele <goals> definiert, daneben aber auch einige Ziele, deren Erreichung nicht vorgesehen ist <non goals>. Ziele, deren Erreichung nicht angestrebt wird, sind:

-- Vollduplex-Verkehr. Es kann immer nur Verkehr von einer Station zu einer anderen zu einer Zeit stattfinden.

-- Fehlerkontrolle. Es wird zwar eine Bildung von Blockprüfzeichen angeordnet, wie aber im Fehlerfall zu reagieren ist, ist nicht in der Spezifikation vorgeschrieben.

-- Sicherheit <security>. Der Netzwerkentwurf sieht keine Art von Verschlüsselung der Daten vor. Da wie bei den meisten lokalen Netzwerken alle Stationen immer die Leitung abhorchen müssen, um festzustellen, ob die Nachricht für sie bestimmt ist, können sie auch Nachrichten empfangen, die für andere Stationen bestimmt sind. Eine Verschlüsselung der Daten kann natürlich auf höheren Ebenen, die nicht unter die Ethernet-Regeln fallen, vorgenommen werden.

-- Wechselnde Datenübertragungsraten <speed flexibility>. Die Datenübertragungsrate ist auf 10 Mbit/s festgelegt.

-- Priorität. Durch Verwendung des Zugriffsverfahrens CSMA/CD ist vom Netzwerk aus keine Möglichkeit einer Prioritätenvergabe vorgesehen.

-- Kein Schutz gegen unkorrekt arbeitende Stationen <hostile users>. Das Netzwerk als solches kann nicht gegen unkorrekt arbeitende Stationen geschützt werden.

Als Ziel, das man sich beim Entwurf von Ethernet gesetzt hat, wird besonders die Einfachheit des Entwurfs und die damit verbundenen niedrigen Kosten für die Netzwerkkomponenten hervorgehoben.

Wie **Bild 8-18** zeigt, ist die Entfernung zwischen den Stationen begrenzt. Sollen Stationen in weiterer Entfernung miteinander verbunden werden, so müssen Verstärker in die Leitung eingeschaltet werden, die die Nachricht empfangen und unverändert weitergeben. Sie werden auch als Wiederholer <repeater> bezeichnet. Es können maximal drei Segmente vorhanden sein, die durch zwei Wiederholer verbunden sind, damit ergibt sich zwischen den am weitesten voneinander entfernten Stationen ein maximaler Abstand von 2,5 km (**Bild 8-19**). Sollen noch größere Entfernungen überbrückt werden, so sind spezielle Wiederholer einzuschalten, die als Remote Repeater bezeichnet werden (**Bild 8-20**). Auch dann bleibt die maximale Entfernung zwischen den Stationen auf 2,5 km beschränkt; außerdem dürfen an der Verbindung zwischen den Remote Repeaters keine Stationen angeschlossen werden.

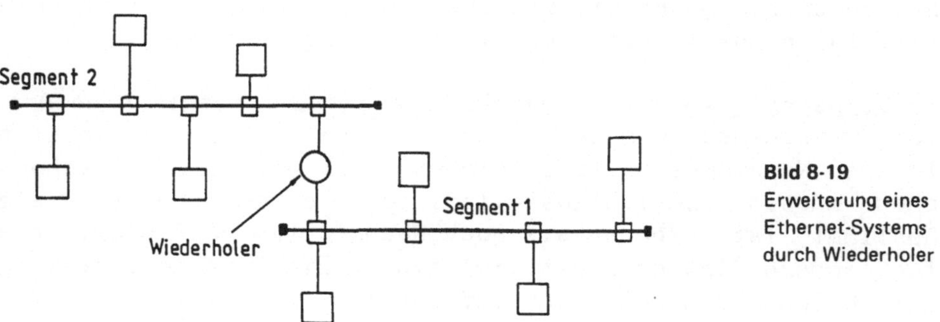

Bild 8-19
Erweiterung eines Ethernet-Systems durch Wiederholer

Eine Verbindung eines Ethernet-Netzwerks mit anderen Netzen ist grundsätzlich möglich. Dies kann aber nicht durch eine einfache Pegelumsetzung geschehen, sondern es müssen auch unterschiedliche Protokolle und Geschwindigkeiten angeglichen werden. **Bild 8-21** zeigt einige Beispiele für Übergänge zu anderen Netzwerken. Die Verbindungselemente werden als NIU <Network Interface Unit> bezeichnet. Für die physikalische Ebene von Ethernet werden folgende funktionale Blöcke definiert:

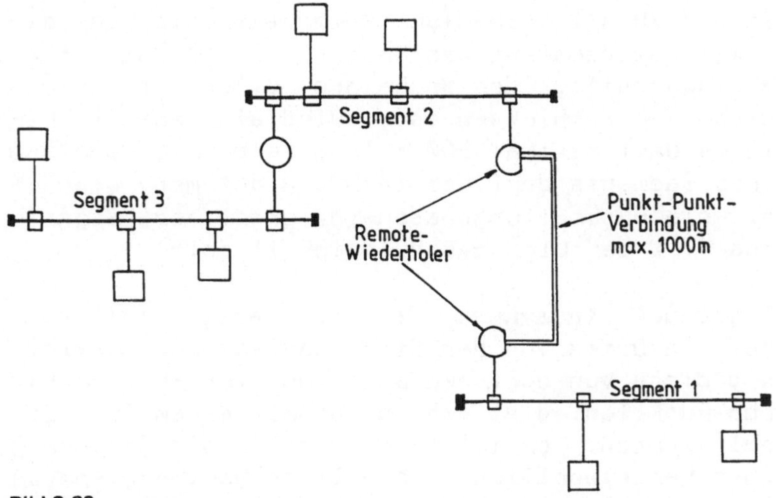

Bild 8-20
Verwendung von Remote-Wiederholern in einem Ethernet-System

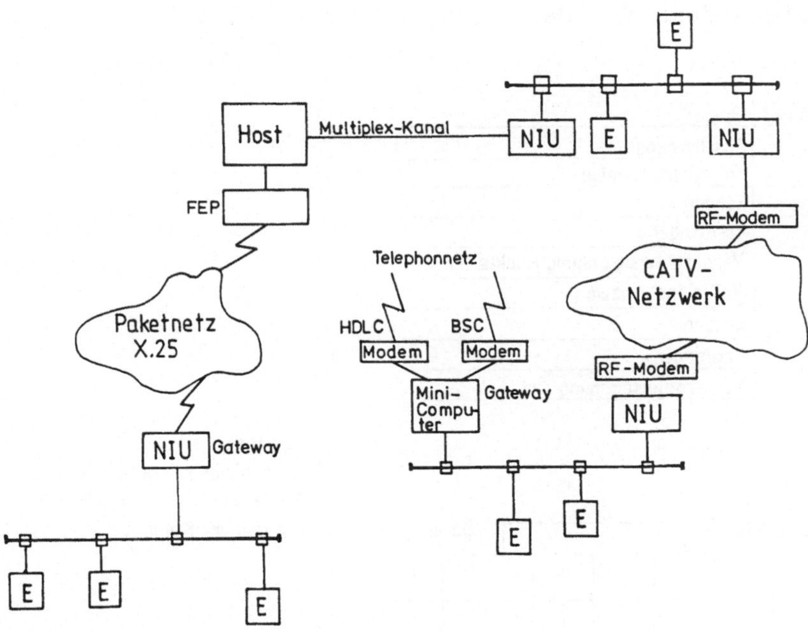

Bild 8-21
Übergang von Ethernet auf andere Netzwerke (NIU: Network Interface Unit; E: Ethernet-Station)

1. Das passive Ausbreitungsmedium <broadcast medium> als Koaxialkabel. Der Wellenwiderstand des Kabels soll 50 Ohm betragen. Ein Kabelabschnitt, der an beiden Seiten mit seinem Wellenwiderstand abgeschlossen ist, wird als Segment bezeichnet, dieses darf maximal 500 m lang sein. Die Dämpfung innerhalb eines Segments darf bei 10 MHz nicht mehr als 8,5 dB betragen, die Ausbreitungsgeschwindigkeit der Signale muß mindestens 77 % der Lichtgeschwindigkeit sein.

2. Sender/Empfänger <transceiver>. Der Transceiver ist ein Gerät, welches die Daten von den Stationen auf das Koaxialkabel gibt und diese von dort empfängt. Der Transceiver hat keine logische Funktion, darf also nicht mit einem Controller verwechselt werden; er ist aber auch für die Erkennung der Kollisionen verantwortlich. Sein Eingangswiderstand am Koaxialkabel soll größer als 50 kOhm sein, die Eingangskapazität kleiner als 2 pF. Er wird mit der Station über das "Transceiver-Kabel" verbunden. **Bild 8-22** zeigt den Aufbau und die Signalform für das "Transceiver-Kabel".

Steckerpunkt	Signal
1	Abschirmung
2	Kollisions-Anzeige+
3	Senden+
5	Empfangen+
6	Versorgungsspannung Rückleiter
9	Kollisions-Anzeige −
10	Senden −
12	Empfangen −
13	Versorgungspannung

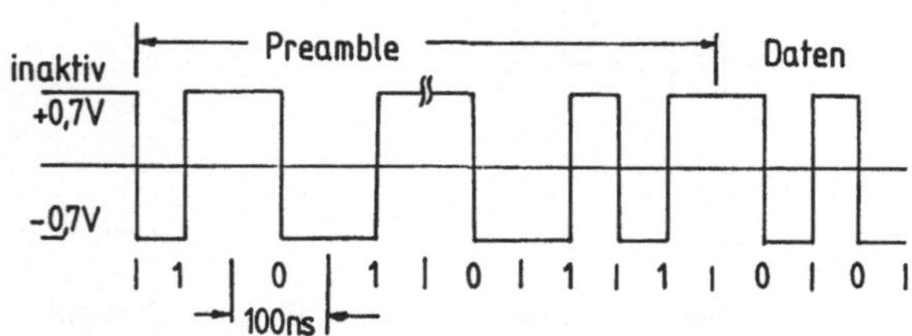

Bild 8-22
Transceiver-Kabel bei Ethernet, Codierung der Daten am Transceiver-Kabel

3. Transceiver-Kabel. Das Kabel darf nicht länger als 50 m sein. Es besteht aus vier getrennten Leitungspaaren:

-- Spannungsversorgung <power>. Der Transceiver muß mit einer Spannung von +12 bis +15 V versorgt werden, wobei der Strom bei 0,5 A liegt.

-- Sendesignal <transmit signal>. Das Sendesignal wird dem Transceiver codiert nach dem Manchester-Code zugeführt, die Spannungspegel betragen +0,7 V und -0,7 V. Dies entspricht den Spannungspegeln der Logik-Familie ECTL <Emitter Coupled Transistor Logic>.

-- Empfangssignal <receive signal>. Die Empfangssignale werden in der gleichen Weise wie die Sendesignale verschlüsselt. Sie müssen den auf dem Koaxialkabel befindlichen Signalen entsprechen. Auch wenn der Transceiver sendet, empfängt er sein eigenes Signal und bringt es auf die Empfangssignal-Leitung. Tritt eine Kollision auf, so sind die Signale undefiniert; die Kollision wird aber nicht an diesem Signal durch die Kanallogik erkannt.

-- Kollisions-Anzeige-Signal <collision presence signal>. Das Signal wird vom Transceiver gebildet, wenn der Sendeteil sendet und eine andere Station eine Sendung versucht, auch wenn mehrere andere Stationen zu senden versuchen. Es wird als Taktsignal mit 10 MHz gebildet, dies soll der Unterdrückung von Gleichspannungs-Störsignalen dienen.

4. Kanal-Logik <channel logic>. Mit der Beschreibung der Kanal-Logik wird definiert, welche Schnittstellenbedingungen zwischen dem Transceiver-Kabel und der DEE gegeben sein müssen. die Kanal-Logik muß insbesondere enthalten:

-- Codierer <encoder>. Der Codierer muß die Sendedaten nach dem Manchester-Code mit einer Frequenz von 10 Mbit/s bei einer Toleranz von ±0,01% anbieten. Bei der gegebenen Toleranz darf die Asymmetrie des Signals nicht mehr als 0,5 ns betragen.

-- Decodierer <decoder>. Der Decodierer hat die Aufgabe, die nach dem Manchester-Code zugeführten Daten in ein Daten- und ein Taktsignal umzusetzen. Die Bereitstellung von Daten und Takt auf Grund der Synchronisierung darf nicht mehr als 8 Bits in Anspruch nehmen. Da jede Nachricht von der "Preamble" eröffnet wird, tritt durch die Synchronisierung kein Informationsverlust ein. Die Herstellung von Daten und Takt muß auch bei der durch das System hervorgerufenen maximalen

Asymmetrie erfolgen können, die durch den Sender, die Übertragungsleitung und den Empfänger hervorgerufen wird.

-- Erzeugung der "Preamble". Die zur Synchronisierung notwendige "Preamble" besteht aus der Folge von 8 Bytes
AA AA AA AA AA AA AA AB (Hexa).

Als Bitfolge ergibt sich
10101010 .... 101011 (Binär).

Die 1-0-Folge am Anfang ergibt bei der Manchester-Codierung ein regelmäßiges Signal der Frequenz von 5 MHz, der Empfänger kann sich auf die Mitte einer Datenzelle synchronisieren. Das Ende der "Preamble" wird an den beiden aufeinanderfolgenden Einsen erkannt. Wird beim Aussenden der Preamble eine Kollision festgestellt, wird die Sendung abgebrochen.

-- Signalbildung. Die Kanal-Logik soll zur Weiterverarbeitung in der DEE zwei Signale bilden:

a) Kollisions-Signal <collision detect>. Das Signal wird gebildet, wenn die Kanal-Logik zum Senden aufgefordert wird und vom Transceiver ein Kollisions-Anzeige-Signal kommt. Ein Kollisions-Signal wird also nur gebildet, wenn die Kollision von der betreffenden Station mit ausgelöst wurde.

b) Empfangspegel-Signal <carrier sense signal>. Das Signal wird entweder bei Empfangsdaten oder Kollision gebildet, es dient zur Verhinderung des Sendens bei belegtem Träger.

-- Rahmenbildung. Der Empfänger muß den Beginn der Nachricht nach Abschluß der Preamble feststellen, ebenso das Ende des Rahmens.

Der Verbindungsebene <data link layer> in Ethernet kommen besonders zwei Aufgaben zu:

-- Dateneinkleidung <data encapsulation>. Dazu werden die Bildung der Rahmen, die Behandlung von Ziel- und Quelladressen sowie die Erkennung der Übertragungsfehler, nicht aber die Fehlerkorrektur gezählt.

-- Verbindungsverwaltung <link management>. Hierzu gehört die Zugriffsmethode auf den Träger <channel allocation> und die Behandlung der gleichzeitigen Zugriffsversuche <contention resolution, collision handling>.

Bevor eine Station eine Sendung beginnt, muß sie das Empfangspegel-Signal beobachten; wenn dieses inaktiv wird, kann sie mit einer Verzögerungszeit <interframe delay> zu senden beginnen. Die Verzögerungszeit soll dazu dienen, andere Datenverbindungs-Steuerungen und physikalische Kanäle in den Normalzustand gehen zu lassen.

Eine Kollision kann nur zu Beginn einer Sendung auftreten, der Zeitraum dafür wird als Kollisions-Fenster <collision window> bezeichnet. Wenn dieser Zeitraum überschritten ist, kann keine Kollision mehr auftreten, wenn alle Stationen korrekt arbeiten, da dann die anderen Stationen festgestellt haben, daß der Träger belegt ist. Die Länge des Kollisonsfensters richtet sich nach der Ausdehnung des Netzes bzw. der Ausbreitungsverzögerung durch aktive und passive Netzwerkelemente. Sie entspricht der doppelten zeitlichen Verzögerung zwischen den beiden am weitesten voneinander entfernten Stationen <round trip propagation time>. Wird eine Kollision entdeckt, so sendet die Station noch eine als "jam" bezeichnete Bitfolge, welche den Kollisionszustand verlängert, und stellt dann die Sendung ein. Das Aussenden des "jam" soll sicherstellen, daß auch andere sendende Stationen die Kollision entdecken.

Der erneute Versuch zur Sendung wird nach einer von einem Zufallszahlengenerator bestimmten Zeit unternommen. Bei einem starken Verkehrsaufkommen steigt die Zahl der Kollisionen und damit auch der Versuche zur Neuübertragung. Um es nicht zu einem Kollaps des Systems kommen zu lassen, versuchen sich die Sender der Systembelastung anzupassen <back off>. Mit jeder erneuten Kollision wird in der Station der Zahlenbereich der Zufallszahl erhöht. Bei einer zu großen Anzahl von vergeblichen Versuchen (16) kommt es zu einem Abbruch.

In Abschn. 9.9 ist ein Controller-Chip beschrieben, welcher einige Funktionen der Verbindungsebene bei Ethernet übernimmt.

Der Aufbau des Nachrichtenrahmens ist in **Bild 8-23** dargestellt. Die "Preamble" ist nicht mit aufgeführt, da sie zur physikalischen Ebene gehört. Die Zieladresse kann eine

Einzeladresse <physical address> oder eine Mehrfachadresse <multicast address> sein, was durch das erste Bit im ersten Byte unterschieden wird. Die Mehrfachadresse kann eine Rundspruchadresse sein <broadcast address>, diese besteht aus den Bytes FF FF FF (Hexa). Mit dieser Adresse sollen alle Stationen des Netzwerks angesprochen werden. Bei einer Gruppenadresse steht das erste Bit im ersten Byte auf "1", in der Adresse sind aber auch Nullen vorhanden; bei der Einzeladresse steht das Bit auf "0". Die Auswertung der Gruppenadressen erfolgt auf einer höheren Protokollebene. Die Quelladresse, welche ebenfalls 6 Bytes umfaßt, wird auf der Verbindungsebene nicht ausgewertet. Nach dem Ethernet-Konzept sollen alle Einzeladressen weltweit einmalig sein, daraus ergibt sich das Adreßfeld von 6 Bytes, obwohl in einem Netz nur maximal 1024 Stationen anschließbar sind.

Das Typ-Feld (2 Bytes) wird ebenfalls auf der Verbindungsebene nicht ausgewertet. Es dient dazu, auf höheren Ebenen Protokollvereinbarungen und Steuerinformationen auszutauschen. Bei Ethernet ist nur seine Größe und seine Stellung innerhalb des Rahmens festgelegt, aber nicht seine Bedeutung geregelt. Damit können Stationen mit völlig unterschiedlichen Protokollen der Ebenen 3 - 7 über den gleichen Träger verkehren, wenn auch nicht miteinander.

Nach dem Netzwerk-Konzept nach IEEE 802.3, welches den gleichen Rahmenaufbau vorsieht, dient das Typ-Feld der Angabe über die Länge des Datenfeldes <byte count>.

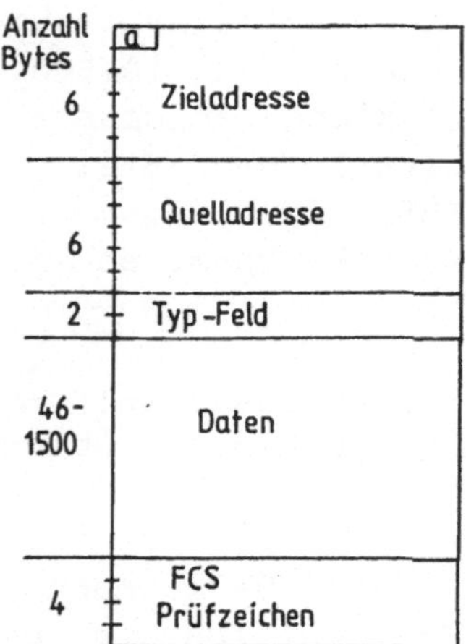

Bild 8-23
Aufbau eines Nachrichtenrahmens bei Ethernet (a: Bit, welches über die Art der Zieladresse entscheidet)

Das Datenfeld ist völlig frei zu gestalten, durch den starren Rahmenaufbau ist es transparent, d.h. es kann jeder beliebige Code verwendet werden. Einschränkungen für das Datenfeld sind:

-- es muß aus einer ganzzahligen Anzahl Bytes bestehen,
-- es muß zwischen 46 und 1500 Bytes lang sein.

Die Rahmenprüfsequenz <FCS, Frame Check Sequence> umfaßt 32 Bits und ist nach dem Polynom

$$G(x) = x^{32} + x^{26} + x^{23} + x^{22} + x^{16} + x^{12} + x^{11} + x^{10} + x^{8} + x^{7} + x^{4} + x^{2} + x + 1$$

zu bilden.

Die Funktionen von Ethernet auf der Verbindungsebene werden in Programmablaufplänen und von Programmen in der Sprache Pascal beschrieben. Dies bedeutet nicht, daß die Implementierung der Funktionen nur über Software erfolgen kann. Die Beschreibungen dienen nur der Festlegung der Prozedur. Realisiert werden kann das Verhalten über Hardware, Software oder Firmware. Als Beispiel sei die Prozedur zur Bildung der Wartezeiten nach Kollisionen aufgeführt:

```
var   maxBackOff:2..1024;
procedure BackOff;
begin
  if  attempts  = 1 then maxBackOff:=2 else if attempts  <=
  backOffLimit
      then maxBackOff:=maxBackOff*2;
  Wait (slotTime*Random(0,maxBackOff))
end;
```

Ethernet definiert nicht die Schichten des ISO/OSI-Modells über der Ebene 2; es gibt aber Software-Pakete, welche speziell auf Ethernet zugeschnitten sind, z.B. XNS (Xerox). Darin werden Verbindungen zweier DEEs über Ethernet als "Socket" bezeichnet, sie werden mit Socket-Kanalprogrammen <socket drivers> implementiert, welche die Funktionen der Ebenen 3 und 4 des ISO/OSI-Modells ausfüllen. Es können verschiedene Arten des Datenverkehr <socket types> verwirklicht werden, z.B.:

-- Datagramm (vergl. Kapitel 5)

-- Paketsequenzen <sequenced packets>. Ähnlich wie beim Paketverkehr nach X.25, die Quittierung erfolgt hier aber als Ende-zu-Ende-Kontrolle.

-- Byte-Fluß <byte stream>. Es wird eine virtuelle Verbindung zwischen zwei Knoten des Netzes errichtet, welche die Übertragung beliebiger Datenmengen in beiden Richtungen gestattet.

Hierbei handelt es sich um die Organisationsform der Ebenen 3 und 4, nicht um den Ethernetverkehr. Auch bei der Organisationsform Byte-Fluß werden die Daten in diskreten Rahmen übertragen, wobei Datenverkehr immer nur in einer Richtung möglich ist. Wegen der Schnelligkeit der Übertragung wirkt es auf die höheren Ebenen so, als ob eine dauernde Verbindung bestehen würde.

Für Ethernet werden auch "Utilitys" angeboten. Utilitys sind Bestandteile des Betriebssystems, welche direkt vom Anwender verwendet werden können, sie werden auch als Dienstprogramme bezeichnet. Ein Beispiel wäre eine Utility, welche durch Abfrage der Stationen eine Liste der z.Zt. aktiven Netzwerkknoten mit Name und Adresse erzeugt.

WangNet

Bei diesem lokalen Netzwerk handelt es sich um ein Breitband-Netz; das Leitungsmedium dient nicht nur zur Übertragung digitaler Daten, sondern wird auch für die Übertragung von Video-Signalen verwendet. WangNet verwendet die Baumstruktur <tree>, siehe **Bild 8-5a**. Als Leitungsmedium dient ein Koaxial-Kabel, wie es auch für Gemeinschafts-Fernseh-Antennen-Anlagen verwendet wird <CATV, Community Antenna Television>. Je nach Ausdehnung des Netzes kann es sich um ein aktives oder passives Netzwerk handeln.

Beim passiven Netzwerk werden die Signale innerhalb des Netzwerks nicht verstärkt. Das eigentliche Netzwerk besteht nur aus dem Netzwerk-Rückgrat <main trunk> und den Verteilerkabeln <branch distribution cable>. Die Verteilerkabel sind mit dem Netzwerk-Rückgrat durch Signalverteiler <signal splitters> verbunden, die Geräte werden an die Verteilerkabel über Kabelabgriffspunkte <taps> angeschlossen. Eine bestimmte Grenze der räumlichen Entfernung bei einem passiven Netzwerk wird nicht angegeben, sie richtet sich nach der Anzahl der Kabelabgriffspunkte und der Anzahl der zu unterstützenden Dienste. Am Netzwerkkopf <network headend>, bei dem aus den Sendedaten Empfangsdaten werden, befinden sich im passiven Netzwerk nur Pilot-Frequenz-Generatoren.

Das aktive Netzwerk enthält neben den Komponenten des passiven Netzwerks Kabelverstärker. Weiterhin werden nicht nur die Koaxialleitungen für die Signale verlegt, sondern auch eine Spannungsversorgung für die Verstärker. Da Sende- und Empfangsleitung getrennt sind, ist eine Verstärkung nur in eine Richtung notwendig. Ein aktives Netzwerk kann bis zu 570 Verstärker haben (284 in der Sende-, 284 in der Empfangsleitung und 2 im Netzwerkkopf); zwischen einem Sender und einem Empfänger dürfen aber nur 32 Verstärker angeordnet sein. Auch für das aktive Netzwerk wird kein bestimmtes Entfernungslimit angegeben, es werden aber "mehrere Kilometer" genannt.

Der Anschluß der Geräte an das WangNet erfolgt über Unterputzdosen mit Schraubanschluß; durch gegenläufige Gewinde soll eine Verwechslung von Sende- und Empfangsleitung vermieden werden.

Bild 8-24 zeigt die Aufteilung der Frequenz auf die einzelnen Dienste. Der Systemdienst <system service> ist die schnelle Datenkommunikation, die zwischen Zentraleinheiten und OIS-Mastersystemen ablaufen kann. OIS ist das Büro-Informations-System <Office Automation System>, welches besonders zur Textverarbeitung benutzt wird. Der Datenaustausch erfolgt nach dem HDLC-Protokoll mit 12 Mbit/s, als Zugriffsmethode wird CSMA/CD verwendet.Zum Anschluß dienen Kabel-Schnittstellen-Einheiten <CIU, Cable Interface Unit>, denen die Daten seriell zugeführt werden müssen. Die CIU ist ein Gerät mit eigener, in Schichten gegliederter Software, welches für den Zugriff nach der Methode CSMA/CD und das HDLC-Protokoll zuständig ist. Die Verbindung zum Netz stellt ein Modem für hohe Frequenzen <rf modem, radio frequency modem> her. Die Signale werden mit einem Pegel von 48 dBmv in das Netz gegeben, es wird für den Empfang ein Pegel von 8 dBmv erwartet.

Die Operationen auf dem Systemdienst-Band dienen der Datenfernverarbeitung, dem Transfer von Dokumenten und Dateien sowie dem elektronischen Post- und Nachrichtenübermittlungssystem "Mailway".

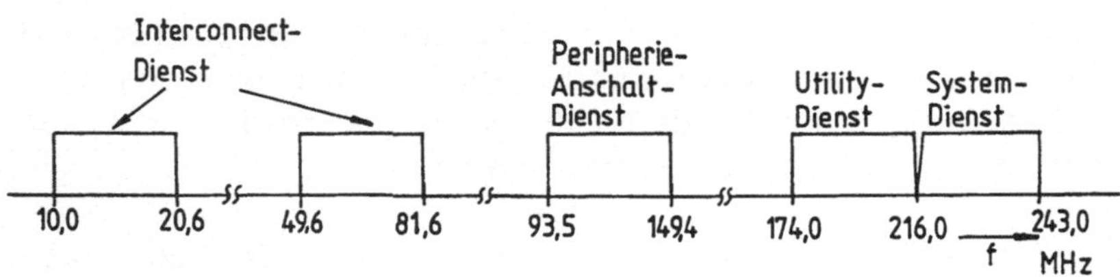

Bild 8-24
Frequenzaufteilung im WangNet

Der Utility-Dienst <utility service> dient nicht der Datenübertragung, sondern ist für die Übertragung von Video-Signalen gedacht. Da eine Bandbreite von 42 MHz zur Verfügung steht, können dem Anwender 7 Kanäle mit einer Bandbreite von je 6 MHz zur Verfügung gestellt werden. Da die Verwendung dieses Frequenzbereichs vom Benutzer definiert werden kann, ist unter bestimmten Voraussetzungen auch im Utility-Dienst Datenkommunikation möglich.

Der Peripherie-Anschalt-Dienst <peripheral attachment service> dient dem flexiblen Anschalten peripherer Geräte mit seriellem Datenverkehr, wie Bildschirme oder Drucker an Zentraleinheiten oder OIS-Systeme. Der Dienst ist in 6 Kanäle aufgeteilt. Für den Anschluß an diesen Dienst können Netzwerk-Multiplexer (Netmux) verwendet werden, welche mit mehreren peripheren Geräten verbunden sind; es ist aber auch ein direkter Anschluß von Terminals möglich. An einen Kanal können bis zu 32 Geräte angeschlossen sein. Den Datenverkehr über einen Kanal regelt eine Peripherie-Poll-Einheit, welche Sende- und Empfangsaufforderungen an die einzelnen Geräte gibt.

Um die Anzahl der Kanäle im Peripherie-Anschalt-Dienst zu erhöhen, kann eine Abtrennung eines Bereichs des Netzwerks für diesen Dienst erfolgen. **Bild 8-25** zeigt das dafür verwendete Verfahren. Durch die Diplexer erfolgt eine Umkehrung der Signalrichtung der Kanäle des Peripherie-Anschalt-Dienstes, während die anderen Frequenzbereiche durch den Diplexer nicht beeinflußt werden. Damit stehen die Teile des Netzes in Richtung des Netzwerk-Kopfes wieder für weitere Kanäle des Peripherie-Anschalt-Dienstes zur Verfügung. Wenn Diplexer eingesetzt werden, ist damit ein Verkehr über das ganze Netz für den Peripherie-Anschaltdienst nicht möglich.

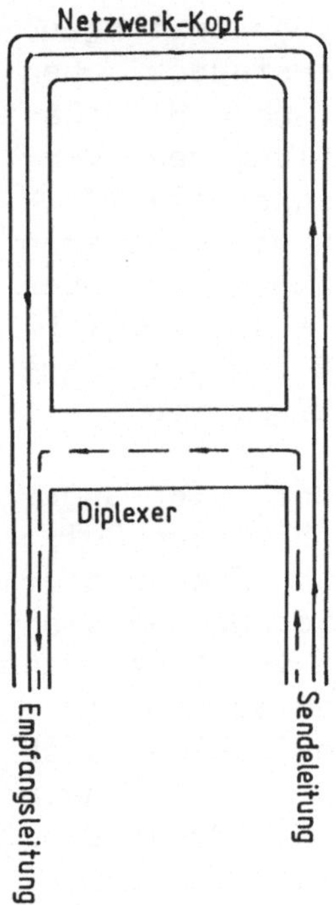

Bild 8-25
Verwendung des Diplexers im WangNet (gestrichelt: Signale des Peripherie-Anschluß-Dienstes)

Der Interconnect-Dienst <interconnect band> dient dem Herstellen bestimmter Datenverbindungen im Netz. Dabei sind möglich:

a) Fest zugeordnete Verbindungen bis 64 000 bit/s. Es werden 16 Kanäle in der Art von Standleitungen betrieben, wobei eine Datenübertragungsrate von 9600, 19 200, 38 400, 48 000, 56 000 oder 64 000 bit/s vorliegen kann. Es können Halbduplex- oder Duplexverbindungen vorhanden sein. Zum Übergang in das Netz dient ein Modem; der Anschluß zum Modem erfolgt über die Schnittstelle V.35 (Datenübertragung mit 48 kbit/s über Primärgruppenleitungen im Bereich von 60 bis 108 kHz).

b) Fest zugeordnete Verbindungen bis 9600 bit/s. Hier werden 64 Kanäle in der Art von Standleitungen zur Verfügung gestellt. Als Datenübertragungsraten sind 1200, 2400, 4800 oder 9600 bit/s vorgesehen. Zum Anschluß an das Modem dient die Schnittstelle V.24.

c) Wählbare Verbindungen <switched> bis 9600 bit/s. Es stehen 256 Kanäle zur Verfügung, so daß 512 DEEs miteinander verbunden werden können. Bei der Verbindung handelt es sich nicht um ein Zuschalten oder Abschalten von Leitungen, sondern sie erfolgt durch einen Nachrichtenaustausch über die Leitung. Der Nachrichtenaustausch erfolgt über Hilfskanäle innerhalb des Wähldienstes. Die Vermittlung der Verbindungen erfolgt über ein eigenes Gerät, welches als "Data switch" bezeichnet wird. Die DEEs, welche an die wählbaren Verbindungen angeschlossen sind, verfügen entweder über eine Tastatur zum Wählen <keypad input> oder über eine automatische Wähleinrichtung nach V.25. Der Anschluß zum Netz erfolgt über ein frequenzvariables Modem <freqency agile modem>.

Der "Data switch" fragt in einer Poll-Sequenz die angeschlossenen DEEs für Wähldienst ab. Nach Abschluß der Poll-Sequenz initiiert er Datenverbindungen durch Frequenzzuweisung, welche angefordert wurden, oder er beendet Verbindungen, für die kein Bedarf mehr besteht und verplant den Kanal neu. Dem Anwender wird durch Lampen an seinem frequenzvariablem Modem angezeigt, in welchem Zustand sich dieses befindet (durch Anzeige der wichtigen Signale nach V.24). An der Wähltastatur wird der Zustand der Verbindung angezeigt, z.B. "Busy" (gerufene Station nicht verfügbar) oder "Connect" (Verbindung erfolgreich).

Da die Übertragungskanäle im WangNet nur durch die unterschiedlichen Frequenzen unterschieden werden, ist eine Einhaltung dieser Frequenzen besonders wichtig. Es stehen dazu zwei Frequenznormale zur Verfügung, welche über genaue Frequenz-Oszillatoren erzeugt und im Netzwerkkopf eingespeist werden.

Abschließend sei noch einmal betont, daß im Gegensatz zu Ethernet nicht jedes Gerät mit jedem Gerät verbunden werden kann, obwohl alle an den gleichen Träger angeschlossen sind. Nur Geräte, die den gleichen Dienst und innerhalb des Dienstes den gleichen Kanal benutzen, können miteinander kommunizieren.

Cambridge-Ring

Es handelt sich um ein Netzwerk zur Verbindung von maximal 256 Stationen, welches nach der Ring-Topologie aufgebaut ist. Cambridge-Ring war eines der ersten Konzepte für ein lokales Netzwerk. **Bild 8-26** zeigt die Struktur des Netzes. Die Netzknoten sind dabei entweder aktiv oder passiv < dummy nodes>. Das Zugriffsverfahren auf den Ring ist Token-Passing.

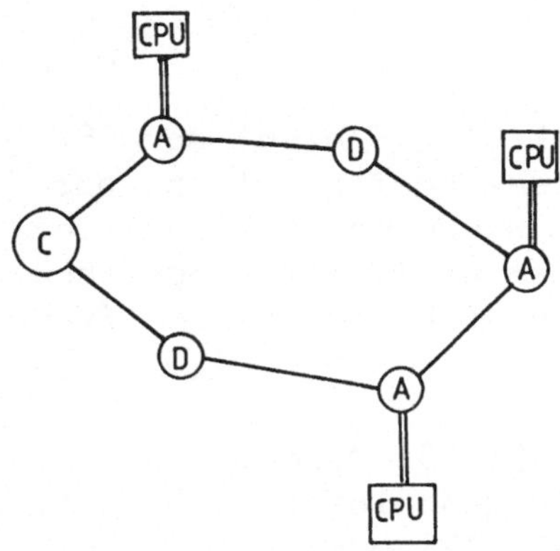

Bild 8-26
Cambridge-Ring (A: aktiver Knoten; D: Dummy-Knoten)

Die Quittierung erfolgt in der Form des Echo-Verfahrens. Der Sender schickt die Nachrichten zu seinem benachbarten Knoten. Stellt dieser fest, daß sie nicht für ihn bestimmt sind, so sendet er sie weiter. Der Empfängerknoten ergänzt die Nachrichten durch einen Merker <flag>, wenn er sie empfangen hat, und sendet sie im übrigen unverändert weiter. So erreichen die Nachrichten wieder den Absender, dieser stellt an Hand des Merkers fest, ob sie vom Empfänger angenommen wurden; weiter überprüft er, ob es sich um die von ihm abgesendeten Daten handelt oder ob bei der Übertragung Veränderungen aufgetreten sind.

Das Verfahren erfordert einen hohen Aufwand an Overhead, arbeitet aber sehr zuverlässig. Als Schwäche des Konzepts wird gesehen, daß die Zahl der Stationen auf 256 beschränkt ist, weiter die Notwendigkeit der Einfügung von passiven Elementen <dummy nodes> zur Erweiterungsfähigkeit des Netzes sowie der hohe Aufwand an Übertragungskapazität durch die Duplizierung der Nachrichten in jedem Knoten.

8.1.2 Weitere Netzwerkkonzepte

Netzwerkkonzepte sind von einer Reihe von Firmen entwickelt worden, wobei es auch um den Verbund von Rechnern mit Hilfe der DFÜ geht, also nicht nur um Netzwerke im lokalen Bereich. Bei den Netzwerkkonzepten stehen weniger die Gesichtspunkte der DFÜ, sondern mehr die Gesichtspunkte der DFV im Vordergrund. Es sollen hier zwei solcher Konzepte vorgestellt werden.

SNA <System Network Architecture>

SNA ist ein von der Firma IBM entwickeltes Konzept der DFV. Es handelt sich nicht um eine Hardware-Konfiguration oder um Regeln zur Zusammenstellung von Hardware-Konfigurationen, sondern um ein Organisationsmodell mit logischen Strukturen, Formaten, Protokollen, Ausführungsvorschriften für die Informationsübertragung.

SNA ordnet sich nicht direkt in das ISO/OSI-Modell ein; es definiert kein offenes, sondern ein geschlossenes System. Die Architektur von SNA wird aber als "Open-ended architecture" bezeichnet; es soll möglich sein, Erweiterungen und Verbesserungen anzubringen. Einige Merkmale von SNA sind:

-- Durch Fehlerkontrolle wird die Richtigkeit jeder Übertragung überprüft.

-- Die Formatierung der Daten obliegt dem Benutzer.

-- Datenstationen und andere Betriebsmittel des Netzwerks können von allen Anwendungsprogrammen gemeinsam benutzt werden <device sharing>.

-- Es findet eine Aufteilung von funktionalen Fähigkeiten statt; damit kann der Endbenutzer an den Datenstationen die Leistungsfähigkeit der EDV-Anlage besser nutzen.

SNA wird in einer "Meta-Implementation" definiert. Eine Meta-Implementation ähnelt einer realen Implementation, sie ist definiert in Ausdrücken von formalen, von Mensch oder Maschine ausführbaren Vorschriften oder in einer Programmiersprache. Sie verwendet ausdrücklich festgelegte Datenstrukturen und hat eine, wenn auch abstrakt definierte Maschinenumgebung. Die Meta-Implementation stellt ein Modell für eine wirkliche Implementation dar.

SNA gliedert sich in funktionale Ebenen. Der Ausdruck Ebene <layer> wird allerdings nicht im gleichen Sinn verwendet wie bei dem ISO/OSI-Modell. Eine Ebene stellt nicht nur eine Funktion innerhalb der DFV dar, sondern auch einen bestimmten Teil des Systems, allerdings keine Hardware-Einrichtung. Das SNA-Netzwerk kann in Komponenten zerlegt werden, die als Protokollmaschinen bezeichnet werden. Protokollmaschinen sind endliche Automaten <finite state machines>, welche eine gültige Ausgabesequenz erzeugen, wenn sie eine gültige Eingabesequenz erhalten. Dies gilt sowohl für eine Informationsausgabe aus dem Netz heraus, in das Netz hinein wie innerhalb des Netzes. Die Protokollmaschinen haben folgende Merkmale:

-- Prüf- und Routing-Logik. Die Eingabenachricht wird auf ihre Richtigkeit geprüft und zusammen mit dem Status der Maschine zu einer Ausgabenachricht geformt.

-- Block-Diagramm. Eine Protokollmaschine kann in Komponenten (Untersysteme) zerlegt werden, die selbst wieder Protokollmaschinen sind, und in die Signalverbindungen zwischen diesen Protokollmaschinen. Ein Block, der auf der höheren Ebene als eine Protokollmaschine angesehen wird, kann auf der untersten Ebene gesehen werden als eine untereinander verbundene Gruppe von Prüf- und Routing-Logik, endlichen Automaten, Warteschlangen und anderen primitiven Protokollmaschinen.

-- Protokoll-Grenzen <protocol boundaries>. Protokoll-Grenzen sind Vorschriften über Format und Inhalt der Nachrichten, die zwischen den Protokoll-Maschinen ausgetauscht werden dürfen.

Ein SNA-Netzwerk besteht aus einer Gruppe von adressierbaren Einheiten <NAU, Network Addressable Units>, welche über ein inneres Netzwerk mit einer Wegekontrolle verbunden sind. Es können zentralisierte und nicht zentralisierte Systeme <multisystem configuration> bestehen. Bei den nicht zentralisierten Systemen erfolgt die Kommunikation der Systeme von der Software her gesehen über eine mit ACF <Advanced Communication Function> bezeichnete Komponente. **Bild 8-27** zeigt eine SNA-Netzwerk-Konfiguration. Der für die DFV zuständige Teil des Betriebssystems ist VTAM <Virtual Teleproccessing Access Method>. SNA betreibt keine Paketvermittlung, so daß die Ebene 3 des ISO/OSI-Modells nicht realisiert ist. Für die Verbindungsebene zuständig ist das Netzwerksteuerprogramm NCP <Network Control Program>, welches die Leitungen mit der Prozedur SDLC betreibt. Soll der Datenverkehr mit einer anderen Prozedur betrieben werden, z.B. nach BSC oder als asynchroner Verkehr, so ist ein Emulatorprogramm PEP <Partitioned Emulator Program> erforderlich.

Der Nachrichtenaustausch innerhalb des Netzes geschieht durch SDLC-Rahmen, welche als BLU <Basic Link Unit> bezeichnet

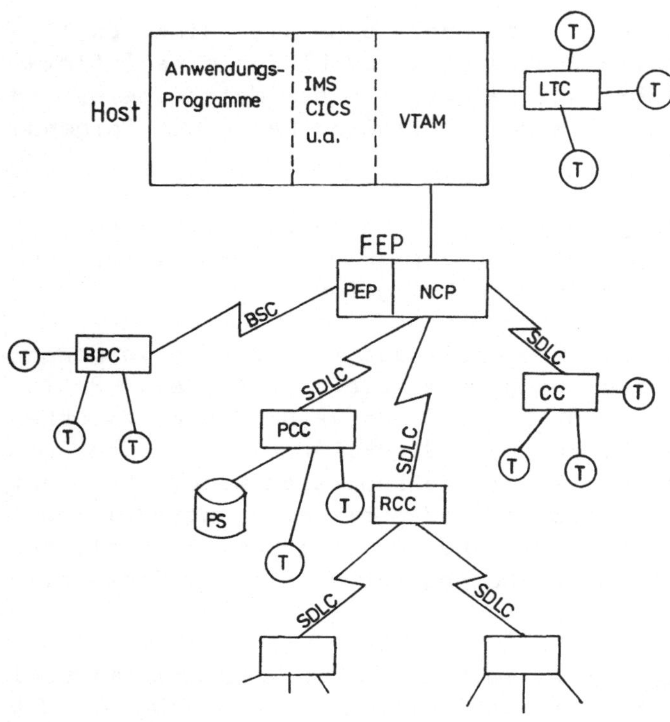

Bild 8-27
Zentralisierte SNA-Konfiguration. IMS (Information-Management System), CICS (Customer Information Control System), VTAM (Virtual Teleprocessing Access Method), PEP (Partitioned Emulator Program) and NCP (Network Control Program) sind Software-Module
BPC: Controller mit BSC-Prozedur
PCC: Programmierbarer Kommunikations-Controller
RCC: Remote Communications Controller
CC: Cluster Controller
LTC: Local Terminal Controller
T: Terminal
PS: Plattenspeicher

werden. Die BTU wiederum kann aus einem oder mehreren PIU <Path Information Unit> bestehen. Die Wege-Informations-Einheiten PIU setzen sich wieder aus einem Kopf und einer BIU <Basic Information Unit> zusammen. Sollte eine PIU größer sein, als sie von der Verbindungssteuerung DLC <Data Link Control> behandelt werden kann (etwa durch Begrenzung des Pufferspeichers), so kann eine Segmentierung der Nachricht vorgenommen werden.

Die BIU zerfällt wieder in einen "Request-Response-Header", gefolgt von einer "Request-Response-Unit" (RU). Die RUs enthalten Anwenderdaten, Quittierungen für Anwenderdaten, Kommandos, Quittierungen für Kommandos. Es erfolgt also sowohl der Nachrichtenaustausch für die Netzwerksteuerung wie auch der Austausch der Benutzerdaten über den gleichen Transportmechanismus.

Bild 8-27 zeigt ein zentralisiertes Netzwerk. Angeschlossen an den Zentralrechner <host, mainframe> sind "Cluster-Controller", welche eine Reihe von Peripheriegeräten oder Terminals ansteuern. Controller, die sich in größerer Entfernung von der Zentraleinheit befinden, werden als Remote communications controller bezeichnet.

Bei nichtzentralisierten Netzen (**Bild 8-28**), bei denen mehrere Zentralrechner zusammenarbeiten, ist neben dem NCP <Network Control Program> auch die Funktion ACF <Advanced Communications Function> erforderlich. Diese Softwarekomponente kann in den Versionen ACF/VTAM <ACF/Virtual Teleprocessing Access Method> innerhalb des Betriebssystems des Zentralrechners oder als ACF/NCP für die Leitungssteuerung in den Leitungsrechnern vorhanden sein. Für die eigentliche DFV bestehen weiterhin in der Zentraleinheit Software-Module, die als FM <Function Management> oder als Transaction-processing-system bezeichnet werden. Welches Modul dabei verwendet wird, hängt von der Art der Anwendung ab, z.B. CICS <Customer Information Control System> oder IMS <Information Management System>.

Der Verkehr des Anwenders innerhalb des Netzes oder beim Einstieg in das Netz erfolgt über logische Einheiten <LU,

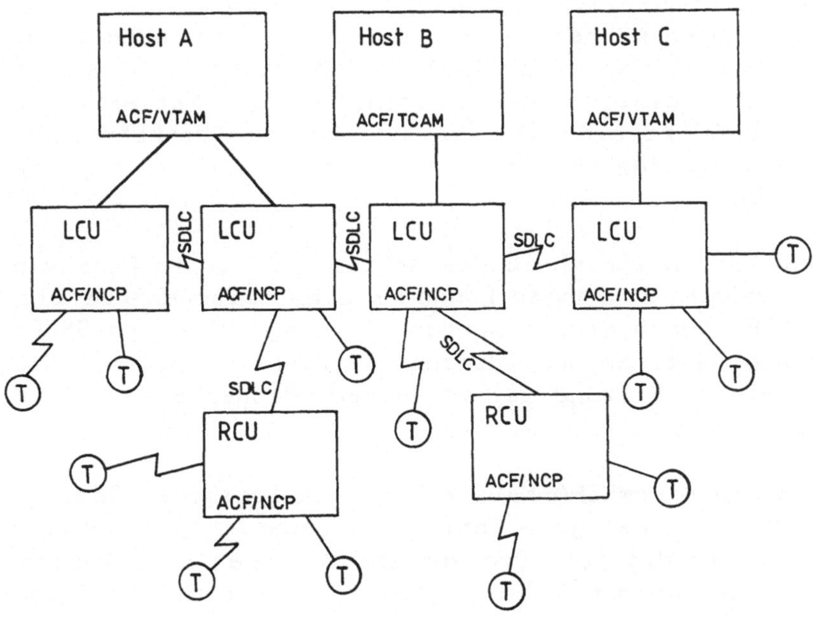

Bild 8-28
Dezentralisiertes SNA-Netzwerk
ACF: Advanced Communication Funktion
LCU: Local Communication Unit
RCU: Remote Communication Unit

Logical Unit>. Da die logischen Einheiten adressierbar sein müssen, stellt jede LU auch eine NAU <Network Addressble Unit> dar. Logische Einheiten werden realisiert durch physikalische Einheiten <PU, Physical Unit>. Unter einer physikalischen Einheit wird nicht ein Gerät verstanden, sondern es handelt sich um eine Reihe von SNA-Funktionen, welche die Aktivitäten eines Gerätes kontrollieren. Die Funktionen der physikalischen Einheiten können durch Hardware, Software oder Firmware realisiert sein.

Auch die physikalischen Einheiten müssen adressierbar, also NAUs sein. Für den Zusammenhang von PUs und LUs gilt:

-- einer PU können mehrere LUs zugeordnet sein,
-- jede LU muß zu einer PU gehören,
-- nicht jede PU stellt eine LU dar, z.B. können PUs für die Steuerung des Netzes bestehen, die vom Anwender nicht anzusprechen sind.

Die logischen und physikalischen Einheiten können von SSCPs <System Service Control Points> aktiviert und deaktiviert werden. In einem Netz können mehrere dieser Einheiten vorhanden sein, jede ist dann für eine bestimmte Anzahl von PUs und LUs verantwortlich; dieser Bereich innerhalb des Netzes wird als Domäne <domain> bezeichnet. Es ist aber ein Verkehr auch zwischen verschiedenen Domänen innerhalb des Netzes möglich <cross domain networking>.

Die Kommunikation innerhalb des Netzes erfolgt in Form von Sitzungen <sessions>. Sitzungen können sowohl zwischen LUs wie zwischen SSCPs durchgeführt werden. Sitzungen vom Typ SSCP-SSCP sind nur in einem Multidomänen-Netzwerk möglich. Die Eröffnung einer Sitzung ist von einer LU oder einem SSCP aus möglich.

Jeder Knoten in einem SNA-Netzwerk ist in logische Schichten gegliedert, wobei jede Schicht für bestimmte Funktionen <services> zuständig ist. Der Verkehr zwischen zwei Knoten besteht in der Kommunikation jeweils gleichberechtigter Schichten <peer layers>, wofür Regeln festgelegt sind <peer protocols>. Die Schichten verkehren miteinander ähnlich wie die Schichten des ISO/OSI-Modells, sind aber nicht nach diesem Modell entworfen. Die jeweils höhere Schicht nimmt die Dienstleistungen der jeweils niedrigeren Schicht in

Anspruch. Die Steuerung erfolgt dabei durch die Information in den "Headern" der Nachrichten.

Die in einem Netzwerk vorhandenen physikalischen Einheiten werden nach ihrer Funktion in mehrere Typen eingeteilt.

PU-Typ 5: Dieser Typ wird mit der Software-Komponente ACF/VTAM realisiert. Er besteht in Zentralrechnern und verfügt über einen SSCP <System Service Control Point>.

PU-Typ 4: Zu diesem PU-Typ gehört in der Regel keine LU, da er für netzwerkinterne Funktionen (Leitungsrechner, communications controller) zuständig ist. Er ist mit der Software-Komponente ACF/NCP realisiert. Die PU-Typen 5 und 4 sind für die Steuerung eines Netzes oder eines Teilnetzes <subarea> zuständig.

PU-Typ 2: Er ist für die Steuerung mehrerer LUs als Steuerungsrechner <cluster controller> zuständig. Dieser PU-Typ übernimmt dabei in Zusammenarbeit mit den Typen 4 und 5 die Netzwerkfunktionen.

PU-Typ 1: Er ist einer einzelnen Datenstation <terminal> zugeordnet.

Der PU-Typ 3 soll der Funktion Knotenrechner <node processor> zugeordnet werden, er ist jedoch noch nicht implementiert.

Es sei noch einmal betont, daß die physikalischen Einheiten PU keine Geräte sind, obwohl ein bestimmter PU-Typ mit einem bestimmten Gerätetyp in Zusammenhang steht.

Auch die LUs werden in Typen eingeteilt, wobei die Einteilung die Art der Sitzung beschreibt. Beide an einer Sitzung beteiligte LUs müssen vom gleichen Typ sein. Für eine Sitzung zwischen zwei LUs <LU-LU-session> muß ein bestimmtes Sitzungsprotokoll bestehen, welches bei Beginn der Sitzung festgelegt wird. Diese Festlegung erfolgt mit einem Binde-Kommando, das die LU, die die Sitzung eröffnet <PLU, Primary LU>, an die andere LU <SLU, Secondary LU> sendet. Im Binde-Kommando ist der Sitzungstyp als Parameter <bind session request> angegeben, er muß von der SLU bestätigt werden. Neben dem Typ der Sitzung wird mit dem Binde-Kommando ein weiterer Satz von Parametern zur Festlegung der Übertragungsfunktionen in "Profilen" übergeben <TS profile, Transmission Subsystem Profile; FM profile, Function Management Profile>.

Die sechs verschiedenen LU-Typen beschreiben den Typ des Datenaustauschs vom Anwender her gesehen. Z.B. ist der Typ 0 für den Datenaustausch zwischen Programm-LUs zuständig. Es kann sich dabei z.B. um den Datenaustausch zwischen einem Informations-Management-System IMS und einem Anwenderprogramm handeln. Die erforderlichen Profile sind dabei frei vereinbar, solange kein Verstoß gegen die SNA-Regeln vorliegt. Als weiteres Beispiel sei der LU-Typ 3 genannt. Er dient dem Datenaustausch zwischen einem FM-System, z.B. CICS und einem einzelnen Drucker, wobei der Drucker die SLU <Secondary LU> darstellt. Hierbei sind die erforderlichen Profile fest vorgeschrieben.

Für den Betrieb eines SNA-Netzwerks gibt es Produkte, die für die SNA-Spezifikationen entwickelt worden sind. Solche Geräte entsprechen einem bestimmten PU-Typ und einem oder mehreren LU-Typen mit den zugehörigen Parametern, wie FM- und TS-Profil. Daneben bestehen Geräte, welche ursprünglich nicht für SNA konzipiert waren, die aber von SNA unterstützt werden können. So können z.B. auch Geräte, welche mit der Prozedur BSC arbeiten, in ein SNA-Netzwerk eingefügt werden (**Bild 8-28**), wenn entsprechende Anpassungen vorgenommen werden. In den Geräten können die nicht vorhandenen LU-Funktionen durch die Software-Komponenten NCP bzw. VTAM übernommen werden.

<u>DECNET/DNA</u>

Dieses Netzwerk-Konzept wurde von der Firma Digital Equipment Corporation (DEC) entwickelt. Es gestattet den Aufbau sowohl von Sternnetzen wie von hierarchischen und unstrukturierten Netzen. Übertragen werden können:

-- Dateien,
-- Programme,
-- Interaktionen.

Die Software-Schnittstelle wird als High-Level-Language-Interface bezeichnet. Diese Schnittstelle verbindet sowohl in problemorientierten Sprachen, z.B. FORTRAN, geschriebene Programme wie die Dateien mit der DECNET-Software. Es können Rechner der Firma DEC verschiedener Struktur miteinander verbunden werden, die Anpassung erfolgt über bestimmte Betriebssystem-Module, welche auf einen bestimmten Rechnertyp zugeschnitten sind. Auch die Verbindung mit Rechnern anderer Hersteller ist über "Emulatoren" möglich. Eine Erweiterung des DECNET-Konzepts wird mit DNA <Digital Network Architecture> gegeben, welches sich stark an das ISO/OSI-Modell anschließt.

Die Ebenen 1 - 3 werden als die Communications functions bezeichnet. Zur Ausführung der Funktionen der Ebene 1 (physikalische Ebene) wird eine Gerätesteuerung <device controller> verwandt. Für bestimmte Arten von physikalischen Schnittstellen stehen bestimmte Software-Module <DDM, Device Driver Module> zur Verfügung. Auf der Ebene 2 wird das Protokoll DDCMP <Digital Data Communications Message Protocol> verwendet. Zur Steuerung der Verbindungsebene dient das Betriebssystem-Modul DLC <Data Link Control>. Dieses bildet die Schnittstelle zwischen DDM und der Steuerung auf der Paketebene, die als LLC <Logical Link Control> bezeichnet wird. DDM und DLC betreiben eine bestimmte Kommunikationsleitung, während LLC für eine bestimmte virtuelle Verbindung zuständig ist. Die Module sollen grundsätzlich austauschbar sein. So kann ein DLC, welcher das Protokoll DDCMP implementiert, gegen einen DLC ausgetauscht werden, der mit dem Protokoll HDLC arbeitet, ohne daß dadurch die Module der oberen und unteren Ebene berührt werden. Ebenso können die Module DDM <Device Driver Module>, die der physikalischen Ebene zuzurechnen sind, und DLC aus der Verbindungsebene, welche beides Software-Module sind, durch ein intelligentes Hardware-Interface ersetzt werden.

Bild 8-29 zeigt die Struktur der Zusammenarbeit der Module. Die Kommunikationsprozesse sind verbunden über die Datenbasis, die für jeden Datenpfad besteht. Das Betriebssystem unterstützt die Arbeit der Kommunikationsprozesse durch Zeitgabe und Betriebsmittelplanung. Der Verkehr zwischen den Modulen erfolgt über Kommunikations-Steuerblöcke <CCB, Communications Control Block>. Der CCB wird von einem Prozeß erzeugt, der als Quellprozeß <source process> bezeichnet wird. Er wird in eine Warteschlange für den Zielprozeß <destination process> eingereiht. Der CCB besteht aus einem Speicherbereich mit festem Format, er enthält ein Funktionsfeld, welches die auszuführende Funktion und den angesprochenen Kanal bezeichnet, sowie ein Statusfeld, in welches der Zielprozeß nach ausgeführter Funktion den Status der Funktion einschreibt. Wenn der Zielprozeß die auszuführende Funktion des CCB eingeplant hat, entfernt der für die Kommunikation zuständige Teil der Software, der als CommExec bezeichnet wird, den CCB aus der Warteschlange und trägt den Funktionscode als einen Index in eine Tabelle beim Zielprozeß ein. Diese Funktionscodes können bei gleichem Inhalt verschiedene Wirkung haben, wenn die Zielprozesse sich in verschiedenen Ebenen befinden. Wird z.B. die Funktion Sendeerlaubnis <transmit enable> gegeben, so führt dies beim DLC, der der Verbindungsebene zugeordnet ist, zur Bildung des "Headers" für die Nachricht, beim DDM, der der physikalischen Ebene angehört, zur Ausgabe der Nachricht auf das Sendegerät.

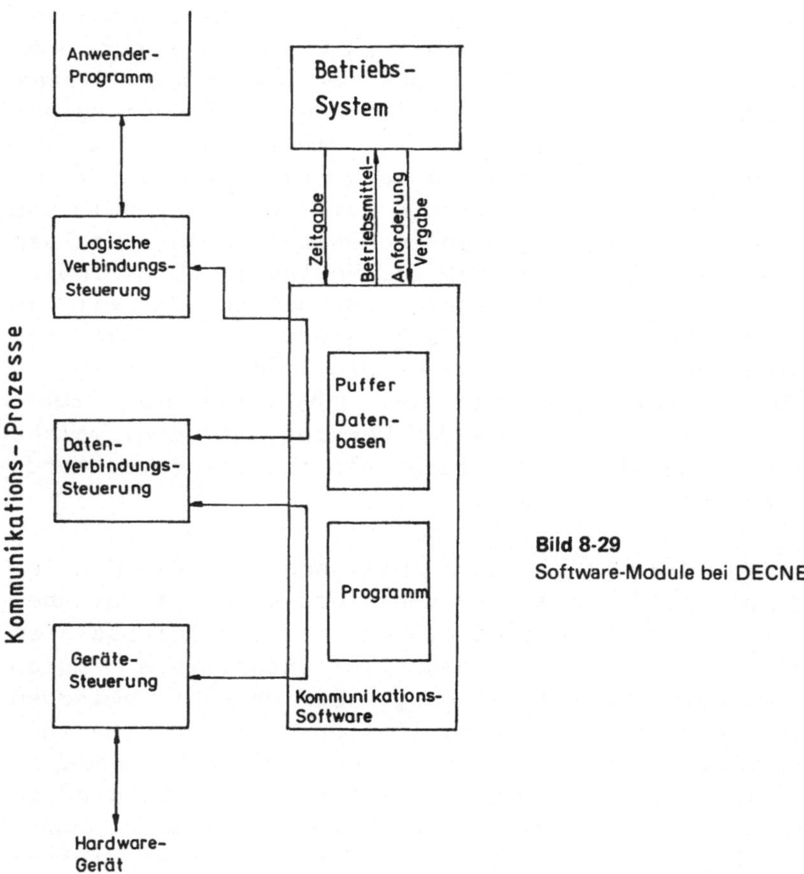

Bild 8-29
Software-Module bei DECNET

Zur Abarbeitung der Kommunikationsaufgaben stehen im Speicher Puffer und Datenbasen zur Verfügung. Kleine und große Puffer stehen für ausgehende Nachrichten zur Verfügung. Kleine Puffer dienen der Aufnahme von Steuerinformationen, große Puffer von 280 Bytes stehen für Daten (256 Bytes) und Steuerinformationen zur Verfügung. Da der Kommunikationsprozeß beim Senden der Nachricht deren Länge kennt, kann er den passenden Puffer zuweisen.

Da beim Empfang einer Nachricht deren Länge noch nicht bekannt ist, erhält diese den größten zur Verfügung stehenden Puffer zugewiesen. Die Datenbasen enthalten Parameter für die Steuerung des Datenaustauschs zwischen den Prozessen. So enthalten Datenbasen für DDM auf der physikalischen Ebene Fehlerregister für einzelne Geräte; Datenbasen des DLC auf der Verbindungsebene Zähler für Protokoll-Fehler, Stationsadressen für Mehrfachanschlüsse, Parameter für den Pollzyklus; die Datenbasen für LLC auf der Paketebene enthalten die Anzahl der noch ausstehenden Nachrichten und die Nummer der Nachricht, die als nächstes erwartet wird.

Die Schnittstelle des Kommunikations-Systems zum Benutzerprogramm arbeitet in der gleichen Technik, die auch für andere Ein-/Ausgaben verwendet wird. Sie wird als Warteschlangen-Ein-/Ausgabe <QIO, Queued Input/Output> bezeichnet. Für das Benutzerprogramm erscheint das Kommunikations-System mit seinen Software-Modulen und Hardware-Geräten wie ein einziges Ein-/Ausgabe-Gerät. **Bild 8-30** zeigt die Benutzung der Schnittstelle. Dem Betriebssystem wird eine QIO-Anweisung übergeben. Das Betriebssystem, welches eine Betriebsmittelverwaltung durchführt, überprüft die Anforderung und übergibt sie an die Benutzerschnittstelle. Diese erzeugt darauf einen CCB <Communication Control Block> für den LCC. Falls erforderlich, kann es sich auch um mehrere CCBs handeln. Es findet eine Rückmeldung an das Anwenderprogramm statt, wenn eine Anforderung erfüllt wurde, z.B. wenn ein Datenblock empfangen wurde; aber auch Fehlermeldungen werden übergeben. Als Vorteil der Auslagerung der Software für die Kommunikation wird gesehen, daß eine Anpassung der Kommunikations-Software auch an andere Betriebssysteme möglich ist. Dazu soll auch die relativ einfache Schnittstelle zwischen dem Betriebssystem und der Kommunikations-Software dienen. Betriebsmittelplanung und Zeitgabe sind Standard-Funktionen jedes Betriebssystems.

Für die DFV gliedert sich DECNET in drei Ebenen:

-- "physikalischer" Verbindungsteil; er umfaßt die physikalische Ebene und die Verbindungsebene (DDCMP-Prozedur).

-- logischer Verbindungsteil NSP <Network Service Protocol>; verantwortlich für die Programm-zu-Programm-Kommunikation zwischen verschiedenen Rechnern.

-- Verbindungsteil auf Anwenderebene DAP <Data Access Protocol>; ermöglicht die gemeinsame Nutzung von Betriebsmitteln (periphere Geräte, Programme, Dateien) von verschiedenen Rechnern aus.

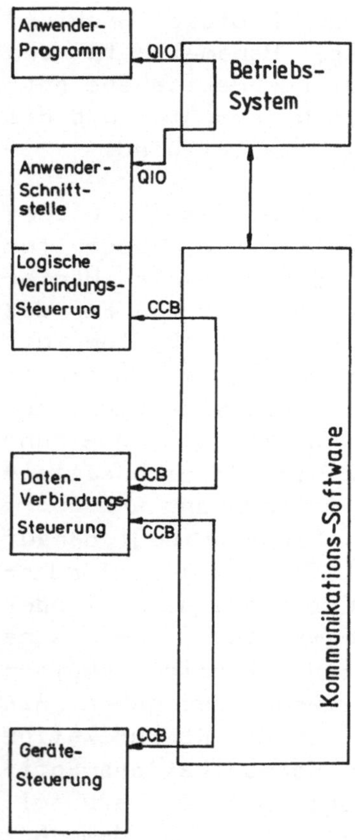

Bild 8-30
Schnittstellen im DECNET-Kommunikations-System

Der logische Verbindungsteil ist etwa den Ebenen 3-5 des ISO/OSI-Modells zuzuordnen. Er bestimmt die Größe und Reihenfolge der zu übertragenden Nachrichten, betreibt die Kontrolle von Wegen und Verbindungen und aktiviert die Knoten. Der Verbindungsteil auf Anwenderebene entspricht etwa den Ebenen 6-7 des ISO/OSI-Modells. Er ermöglicht die gemeinsame Benutzung von Geräten und Dateien. Über DAP können für eine auf einem entfernten Rechner gespeicherte Datei die üblichen Operationen (OPEN, READ, WRITE, CLOSE) ausgeführt werden. DAP kann auch für die Aktivierung von Prozeduren auf anderen Rechnern verwendet werden. Zu DAP gehört auch ein Dienstprogramm NCP <Network Control Program>, welches es dem Netzwerk-Manager erlaubt, bestimmte Funktionen auszuführen. Dazu gehören das Aktivieren und Deaktivieren von Knoten, Laden und Starten des Betriebssystems in einem entfernten Rechner, Austesten des Netzwerks über Testprogramme und Erfassen von Fehlermeldungen.

Bild 8-31 zeigt die Ausführung einer Kommunikation zwischen zwei Benutzerprogrammen. Programm A erfaßt Daten über Meßwertgeber, welche einer Datei im Rechner B zu übergeben sind. Rechner A kann dazu in einer beliebigen problemorientierten Sprache, z.B. FORTRAN, Zugriffe auf die Datei im Rechner B vornehmen. Das Benutzerprogramm aktiviert durch den Dateizugriff den DAP. Dieser versieht die Daten mit einem DAP-Kopf, welcher die Dateizuordnung im Rechner B enthält. Der NSP bildet einen weiteren Kopf, der die physikalische Leitung kennzeichnet, auf der die Daten zum Rechner B übertragen werden sollen. Der physikalische Verbindungsteil kleidet die Daten in den Protokollrahmen für die Prozedur DDCMP ein und sendet sie über die Fernleitung. Im

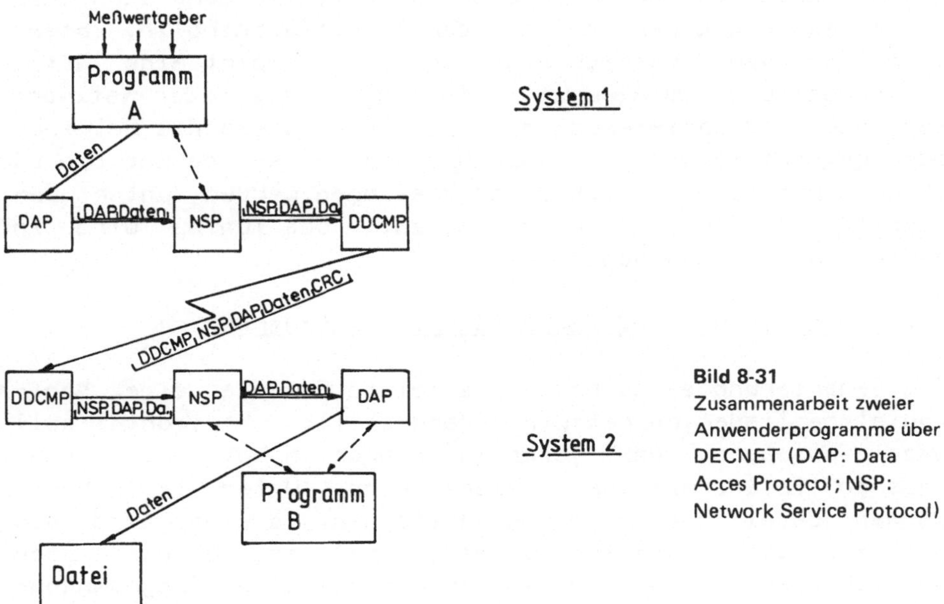

Bild 8-31
Zusammenarbeit zweier Anwenderprogramme über DECNET (DAP: Data Acces Protocol; NSP: Network Service Protocol)

Rechner B werden die prozedurnotwendigen Daten durch den physikalischen Verbindungsteil entfernt, der NSP-Kopf durch den NSP. Damit gelangen die Daten und die für die Dateizuordnung notwendigen Angaben in den Zentralprozessor von B. Dieser führt die eigentlichen Dateizugriffsoperationen, in diesem Fall OPEN, WRITE, CLOSE durch.

Bei DECNET sind sowohl hierarchische wie nichthierarchische Netzwerke möglich. Obwohl das Netzwerkkonzept ursprünglich für eine Verbindung von DEC-Rechnern angelegt war, sind durch Emulatoren und andere Einrichtungen auch Übergänge zu anderen Netzwerken möglich. Für den Leitungsanschluß stehen eine Reihe von Geräten zur Verfügung, die als Kommunikations-Kopplungselektronik bezeichnet werden. Diese ist für die Realisierung des DDCMP-Protokolls zuständig. Die Kommunikations-Kopplungselektronik erreicht im Fernbereich Datenübertragungsraten von 19 200 bit/s, im Nahbereich bis 1 000 000 bit/s.

8.2 Betrieb von Netzwerken

Zum Aufbau eines Netzwerkes gehört die Netzwerkgenerierung, die dafür sorgen muß, daß eine Übereinstimmung der am Netzwerk beteiligten Anlagen nicht nur bei den physikalischen Leitungen und Prozeduren besteht, sondern auch bei der Adressierung der Knoten, der Zugriffskontrolle, Dateizugriffen usw. Betrieb eines Netzwerk fordert eine Netzwerkverwaltung <network management>. Auch bei bestehenden Netzwerken muß eine Optimierung nach den Erfahrungen des Betriebs durchgeführt werden. Die Maßnahmen der Anpassung und die zu ihrer Ermittlung notwendigen Messungen werden unter dem Begriff des "Tuning" zusammengefaßt. Das Tuning wird in Abschn. 8.2.2 besprochen.

8.2.1 Generierung und Verwaltung von Netzwerken

Die Generierung eines Netzwerks sei am Beispiel eines horizontal gegliederten Netzwerks dargestellt. Horizontal soll dabei aussagen, daß jeder Teilnehmer im Netz mit jedem anderen Teilnehmer kommunizieren kann. Unter Teilnehmern werden dabei die Programme verstanden, diesen sind als Betriebsmittel Arbeitsstationen, Dateien, Drucker oder ähnliches zugeordnet. Neben der eigentlichen Programmkommunikation sollen dabei möglich sein:

-- Dateitransfer. Eine bestimmte Datei wird von einer Station zur anderen übertragen. Dabei kann ein Löschen der Quelldatei erfolgen.

-- Software-Verteilung. Von einem Zentralsystem werden die Stationen mit Anwender- und Systemsoftware versorgt.

Bei einer Programm-Programm-Kommunikation müssen die Programme innerhalb des Netzwerks eindeutig identifizierbar sein. Programme werden als einmal im System vorhandene Funktionseinheiten betrachtet, sie werden auch als "Entities" bezeichnet. Eine "Entity" kann aus einem oder mehreren Programmen bestehen, sie muß vollständig in einer Station des Netzes vorhanden sein. Damit jedes Programm im Netzwerk eindeutig gekennzeichnet ist, wird es mit einem "Global"-Namen versehen. Unter einem "Global" versteht man in problemorientierten Sprachen Variablen-Namen, die nicht nur in einer Prozedur gelten, sondern im gesamten Programm. Damit nicht mehrere Stationen unabhängig voneinander Programme gleichen Namens in das System einbringen, enthält jeder Global-Name auch den Namen der Station.

Die Ansprache des Programms über den Global-Namen würde damit voraussetzen, daß der Stationsname bekannt ist. Dies widerspricht der Forderung nach einem ortsunabhängigen Zugriff. Um diesen zu erreichen, erfolgt die Ansprache über Specific Titles, welche nur innerhalb einer Station eindeutig sein müssen. Zu einem "Global" können damit ein oder mehrere Specific Titles gehören. Die Aufstellung der für diese Zuordnung notwendigen Tabellen ist eine Hauptaufgabe der Systemgenerierung.

Will z.B. in der Station M1 das Programm A auf die Datei D innerhalb der Station M2 zugreifen (**Bild 8-32**), so erfolgt dies mit dem Kommando: OPEN,D

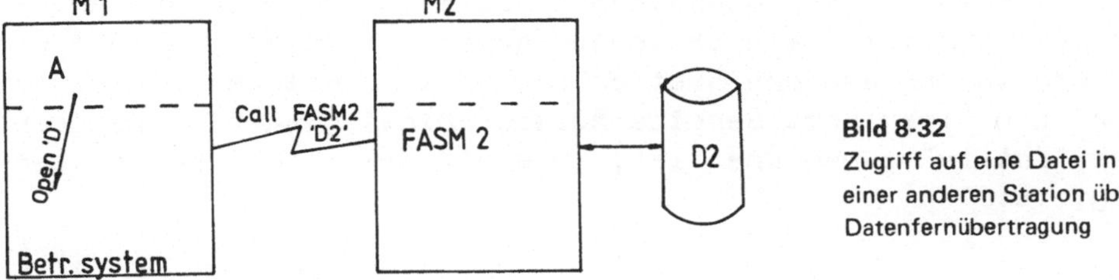

Bild 8-32
Zugriff auf eine Datei in einer anderen Station über Datenfernübertragung

Zuständig für den Zugriff auf die Datei D in der Station M2 sei der "File-Access-Server" mit dem "Entity"-Namen FASM2. Das Betriebssystem muß das angegebene Kommando auf Grund der ihm vorliegenden Tabellen umsetzen in ein Kommando mit dem Aufruf von FASM2.

Die Kommunikation erfolgt mit einem nach dem ISO/OSI-Modell strukturierten Ebenenschema. Die Verbindung zwischen den Ebenen wird mit "Service-Access-Points" durchgeführt. Eine feste Zuordnung besteht dabei zwischen den Ebenen 3, 2 und 1; es gehört zu jedem "Service-Access-Point" der Ebene 3 (Netzwerkebene) ein "Service-Access-Point" der Verbindungsebene und zu jedem von diesen ein "Physical Service-Access-Point" der physikalischen Ebene. Durch diese feste Zuordnung ist zwischen diesen Punkten bei der Generierung keine Zuordnung notwendig. Dabei entspricht ein "Service-Access-Point" der Ebene 1 einer Leitung, der Ebene 2 einer Verbindung und der Ebene 3 einer virtuellen Verbindung.

Keine feste Zuordnung besteht zwischen den "Service-Access-Points" der höheren Ebenen. **Bild 8-33** zeigt die Schichtung der "Service-Access-Points". Will eine Anwendungsentity eine Verbindung zu einer anderen Entity in der gleichen Schicht aufbauen, so gibt sie mit dem "Specific Title" einen Verbindungsaufbauwunsch über einen freien "Transport-Service-Access-Point" an die Ebene 4 (Transportebene) ab. Dieser wird mit Hilfe der "Transport-Directory" einem "Network-Service-Access-Point" übergeben. Dabei muß der "Specific-Title" in den Globalnamen umgewandelt werden. Der Globalname verweist auf einen oder mehrere "Network-Service-Access-Points".

In der "Directory" sind neben der Zuordnung der "Specific-Titles" zu den Globalnamen auch Anforderungen an die Verbindung zu der gesuchten "Entity" verzeichnet. Diese Anforderungen beziehen sich auf Durchsatz, Reaktionszeiten, Transportkosten und anderes. Mit diesen Anforderungen wird aus den für diesen Globalnamen zuständigen "Network-Service-Access-Points" ein passender gewählt. Kommt die Anforderung in der anderen Station an, so wird mit dem Globalnamen ein "Transport-Service-Access-Point" gesucht, welcher der "Entity" zugeordnet ist, die mit dem Global-Namen belegt ist.

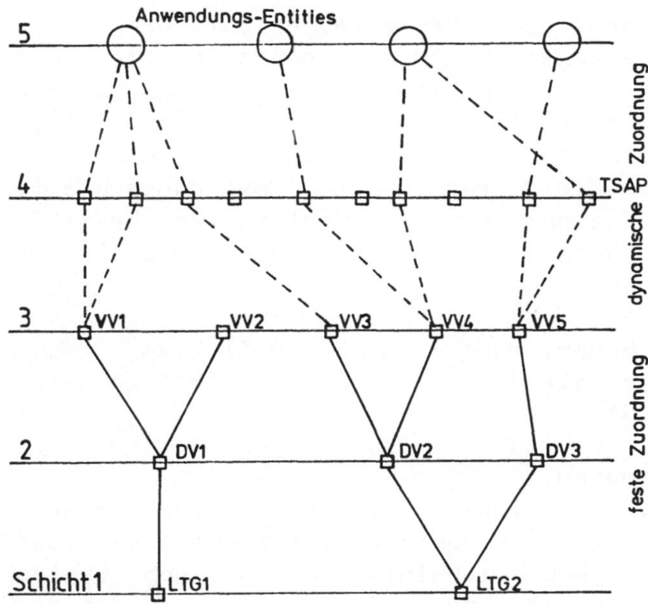

Bild 8-33
Schichtung von „Service-Access-Points"

Die Generierung des Systems erfordert die Anlage von "Directories", welche für die Zuweisungsoperationen benötigt werden. Die Generierung erfolgt dabei in zwei Stufen.

1. Stufe: Jedes System wird für sich durch Anlegen eines Struktur-Segments generiert; dieses enthält die Betriebsmittel des Systems wie Anzahl der Speicher-Partitions. Peripherie-Geräte sowie die "Service-Access-Points" der unteren Ebenen mit ihren Merkmalen wie Datenübertragungsrate und Rufnummer.

2. Stufe: Die Kommunikationsmöglichkeiten der Systeme untereinander werden festgelegt. Die dazu notwendigen Angaben werden im Dialogbetrieb abgefragt oder den Struktur-Segmenten der einzelnen Stationen entnommen. Die Generierung der 2. Stufe läuft zentral ab; alle Struktur-Segmente müssen von einer Station aus abfragbar sein.

Damit entsteht eine Netzwerk-Topologie, d.h. Angaben darüber, welche Station mit welcher Station verbunden ist und über welchen "Network-Service-Access-Point" ein anderes System zu erreichen ist. In Wählnetzen kann ein "Network-Service-Access-Point" evtl. alle anderen Stationen erreichen. Danach werden die lokalen Anwendungs-Entities in den Stationen mit ihren Global-Namen und den Anforderungen an ankommende Verbindungen, z.B. Paßworte, erfaßt; danach die von einem System aus erreichbaren Anwendungs-Entities mit ihrem Global-Namen und dem "Specific-Title". Der Globalname ist durch die in ihm enthaltene Knotenbezeichnung eindeutig. Muß eine Transportverbindung über Zwischenknoten ausgeführt werden, so wird für die zu erreichende Anwendungs-Entity eine Route, die aus einer Reihe von Knotennamen besteht, angegeben; für eine Verbindung können auch mehrere Routen angegeben werden.

Mit den Daten der Generierung wird ein Auflisten <listing> durchgeführt, welches als Grundlage für spätere Änderungen dienen kann. Es umfaßt:

-- Liste aller Netzknoten.
-- Angaben darüber, in welchem Knoten sich eine "Anwendungs-Entity" befindet. Als Suchbegriff dient dabei der "Specific-Title", da jeder Globalname nur in einem System vorkommen darf. Angegeben werden alle Knoten, in dem die "Entity" vorkommt.
-- Liste aller "Entities" in einem Knoten.
-- Verbindungsanforderungen an eine "Entity" in einem Knoten.
-- Angaben darüber, welche Knoten über welche Netzwerk-Verbindungen miteinander verbunden sind.
-- Angaben darüber, welche Benutzer <entities> einen bestimmten "Network-Service-Access-Point" benutzen.
-- Angaben darüber, welche "Network-Service-Access-Points" ein Knoten enthält.

Mit den so gewonnenen Angaben wird ein zentraler Generierungslauf durchgeführt. Durch die zentrale Generierung wird erreicht, daß Unstimmigkeiten zwischen den Angaben, die von den einzelnen Knoten kommen, bemerkt werden. Es können Fehlermeldungen erzeugt und die Fehler korrigiert werden. Als Ergebnis der Generierung entsteht eine "Directory" für jedes System, außerdem ein Zentral-Katolog, der für die Netzwerkverwaltung und Änderungen benötigt wird. Die "Directory" des einzelnen Systems enthält nur die Angaben, die für das System selbst relevant sind.

Da sich die Beschreibung der Netzwerktopologie auf die Zuordnung der Stationen zueinander bezieht, die Kommunikation aber zwischen Programmen oder Dateien stattfindet und diese von "Directories" verwaltet wird, ist eine Änderung

oder Neugenerierung auch dann notwendig, wenn die Stationen selbst erhalten bleiben, aber "Entities" neu eingefügt oder entfernt werden. Die notwendigen Änderungen können sich auf die "Directories" mehrerer Systeme erstrecken. Eine gleichzeitige Veränderung aller "Directories" ist nicht möglich; damit können in verschiedenen Stationen verschieden aktuelle "Directories" bestehen (inkonsistente "Directories").
Wenn alle Stationen arbeiten, dauert dieser Zustand nur kurzfristig an. Sind Stationen längere Zeit nicht erreichbar, wird nur eine begrenzte Anzahl von Versuchen unternommen, die "Directories" zu aktualisieren. Die "Directories" werden mit Versionsnummern versehen. Wird eine Transportverbindung zwischen zwei "Entities" aufgebaut, so werden die Versionsnummern der beiden "Directories" ausgetauscht und überprüft. Wenn die Nummern nicht übereinstimmen, ist das System mit der älteren Nummer dafür verantwortlich, die neue Version zu beschaffen; es muß die "Directory" aus der Generierungszentrale abrufen. Kommt es zu einem Ausfall der Generierungszentrale, so kann bei Systemen mit unterschiedlicher Versionsnummer kein Datenaustausch mehr stattfinden.

Wird die Generierung des Netzwerks durchgeführt, wenn die Hardware-Planung und -Realisierung bereits abgeschlossen ist, muß bei einem Neuaufbau des Netzes das Netzwerk-Konzept an die Anforderungen des Kunden angepaßt werden. Anforderungen können gegliedert werden nach:

-- Unterstützung auf vereinbartem Niveau <service support>. Dem Benutzer kann es in vielen Fällen nicht zugemutet werden, die Systemkomponenten außer der Hardware selbst zu entwickeln. Er muß mit den entsprechenden Software-Modulen unterstützt werden, die bis in die Ebene 6 (Darstellungsebene) des ISO/OSI-Modells reichen können. Dazu gehören Software-Komponenten, die eine verteilte Datenverarbeitung, Einsatz multifunktionaler Arbeitsplätze, Verbindung verschiedener Dienste ermöglichen <functional accessibility>.

-- Austauschbarkeit von Netzwerkkomponenten <flexibility>. Viele Terminals, EDV-Anlagen, auch größere Personalcomputer, bieten heute die Möglichkeit, innerhalb bestimmter Netzwerke zu arbeiten, wobei oft eine Anpassung durch Emulation erfolgen muß (vergl. Kap. 9). Umgekehrt sollte ein Netzwerk für möglichst viele Komponenten benutzbar sein.

-- Vermeidung von Beeinträchtigungen der Benutzer durch Änderungen im Netzwerk <transparence to changes>.
-- Vermeidung von Beeinträchtigungen des Benutzers durch Komponentenausfälle im Netzwerk <faile-save capability>.

-- Einfachheit bei Anschluß und Benutzung des Netzwerks <subscribership convenience>.

-- Kosteneffektivität <cost effectiveness>.

-- Verantwortlicher Umgang mit der Information <information accountibility>. Dazu gehören der Schutz gegen Verlust der Daten <security>, der Schutz gegen unbefugtes Mitlesen der Daten <privacy> und der Schutz gegen Verfälschung <integrity>.

-- Gut verwaltete Einrichtungen durch Beobachtung und Steuerung.

Unter Verwaltung eines Netzwerks <network management> wird i.a. die Überwachung des Netzwerks verstanden. Sie hat die Aufgabe, Fehler zu erkennen und geeignete Gegenmaßnahmen zu ergreifen, damit die oben genannten Anforderungen erfüllt werden können. Probleme können dabei in drei Bereichen auftreten: bei den Übertragungsleitungen, den Datenübertragungseinrichtungen und den Datenendeinrichtungen. Bei einem zentralen Netzwerk-Management können benötigt werden:

Kontroll-Zentrale <central site control>. Diagnosegeräte oder -programme, die dem Zentralrechner zugeordnet sind und Überwachungs- und Abfrageoperationen durchführen, damit die gesamte Konfiguration kontrolliert werden kann.

Eigenständige Signalisierungswege <outband signalling>. Ein zweiter Kanal, der z.B. in einem anderen Frequenzband angelegt ist, dient zur Übertragung von Steueranweisungen <commands> und Kontrollinformationen zwischen der Zentrale und den angeschlossenen Systemen. Dies soll erreichen, daß bei einem Ausfall des Datenkanals noch eine Kommunikation im Netz möglich ist.

Intelligenz der angeschlossenen Stationen. Die angeschlossenen Systeme müssen über Einrichtungen verfügen, um die Kommandos von der Zentrale zu interpretieren und Rückmeldungen auszugeben.

Operator-Interface. Eingriffe in das System durch einen Operator sollen durch ein Dialogsystem unterstützt werden, welches der natürlichen Sprache angeglichen ist.

Bei der Beobachtung des Netzwerks entsteht eine große Menge von Daten, die vom Operator ausgewertet werden müßte. Dies ist zeitaufwendig und kann nicht dazu benutzt werden, aktuell auf Ereignisse zu reagieren. Von der Kontrollzentrale muß daher eine Datenkompression durchgeführt werden. Die Sammlung der Daten erfolgt auf Massenspeicher, z.B. auf Magnetplatte. Es müssen Auswerteprogramme vorhanden sein, welche in regelmäßigen Abständen oder auf Anforderung des Operators komprimierte Daten liefern. Die Zusammenfassung kann z.B. liefern:

-- Anzahl von Fehlern in einem bestimmten Zeitraum.
-- Zahl der Fehler nach ihrer Art getrennt.
-- Vergleich der Fehlerzahlen mit früheren Zeiträumen, um Tendenzen der Fehlerentwicklung feststellen zu können.
-- Zahl der Fehler auf bestimmte Bereiche des Netzwerks bezogen.
-- Zeitpunkt einer Fehlermeldung durch den Kunden, Aufwand an Personal und Zeit für die Fehlerbehebung.
-- Anzahl von Fehlern eines bestimmten Produktes, Aufwand an Personal und Zeit für die Behebung der Fehler.

Erfolgt die Behebung von Fehlern an bestimmten Systemkomponenten, sollte für jede Komponente die durchschnittliche Zeit vom Alarm bis zur Reparatur <MTTR, Mean-Time To Repair> und die durchschnittliche Zeit zwischen den Ausfällen <MTBF, Mean-Time Between Failure> ermittelt werden. Eine Darstellung solcher Daten in graphischer Form, z.B. über Graphik-Bildschirm oder einen Plotter, kann die Analyse der Daten vereinfachen.

Zur Erkennung der Trends, die auf einen Leistungsabfall im Netz hinweisen, können Grenzwerte <thresholds> definiert werden, z.B. für:

-- Anzahl der Fehler in einem Gerät,
-- Ausfallszeiten eines Geräts,
-- Verfügbarkeit eines Geräts.

Werden die Grenzwerte überschritten, muß dies vom Netzwerk-Managment-System angezeigt werden, um Gegenmaßnahmen ergreifen zu können. Zur Netzwerk-Verwaltung können auch eigene Geräte eingesetzt werden, die als Netzwerk-Prozessor <network processor> bezeichnet werden. Diese können sich z.B. in einem statistischen Multiplexer befinden. **Bild 8-34** zeigt ein Anwendungsbeispiel. Der Multiplexer verbindet mehrere Kanäle über eine Leitung von hoher Übertragungsgeschwindigkeit. Die Kanäle können dabei in Geschwindigkeit und Betriebsart unterschiedlich sein. Wenn die Art der Kanäle gewechselt werden soll, kann dies über eine Programmierung erfolgen; eine Hardware-Umstellung über Codierschalter, Steckverbinder <strapping> oder ähnliche Einrichtungen ist nicht mehr möglich. Das Control-Terminal fragt im Menü die Parameter für einen bestimmten Kanal ab, dazu können gehören:

-- synchron oder asynchron,
-- DÜE/DEE; wirkt das angeschlossene Gerät als DÜE oder DEE
-- Datenübertragungsrate,
-- Anzahl der Start- und Stopbits bei asynchroner Übertragung,
-- Priorität für den Kanal,
-- Parität <even/odd> bei asynchroner Übertragung,
-- Echobildung; Quittierung der Nachrichten durch Rücksendung.

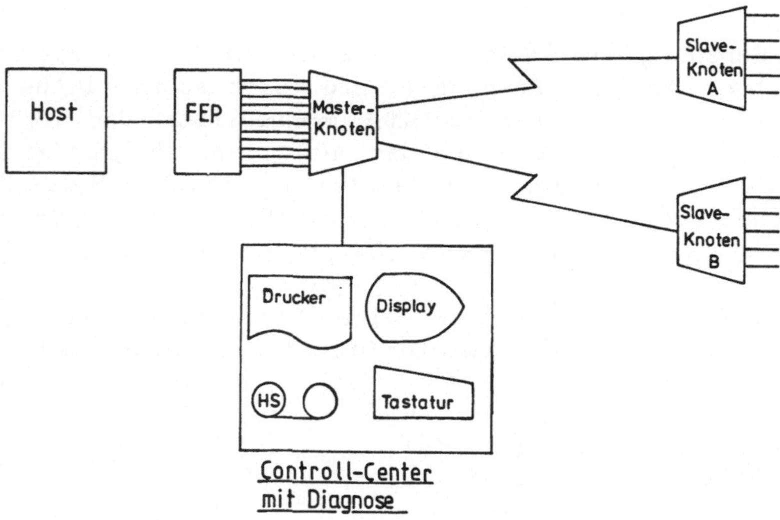

Bild 8-34
Netzwerk-Controll-Center mit Diagnose- und Statistik-Einrichtung (HS: Hintergrundspeicher, z.B. Magnetband)

Bei größeren Systemen kann es sinnvoll sein, das "Control-Center" durch ein Diagnosegerät zu ergänzen, welches die oben beschriebenen Statistiken über den Datenverkehr anlegt.

8.2.2 Tuning

Unter "Tuning" versteht man Maßnahmen zur Verbesserung des Netzwerkverhaltens durch Anpassung der Leistung der Netzwerkkomponenten an die Leistungsanforderungen für diese Komponenten bei optimalem Netzwerkbetrieb. Wonach die Kriterien eines optimalen Netzwerkbetriebs bestimmt werden (z.B. maximaler Durchsatz, minimale Antwortzeiten) hängt von der Anwendung des Netzwerks ab. Entspricht die Leistung einer Komponente nicht den Leistungsanforderungen, wird die Arbeit des Netzwerks behindert; ist die Leistung höher als die Anforderung, so liegt eine Vergeudung an Kosten vor.

Die Anpassung der Netzwerkkomponenten wird durch folgende Erscheinungen verkompliziert:

-- Leistungsanforderungen treten meist nicht gleichmäßig verteilt auf, sondern sind über Jahres- und Tageszeiten sehr unterschiedlich verteilt;

-- Komponenten mit einer höheren Leistung, als nach der Leistungsanforderung notwendig, können sinnvoll sein, um Redundanz zu schaffen (Hardware-Redundanz), damit bei Ausfall einzelner Komponenten der Betrieb weitergeführt werden kann;

-- die Komponenten eines Netzwerks beeinflussen sich gegenseitig, eine Änderung in einer Komponente kann auch zu Verhaltensänderungen in anderen Komponenten führen.

Zur Durchführung eines Tuning gehört zuerst eine Aufnahme des vorhandenen Leistungsbildes. Dies kann erfolgen durch:

-- Zählung bestimmter Vorgänge <transaction count>,
-- Ermittlung von Antwortzeiten <response times>,
-- Bestimmung des Ausnutzungsgrades von Komponenten <utilization>,
-- Zählung von Fehlern und durch Fehler ausgelösten Wiederholungen <error count, retransmission count>,

-- Zählung von Aufrufen für Senden und Empfangen <poll count>,
-- Zählung von tatsächlich übertragenen Blöcken oder Rahmen <frame count>.

Der Ausnutzunggrad <utilization> gibt als einen Prozentsatz an, für welchen Zeitraum eine Komponente des Netzwerks in Gebrauch ist, bezogen auf die Zeit, für die sie zur Verfügung steht. Bei einer exakten Messung der Ausnutzung für jede Komponente kann festgestellt werden, ob die Komponente unter- oder überlastet ist. Danach kann eine Netzwerk-Balance ausgeführt werden, indem die Belastung von überlasteten Komponenten auf unterlastete Komponenten umgepackt wird. Unterlastung kann bei Wählleitungen nicht auftreten, sondern nur bei Standleitungen und anderen Komponenten des Systems.

Gemessene Werte müssen für ein Tuning natürlich sinnvoll ausgewertet werden. Eine große Anzahl von Aufrufen <polls>, welche zu einer guten Auslastung der Leitungen führt, kann z.B. bedeuten, daß eine rege und fruchtbare Netzwerkaktivität herrscht. Sie kann aber auch bedeuten, daß wegen schlechter Organisation Terminals sehr oft aufgerufen werden, ohne daß es zu einer Datenübertragung kommt. Die Zählung der Aufrufe wird also erst dann sinnvoll, wenn sie mit einer Zählung der tatsächlich übertragenen Blöcke oder Rahmen verknüpft wird.

Messungen zur Bestimmung der Leistung <performance measurement> sind nicht mit Messungen zur Fehlersuche zu verwechseln, obwohl oft in beiden Fällen gleiche oder ähnliche Meßinstrumente verwendet werden. Beim Tuning geht es oft um die Bestimmung des zeitlichen Verhaltens des Netzwerks. Es lassen sich dabei verschiedene Zeiten definieren:

<u>Anlieferungszeit.</u> Zeit, die an einer DEE zwischen dem Ende der Übertragung einer Aufgabenstellung und dem Übertragungsende der vollständigen Antwort von der Zentraleinheit vergeht.

<u>Ausführungszeit.</u> Zeit an der DEE zwischen dem Ende der Aufgabenstellung und dem Beginn der Ausgabe der Antwort.

<u>Beantwortungszeit</u> (Systemantwortzeit). Zeit an der DEE zwischen dem Ende der Aufgabenstellung und dem Vorliegen der vollständigen Antwort darauf.

In den drei definierten Zeiten sind nicht nur die Zeiten für die DFÜ enthalten, sondern auch Zeiten für Tätigkeiten innerhalb der Netzknoten. Die Systemantwortzeit ist ein besonders wichtiges Kriterium für die Leistungsfähigkeit eines Netzes, da sie die Benutzbarkeit in vielen Anwendungsfällen, z.B. bei Auskunftssystemen, bestimmt. Bei zeitkritischen Anwendungen, z.B. in der Prozeß-Datenverarbeitung, kommt es nicht nur auf den Mittelwert der Systemantwortszeit an, sondern auf den maximalen Wert, der unter der ungünstigsten Kombination von Umständen <worst case> entstehen kann.

<u>Betriebsbereitschaftszeit</u>. Die Zeit, in der eine Funktionseinheit in der Lage ist, die vorgesehenen Aufgaben auszuführen. Nicht betriebsbereit ist eine Funktionseinheit in der Ausschaltzeit, der Ausfallszeit und der Reparaturzeit. Reparatur- und Ausfallszeit werden zur "Down-time" zusammengefaßt. Die durchschnittliche Dauer der "Down-time" ist ein wichtiges Kriterium für die Güte eines Netzes und die des betreuenden Kundendienstes <service>. Bei komplexen Netzen muß allerdings immer unterschieden werden zwischen der "Down-time" einer Komponente, die durch diese Komponente hervorgerufen wird, und "Down-times", die auf Grund eines Fehlers einer anderen Komponente hervorgerufen werden (Folgefehler). So führt der Ausfall der Versorgungsspannung zur "Down-time" bei einem Modem, obwohl das Modem an sich völlig intakt ist.

Ist t_{dk} die "Down-time" einer Komponente, t_{ds} die des Systems oder des Untersystems, so kann gelten

$$t_{dk} = t_{ds}.$$

Im einfachsten Falle fällt das System so lange aus, wie die Komponente ausfällt. Mit der Komponente steht auch das System wieder zur Verfügung.

$$t_{dk} > t_{ds}.$$

Das System enthält Redundanzen, die dafür sorgen, daß der Ausfall einer Komponente nicht direkt zu einem Systemausfall führt. Dies kann z.B. dadurch geschehen, daß weitere Komponenten, die im Normalfall nicht benötigt werden, zugeschaltet werden. Im Idealfall (fehlertolerantes System) gilt dann $t_{ds} = 0$.

Die Bestimmung der Systemantwortzeit wird komplexer, wenn eine Netzwerkstruktur vorliegt, die einen Zugriff auf den Datenträger erfordert, wie dies in lokalen Netzen (LAN) üblich ist. **Bild 8-36** zeigt das Verhalten eines Systems mit Abfrageprinzip <polling>. **Bild 8-35** zeigt die Zusammensetzung der System-Antwortzeit. Unter Kommunikationszeit werden dabei die Anteile der Systemantwortzeit verstanden, die mit der Datenkommunikation verbunden sind, einschließlich der Wartezeit auf die Zuteilung des Senderechts durch den Poll. Zu beachten ist, daß die Leitungsausnutzung über weite Strecken linear mit der Belastung steigt. Die Abflachung ist nicht so stark wie bei einem Netz mit dem Zugriffsverfahren CSMA/CD, bei dem mit zunehmendem Verkehr die Kollisionen zunehmen. Bei einer zunehmenden Verkehrsbelastung werden die Warteschlangen in den angeschlossenen Geräten länger, dies führt zu einer Erhöhung der Kommunikationszeiten. Die Kommunikationszeiten steigen im unteren Bereich unterproportional mit der Zahl der Benutzer an, da noch genügend freie Übertragungskapazität zur Verfügung steht. So führt eine Verdoppelung der Benutzer von 15 auf 30 nur zu einer Steigerung der Kommunikationszeit um 30%. Eine weitere Verdoppelung von 30 auf 60 führt aber zu einer Steigerung der Kommunikationszeit um 100%.

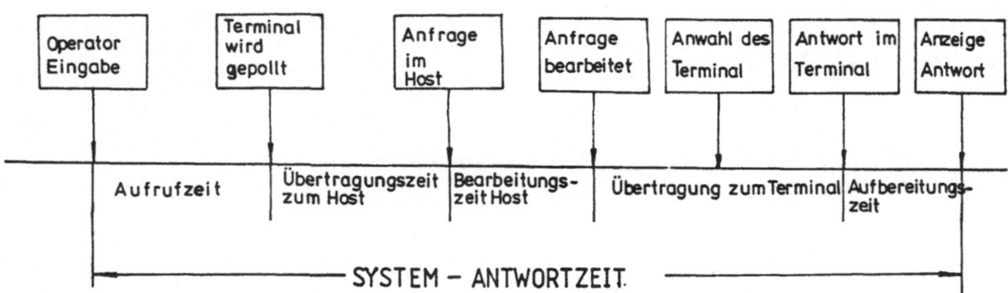

Bild 8-35
Zusammensetzung der Systemantwortzeit bei einem System mit zentraler Abfrage (Polling)

Erreicht das Verkehrsaufkommen 100% der Übertragungskapzität, so wird bei diesem System eine Leitungsausnutzung von etwa 90% erreicht. Eine vollständige Ausnutzung ist bei einem System mit wechselseitig sendenden Stationen nicht zu erreichen. Da damit weniger Verkehr bewältigt als angeboten wird, strebt die Länge der Warteschlangen und die Kommunikationszeit bei Annäherung an diesen Wert gegen unendlich.

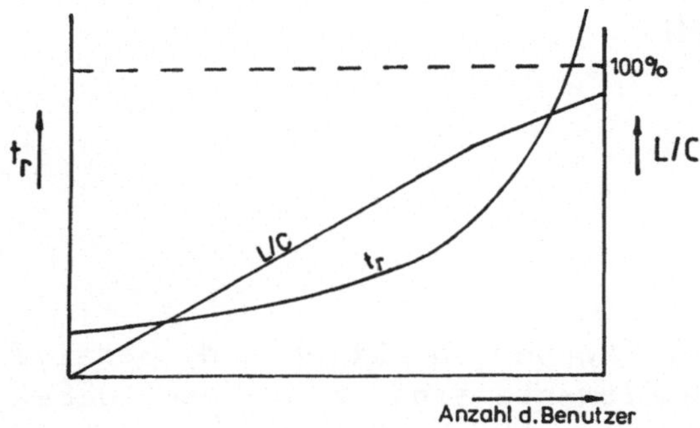

Bild 8-36
Verhalten von Kommunikationszeit und Leitungsausnutzung bei einem System mit Abfrage (polling)
C: Kanalkapazität
L: Tatsächlicher Verkehr
t_r: Kommunikationszeit

Wegen des überproportionalen Anstiegs der Kommunikationszeit bei Annäherung an die physikalische Übertragungskapazitätsgrenze kann bei einem Tuning, wenn ein solch überproportionales Ansteigen der Kommunikationszeit ermittelt wird, durch eine geringfügige Erhöhung der Kanalkapazität eine starke Reduzierung der Kommunikationszeit und damit der Systemantwortzeit erreicht werden.

9 Elemente von Netzwerken

Die Elemente von Netzwerken können in aktive und passive eingeteilt werden; aktive Elemente sind z.B. die DEEs, passive Elemente die Leitungen. Aktive Elemente zeichnen sich dadurch aus, daß sie Daten speichern und verändern, Signale verstärken oder verändern, z.B. modulieren können. In diesem Kapitel sollen nur aktive Elemente betrachtet werden. Ein Netzwerk besteht grundsätzlich aus Knoten und den zwischen diesen Knoten befindlichen Verbindungen. Als Verbindung <link > wird dabei nicht nur die Leitung, sondern auch das Verbindungsverfahren betrachtet, also die Ebenen 1 und 2 des ISO/OSI-Modells.

Knoten <node> ist die allgemeine Bezeichnung für ein aktives Element innerhalb des Netzwerks, er kann durch folgende Merkmale beschrieben werden:

a) Ein Knoten hat eine Verbindung mit mindestens einem anderen Knoten.

b) Ein Knoten kann eine Datenendeinrichtung sein; dann ist er nur über eine Verbindung an das Netz angeschlossen.

c) Knoten, die keine intelligenten Funktionen haben, sondern nur zur Verstärkung der Daten dienen oder nur dazu, Anschlußmöglichkeiten für später anzuschließende Geräte bereitzustellen, werden als Dummy-Knoten <dummy nodes> bezeichnet.

d) Zwischen zwei Knoten können mehrere Verbindungen bestehen.

e) Der Verkehr zwischen zwei Knoten kann entweder direkt oder über andere Knoten erfolgen.

f) Jeder Knoten stellt im Sinne der Automatentheorie einen endlichen Automaten dar. Er wird definiert durch ein Eingangsalphabet, die inneren Zustände des Automaten, die Verknüpfungsregeln und das Ausgangsalphabet.

g) Für die logische Struktur des Netzes ist die topologische Anordnung von Knoten und Verbindungen entscheidend. Anschließend an diese allgemeine Beschreibung von Knoten sollen einige Geräte besprochen werden, wie sie in Netzwerken vorkommen. Da es sich hier um auf dem Markt befindliche Geräte handelt, sind die Begriffe nicht klar gegeneinander abgegrenzt.

9.1 Datenstation, Terminal, Datenendstelle

Meist wird der Ausdruck "Terminal" verwendet, man hört aber auch häufig die Bezeichnung "Workstation". Kennzeichen des Terminals ist es, daß die Datenübertragung nur in einer Richtung stattfindet, das Terminal also nur mit einer anderen Station verbunden ist. Terminals können nach dem Umfang ihrer Datenverarbeitungskapazität eingeteilt werden:

-- nichtintelligent <non-intelligent, dumb>,
-- mit beschränkter Intelligenz <smart>,
-- intelligent <intelligent>,
-- selbständig <stand alone>. [WARR01]

Alle diese Geräte verfügen grundsätzlich über die Dateneinund Ausgabe, zur Eingabe dient meist die Tastatur <keyboard>, zur Ausgabe ein Bildschirm <display>. Es wird daher auch der Ausdruck CRT-Terminal <Cathode Ray Tube> verwendet.

Nichtintelligente Terminals verfügen nur über die Fähigkeit zur Ein- und Ausgabe von Daten und für die Datenübertragung. Die Funktion des Bildschirms ist dabei begrenzt, z.B. ist keine Graphik möglich. Als Kennzeichen von Terminals mit beschränkter Intelligenz können gesehen werden:

-- Verwendung von Mikroprozessoren.
-- Bereitstellung von Editor-Funktionen, welche mit Funktionstasten gesteuert werden. Unter Editieren versteht man das Erfassen und Bearbeiten von Texten, wobei Bearbeiten Korrektur, Einschub, Löschen bedeuten kann.
-- Programmerstellung durch den Hersteller.
-- Vorhandensein eines Arbeitspeichers.

Aufbauend auf diesen Merkmalen können als die Kennzeichen eines intelligenten Terminals gesehen werden:

-- Leistungsfähigere Prozessoren, z.B. 16-Bit-Mikroprozessoren.
-- Programmierbarkeit durch den Anwender.
-- Fähigkeit, in höheren Programmiersprachen programmiert zu werden.
-- Speichergröße von mindestens 16 Kbyte.
-- Steuerungsfunktionen auch für weitere periphere Geräte ohne Inanspruchnahme der Zentraleinheit.
-- Ausgebaute Betriebssysteme.

Das Kennzeichen der Terminals gegenüber selbständigen Anlagen <stand alone systems> ist die Notwendigkeit, von einem zentralen Rechner unterstützt zu werden. Diese Unterstützung besteht z.B. in der Übergabe von Programmen und Daten vom Zentralrechner zum Terminal <downloading>. Selbstverständlich kann ein als "Stand-alone"-System konzipiertes EDV-System auch als Knoten in einem Netzwerk betrieben werden. [WARR01] gibt eine Übersicht zur Berechnung eines "Intelligenzquotienten" (IQ) für Terminals, dieser umfaßt unter anderem folgende Kriterien:

Software:
verfügbare Programmiersprachen,
Diagnosemöglichkeiten im Online- und Offline-Betrieb,
Graphikprogramme,
Formataufbau bei Bildschirmausgaben.

Hardware:
Speichergröße,
Mehrfachprozessoren,
Möglichkeiten der Offline-Arbeit.

Steuerkapazität für Hilfsgeräte <auxiliary device drive capability>:
Plattenstation bzw. Diskettenlaufwerk,
Plotter (Zeichengerät),
Drucker,
Magnetband.

Editierungsfunktionen:
Textbearbeitungsfunktionen mit Löschen, Einschieben, Korrigieren von Einzelzeichen, Zeilen, Textblöcken.
Festlegung von Formatgrenzen und deren Überwachung.
Suchen und Austauschen von Begriffen. Es kann im gesamten Bereich ein Begriff durch einen anderen ersetzt werden, z.B. in einem BASIC-Programm der Begriff

PRINT (Ausgabe über Bildschirm) durch den Begriff LPRINT (Ausgabe über Drucker).

Tastatur <keyboard>:
Programmierung von Tastenfunktionen. Es soll möglich sein, Tasten, denen keine bestimmte Funktion zugewiesen ist, durch Programmieren solche Funktionen, z.B. Start bestimmter Programme, zuzuweisen.

Bildschirm-Funktionen:
Bildschirmteilung in Felder <multiple scrolling fields>. Wird ein Bildschirm beschrieben, erfolgt üblicherweise bei Einfügen einer neuen Zeile bei gefülltem Bildschirm ein Hochschieben aller Zeilen nach oben, wobei die bisher oberste Zeile verschwindet. Dies ist nicht günstig bei graphischen Bildschirmen, bei denen eine Graphik durch immer neue Eingaben ergänzt werden muß; auch nicht für Steueranweisungen, die stehen bleiben sollen. Durch Einteilung in mehrere Felder bleiben Teile des Bildschirms beim Hochschieben unverändert.
Erzeugung bestimmter Schriftformen.
Anzeige von Statusmeldungen, Uhrzeit usw. auf dem Bildschirm.
Alphanumerische Fehleranzeige. Fehlermeldungen werden nicht nur als Fehlernummern auf dem Bildschirm angezeigt, sondern in einer alphanumerischen Verschlüsselung, welche mnemonisch aufgebaut ist. Bei einigen Systemen können in Stufen Fehlererläuterungen abgerufen werden, z.B. numerische Fehlermeldung/Kurztext/erläuterternder Text <help function>.
Speicherfunktionen. Es wird mehr Bildschirminhalt gespeichert als dargestellt. Bei Bedarf kann in einem gewissen Umfang auch "Vergangenheit" gezeigt werden.
Hervorheben einzelner Zeichen oder Zeichengruppen durch Blinken, Inversdarstellung, Unterstreichung o.ä.

Übertragungsfunktionen <transmission capability>:
Pufferungsmöglichkeiten. Voraussetzung für eine synchrone Übertragung, die blockweise erfolgen muß.
Netzwerksteuerungsfunktion, Knotenfunktion <node function>. Das Terminal übt in irgend einer Weise Steuerungsfunktionen für das Netzwerk aus.
Automatische Anschaltung <auto call>. Zur Übertragung der Daten im Netzwerk sind keine Aktivitäten des Bedieners erforderlich.

Teilübertragung vom Bildschirm <partial screen transmission>. Es werden nur Daten übertragen, die sich in bestimmten Bildschirmbereichen befinden, wobei der Bildschirm ein bestimmtes Format hat.

Protokoll-Emulation <protocol emulation>. Dies bedeutet die Anpassung an ein Protokoll, welches eigentlich nicht für dieses Terminal vorgesehen war. Die Emulation kann dabei sowohl über Software wie über Firmware und Hardware durchgeführt werden. Terminals können über eine oder mehrere Emulationsmöglichkeiten verfügen. Es handelt sich dabei um einen Protokoll-Konverter (vergl. Abschn. 9.6), welcher Bestandteil des Terminals ist.

Welche Bedeutung den einzelnen Merkmalen bei der Berechnung des "Intelligenz-Quotienten" zugewiesen wird, d.h. mit welchem Punktefaktor man die ermittelten Werte multipliziert, hängt auch von der Anwendung ab. So hat eine Protokoll-Emulation keine Bedeutung, wenn feststeht, daß ein Terminal nur mit einem Terminal gleichen Typs kommunizieren soll.

9.2 Front-End-Prozessoren

Front-End-Prozessoren (FEP), auch als Vorschaltrechner bezeichnet, verbinden die Datenverarbeitungsanlage mit dem Leitungsnetz, z.B. mit einer V.24-Schnittstelle. **Bild 9-1** zeigt den Anschluß eines Front-End-Prozessors in einem EDV-System.

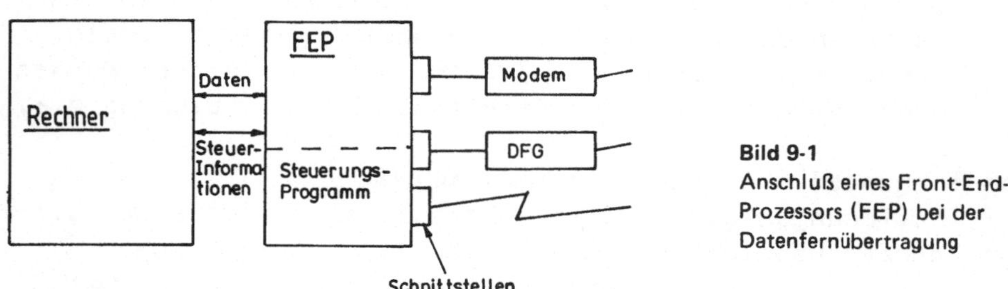

Bild 9-1
Anschluß eines Front-End-Prozessors (FEP) bei der Datenfernübertragung

Die grundsätzliche Aufgabe des FEP ist die Entlastung des Hauptrechners von den Aufgaben der DFÜ. Weiterhin dient er der Geschwindigkeitsanpassung; viele langsame Datenübertragungsleitungen werden zu einem Kanal hoher Geschwindigkeit zusammengefaßt, welcher FEP und Hauptrechner verbindet. Waren die FEPs früher meist in der Art eines Hardware-Geräts ("verdrahtete Logik") als Datenübertragungs-Steuereinheit konzipiert, so überwiegt heute der Aufbau als Recheneinheit mit Mikroprozessor und eigenem Programmspeicher. Die Funktion des FEP wird durch die Software bestimmt und ist deshalb flexibel änderbar. Damit können Aufgaben, die bei einer fest programmierten Steuereinheit durch den Hauptrechner ausgeführt werden müssen, vom frei programmierbaren FEP übernommen werden. Zu den Aufgaben des Front-End-Prozessors können gehören:

-- Anschluß an den Hauptrechner. Datenaustausch mit dem Hauptrechner, meist über den direkten Speicherzugriff <DMA, Direct Memory Access> realisiert; Austausch von Steuerinformationen, Statusmeldungen, Fehlermeldungen.

-- Anschluß an Standleitungen.
-- Anschluß an Wählleitungen mit automatischer Anwahl und Anrufentgegennahme.

-- Ausführung von Poll-Sequenzen. Aussendung von Sende- und Empfangsaufrufen an untergeordnete Stationen im Netzwerk, wobei die Reihenfolge der Adressen nicht vom Hauptrechner vorgegeben wird, sondern vom FEP zu bilden ist.

-- Code-Umwandlungen. Während der Hauptrechner immer in einem bestimmten Code arbeitet, können bei Anschluß verschiedenartiger Datenstationen verschiedene Codes verwendet werden.

-- Speicher- und Warteschlangenverwaltung. Der FEP hat auch die Aufgabe, die unterschiedlichen Geschwindigkeiten zwischen Datenübertragung zum Zentralrechner und DFÜ auszugleichen, dies geschieht über Zwischenspeicherung. Weiter muß bei belegten Übertragungsleitungen eine Warteschlangenverwaltung aufgebaut werden.

-- Protokoll-Umsetzungen. Damit der Zentralrechner nicht bei unterschiedlichen Konfigurationen unterschiedliche Software-Komponenten benötigt, werden die Protokoll-Umsetzungen (Emulationen) im FEP durchgeführt. Dies kann durch unterschiedliche Software-Module im FEP realisiert werden. Eine andere Lösung bei nichtprogrammierbaren FEPs ist die

Verwendung mehrerer Arten von FEPs, z.B. HDLC-Controller, BSC-Controller.

Zum Anschluß an die DÜEs muß der FEP über eine oder mehrere genormte Schnittstellen verfügen, z.B. V.24, V.25, X.21. Meist sind mehrere Versionen vorhanden, so daß in einem bestimmten Rahmen Anzahl und Art der Schnittstellen gewählt werden können. Der FEP wirkt auf den Zentralrechner wie ein Ein-Ausgabe-Gerät oder wie eine E-/A-Steuereinheit. Ob er den FEP über einen oder mehrere Kanäle anspricht, hängt von der Kapazität des FEP ab. Möglich ist es auch, einen FEP für mehrere Zentralrechner zu benutzen.

Der FEP kann mit einer Bedienerkonsole und Bildschirm versehen sein, um direkte Eingriffe zu gestatten, z.B. eine Neukonfiguration bei Einfügen oder Entfernen bestimmter Leitungsverbindungen. Mit dem Bildschirm kann auch eine Beobachtung des DFÜ-Verkehr vorgenommen werden. **Bild 9-2** zeigt die Aufteilung der Software in einem FEP. Der Datenspeicher dient der Zwischenspeicherung der Nachrichten. Er kann fest eingeteilt werden, so daß jeder Leitungsanschluß über einen bestimmten Bereich verfügt. Bei einer dynamischen Speicherzuweisung (dynamic allocation) werden den einzelnen Anschlüssen Speicherbereiche nach Bedarf eingeräumt. Dies führt zu einer Verminderung an Speicherbedarf, erfordert aber eine aufwendigere Speicherverwaltung (dynamische Speicherverwaltung, dynamic memory management).

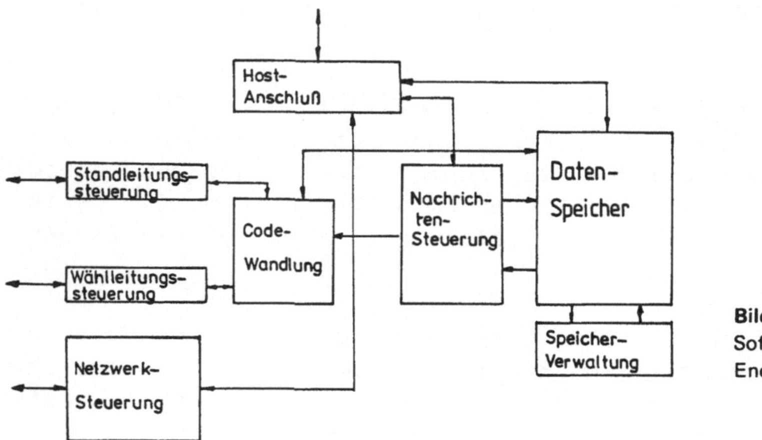

Bild 9-2
Software eines Front-End-Prozessors

Front-End-Prozessoren, die nicht programmierbar sind (DFÜ-Controller), verfügen meist nur über die Leitungssteuerung und eine Schaltung zur Bildung und Abprüfung der Blockprüfzeichen. Diese Einrichtungen arbeiten meist nur mit einem bestimmten Protokoll und einer genormten Schnittstelle, so daß diese Funktionen mit Hardware und evtl. Firmware zu implementieren sind. **Bild 9-3** zeigt das Blockschaltbild eines solchen Hardware-orientierten Front-End-Prozessors.

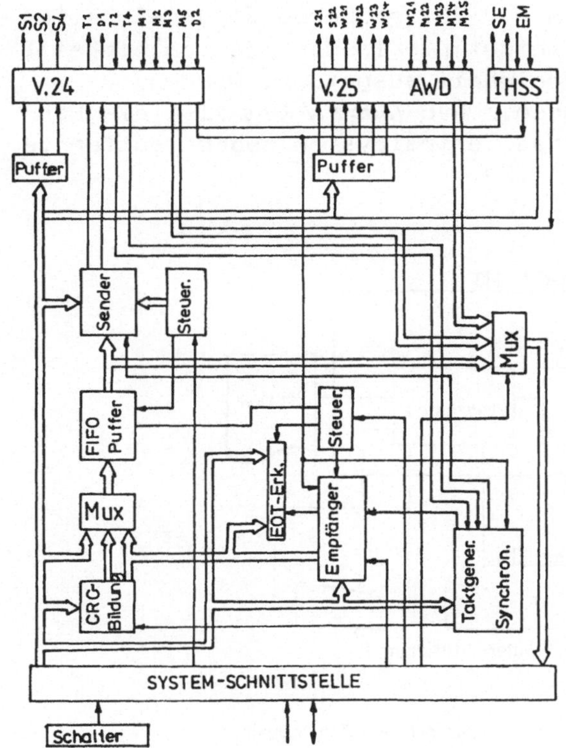

Bild 9-3
Blockschaltbild eines Hardware-orientierten Front-End-Prozessors

9.3 Lokale Terminal-Steuereinheiten

Lokale Terminal-Steuereinheiten <LTC, Local Terminal Controller> dienen dazu, mehrere Terminals, die sich in räumlicher Nähe des Zentralcomputers befinden, zu steuern. Die Anordnung der Terminals um den LTC bezeichnet man als "Cluster". Ein direkter Datenaustausch zwischen Terminal und Zentralcomputer findet nicht statt, dieser erfolgt über den LTC. Viele Terminalsteuereinheiten werden so gebaut, daß sie sowohl als Lokale wie als Entfernte Steuereinheiten (siehe

Abschn. 9.4) verwendet werden können. **Bild 9-4** zeigt das Zusammenwirken einer Terminal-Steuereinheit mit dem Zentralsystem und den angeschlossenen Terminals. Zu den Aufgaben einer Steuereinheit können gehören:

-- Datenaustausch mit dem Zentralsystem.
-- Verwaltung von gespeicherten Daten. Je nach Größe und Komplexität der Steuereinheit kann diese über Magnetplattenspeicher oder Floppys verfügen.
-- Steuerung der Terminals.
-- Ausführung von Programmen. Bei größeren Steuereinheiten können Rechenoperationen nicht nur in der Zentraleinheit, sondern auch in der Steuereinheit ausgeführt werden.
-- RJE-Operationen ausführen. RJE <Remote Job Entry> ist die Eingabe von Aufgaben für das Zentralsystem über entfernte Terminals (vergl. Abschn. 9.2).

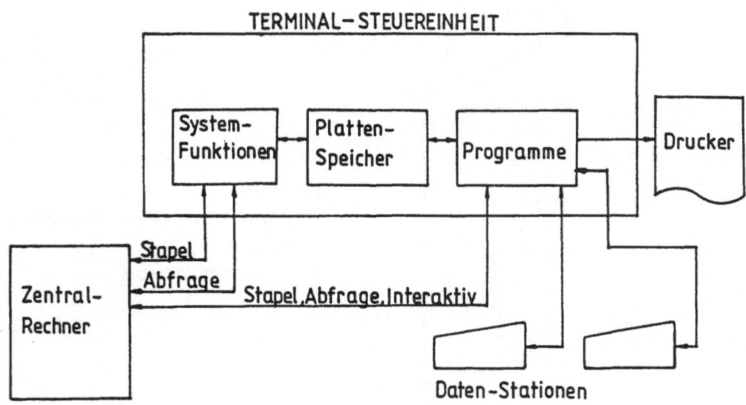

Bild 9-4
Zusammenarbeit einer Terminal-Steuereinheit mit Terminals und Zentralsystem

Die Programmierung der Steuereinheit kann so gestaltet sein, daß für jedes angeschlossene Terminal ein Bereich im Programmspeicher belegt wird. Werden Terminal gleichen Typs angeschlossen, so können keine Konflikte entstehen, da für jedes Terminal das gleiche Programm in einem gesonderten Speicherbereich vorhanden ist. Ebenso sind für jeden Terminalanschluß Pufferbereiche vorhanden. Die Arbeit der Programme wird im Zeitscheibenverfahren auf die angeschlossenen Terminals verteilt <time sharing>.

Zu den Steuerungsfunktionen für die Terminals gehören insbesondere:

-- Initiieren des Systems mit Setzen von Datum und Tageszeit.
-- Ansteuerung von Druckern aus der Druckdatei.
-- Abprüfen von Paßwörtern, Identifikationscodes.
-- Erzeugung von Fehleranzeigen für den Bediener.
-- Zuweisung von Session für den Terminalbenutzer. Bei der Eröffnung einer Session muß der Benutzer eine Anmeldung abgeben <logon>, bei der Beendigung eine Abmeldung <logoff>. Meist ist die Anmeldung mit einer Benutzeridentifikation und einem Paßwort verbunden, was überprüft werden muß.

-- Einzelfeld-Dateneingabe. Der LTC informiert den Bediener eines angeschlossenen Terminals auf Grund eines Abfrageprogramms, welche Daten als nächste einzugeben sind. Er überprüft die Eingabe. Diese Überprüfung kann nur auf Grund formaler Regeln erfolgen (Plausibilitätskontrolle), z.B. richtige Anzahl von Ziffern, richtige Anordnung von Buchstaben und Ziffern, richtige Prüfziffern. Korrekt eingegebene Daten werden im LTC zwischengespeichert. Bei falscher Eingabe wird der Bediener zur Korrektur aufgefordert. Erst wenn die gesamte Nachricht im LTC gespeichert ist, findet eine Übertragung zum Zentralrechner statt.

-- Anlage von Bildschirm-Masken. Auf Grund von Dateien (vorformatierte Schirmbilder) werden auf dem Bildschirm des Benutzerterminals Masken erzeugt, welche zur Steuerung der Bildschirmeingabe dienen. Die Datenübertragung zum LTC kann für jedes vom Bediener eingegebene Datum einzeln oder für den gesamten Bildschirminhalt erfolgen.

-- Verträglichkeitsfunktionen. Schafft die Möglichkeit des Verkehrs auch für Datenterminals, die für andere LTCs konzipiert waren. Es findet eine durch Software erreichte Anpassung an das Verhalten des Terminals und evtl. auch des Zentralrechners statt.

-- Nachrichtenaustausch. Sowohl von anderen Bedienern wie vom Zentralrechner können Nachrichten an bestimmte Bediener übertragen werden. Meldet sich dieser mit seiner Identifikation an, überprüft der LTC seine Warteschlangen, ob Nachrichten vorhanden sind. Ist dies der Fall, gibt er eine Anzeige auf den Bildschirm des Terminals <message waiting>. Fordert der Bediener die Nachricht an, wird sie seinem Bildschirm übergeben, dann üblicherweise in der Warteschlange gelöscht. Bediener, die über den gleichen LTC an den Zentralrechner angeschlossen sind, brauchen die Nachrichten nicht über den Zentralrechner laufen zu lassen.

Die Erstellung der Programme für einen LTC erfolgt meist nicht am LTC, sondern über einen Zentralrechner. Das Programm wird meist in einer Makrosprache geschrieben; es besteht aus Makroaufrufen, die bestimmte Systemfunktionen abrufen. Das Programm wird über einen Compiler in die Maschinensprache umgewandelt.

Ein Test des Programms kann in einem Zentralrechner durch PVS <Program Validation Service> vorgenommen werden. Für die Prüfung werden Bedienereingaben simuliert und Testdaten eingesetzt. Es wird festgestellt, ob die verwendeten Makroaufrufe in einer richtigen Beziehung zueinander stehen, z.B. die Unterprogrammtechnik richtig angewendet wurde. Fehler werden angezeigt, damit eine Verbesserung stattfinden kann. Nach dem Test des Programms kann es in den LTC über Datenübertragung oder durch Einsatz eines Datenträgers (Diskette, Wechselplatte) geladen werden.

Bei Netzwerken, die nach SNA <System Network Architecture> aufgebaut sind, stellen die LTCs ein Gerät dar, in welchem die PU <Physical Unit> vom Typ 2 arbeitet (vergl. Abschn. 8.1.2). In einem LTC können mehrere LUs <Logical Units> bestehen. Der Datenverkehr zwischen dem LTC und der Zentralrechner erfolgt in "Sessions", wobei unterschieden werden:

-- <u>Stapel-Session.</u> Es werden größere Datenmengen zwischen LTC und Zentralrechner übertragen, ohne daß die angeschlossenen Terminals direkt darin eingreifen können.

-- <u>Interaktive Session.</u> Es findet eine Datenverbindung zwischen Zentralrechner und Terminal über den LTC statt, wobei es um einen Austausch von Nachrichten und Antworten geht.

Je nach dem Typ des LTC können zu einer bestimmten Zeit eine bestimmte Anzahl von "Sessions" stattfinden. Für die "Sessions" werden LUs gebildet, die mit Identifikationsnummern versehen werden, wobei bestimmte Nummern für die verschiedenen Arten von Sessions vorgesehen sind.

9.4 Entfernte Terminal-Steuereinheiten

Eine Entfernte Terminal-Steuereinheit <RTC, Remote Terminal Controller> hat eine ähnliche Funktion wie ein LTC, sie dient der Ansteuerung mehrerer in einem Cluster angeordneter Terminals. Im Gegensatz zum LTC ist bei der Datenübertragung zwischen Zentralcomputer und RTC eine DFÜ erforderlich, die Verbindung kann über Standleitung, Wählleitung oder Mehrfachverbindung <trunk> erfolgen.

Die Funktionen des RTC in Bezug auf die Steuerung der Terminals entsprechen denen des LTC (vergl. Abschn. 9.3). Die Verbindung mit dem Zentralrechner erfolgt über DFÜ; es ist nicht üblich, die Verbindung zu den Terminals über DFÜ durchzuführen, hier handelt es sich um lokale Verbindungen. Damit sind die Entfernungen zwischen RTCs und Terminals begrenzt. Die Angaben der Hersteller reichen dabei je nach Typ von 15 m bis zu einigen hundert Metern.

Die Topologie der Terminalanordnung um den RTC wird meist nach dem Stern-Netz gewählt. Andere Topologien, z.B. Ring-Netz, werden nur selten eingesetzt.

9.5 Wiederholer

Wiederholer <repeater> sind aktive Elemente in der Leitung, die eine rein technische Funktion haben. Es findet keine Nachrichtenverarbeitung oder -überprüfung statt, sondern eine Aufnahme der Signale, ihre Verstärkung und eine erneutes Aussenden, wobei sich der Informationsgehalt nicht ändern darf. Wiederholer werden eingesetzt, wenn Dämpfung und Verzerrung so groß werden, daß eine korrekte Informationsübertragung zwischen Sender und Empfänger nicht möglich wäre.

Der Einfluß der Wiederholer auf das Netzwerkverhalten besteht in einer Verzögerung der Signale. Durch die Schaltzeit der in dem Wiederholer enthaltenen aktiven Bauelemente, z.B. Verstärker, wird die Nachricht verzögert. Bei der Berechnung der Laufzeit der Signale über die Leitung werden die Wiederholer durch eine feste Verzögerungszeit, die vom Typ des Wiederholers abhängig ist, berücksichtigt.

Wiederholer werden besonders für die Lokalen Netzwerke vorgeschrieben, so ist bei Ethernet (vergl. Abschn. 8.1.1) das Bilden von Kabelsegmenten von maximal 500 m Länge vorgesehen; die Segmente sind über Wiederholer miteinander zu verbinden. Auch bei dem Breitbandnetzwerk WangNet sind Verstärker vorgesehen, die aber nur Signale in einer Richtung verarbeiten müssen.

Bei Ethernet wird wegen der Schaltzeitverzögerung ein Maximum von zwei Wiederholern zwischen zwei Stationen angegeben, so daß eine maximale Entfernung von 1,5 km zwischen den Stationen möglich ist. Der Wiederholer bei Ethernet soll zwei Funktionen wahrnehmen:

1. Signalverstärkung <signal amplification>. Der Verstärker soll die gleiche Ausgangsamplitude bilden, wie sie für den Sendeteil eines "Transceivers" vorgesehen ist, damit sollen Signalverluste auf dem Kabel ausgeglichen und Störspannungen unterdrückt werden.

2. Wiederherstellen des Zeitrahmens <signal timing>. Der Wiederholer soll die gleichen zeitlichen Verhältnisse des Signals wiederherstellen, wie sie am Ausgang eines "Transceivers" vorhanden sein müssen <symmetry characteristics>.

Verzerrungen des zeitlichen Verhaltens des Signals durch die Kabel sollen ausgeglichen werden. Wiederholer, die diese Funktion ausüben, werden als "Retimed Repeaters" bezeichnet. Sie sind in der Logik aufwendiger und führen zu größeren Verzögerungszeiten als reine Signalverstärker.

Wiederholer im Lokalen Netzwerk Ethernet müssen wegen des bidirektionalen Verkehrs beide angeschlossene Segmente abhören und wie ein Transceiver die Empfangspegel-Erkennung <carrier detect> durchführen. Erkennt er das Signal, muß er es in der beschriebenen Weise verbessert auf das andere Segment schalten. Dabei kann es zum Verlust einiger Bits der "Preamble" kommen, da zwischen dem Eintreffen des ersten Bits der Preamble und der Erkennung des Empfangssignal-Pegels eine Verzögerung eintritt. Auch dieser Grund begrenzt die Anzahl der möglichen Wiederholer zwischen zwei Stationen.

Die Signalverzögerung im laufenden Betrieb <steady state propagation delay> soll 800 ns nicht überschreiten. Darin ist nicht die Verzögerung beim Erkennen des Empfangssignal-Pegels <carrier

sense delay> enthalten. Bei Ethernet muß der Wiederholer ebenso beide Segmente nach dem Auftreten von Kollisionen abhören <collision detect>. Das Kollisonssignal muß auf das andere Segment übertragen werden, damit jede Station, unabhängig von ihrer Lage in den Segmenten, von der Kollision unterrichtet wird. Dabei wird eine Verzögerungszeit von nur 200 ns durch den Wiederholer zugelassen.

9.6 Protokoll-Konverter

Protokoll-Konverter sind programmierbare Recheneinheiten mit eigenem Prozessor, welche Daten nach den Regeln eines Protokolls (Ebene 2 des ISO/OSI-Modells) aufnehmen und nach den Regeln eines anderen Protokolls weiterführen. Als Protokoll-Konverter können auch die PADs <Packet Assembly/Disassembly facilities> betrachtet werden, welche beim Anschluß von asynchronen Terminals an das Paketnetz vorgesehen sind (vergl. Kap. 5).

Ob bei der Protokoll-Umsetzung auch eine Geschwindigkeitsumsetzung stattfindet, ist von untergeordneter Bedeutung, da im Protokoll-Konverter immer eine Zwischenspeicherung der Nachrichten stattfinden muß. Zu den Aufgaben des Protokoll-Konverters gehören insbesondere:

-- Auswerten der ankommenden Nachricht. Auswerten und Entfernen des "Overheads". Feststellung der Zieladresse. Da der zur Ebene 2 gehörende Teil der Nachricht entfernt wird, wird der Vorgang auch als "Data decapsulation" bezeichnet.

-- Zwischenspeicherung von Daten und Steuerinformationen, die für das Netz gelten.

-- Formatieren der Nachricht nach dem anderen Protokoll. Dabei evtl. eine Aufteilung oder Zusammenfassung der Nachrichten zu neuen Blöcken <data segmentation>; Berechnung der neuen Blockprüfzeichen. Der Vorgang wird auch als "Data encapsulation" bezeichnet.

Wie beim Wiederholer findet auch beim Protokoll-Konverter keine Änderung des Inhalts der eigentlichen Daten statt. Es kann allerdings notwendig sein, eine Umcodierung der Daten durchzuführen. Im Gegensatz zum Wiederholer werden aber beim Protokoll-Konverter die Overhead-Informationen der Ebene 2 völlig verändert.

Bild 9-5 zeigt die Möglichkeit der Anordnung eines Protokoll-Konverters. In diesem Fall wirkt er auf den Host-Computer wie ein bestimmtes Terminal oder ein bestimmter Cluster-Controller, welcher den Host-Computer mit mehreren peripheren Geräten verbinden soll. An den Protokoll-Konverter können mehrere asynchrone Terminals über Modems oder direkt angeschlossen werden. Die Verbindung mit den asynchronen Terminals erfolgt über V.24-Schnittstellen.

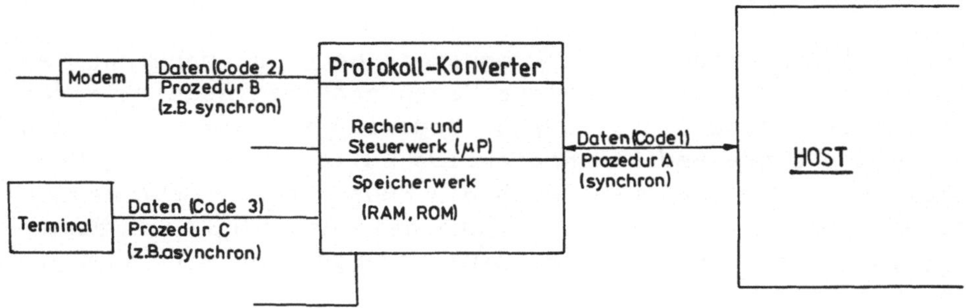

Bild 9-5
Anordnung eines Protokoll-Konverters

Das Gerät verfügt über einen 16-Bit-Mikroprozessor, einen Festwertspeicher von 64 Kbyte und einen Lese-Schreibspeicher von bis zu 108 Kbyte. Dazu besteht ein elektrisch umprogrammierbarer Festwertspeicher, welcher den Protokoll-Konverter der bestehenden Konfiguration anpassen kann. Festgehalten werden können hier z.B.:

-- Adressierung,
-- Übertragungsraten der angeschlossenen Geräte,
-- Tabellen für Code-Umsetzungen,
-- Time-out-Werte,
-- Festlegung, ob ein bestimmter Anschluß als DÜE-Seite oder als DEE-Seite wirkt.

Eine weitere Veränderung des Verhaltens kann durch den Austausch der Festwertspeicher erreicht werden <user changeable cartridge>. Auf diese Weise kann z.B. für den Verkehr mit dem Host-Computer eine Umstellung von der Prozedur HDLC auf die Prozedur BSC vorgenommen werden.

Die Berechtigung eines Terminals, Änderungen im elektrisch umprogrammierbaren Speicher vorzunehmen, kann durch Codeworte <pass words> überprüft werden.

9.7 Gateway

"Gateways", auch als Internetwork router bezeichnet, dienen dem Nachrichtenaustausch zwischen verschiedenartigen Typen von Netzwerken. Es kann sich dabei z.B. um die Verbindung zwischen einem Lokalen Netzwerk (LAN) mit dem öffentlichen Datennetz handeln. Der Übergang zwischen den Netzwerken kann sich sowohl im nationalen wie im internationalen Rahmen abspielen. Die von einem Gateway auszuführenden Umsetzungen umfassen insbesondere:

-- Geschwindigkeitsumsetzung
-- Protokoll-Umsetzung
-- Signalumsetzung.

Ein Gateway kann z.B. dazu dienen, ein Paketnetz nach X.25 mit einem lokalen Ethernet-Netzwerk zu verbinden. Durch Verwendung zweier oder mehrerer Gateways ist es möglich, Stationen, die sich in verschiedenen, räumlich weit entfernten Ethernet-Netzen befinden, zu verbinden.

Das Gerät ist modular aufgebaut und verfügt über drei 16-Bit-Mikroprozessoren, einen Speicher von 256 Kbyte, der erweiterbar ist, und ein Diskettenlaufwerk zum Laden des Betriebssystems. Der Anschluß zum Ethernet kann über einen eingebauten Transceiver erfolgen, so daß keine weiteren Baueinheiten erforderlich sind. Der Anschluß an das Paketnetz nach X.25 erfolgt über die physikalische Schnittstelle X.21bis. Sollen Daten zu einem Gerät in einem räumlich entfernten Ethernet-Netzwerk übertragen werden, so werden sie über Ethernet an den Gateway, der als Ethernet-Station wirkt, gegeben (**siehe Bild 9-6**). Das gesamte Datenpaket für Ethernet mit Ausnahme der aus physikalischen Gründen erforderlichen Zeichen wird als Datenfeld in das X.25-Protokoll übernommen <encapsulated>. Beim Empfang durch den räumlich entfernten Gateway wird das Ethernet-Datenpaket aus dem X.25-Protokoll entfernt und in das Ethernet-Netzwerk eingespeist.

Verbindet der Gateway nicht räumlich entfernte Lokale Netzwerke miteinander, sondern Stationen, die nach Ethernet arbeiten, mit Stationen, die nach X.25 arbeiten, muß spezifiziert werden, nach welchen Regeln die Ethernet-Stationen miteinander verkehren, z.B. nach XNS-Protokoll von Xerox.

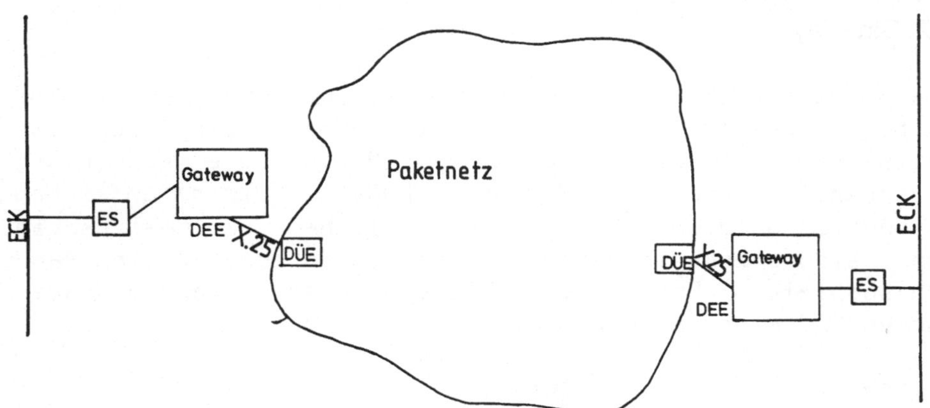

Bild 9-6
Verwendung von Gateways zur Verbindung zweier entfernter Ethernet-Netzwerke über das Paketnetz. Für das Paketnetz wirkt der Gateway wie eine DEE.
ECK: Ethernet-Coax-Kabel
ES: Ethernet-Station

Will der Anwender eine Kompatibilität von Protokollen auf noch höherer Ebene erreichen, so ist zusätzliche Software in das System zu laden, welche mit den vorhandenen Software-Modulen Schnittstellen auf der Ebene 2 (Verbindungsebene) oder 3 (Netzwerkebene) bildet. Bei Anschluß einer Konsole kann die Programmentwicklung am Gerät stattfinden, wozu Hilfen, z.B. Verwendung von Programmtestpunkten <break points> oder Disassembler vorhanden sind.

9.8 Konzentratoren

Konzentratoren <concentrators> dienen der Verbesserung der Ausnutzung einer Leitung, bedeuten also eine Kostenersparnis. Der Konzentrator faßt die Datenströme von mehreren Datenquellen zusammen und führt sie auf eine Leitung (**Bild 9-7**), am anderen Ende der Leitung werden sie wieder auf die einzelnen Empfänger verteilt. Der Vorgang wird auch als Multiplexen/Demultiplexen bezeichnet. Nach dem Arbeitsprinzip können unterschieden werden:

--- FDM, Frequenzmultiplex <Frequency Division Multiplex>,
--- TDM, Zeitmultiplex <Time Division Multiplex>,
--- StatMux, statistischer Multiplexer <Statistical Multiplex>.

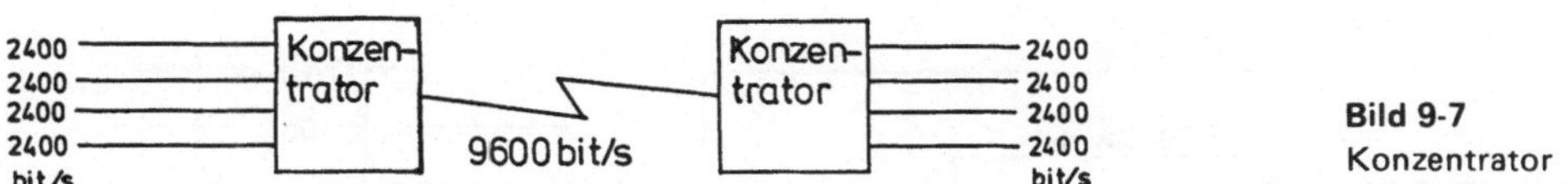

Bild 9-7
Konzentrator

Der Vorteil der beiden erstgenannten Verfahren liegt darin, daß mit einem relativ geringen Aufwand an Hardware und Software der Vorgang gesteuert werden kann. Der Nachteil liegt darin, daß jeder Datenquelle ein bestimmter Teil von Übertragungskapazität zur Verfügung gestellt wird, welcher der maximalen Übertragungskapazität der Datenquelle entspricht.

Sind z.B. an einen Konzentrator 8 Datenquellen angeschlossen, welche eine Übertragungsrate von je 600 bit/s haben, muß die Übertragungsleitung eine Übertragungsrate von 8*600 = 4800 bit/s haben. Eine Ausnutzung dieser Übertragungsrate erfolgt aber nur, wenn tatsächlich alle 8 Datenquellen mit 600 bit/s senden. Hat eine Datenquelle ein geringeres Verkehrsaufkommen, so kann die dadurch freiwerdende Kapazität nicht einer anderen Datenquelle zugewiesen werden, da ein festes Aufteilungsschema vorliegt.

Der statistische Konzentrator weist Übertragungskapzität nur dann zu, wenn tatsächlich Verkehrsaufkommen vorliegt. **Bild 9-8** zeigt das Prinzip des statistischen Konzentrators. Die Daten werden in Pufferspeichern gesammelt, erst wenn eine bestimmte Datenmenge vorhanden ist, erfolgt eine Übertragung. Damit ist es möglich, zeitliche Lücken, die bei einer Datenquelle auftreten, für eine andere Datenquelle auszunutzen. Es kann gelten:

$$C_g < n*C_d$$

n: Zahl der Datenquellen
C_g: Übertragungskapazität der Übertragungsleitung
C_d: maximale Übertragungskapazität der Datenquellen

Voraussetzung dafür ist es, daß nicht alle Datenquellen über einen längeren Zeitraum mit der vollen Übertragungsgeschwindigkeit arbeiten; statistische Multiplexer eignen sich besonders für sporadische Datenquellen <sporadic data sources>. Nachteil der statistischen Multiplexer ist es, daß die

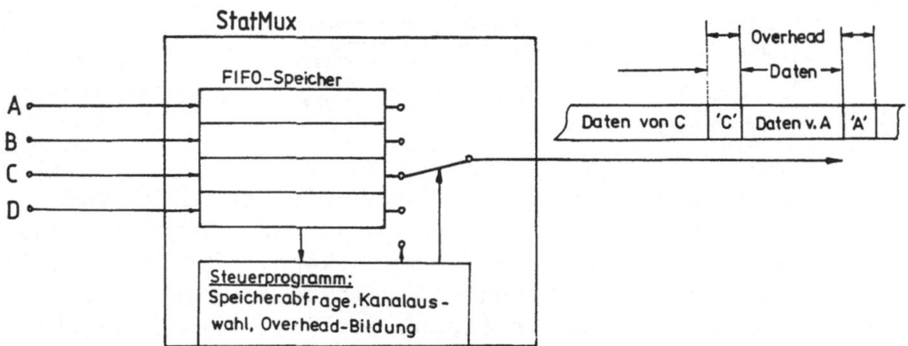

Bild 9-8
Aufbau eines statistischen Multiplexers (FIFO-Speicher: First-In/First-Out-Speicher)

Hardware und Software des Multiplexers intelligenter sein muß als bei Multiplexern, die nach TDM oder FDM arbeiten. Weiter wird ein Teil der Übertragungskapazität für Steuerinformationen benötigt, welche bei den anderen Verfahren nicht nötig sind.

Als Beispiel für einen statistischen Konzentrator seien die Daten eines Gerätes genannt, welcher asynchrone Datenleitungen zu einer Übertragung auf einer synchron betriebenen Datenleitung zusammenfaßt:

Eingänge: maximal 8 mit Datenübertragungsraten von 50 bit/s bis 9600 bit/s asynchron. Die Zeichen können mit 7,5 bis 10 bit verschlüsselt sein (einschließlich Start- und Stopbits). Die maximale Datenrate aller Eingänge darf zusammen nicht 38,4 kbit/s übersteigen. Die Betriebsart eines Eingangs wird am Gerät mit Codierschaltern eingestellt.

Ausgang: Datenübertragunsrate 9600 bit/s synchron, niedrigere Geschwindigkeiten können eingestellt werden. Die Übertragung erfolgt synchron nach SDLC (vergl. Kap. 4). Der Ausgang ist als V.24-Schnittstelle ausgeführt. Bei Fehlern wird eine Blockwiederholung angefordert <ARR, Automatic Request for Repetiton>.

Die addierten Eingangsgeschwindigkeiten liegen also etwa 3,5 mal höher als die Ausgangsgeschwindigkeit. Ein bevorstehender Speicherüberlauf wird über eine Signallampe angezeigt, das Signal <buffer overload indicator> erscheint bei einer Speicherbelegung von 80% und verschwindet wieder bei einer Speicherbelegung von 60% (Hystereseverhalten).

Die Größe des Pufferspeichers beträgt 16 Kbyte RAM (Lese-Schreib-Speicher). Der Datenfluß von den angeschlossenen Datenquellen kann bei Pufferspeicherüberlauf auf zwei Arten gestoppt werden:

-- Abschalten des Signals CTS <Clear To Send>.
-- Bei asynchronen Anschlüssen, die nicht über dieses Signal verfügen, erfolgt die Steuerung mit den Steuerzeichen X-ON bzw. X-OFF.

Das Gerät verfügt über die Möglichkeit des Selbst-Tests <built-in diagnostics>. Es kann sowohl das Gerät getestet wie eine Schleife mit dem entfernten Gerät gebildet werden, welches die Nachricht wiederholt. Dabei wird überprüft, ob die identische Nachricht zurückkommt. Fehler bei der betriebsmäßigen Übertragung werden durch LED-Anzeigen angezeigt. Wird eine fehlerhafte Nachricht empfangen, so wird "Inbound-Error" angezeigt; fordert die Gegenstation eine Wiederholung, weil sie einen Rahmen fehlerhaft empfangen hat, so wird "Outbound-Error" angezeigt.

Ob der Einsatz von Konzentratoren oder Multiplexern wirtschaftlich sinnvoll ist, kann nur durch eine Kostenbetrachtung festgestellt werden. Dabei müssen berücksichtigt werden:

-- Multiplexerkosten,
-- Leitungskosten,
-- Modemkosten.

Bei Benutzung eines öffentlichen Netzes sind Modem- und Leitungskosten nicht zu trennen.

9.9 Hochintegrierte Chips in der Datenfernübertragung

Der wirtschaftliche Erfolg der DFÜ und DFV hängt auch davon ab, wieweit es möglich ist, komplexe Schaltungen als billige Massenprodukte herzustellen. Es werden hochintegrierte monolithische Schaltungen hergestellt, welche eine Reihe von Funktionen für die Aufbereitung der Signale für die DFÜ übernehmen. Sie zeichnen sich aus durch:

a) Zuordnung zu bestimmten Mikroprozessortypen. Die Chips sind oft Bestandteil einer bestimmten Bausteinfamilie

<family devices>, welche einem bestimmten Mikroprozessor oder einer bestimmten Mikroprozessor-Reihe zugeordnet sind. **Bild 9-9** zeigt die Anordnung eines solchen Bausteins. Auf der Systemseite ist bei einem Baustein aus der Bausteinfamilie ein direkter Anschluß an den Mikroprozessor möglich; es sind keine zusätzlichen Schaltungen mehr notwendig.

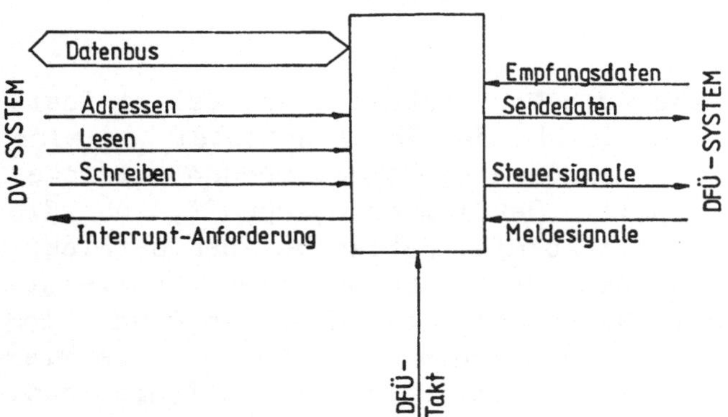

Bild 9-9
Anordnung eines DFÜ-Controller-Chips

b) <u>Der Baustein ist programmierbar.</u> Von der Systemseite aus können dem Baustein Informationen übergeben werden <command words>, welche die Funktion des Bausteins bestimmen; die Reaktion auf bestimmte Steuersignale kann bei unterschiedlicher Programmierung verschieden sein. Die Programmierung erfolgt durch die Übergabe bestimmter Datenworte auf dem Datenbus bei einer bestimmten Adresse.

c) <u>Unterschiedliche Geschwindigkeiten.</u> Der Baustein ist für unterschiedliche Datenübertragungsraten geeignet. Die verwendete Datenübertragungsrate wird von einem extern zugeführten Takt bestimmt.

d) <u>Interrupt-Verhalten.</u> Die DFÜ ist, verglichen mit der Datenübertragung durch den Prozessor, ein langsamer Vorgang. Eine fortlaufende Beobachtung des Chips durch den Prozessor wäre damit sehr zeitaufwendig. Das Chip löst unter bestimmten Umständen, z.B. wenn ein Zeichen empfangen wurde, eine Programmunterbrechung aus, damit der Prozessor das Zeichen einlesen kann. Die Situationen, unter denen eine Programmunterbrechung ausgelöst wird, können durch Programmierung bestimmt werden.

e) Statusmeldungen. Das Chip verfügt über ein oder mehrere Register, welche Informationen über den aktuellen Zustand des Chips <status words> enthalten. Diese Register können vom Prozessor über den Datenbus gelesen werden.

f) Schnittstellenkompatibilität. Die Chips sind auf der Datenübertragungsseite für bestimmte Schnittstellen, z.B. V.24 zugeschnitten. Dabei treten allerdings zwei Abweichungen auf:

-- Die Signale sind vom elektrischen Verhalten TTL-kompatibel, es werden nicht die für V.24 notwendigen Spannungspegel (<= -3V/ >= + 3V) gebildet, sondern TTL-Signale (ca. 0V/ + 5V). Soll tatsächlich ein Anschluß nach V.24 erfolgen, so ist eine Pegelumsetzung notwendig.

-- Die Signale sind mit den nach V.24 genormten Bezeichnungen versehen, ihr Verhalten entspricht aber nicht bei jeder Programmierungsart dem nach V.24 vorgesehenen Verhalten. Damit lassen sich mit diesen Bausteinen verschiedene Konfigurationen verwirklichen, z.B. mit Verwendung von Modems, Direktanschluß.

Hauptaufgabe der Chips ist die Parallel-Serien-Wandlung bzw. Serien-Parallel-Wandlung. Nach dem Einsatzgebiet können unterschieden werden:

UART <Universal Asynchronous Receiver Transmitter>. Nur für die asynchrone Übertragung geeignet.

USART <Universal Synchronous Asynchonous Receiver Transmitter>. Ist sowohl für asynchrone wie synchrone Übertragung geeignet.

Protocol Controller Chip. Zugeschnitten für eine bestimmte Art von synchroner Übertragungsprozedur, z.B. HDLC/SDLC-Controller.

Aufgaben, die neben der Parallel-Serien-Wandlung bzw. Serien-Parallel-Wandlung übernommen werden können, sind z.B.:

-- Ergänzen der Datenworte durch Paritätsbits beim Senden bzw. Abprüfen der Datenworte beim Empfangen auf korrekte Parität (asynchrone Übertragung).

-- Hinzufügen von Start- und Stopbits bei der asynchronen Übertragung.

-- Erkennung von Steuerzeichen in den empfangenen Daten und Bildung von bestimmten Steuersignalen für den Prozessor.

-- Einfügung und Entfernung von Bits oder Bytes zur Schaffung der Transparenz (vergl. Abschn. 2.2.)

-- Durchführung der Bit- und Bytesynchronisation beim Empfangen der Daten.
-- Zugriffsteuerung bei lokalen Netzwerken.
-- Erzeugung von Interrupts bei erkannten Fehlern.

Es seien zwei solcher Chips in ihrem Blockschaltbild und ihrer Funktion beschrieben, ein Protokollchip für Anschluß an das lokale Netzwerk Ethernet und ein universell verwendbarer USART.

Ethernet Data Link Controller

Bild 9-10 zeigt ein Blockschaltbild des Chips. Beim Sendevorgang übenimmt das Chip alle Daten mit Ausnahme der "Preamble" und der CRC-Zeichen dem Speicher des angeschlossenen Geräts. Dieses ist dafür zuständig, daß die Daten in richtiger Reihenfolge vorhanden sind (Zieladresse, Quelladresse, Typ-Angabe, Daten). Das Chip kann nicht das gesamte Datenpaket (64 bis 1518 Bytes ohne Preamble und CRC-Zeichen) zwischenspeichern; es verfügt über einen Zwischenspeicher von nur 16 byte <transmit FIFO>, welcher nach dem Prinzip "zuerst ein, zuerst aus" arbeitet, d.h. die vom Gerät zuerst übergebenen Daten werden zuerst gesendet. Die seriellen Sendedaten TxD werden nicht direkt dem Bus des Ethernet-Systems oder dem Transceiver übergeben, sondern müssen über einen Codierer/Decoder laufen, der auch die Verschlüsselung nach dem Manchester-Code vornimmt. Die Kollisionsrkennung erfolgt im Transceiver, das Chip muß das Kollisionserkennungssignal weiterverarbeiten.

Wenn eine Sendung initialisiert werden soll, stellt der Ethernet-Knoten die Daten in der richtigen Reihenfolge in einem Puffer ab. Die Übergabe an den Zwischenspeicher im Chip <transmit buffer to FIFO> erfolgt unter Steuerung durch die Signale TxWR <Transmit Write>, welches dem Chip anzeigt, daß ein Byte zu übernehmen ist und TxRDY <Transmit Ready>, welches dem Ethernet-Knoten anzeigt, daß Daten übergeben werden können. Die Sendung in das Netzwerk hinein durch das Controller-Chip beginnt nach Abprüfung von zwei Kriterien:

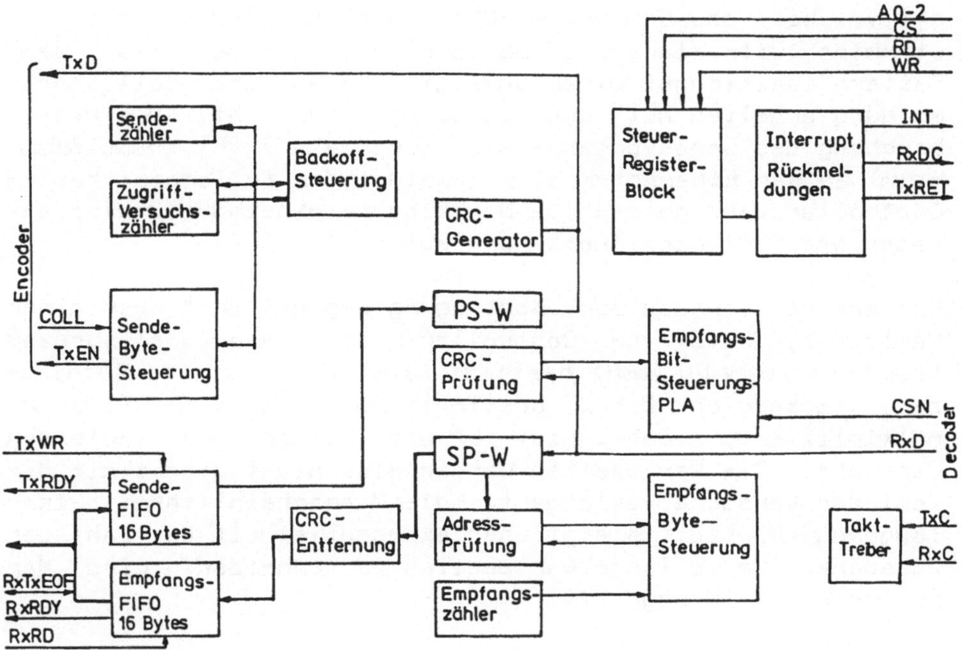

Bild 9-10
Blockschaltbild eines Controllers für Ethernet
PSW: Parallel-Serien-Wandler
SPW: Serien-Parallel-Wandler

-- das Netzwerk darf in den letzten 9,6 µs nicht beschäftigt gewesen sein;
-- nach Kollisionen sind Wartezeiten <backoff times> zu berücksichtigen.

In beiden Fällen geht es um die Berücksichtigung von Zeiten. Dem Controllerchip wird dazu ein Sende- und Empfangstakt (unabhängig zueinander) zugeführt, welche eine Frequenz von 10 MHz haben, was der Datenübertragungsrate des Ethernet-Netzwerks entspricht. Sende- und Empfangstakt werden nicht nur bei tatsächlichen Sende- und Empfangsvorgängen zugeführt, sondern kontinuierlich. Bei der Sendung übergibt der Controller die Daten seriell auf der Leitung TxD<Transmitted Data> und zeigt mit dem Signal TxEN<Transmit Enable> den aktiven Sendevorgang an.

Tritt eine Kollision ein, so wird diese vom Sender/Empfänger <tranceiver> festgestellt und mit dem Signal COLL an das Controller-Chip gemeldet. Dieses Signal bleibt solange aktiv, bis das Controller-Chip durch Aussenden eines bestimmten Bitmusters (55 55 55 55 H), welches als "Jam-Pattern" bezeichnet wird, anzeigt, daß es die Kollisionsmeldung erhalten hat und die Sendung abbricht. Die Unterbrechung des Sendevorgangs wird durch ein TxRET <Transmit Retransmission> an den Ethernet-Knoten gemeldet,der Pufferspeicher im Controller wird gelöscht. Der Ethernet-Knoten muß also das Laden des Pufferspeichers neu beginnen.

Der erneute Versuch zur Übertragung beginnt erst nach einer Wartezeit, die vom Controller mit einem Zufallsprozeß <truncated binary exponential backoff> bestimmt wird. Es wird eine Zufallszahl im Bereich $0 - 2^k$ bestimmt, diese wird mit 51,2 µs multipliziert. Dabei ist k die Nummer des laufenden Versuchs. Die Wartezeiten werden also nicht direkt mit der Zahl der Versuche verlängert, die Wahrscheinlichkeit einer längeren Wartzeit steigt aber exponential mit der Zahl der Versuche. Um zu lange Wartezeiten zu vermeiden, wird der Faktor k auf 10 begrenzt.

Die Rückmeldungen über Kollisionen an den Ethernet-Knoten können nicht nur mit dem Signal TxRET erfolgen, sondern auch durch das Auslösen von Interrupts und das Auslesen des Sende-Status-Registers <transmit status register>. Über ein weiteres Register <transmit command register> wird festgelegt, unter welcher Bedingung ein Interrupt ausgelöst werden darf. Die vier Bedingungen sind:

-- Kollision,
-- 16 erfolglose Sendeversuche <transmission attempts>,
-- erfolgreiche Übertragung,
-- mangelnde Sendedaten <transmission underflow>.

Die beiden letztgenannten Bedingungen werden später erläutert. Die Sendeversuche, die wegen Kollision erfolglos blieben, werden gezählt und zur Berechnung der Wartezeit verwendet. Nach dem 16. Versuch wird das entsprechende Bit im Status-Register gesetzt, evtl. ein Interrupt ausgelöst. Falls der Ethernet-Knoten die Sendung nicht abbricht, beginnt der Zähler bei dem 17. Versuch wieder mit der Zahl 0. Nach jedem erfolgreichen Sendeversuch werden die Fehlerbits im Statusregister gelöscht und der Zähler rückgesetzt.

Ein Sendevorgang wird normal abgeschlossen, indem der Ethernet-Knoten bei Übergabe des letzten Bytes das Signal

RxTxEOF <Receive/Transmit End Of Frame> setzt. Das Controller-Chip fügt noch die errechneten CRC-Zeichen (4 Bytes) in serieller Form in die Sendedaten ein und beendet damit die Sendung. Der erfolgreiche Abschluß kann mit einem Interrupt angezeigt werden, das entsprechende Statusbit im Statusregister wird gesetzt. Die Bedingung "mangelnde Sendedaten" <underflow, starvation> liegt vor, wenn der Ethernet-Knoten den Sendepuffer nicht schnell genug lädt. Der Sendepuffer kann nicht den gesamten zu sendenden Rahmen aufnehmen, da er nur 16 Bytes umfaßt. Die parallele Übernahme der Daten in den Puffer und die serielle Übergabe an das Netzwerk müssen also gleichzeitig erfolgen. Wegen der Datenübertragungsrate von 10 Mbit/s muß alle 800 ns ein Byte übergeben werden. Bei Auftreten der Bedingung kann ein Interrupt ausgelöst werden, das Statusbit wird gesetzt, das Signal TxRET <Transmit Retransmission> gebildet und die Sendung abgebrochen.

Beim Empfang der Daten werden dem Controller vom Decodierer die seriellen Empfangsdaten (RxD) und das Signal CSN <Carrier Sense> übergeben; CSN zeigt an, daß die Empfangsleitung aktiv ist. Da alle Nachrichten von jeder Station empfangen werden, wird nach der Synchronisierung durch die "Preamble" die Adreß-Erkennung <address matching> durchgeführt. Das Controller-Chip verfügt über ein 6-Byte-Adreß-Register, welches vom Ethernet-Knoten aus zu laden ist.

Die Empfänger-Adressen können entweder Einzeladressen oder Mehrfach-Adressen <multicast/broadcast> sein. Die Einzeladresse <station address physical> wird durch eine "0" im ersten Bit des ersten Bytes gekennzeichnet. Sie wird angenommen, wenn alle 6 Bytes der empfangenen Adresse mit dem Inhalt des Adreß-Registers übereinstimmen. Eine Rundspruchadresse <broadcast address> liegt vor, wenn alle 6 Bytes mit FFH geladen sind; eine Mehrfachadresse <multicast address> hat das erste Bit im ersten Byte auf "1", enthält aber auch Nullen. Die Behandlung der empfangenen Rahmen richtet sich nach der Match Mode Definition, die mit zwei Bits in einem Register des Controllers definiert ist. Es können vier verschiedene Betriebsarten definiert werden:

1. Empfang aller Rahmen unabhängig von ihrer Adresse <promiscuous mode>.

2. Ignorierung aller Rahmen unabhängig von ihrer Adresse <receiver disable>.

3. Empfang der Rahmen mit richtiger Stationsadresse und der Rahmen mit Rundspruchadresse.

4. Empfang der Rahmen mit richtiger Stationsadresse, Rundspruchadresse oder Mehrfachadresse.

Die Auswertung der Mehrfachadresse muß also durch den Ethernet-Knoten vorgenommen werden. Unter Empfang eines Rahmens wird hier verstanden, daß der Rahmen ohne Preamble in den Pufferspeicher übernommen wird und daß er ohne Preamble und CRC-Zeichen an den Ethernet-Knoten weitergegeben wird, wobei die entsprechenden Steuersignale und Interrupts verwendet werden.

Die Übergabe der empfangenen Daten erfolgt über den Datenbus, gesteuert von den Signalen RxRD und RxRDY. RxRD <Receive Read strobe> kommt vom Ethernet-Knoten und fordert den Controller zur Übergabe der Daten aus dem Pufferspeicher auf; RxRDY <Receive Ready> zeigt dem Ethernet-Knoten an, daß wenigstens ein Byte im Pufferspeicher zur Verfügung steht. Das Ende des empfangenen Rahmens wird vom Controller über das Signal RxTxEOF <Receive/Transmit End Of Frame> angezeigt.

Ähnlich wie beim Sendevorgang wird über ein Register festgelegt, unter welchen Umständen beim Empfang ein Interrupt ausgelöst werden soll <receive command register>. Weiter besteht ein Status-Register<receive status register>, welches vom Ethernet-Knoten eingelesen werden kann. Dieses Register enthält ein Bit, welches anzeigt, ob seit dem letzten Lesen des Registers eine Veränderung stattgefunden hat. Ein Interrupt kann unter fünf verschiedenen Bedingungen ausgelöst werden; diese Bedingungen führen auch zum Setzen der Statusbits:

1. Empfang eines korrekten Rahmens <good frame>.

2. Empfang eines Rahmens mit CRC-Fehler.

3. Empfang eines Rahmens mit Überlauf <overflow>. Wie beim Sendevorgang kann der Controller nicht den gesamten Rahmen zwischenspeichern. Wenn der Ethernet-Knoten während des Empfangs nicht durchschnittlich alle 800 ns ein Byte übernimmt, kommt es zum Überlauf.

4. Empfang eines zu kurzen Rahmens <short frame>. Es wurde ein Rahmen empfangen, der weniger als 64 Bytes Information enthielt.

5. Empfang eines Rahmens mit Dribble-Fehler. Das Vorhandensein der Daten auf der seriellen Eingangsleitung RxD wird durch das Signal CSN <Carrier Sense> angezeigt. Dieses muß 100 ns nach dem letzten Bit des letzten empfangenen Bytes inaktiv werden. Die Nachricht muß immer in Bytes aufgebaut sein. Wird CSN nicht nach einer Bytegrenze <byte boundary> inaktiv, liegt ein "Dribble-Fehler" vor.

Der Verkehr zwischen Controller und Ethernet-Knoten erfolgt byteweise über den Datenbus RxTxD. Vom Prinzip des Ethernet kann es dabei keine Konflikte geben, da zur Sendezeit kein Empfang stattfindet und umgekehrt. Während aber der Verkehr mit den Registern (Statusregister, Kommandoregister) wie bei Peripherie-Chips üblich über die Steuersignale RD <Read>, WR <Write>, CS <Chip Select> und die Adreßbits A0 bis A2 gesteuert wird, erfolgt der Austausch von Sende- und Empfangsdaten über eigene Steuersignale. Wegen der Schnelligkeit des Vorgangs kann er nicht vom Prozessor direkt gesteuert werden, sondern muß nach der Methode des direkten Speicherzugriffs <DMA, Direct Memory Access> erfolgen.

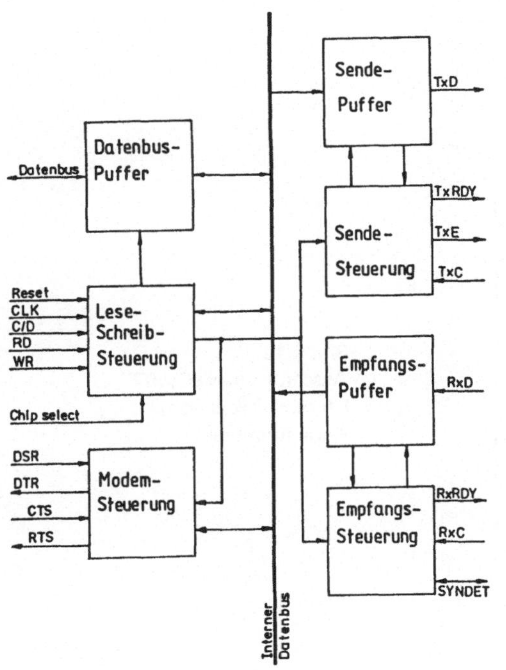

Bild 9-11
Blockschaltbild eines USART

Universal-Synchron-Asynchron-Sender/Empfänger (USART)

Bild 9-11 zeigt ein Blockschaltbild und die Anschlüsse eines solchen Chips, welches auch als programmierbare Kommunikations-Schnittstelle <programmable communications interface> bezeichnet wird. Obwohl die Aufgabe des USART ähnlich ist wie die des oben beschriebenen Ethernet-Controllers, sind doch einige Unterschiede feststellbar.

-- Die Geschwindigkeit der Datenübertragung ist nicht festgelegt, sondern kann zwischen 0 und 56 kbit/s im Synchronbetrieb und zwischen 0 und 9,6 kbit/s bei der Asynchronübertragung liegen. Die tatsächliche Übertragungsrate wird vom Signal TxC <Transmitter Clock> bestimmt, das extern zugeführt werden muß. Während bei der synchronen Übertragung die Frequenz des Signals TxD der Datenübertragungsrate entspricht, kann bei der asynchronen Übertragung durch Programmierung festgelegt werden, ob Bitrate und Sendetakt TxD im Verhältnis 1:1, 1:16 oder 1:64 stehen sollen. Gleiches gilt vom Empfangstakt RxC <Receive Clock>. **Bild 9-12** zeigt zwei Konfigurationen mit dem USART mit der Bildung von TxD und RxD.

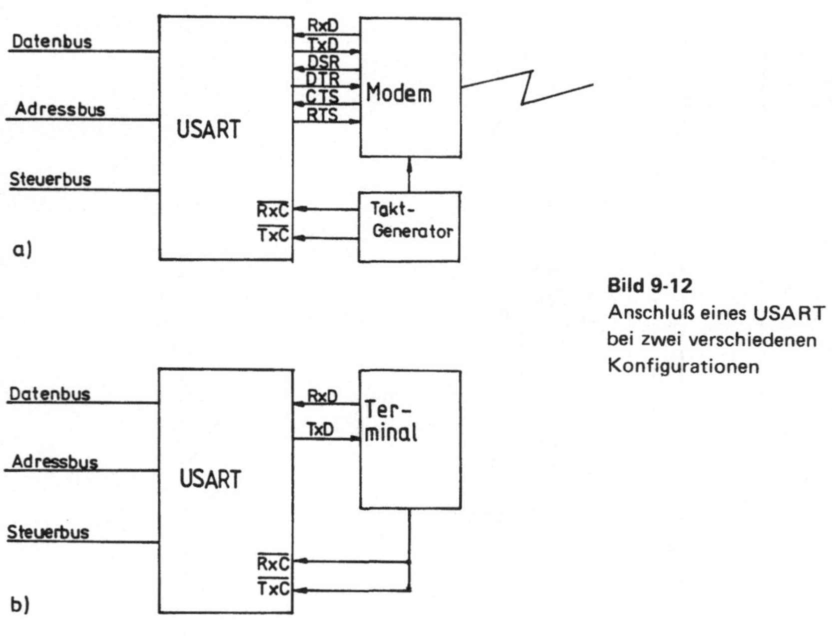

Bild 9-12
Anschluß eines USART bei zwei verschiedenen Konfigurationen

-- Sende- und Empfangspuffer verfügen nur über eine Speichergröße von 8 bit.

-- Übergabe von Statusinformationen, Steueranweisungen <control words> und Daten zwischen Prozessor und USART erfolgen mit der gleichen Steuerung durch die Signale RD <Read>, WR <Write>, CS <Chip Select> und C/D <Control/Data>. Das letztgenannte Signal unterscheidet, ob es sich um eine Datenoperation handelt oder um eine Steueroperation. Während nur ein Statusregister besteht, welches vom Prozessor ausgelesen werden kann, sind zur Steuerung des Chips zwei Register erforderlich, das Betriebsarten-Register<mode instruction> und das Kommando-Register <command instruction>. Die Anwahl der beiden Register durch den Prozessor zum Schreiben erfolgt durch die Reihenfolge der Ansprache.

-- Sowohl im Asynchron-Betrieb wie im Synchron-Betrieb kann der Verkehr vollduplex erfolgen, da sowohl ein Sende- wie ein Empfangspuffer vorhanden ist.

-- Die Länge eines Zeichens kann durch Programmierung des Bausteins bestimmt werden, wobei 5 bis 8 bit/Zeichen möglich sind. Ebenso kann für den asynchronen Betrieb festgelegt werden, ob mit 1; 1,5 oder 2 Stopbits gearbeitet wird.

-- Bei der asynchronen Übertragung wird das Paritätsbit beim Senden durch den USART gebildet, wobei durch Programmierung festgelegt wird, ob eine gerade <even> oder ungerade <odd> Parität verwendet wird. Beim Empfang erfolgt eine Abprüfung der Parität, und bei Verletzung der Parität wird in einem Statusregister ein Bit gesetzt.

-- Im Gegensatz zu dem oben beschriebenen Ethernet-Controller-Chip erfolgt bei der synchronen Übertragung keine Bildung und Abprüfung von CRC-Zeichen; diese muß durch den Rechner erfolgen.

-- Für die asynchrone Übertragung kann festgelegt werden, daß auf die Bildung und Abprüfung von Paritätsbits verzichtet wird.

-- Ein Einfügen und Abprüfen von Paritätsbits kann auch im synchronen Betrieb erfolgen, unabhängig von den CRC-Zeichen.

-- Während bei der synchronen Übertragung dem USART die Synchronisationszeichen am Beginn eines Datenblocks von der CPU übergeben werden, erfolgt ein automatisches Einschieben von Synchronisationszeichen in den Datenblock immer dann, wenn der Sendepuffer bei laufender Sendung leer ist. Der Zustand wird der CPU mit dem Signal TxEMPTY angezeigt. Durch Programm kann festgelegt werden, ob ein oder zwei Synchronisationszeichen eingeschoben werden.

-- Während sowohl der Sende- wie der Empfangstakt extern zugeführt werden, die Bitsynchronisation also nicht vom USART durchgeführt wird, kann die Zeichensynchronisation sowohl im USART wie extern erfolgen. Durch ein Bit im Kommandoregister wird festgelegt, ob die Synchronisation im Chip erfolgen soll <hunt mode>. Das Signal SYNDET <Sync Detect> ist dann ein Ausgabesignal; erfolgt die Synchronisation extern, dient es als Eingangssignal. Erfolgt die Synchronisation im Chip, vergleicht das Chip die empfangenen Daten mit dem Bitmuster des Synchronisationszeichens. Bei Übereinstimmung wird das SYNDET-Signal in der Mitte des letzten Bits des letzten Synchronisationszeichens auf "1" gesetzt. Wird eine externe Zeichensynchronisation durchgeführt, so wird mit der positiven Flanke von SYNDET, welches als Eingangssignal kommt, angezeigt, daß die empfangenen Bits zum ersten Zeichen zusammengesetzt werden sollen.

-- Bei der asynchronen Übertragung findet eine Abbrucherkennung <break> statt. Durch Programmieren im Kommandoregister werden "Break"-Zeichen ausgesendet. Diese bestehen aus "Low"-Zuständen für das gesamte Zeichen einschließlich der Start-, Stop- und Paritätsbits. Wenn der Empfänger zwei "Break"-Zeichen empfängt, bildet er das Signal BREAK DETECT. Das Signal wird wieder zurückgeschaltet, wenn die Empfangsleitung in den "1"-Zustand geht, in dem sie sich normalerweise befindet, wenn keine Daten gesendet werden, oder wenn das Chip zurückgesetzt wird.

-- Das Chip benötigt zur Taktung seiner internen Vorgänge einen von außen zugeführten Zentraltakt, der unabhängig von Sende- und Empfangstakt ist. Er muß aber mindestens die 30-fache Frequenz der Datenübertragungsrate haben.

-- Spezifische Interruptausgänge, die zur Programmunterbrechung im Prozessor führen sollen, bestehen nicht. Es können aber dazu die Signale TxRDY <Transmitter Ready> und RxRDY

<Receiver Ready> verwendet werden, welche anzeigen, daß ein Datum zum Senden, bzw. die Übernahme eines empfangenen Datums erwartet wird. Ein Sperren oder Zulassen dieser Signale durch Programmierung ist nicht möglich.

-- Zur Synchronisation des Datenverkehrs auf der Datenleitung mit dem Datenverkehr zwischen USART und dem Prozessor dient das Signal TxEMPTY und das OE-Bit im Statusregister.

Das OE-Bit <Overrun Error> zeigt an, daß ein neues Zeichen empfangen wurde, ehe das vorhergehende Zeichen vom Prozessor übernommen wurde. Da der Empfangspuffer nur ein Zeichen aufnehmen kann, wird das alte Zeichen überschrieben und ist damit verloren. Das Signal TxEMPTY zeigt an, daß der Sendepuffer leer ist. Bei der synchronen Übertragung werden dann, wie oben erläutert, Synchronisationszeichen als Füller in den Datenstrom eingeschoben.

-- Der USART verfügt über Steuerleitungen, deren Bezeichnung der V.24-Schnittstelle entspricht. Wie diese Signale, z.B. RTS <Request To Send>, verwendet werden, etwa zur Ansteuerung eines Modems, ist Sache des Benutzers. Signale, die ausgegeben werden, werden durch Schreiben des Kommandoregisters verändert; Signale, die eingegeben werden, beeinflussen den Datenverkehr. So führt ein Schalten des Signals CTS <Clear To Send> auf "Off" zu einer Beendigung des Sendevorgangs.

-- Für alle Signale gilt, daß sie TTL-kompatibel sind. Ein direkter Anschluß an ein Modem nach V.24 ist also nicht möglich, da nach V.24 bzw. V.28 Spannungspegel erwartet werden, die nicht den Pegeln der TTL-Technik entsprechen.

10 Anwendungen der Datenfernverarbeitung

Da die Anwendungen der DFV sehr mannigfaltig sind, können in diesem Kapitel nur einige Beispiele behandelt werden, wie sie für die DFV typisch sind. Im ersten Abschnitt geht es dabei um die Fernunterhaltung, welche auch die Ferndiagnose einschließt. Gemeint ist hier nicht die Wartung des Datenübertragungsnetzes, sondern die Wartung von EDV-Systemen über die Datenfernübertragung. Der zweite Abschnitt beschreibt nach einer Qualifizierung von Dienstleistungen einige Dienste, die vom öffentlichen Netz geboten werden oder geboten werden sollen. Dienste, die bereits in den vorigen Kapiteln beschrieben wurden, sind dabei natürlich ausgenommen. Der dritte Teil befaßt sich mit zwei "klassischen" Anwendungen der DFV, der Stapelfernverarbeitung und den Auskunftsystemen. Im abschließenden vierten Teil wird ein Blick auf das "Büro der Zukunft" geworfen; dabei werden aber nur solche Aspekte berücksichtigt, die sich bereits konkret absehen lassen.

10.1 Fernunterhaltung

Die DFV bietet die Möglichkeit, mit einem EDV-System umzugehen, ohne daß man sich am gleichen Ort aufhalten muß. So kann man z.B. ein Programm von einer räumlich entfernten Datenstation aus aufrufen. Diese Fähigkeit legt den Gedanken nahe, auch Unterhaltsarbeiten am EDV-System von räumlich entfernten Stationen aus auszuführen <remote service>. Die Unterhaltung eines Systems kann dabei in mehrere Funktionen gegliedert werden (**siehe Bild 10-1**).

<u>Software-Unterhaltung</u> <software maintenance>. Die in einem System befindliche Software (besonders das Betriebssystem) muß ständig verbessert und auf dem neuesten Stand gehalten werden. Besonders in der Anfangsphase der Verwendung eines Systems zeigen sich oft Fehler in der Software, aber auch wenn das System bereits längere Zeit auf dem Markt ist, kann es sinnvoll sein, die vorhandene Software zu verbes-

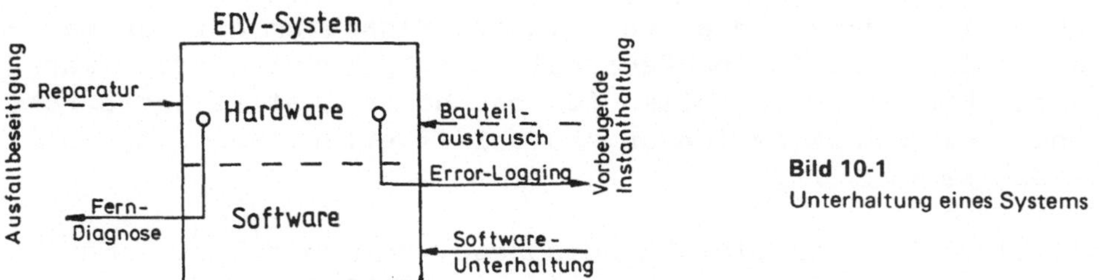

Bild 10-1
Unterhaltung eines Systems

sern oder zu ergänzen. Bei einer Software-Unterhaltung auf konventionellem Wege ist es notwendig, Datenträger, z.B. Magnetplatten, auszutauschen. Dies kann nicht für alle Maschinen des gleichen Typs zur gleichen Zeit geschehen, so daß Betreuungspersonal oft mit unterschiedlichen Software-Versionen <releases> befaßt ist. Die Fernunterhaltung ermöglicht es, diesen Vorgang praktisch gleichzeitig an allen Systemen eines Typs auszuführen, so daß solche Probleme nicht auftreten. Zur Software-Unterhaltung gehören insbesondere:

-- Austausch von Herstellersoftware,
-- Modifikation und Pflege der Software,
-- Austesten von Anwendersoftware,
-- Abruf von Systemdokumentationen durch den Anwender,
-- Abruf von Herstellersoftware durch den Anwender,
-- Fernladen und Starten des Betriebssystems.

Vorbeugende Instandhaltung. Diese versucht, durch systematisches Sammeln von Meldungen über Fehler, die nicht zu einem Ausfall geführt haben <error logging>, Komponenten der Anlage ausfindig zu machen, welche wahrscheinlich bald ausfallen werden. Diese gesammelten Daten können zu einem Diagnose-Center übertragen werden; sie werden dort ausgewertet, und ein Technikereinsatz wird für einen Zeitpunkt geplant, der den Betrieb nicht stört.

Ferndiagnose <remote diagnostics>. Die Ferndiagnose dient der Lokalisierung eines aufgetretenen Fehlers, der zu einem Ausfall oder einem Teilausfall des Systems geführt hat. Die Ferndiagnose hat gegenüber der klassischen Diagnose "vor Ort" mehrere Vorteile, obwohl eine "Fernreparatur" im allgemeinen nicht möglich ist:

a) Gut geschultes Personal, wie es oft nicht ausreichend zur Verfügung steht, wird für die eigentliche Diagnose benötigt, während die nachfolgende Reparatur oft von weniger gut ausgebildetem Personal durchgeführt werden kann. Durch Ferndiagnose fallen für das höher qualifizierte Personal keine Reisezeiten an, so daß es effektiver eingesetzt werden kann.

b) Liegt bereits eine Ferndiagnose vor und muß der Fehler durch einen anreisenden Techniker beseitigt werden, so kann dieser gezielt mit Ersatzteilen ausgestattet werden. Damit vermindern sich die Reparaturzeiten.

c) Durch Konzentration der Diagnose in einer Diagnoszentrale mit der Möglichkeit des Einsatzes von gut ausgebildetem und spezialisiertem Personal können allgemeine Erkenntnisse über "Schwachstellen" von Systemen, über Serien- und Systemfehler schneller erkannt werden als beim Einsatz von Technikern, welche beim Kunden oft mehrere verschiedene Systeme betreuen müssen.

d) Bestimmte Ausfälle an Systemen oder an Komponenten von Systemen können auch durch Bedienfehler entstehen, die Anreise eines Technikers ist damit nicht notwendig. Durch Ferndiagnose können solche Fehler festgestellt oder ausgeschlossen werden.

Allgemein verspricht man sich von der Ferndiagnose beim Kunden geringere Ausfallzeiten und kürzere Reparaturzeiten, beim Hersteller bzw. Betreuer der Anlagen geringere Personal- und Sachkosten. Die Kosten der Hardware-Ausstattung steigen mit Einführung der Ferndiagnose an, bei allgemein sinkenden Hardwarekosten darf dies aber die erzielten Vorteile nicht aufwiegen. Eine Umrüstung alter Anlagen wird allerdings in den meisten Fällen nicht für zweckmäßig gehalten.

Zu den spezifisch für die Ferndiagnose notwendigen Tätigkeiten gehören:

--Telephonische Unterstützung von Bedienern und Technikern,
--Abrufen und Auswerten von Diagnosemeldungen über die DFÜ,
--Auslösen von Testfunktionen über die DFÜ,
--Erteilung von Anweisungen für den Techniker über DFÜ,
--Gezielte Auswahl und Austattung eines Technikers,
--Umgehung von Hardwarefehlern. Dies setzt natürlich eine redundante Hardware voraus. Durch Änderungen im Betriebssy-

stem werden bestimmte Funktionen der redundanten Hardware übertragen.

Bild 10-2 zeigt den grundsätzlichen Aufbau eines Netzes zur Fernunterhaltung von EDV-Systemen. Im Diagnose-Zentrum müssen als Software zur schnellen Auswertung und Bearbeitung von Fehlermeldungen unter anderem vorhanden sein:
Kundenstammdatei mit Konfigurationen der Kunden

- Technikerdatei,
- Berichtsdatei des Kundendienstes,
- Statistische Auswerteprogramme,
- Abfrageprogramme,
- Diagnose-Führungsprogramme (arbeiten mit Techniker vor Ort),
- Diagnose-Programme (benötigen keinen Techniker vor Ort),
- Simulationsprogramme,
- Ursachendatei (muß aus der Berichtsdatei des Kundendienstes erarbeitet werden).

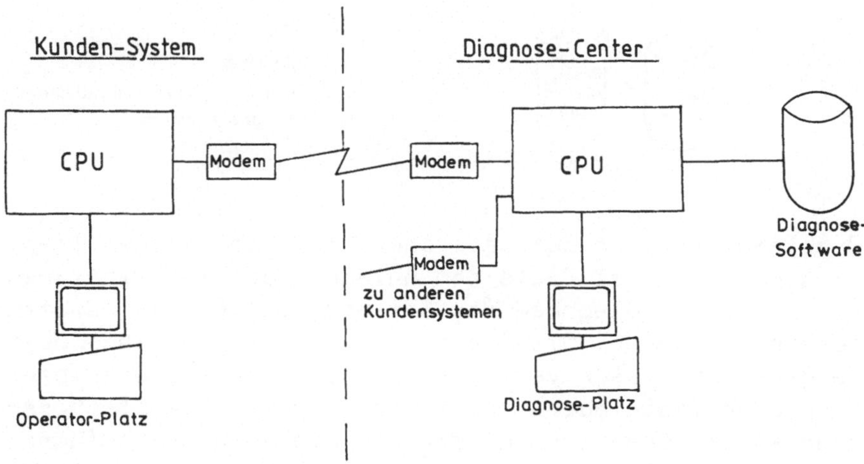

Bild 10-2
Aufbau eines Systems zur Ferndiagnose

Die Ferndiagnose ist kein Arbeitsvorgang, der vollautomatisch durchgeführt werden kann, sondern erfordert den Einsatz von Spezialisten. Eine vollständig automatisch durchgeführte Diagnose bietet zwar die Vorteile, daß kein oder sehr wenig Personal benötigt wird und daß sie innerhalb einer bestimmten Zeit mit einer hohen Wahrscheinlichkeit den Fehler findet. Sie hat aber den Nachteil, daß sie im Vergleich zu einer "menschlichen" Diagnose oft sehr zeitaufwendig ist, da das Diagnosesystem alle Möglichkeiten der Reihe nach probieren muß, nicht wie der Mensch gezielt suchen kann, auch nicht durch Erfahrung lernen kann. Zur Durchführung der Fernwartung, besonders der Ferndiagnose, sind auch beim Kundensystem zusätzliche Einrichtungen der Hard- und Software notwendig. **Bild 10-3** zeigt den grundsätzlichen Aufbau eines solchen Systems.

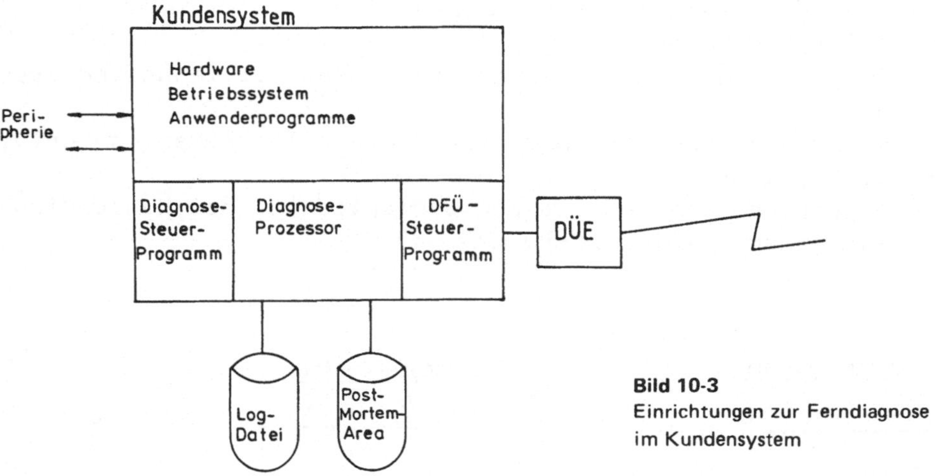

Bild 10-3
Einrichtungen zur Ferndiagnose im Kundensystem

Die Problematik aller automatischen Diagnosesysteme liegt darin, daß zumindest Teile der Anlage noch funktionieren müssen, um eine Diagnose des Systems durch das System durchführen zu können. Die Diagnose-Hardware muß daher über einen eigenen Prozessor verfügen, dieser wird als Diagnoseprozessor oder Teststeuereinheit bezeichnet. Der Diagnoseprozessor sollte über eine eigene Stromversorgung verfügen, über seine eigene lokale Peripherie, z.B. Tastatur, Bildschirm, Diskettenspeicher und natürlich über einen Anschluß zur DFÜ. Er muß über den Zugriff auf jede Hardware-Komponente des Systems verfügen, damit er jederzeit über den Zustand dieser Komponente informiert ist oder sich darüber informieren kann. Die Diagnose-Hardware soll auch dann noch lauffähig sein, wenn das gesamte übrige System ausgefallen ist.

Zugeordnet dem Diagnoseprozessor und seiner Hardware ist das Diagnose-Steuerungs-Programm. Dieses dient zur Erfassung von Meldungen, die für das Verhalten des Systems wichtig sind. Solche Meldungen sind z.B.:

-- Sich abzeichnende Hardware-Fehler. Die Erfassung kann z.B. dadurch erfolgen, daß fehlerhafte Versuche bei bestimmten Operationen wie Lesen von der Platte, registriert werden. Steigt die Zahl der fehlerhaften Versuche innerhalb eines bestimmten Zeitraums an, so kann dies als Anzeichen für einen sich in der Zukunft abzeichnenden Fehler registriert werden.

-- Totalausfälle von Systemkomponenten.
-- Statistische Informationen über Auslastung von Komponenten, Laufzeiten, Durchsatzraten.

Es ist nicht Aufgabe des Diagnose-Steuer-Programms, jede eintreffende Meldung an das Diagnosezentrum zu melden, sondern es soll eine Datenkompression durchgeführt werden; nur bestimmte Meldungen werden an das Diagnosezentrum weitergegeben. Die Meldungen werden in eine Log-Datei eingetragen, es können daraus Statistiken für den Kunden oder das Diagnose-Zentrum erarbeitet werden. Bei Systemfehlern, die zu Teil- oder Totalausfällen führen, wird eine Beschreibung der mit dem Fehler verbundenen Umstände (Fehlerumgebung) in eine Datei geschrieben, die als "Post-Mortem-Area" bezeichnet wird. Auch diese kann zur Diagnose der Fehlerursache herangezogen werden. Kriterien für die Weitermeldung an das Diagnosezentrum können sein:

-- Überschreitung bestimmter Zahlenwerte, die auf einen sich anbahnenden Fehler schließen lassen.
-- Totalausfälle oder Ausfälle wichtiger Systemkomponenten.
-- Weiterleitung von statistischen Informationen zu bestimmten Tageszeiten, in Niedriglastzeiten, vor Abschalten des Systems.

Die DFÜ für die Fernwartung kann grundsätzlich über alle Leitungen erfolgen, die sich für die DFÜ eignen. Aus Kostengründen wäre eine Standleitung allerdings nicht geeignet. Bestehen in zentralisierten Netzen bereits Standleitungen, etwa zwischen einem "Terminal-Controller" und einen "Host", so können diese für die Zwecke der Fernwartung mitgenutzt werden. Der Regelfall wird wegen der relativ geringen Benutzungsdauer die Wählleitung mit automatischer Ruf- und Antworteinrichtung sein. Grundsätzlich muß der Diagnoseprozessor über alle für die Herstellung einer Datenverbindung und Durchführung des Datenaustauschs erforderlichen Hardware- und Software-Komponenten verfügen.

Ein amerikanischer Vorschlag sieht die Verwendung zweier Übertragungsgeschwindigkeiten <split speed operation> für die Durchführung der Ferndiagnose vor. Da die Datenmengen, die vom Diagnose-Zentrum ausgehen, gering sind (Anfragen, Start von Testprogrammen, Anweisungen), wird für diesen Übertragungsweg eine Datenübertragungsrate von 150 bit/s vorgeschlagen. Die Meldungen des Kundensystems <user site> mit ausführlicher Problembeschreibung, Statistikdaten usw. sind aber umfangreicher, so daß hierfür 2400 bit/s vorgesehen sind. [COXD01].

Diese Überlegung würde allerdings nur für die Ferndiagnose gelten, nicht aber für die Fernwartung. Besonders bei der Softwarewartung sind auch vom Zentralsystem größere Datenmengen zu übertragen.

Ein Problem bei der Fernwartung ist der **Schutz des Kunden vor Datenmißbrauch**; er muß gegen die Zerstörung von Daten und gegen unbefugtes Mitlesen geschützt werden. Dazu ist er auch im Sinne des Datenschutzgesetzes, welches eine unbefugte Weitergabe personenbezogener Daten verbietet, verpflichtet. Da der Diagnoseprozessor Zugriff auf alle Systemkomponenten haben muß und bestimmte Aktivitäten des Diagnosprozessors von der Diagnosezentrale ausgelöst werden können, müssen besondere Schutzvorkehrungen getroffen werden. Schutzvorrichtungen gegen einen Mißbrauch können grundsätzlich durch Hardware- und Softwaremaßnahmen geschehen. Dabei sind die Softwaremaßnahmen verbreiteter. In den meisten Fällen besteht eine grundsätzliche Übereinkunft, daß Maßnahmen der Fernwartung nicht zu jeder beliebigen Zeit erfolgen, sondern nur nach vorheriger Absprache mit dem Kunden. Dies kann bei der Verwendung von Wählleitungen, die die übliche Verbindungsart darstellen, auch dadurch geschehen, daß nur der Kunde berechtigt ist, die Verbindung zum Diagnose-Zentrum herzustellen.

Mögliche Schutzmaßnahmen sind:

a) <u>Verwendung einer Datenschutzdatei.</u> In dieser Datei <remote service protect file> bestehen Eintragungen des Kunden, welche einen Schutz gegen die Fernwartung vornehmen, dabei können geschützt sein:

-- Das Gesamtsystem. Zu einer bestimmten Zeit ist keine Fernwartung möglich.

-- Datenträger <volume protection>; bestimmte Datenträger, z.B. Magnetbänder, sind gegen den Zugriff durch die Fernwartung geschützt.

-- Dateien <file protection>; bestimmte Dateien sind gegen Lesen und Schreiben durch die Fernwartung geschützt.

-- Bereiche <area protection>; bestimmte Bereiche der Hintergrundspeicher (Bibliotheken, Cartridges, Areas) sind gegen Lesen und Schreiben durch die Ferwartung geschützt.

b) Leitungsaufbau nur durch den Anwender. Die Verbindung zum Diagnosezentrum kann nur durch den Anwender hergestellt werden. Dies gibt die Möglichkeit, Datenschutz dadurch durchzuführen, daß vor Beginn der Fernwartung die zu schützenden Daten dem System entnommen werden, dies kann durch Tausch von Magnetbändern, Wechselplatten usw. geschehen. Da sich in Rechenzentren oft viele Personen aufhalten, kann das Recht zum Aufbau einer Verbindung an das Diagnose-Zentrum an die Benutzung bestimmter Schlüssel (Hardware) oder Schlüsselworte (Software) gekoppelt sein; diese Schlüsselworte werden auch als Paßworte <pass words> bezeichnet.

c) Überwachbarkeit durch den Kunden. Durch Bildschirmanzeige oder ähnliche Maßnahmen müssen die Aktivitäten dem Kunden angezeigt werden; dieser muß jederzeit die Möglichkeit haben, die Verbindung zur Fernwartungszentrale zu lösen. Wenn diese Einrichtung sinnvoll sein soll, ist dazu auch beim Kunden geschultes Personal notwendig.

d) Grundsätzlich begrenzter Zugriff. Da Maßnahmen wie die Verwendung einer Datenschutzdatei, wie unter a) beschrieben, es notwendig machen, daß mindestens Teile des Systems noch intakt sind, sind solche Maßnahmen bei der Ferndiagnose nicht immer anwendbar. Bei Verwendung einer Datenschutzdatei muß diese vor Beginn einer Ferndiagnose dem Diagnoseprozessor übergeben werden. Geführt werden muß sie selbstverständlich von dem dem Kunden zugänglichen Teil des EDV-Systems; die zu schützenden Bereiche sind zu verschiedenen Zeiten unterschiedlich. Ist diese Übergabe wegen ausgefallener Systemkomponenten nicht mehr möglich, so muß sichergestellt sein, daß ein Zugriff nur noch auf die

Systemsoftware, also die vom Hersteller gelieferte Software erfolgen kann.

e) Teilung des Speicherbereichs. Der Speicher wird in zwei Bereiche, die als Strukturen bezeichnet werden, eingeteilt. **Bild 10-4** zeigt diese Einteilung. Auch die Arbeit erfolgt grundsätzlich nach diesen Strukturen, d.h. zu einer bestimmten Zeit ist nur die Arbeit in Struktur 1 oder in Struktur 2 möglich. Innerhalb der Strukturen ist jedem Arbeitsplatz (**Bild 10-5**) ein bestimmter Speicherbereich <partition> zugewiesen. Die DFÜ, in diesem Fall über das Datex-L-Netz, ist in der Struktur 1 nur nach dem Fernwartungszentrum möglich, in der Struktur 2 nur nach dem Zentralrechner <host computer>. Das System startet grundsätzlich in der Struktur 1. Dabei werden bestimmte Testläufe durchgeführt. Werden diese erfolgreich abgeschlossen, so wechselt das System in die Struktur 2.

	Partition 1	Partition 2	Partition 3
Struktur 1	Hilfsprogramme	Testprogramme Utilities	Systemstart Fernwartung

	Partition 1	Partition 2	Partition n	Partition m
Struktur 2	Anwender 1	Anwender 2	Spooling	DFÜ

Bild 10-4
Einteilung des Speichers als Schutz gegen unerlaubten Zugriff über Ferndiagnose

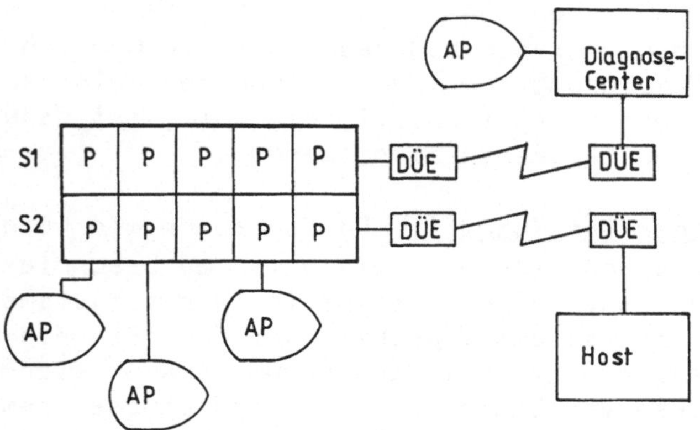

Bild 10-5
Einteilung des Speichers in Strukturen und Partitions
AP: Arbeitsplatz
S: Struktur
P: Partition

Bei einer Fehlererkennung oder durch einen Bedienereingriff, der auch vom Fernwartungszentrum ausgelöst werden kann, wird der Wechsel der Struktur unterdrückt.

10.2 Dienstleistungen

Der Begriff "Dienstleistung" <service> kann nicht allgemeingültig definiert werden. In der DFV und DFÜ wird er meist dann verwendet, wenn dem Teilnehmer von einem Unternehmen, z.B. der Bundespost, nicht nur technische Einrichtungen zur Verfügung gestellt werden, sondern wenn ihm auch bei der Erfüllung seiner Aufgaben geholfen wird. Dienstleistungen auf dem Gebiet der DFV und DFÜ können in vier Qualifikationsstufen eingeteilt werden, wobei die Qualifikation mit dieser Aufzählung zunimmt.

1. Übermittlungsdienste <connection services>. Es wird nur die Leitung und die Datenübertragungseinrichtung zur Verfügung gestellt. Verantwortung übernimmt der Anbieter dieses Dienstes nur für die Ebene 1 des ISO/OSI-Modells (physikalische Ebene), für alle anderen Ebenen sind die Anwender selbst verantwortlich. Die Benutzung des Übermittlungsdienstes liegt z.B. vor, wenn ein Anwender mit einem anderen Anwender DFÜ über das Fernsprechnetz betreibt und dabei posteigene Modems verwendet.

2. Standard-Dienste <unified services>. In den Dienst ist auch die Datenendeinrichtung, mindestens aber der Datenübertragungsteuerteil der DEE mit einbezogen. Die Verantwortung des Anbieters des Dienstes erstreckt sich auch auf die Ebenen 2 und 3 des ISO/OSI-Modells, es werden dem Anwender Regeln auch auf diesen Ebenen gesetzt. Ein Beispiel für den Standard-Dienst ist die Benutzung des Paketnetzes z.B. Datex-P mit Anschluß über eine nach X.25 genormte Schnittstelle.

3. Kompatibilitäts-Dienste <conversion services>. Das Netzwerk ist auch dafür verantwortlich, daß eine Anpassung verschiedener Dienste aneinander stattfindet. Es soll sich nicht, wie beim Standard-Dienst, der Teilnehmer dem Netz anpassen, sondern das Netz dem Teilnehmer. Eine Benutzung des Kompatibilitäts-Dienstes liegt vor, wenn sich der Teilnehmer dem Paketnetz mit asynchronen Geräten über die nach X.28 genormte Schnittstelle nähert.

4. Teilnehmeranwendungen <customer application services>. Dieses sind Dienste, die auch die anwenderorientierten Ebenen des ISO/OSI-Modells umfassen (Ebenen 5 - 7). Dem Anwender wird nicht nur die Kapazität der DFÜ zur Verfügung gestellt,

sondern auch der Zugriff auf Informationen, evtl. auch Datenverarbeitungskapazität. Ein Beispiel für einen solchen Dienst ist der Bildschirmtext (Btx).

Netzwerke, welche Dienste bieten, die über den Vermittlungs-Dienst hinausgehen, werden auch als VAN <Value Added Networks> bezeichnet; eine weitere Bezeichnung ist ISDN <Integrated Services Digital Network>. Es sollen im folgenden einige Dienste vorgestellt werden, die in der Bundesrepublik angeboten werden.

<u>Bildschirmtext (Btx)</u>

Die Bundespost stellt den Bildschirmtext für den Teilnehmer in zwei Formen zur Verfügung, er kann Informationsanbieter oder Informationsbezieher sein. Die Bundespost als Betrei-

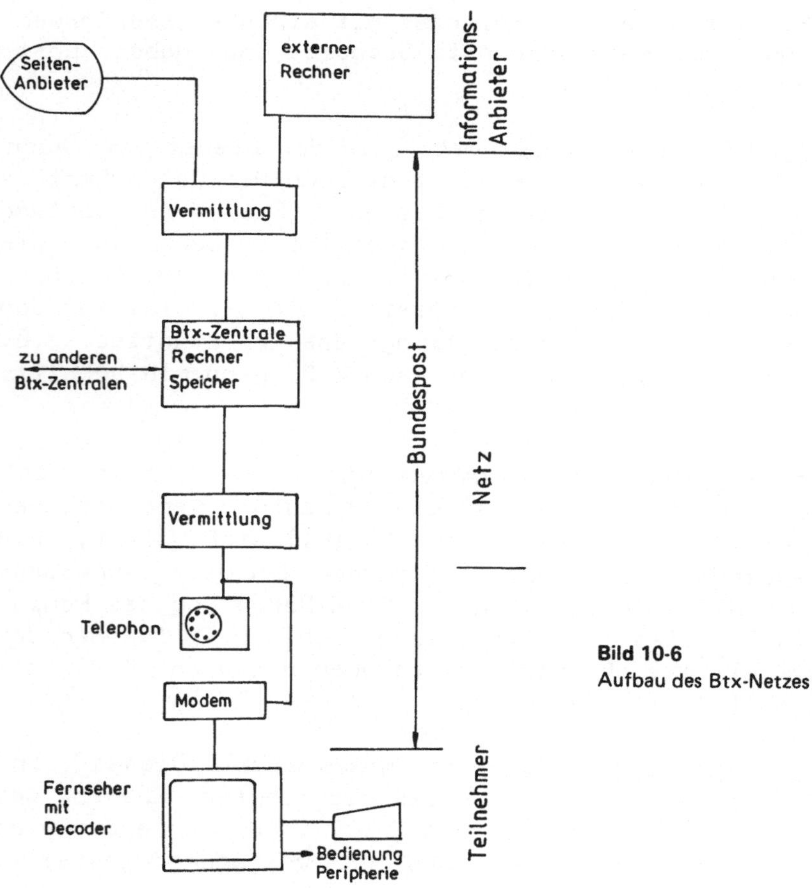

Bild 10-6
Aufbau des Btx-Netzes

ber des Netzwerks stellt selber keine Informationen zur Verfügung (mit Ausnahme von Informationen, die sich auf die Benutzung des Dienstes beziehen). Der Informationsfluß zwischen dem Informationsbezieher und dem Netz erfolgt mit zwei Geschwindigkeiten (**Bild 10-6**). Zum Teilnehmer fließen die Informationen mit einer Datenübertragungsrate von 1200 bit/s, zum Netz mit 75 bit/s.

Die Informationen werden zwar auf einem Fernsehgerät dargestellt, aber nicht in der Art eines Fernsehbildes übermittelt. Übermittelt werden Zeichen (Buchstaben, Ziffern, Graphikelemente), dazu Informationen über die Darstellung (Position, Größe, Farbe, Blinkbetrieb). Die Auflösung des Bildschirms, die die Qualität von Zeichnungen bestimmt, wird nach einer CEPT-Norm geregelt. Beim Informationsbezieher wird die zur Darstellung auf dem Bildschirm notwendige Informationsmenge, welche als Seite bezeichnet wird, in einen Speicher übernommen und von dort decodiert auf dem Fernsehgerät angezeigt.

Der Teilnehmer gibt Informationen an die Bildschirmtextzentrale in drei Stufen ab:

1. Anwahl von Seiten. Die Seiten sind durch Nummern gekennzeichnet, die Informationsauswahl kann aber auch in einem Suchbaum geschehen, bei dem durch immer detailliertere Darstellungen von Inhaltsangaben die gewünschte Information gefunden wird. Wenn der Bezug von Seiten Gebühren kostet, wird der Teilnehmer vor Benutzung dieser Seiten auf die Gebühren hingewiesen.

2. Informationsaustausch über "elektronischen Briefkasten". Bei dieser Art des Informationsaustauschs benutzt man den elektronischen Briefkasten <electronic mailbox>, welcher als Speicherbereich jedem Btx-Teilnehmer in der Bildschirmtextzentrale zur Verfügung steht. Es werden Nachrichten in diesem Speicher abgelegt; wenn der Empfängerteilnehmer sein Gerät einschaltet und Verbindung mit der Bildschirmtextzentrale aufnimmt, erhält er eine Mitteilung darüber, daß Nachrichten für ihn bereitliegen und kann diese abrufen. Er kann dabei auch an sich selbst Nachrichten senden (elektronischer Terminkalender). Bei dieser Art ist auch eine Gruppenadressierung möglich; der elektronische Briefkasten soll aber nicht zur Werbung verwendet werden. Er kann auch für den Geschäftsverkehr verwendet werden, z.B. zum Bestel-

len von Waren. Im Gegensatz zur Möglichkeit 3 handelt es sich aber nicht um einen Dialogverkehr, sondern tatsächlich um einen Verkehr nach Art des Briefverkehrs.

3. Dialog mit dem Rechner. Über die Bildschirmtextzentralen wird eine Verbindung zwischen einem angeschlossenen Rechner und dem Informationsbenutzer geschaltet, die einen direkten Datenaustausch mit dem Rechner gestattet. Sie kann für den Geschäftsverkehr verwendet werden, wobei im Gegensatz zu 2 eine direkte Bestätigung von Bestellungen oder ähnlichen Vorgängen möglich ist. Über diese Möglichkeit ist aber auch ein gezielteres Auskunftswesen möglich, es müssen nicht mehr Teile bestellt werden, die gar nicht am Lager sind. Der Kunde erhält sofort Auskunft, daß bestellte Teile nicht vorhanden sind, er erhält evtl. Alternativangebote.

Der elektronische Briefkasten, mehr noch der Dialog mit dem Rechner soll jedem Bildschirmtext-Benutzer die Möglichkeit der Datenfernverarbeitung geben ("DFV des kleinen Mannes"). Programme, Daten, Aufträge für Standardsoftware werden an Großrechner übergeben, der seine Arbeitsergebnisse wieder an den Bildschirmtextteilnehmer zurückgibt.

Die Benutzung von Btx für den Bankverkehr setzt natürlich die umfangreiche Verwendung von Prüfziffern, Codeworten usw. voraus; die Regelung dieser Fragen bleibt aber dem Teilnehmer überlassen und ist nicht Aufgabe der Bundespost. Eine umfangreiche Benutzung des Btx-Systems für den Geschäftsverkehr oder die DFV setzt eine umfangreichere Ausstattung an Peripherie voraus, als sie bisher standardmäßig verwendet wird (Komfort-Tastatur, Drucker).

Das Bildschirmtext-System benutzt drei Arten von Übertragungsleitungen bzw. -systemen:

-- Fernsprechnetz für den Verkehr mit dem Informationsbezieher zwischen Nebenstellennetz und Teilnehmer.
-- Datex-P für den Verkehr zwischen den Btx-Zentralen.
-- Datex-L für den Verkehr von Informationsanbietern zum Btx-Netz und zwischen den Btx-Zentralen und den Nebenstellennetzen.

Teletex

Der Teletex-Dienst ist eine Weiterentwicklung und Verbesserung des Telex-Verkehrs. Er zeichnet sich durch folgende Eigenschaften aus:

-- Übertragungsrate von 2400 bit/s.
-- Verwendung von üblichen Papierformaten.
-- Zulassung des vollen Zeichenvorrats, also auch der Groß- und Kleinschreibung.

-- Es werden Editierungsfunktionen zur Verfügung gestellt (vergl. Abschn. 9.1).

-- Das Teletex-Endgerät wird mit der Funktion einer Speicherschreibmaschine genutzt.

-- Es findet ein Verkehr von Speicher nach Speicher statt, das Teletex-Endgerät kann auch bei laufender Kommunikation als Schreibmaschine benutzt werden (Lokalbetrieb).

Bild 10-7 zeigt den Aufbau eines Teletex-Endgeräts. Der Kommunikationsteil kann unabhängig vom Lokalteil Nachrichten aussenden oder empfangen. Eine ausreichende Größe des Empfangsspeichers soll dafür sorgen, daß ein ungestörter Lokalbetrieb möglich ist. Der Empfangsspeicher muß auch dafür sorgen, daß die empfangenen Daten zwischengespeichert werden, da die Geschwindigkeit des Ausgabegeräts (Drucker) nicht der Empfangsgeschwindigkeit entspricht. Zur Dimensionierung des Speichers wird nach CCITT festgelegt:

-- Die Verlustwahrscheinlichkeit B darf 5% nicht übersteigen. Von 20 Verbindungsversuchen darf nur einer zu "besetzt" führen.

-- Die Verlustwahrscheinlichkeit setzt sich zusammen aus der Verlustwahrscheinlichkeit aus nicht zustande gekommenen Verbindungen und der Verlustwahrscheinlichkeit wegen überbelegten Empfangsspeichers.

-- Es soll eine Stunde Lokalbetrieb möglich sein.

-- In der Hauptverkehrsstunde (HVSt) ist ein Verkehr von 20% des Gesamtverkehrs für einen Tag anzunehmen.

-- Die durchschnittliche Länge einer Teletex-Nachricht beträgt 1,5 Seiten (2250 Zeichen).

-- Der Anteil der Verlustwahrscheinlichkeit aus überfülltem Empfangsspeicher soll maximal 10% der Verlustwahrscheinlichkeit wegen nichtzustandegekommener Verbindungen sein.

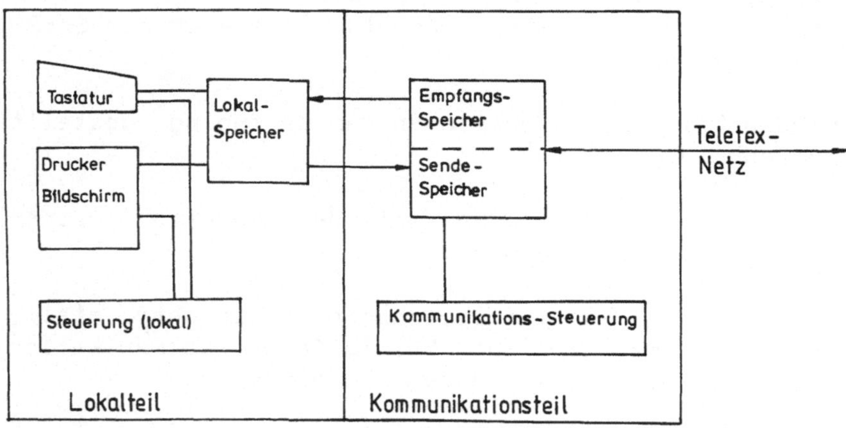

Bild 10-7
Aufbau eines Teletex-Endgerätes

Aus diesen Annahmen ergibt sich, daß bei 100 ankommenden Nachrichten je Tag ein Empfangsspeicher von 74 Kbyte vorhanden sein muß.

Die Codierung erfolgt mit 8 bit/Zeichen. Es sollen 309 verschiedene Zeichen gebildet werden können. Dies wird erreicht durch die Verwendung von 13 "diakritischen" Zeichen, welche zusammen mit einem Buchstaben dargestellt werden. So wird z.B. das Ö übertragen durch die Zeichen 4FH und C8H. Während 4FH nach dem Internationalen Alphabet Nr.5 (ASCII-Code) das großgeschriebene O darstellt, entspricht C5H dem Umlautzeichen <diaeresis or umlaut mark>.

Während die Umlaute z.B. im Deutschen verbreitet, aber in anderen Sprachen unüblich sind, gibt es in anderen Sprachen weitere Zeichen zur Kennzeichnung von Buchstaben, z.B. á <acute accent>.

Für den Teletex-Verkehr gilt:

a) Es werden nur Zeichen erzeugt, welche aus dem Grundzeichenvorrat stammen und mit der jeweils verwendeten Tastatur geschrieben werden können.

b) Das empfangende Teletex-Endgerät muß alle Zeichen des internationalen Grundzeichenvorrats empfangen und darstellen können.

Die zweite Forderung ist mit Matrix-Druckern leicht zu erfüllen, bei Verwendung von Typendruckern müssen evtl. Kompromisse geschlossen werden. Im Zeichenvorrat sind auch Steuerzeichen für die Formatierung vorhanden, z.B. neben den üblichen Formatierungszeichen:

PLD = halber Zeilenschritt abwärts <Partial Line Down>,
PLU = halber Zeilenschritt aufwärts <Partial Line Up>.

Für Schriften, die nicht der lateinischen Schrift oder einer Abwandlung der lateinischen Schrift entsprechen, z.B. Kyrillisch, können über das Zeichen "Escape" optionale

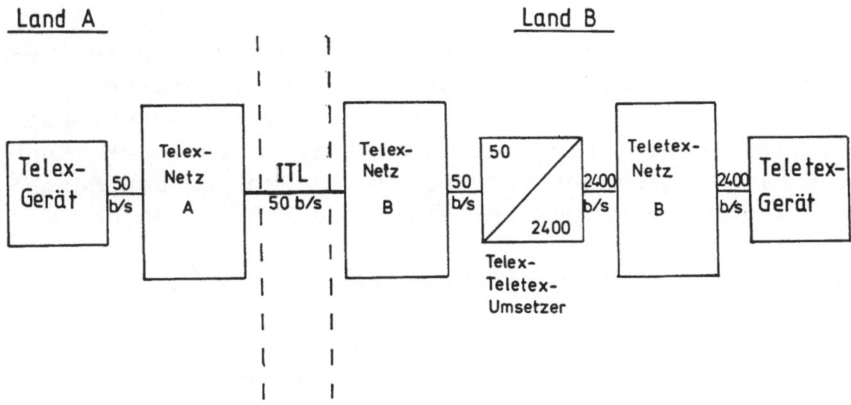

Bild 10-8
Zusammenarbeit zwischen Telex- und Teletex-Geräten (ITL: internationale Telex-Leitung)

Zeichensätze aufgerufen werden. Dies ist aber nur möglich, wenn zwischen beiden beteiligten Geräten diese Zeichensätze vereinbart sind.

Wegen der schrittweisen Einführung des Teletex und der großen Anzahl von vorhandenen Telexanschlüssen kann eine Zusammenarbeit der beiden Dienste sinnvoll sein. **Bild 10-8** zeigt eine Konfiguration für diese Zusammenarbeit. Die internationale Verbindung erfolgt über die Telexleitung mit 50 bit/s, da noch nicht alle Länder den Teletex-Dienst eingeführt haben. Der Telex-Teletex-Umwandler (TTU) muß drei Wandlungen vornehmen:

-- Code-Wandlung (8 bit/Zeichen - 5 bit/Zeichen),
-- Geschwindigkeitsumsetzung (2400 bit/s - 50 bit/s),
-- Prozedurwandlung (Teletex-Prozedur - Telex-Prozedur).

Bei der Zusammenarbeit mit einem Telex-Gerät arbeitet das Teletex-Gerät in einem Telex-Modus. In dieser Betriebsart darf es nur Zeichen verwenden, die auch für den Telex-Verkehr zugelassen sind (Internationales Alphabet Nr. 2). Die Geschwindigkeitsumsetzung bedingt es, daß der Telex-Teletex-Umsetzer eine Zwischenspeicherung durchführen muß. Der Teletex-Anschluß arbeitet mit seiner vollen Geschwindigkeit und belegt die Leitung nur so lange wie notwendig. Der Teletex-Dienst wird in der Bundesrepublik über das Datex-L-Netz abgewickelt. Das Kommunikationsprotokoll ist nach CCITT bis zur Ebene 6 vorgegeben (Empfehlung S.70, S.60, S.62, F.200).

In der Ebene 6 (Darstellungsebene) werden die oben beschriebenen Codierungen des Zeichenvorrats vorgenommen. In der Ebene 5 (Sitzungsebene) sieht das Teletex-Protokoll grundsätzlich eine einseitige Kommunikation vor; es kann aber eine Richtungsumkehr vorgenommen werden. Zu den Aufgaben der Sitzungsebene für den Teletex-Verkehr gehören:

a) Aufbau und Abbau einer Sitzung <session>:

-- Das sendende Gerät muß eine Endgerätekennung senden.
-- Datum und Uhrzeit müssen übermittelt werden.
-- Zur Kettung von Nachrichten kann eine "Session"-Bezugsnumnmer gesendet werden.

Der Aufbau der "Session" muß von dem empfangenden Gerät mit seiner Endgeräte-Kennung quittiert werden. Aus den hierbei übermittelten Werten entsteht eine Kommunikations-Datenzeile, die nach **Bild 10-9** aufgebaut ist. Diese Datenzeile muß während der "Session" vollständig beim Sender und Empfänger vorhanden sein, ob sie ausgedruckt wird, ist dem Teilnehmer freigestellt. Der Abbruch einer "Session" kann aus folgenden Gründen erfolgen:

-- lokaler Endgerätefehler,
-- nicht behebbarer Protokollfehler,
-- anderer Grund.

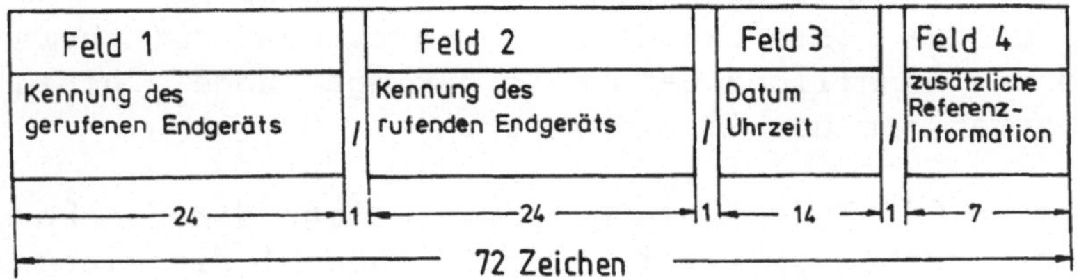

Bild 10-9
Aufbau der Kommunikationszeile im Teletex-Verkehr

b) Informationsübermittlung während der Sitzung:

Die Übertragung erfolgt in "Seiten", wobei bei einem Dokument mehrere Seiten vorhanden sein können. Tritt eine Störung auf, so müssen nicht alle Seiten einer Nachricht neu übertragen werden, sondern nur die betreffende Seite. Die übertragenen Nachrichten können eingeteilt werden nach:

-- Normaler Text,
-- Bedienerdokumente, die nicht von Teletex-Endgeräten stammen, sondern z.B. aus Datenbanken,
-- Überwachungsdokumente, dienen dem Testen von Übertragungsleitungen und Geräten,
-- Kontrolldokumente, werden z.B. beim Übergang von Teletex nach Telex benötigt.

Die Art der Nachricht muß durch einen "Dokumentenart-Identifizierer" angegeben werden. Für die Quittierung der Seiten wird ein Fenstermechanismus, ähnlich wie beim Verfahren HDLC oder dem Paketverkehr, verwendet. Die Fenstergröße beträgt maximal 3, d.h. bis zur ersten Quittierung dürfen 3 Seiten übertragen werden. Die Quittierungen erfolgen mit Angabe der Seitennummern, es sind auch Fehlermeldungen möglich.

Telefax

Der Telefax-Dienst dient dem Fernkopieren. Er wird über das Fernsprechnetz abgewickelt. Als Endgeräte dienen Fernkopierer. Im Gegensatz zum Telephonverkehr, bei dem die

Benutzung eigener Telephonapparate nicht gestattet ist, können im Telefax-Dienst Fernkopierer sowohl von der Bundespost gemietet, als auch privat beschaffte Fernkopierer angeschlossen werden. Die Verbindungsgebühren entsprechen den Gebühren für Telephongespräche, spezielle Gebühren für die Benutzung des Telefax-Verkehrs entstehen nur beim Anschluß und als monatliche Gebühr in geringer Höhe, hinzu kommen die Kosten für den Fernkopierer.

Es besteht eine CCITT-Empfehlung T.30, welche die Fernkopierer in drei Gruppen einteilt, wobei Gruppe 1 die langsamste, Gruppe 3 die schnellste Übertragung erreicht. Für eine DIN-A-4-Seite beträgt die Übertragunszeit

bei Gruppe 1	6 Minuten
Gruppe 2	3 Minuten
Gruppe 3	etwa 1 Minute.

Die Geräte der Gruppen 1 und 2 führen eine analoge Übertragung durch, es werden 3,85 Zeilen/mm abgetastet, und der Grauwert wird analog übertragen. Geräte der Gruppe 3 tasten 3,85 oder 7,7 Zeilen/mm ab, erkennen dabei je mm 8 Punkte entweder als Schwarz oder Weiß und übertragen diese Information nach der CCITT-Empfehlung V.27ter (4800 bit/s). Zur Beschleunigung der Übertragung findet eine Datenkompression statt. Die Bildzeile wird nicht Punkt für Punkt übertragen, sondern die Abtasteinrichtung stellt fest, wieviele weiße und schwarze Punkte aufeinander folgen (Lauflänge) und übermittelt diese Information nach dem modifizierten Huffmann-Code (MHC) verschlüsselt. Die tatsächliche Übertragungsgeschwindigkeit richtet sich damit nach dem Aussehen der zu übertragenden Seite. Wechseln Weiß- und Schwarzpunkte häufig ab, so dauert die Übertragung länger, als wenn in einer Zeile lange schwarze oder weiße Bereiche vorhanden sind. Von CCITT sind 8 Testdokumente entwickelt worden (z.B. Geschäftsbrief, technische Zeichnung, Text, japanischer Text, Kennlinienfeld), um vergleichbare Übertragungszeiten ermitteln zu können. Die tatsächliche Übertragungszeit je Seite liegt bei den Testdokumenten zwischen 32 und 90 Sekunden.

Bild 10-10 zeigt das Blockschaltbild eines Fernkopierers. Die Sendung erfolgt zeilenweise, die Abtastung erfolgt für drei Bildzeilen gleichzeitig sowohl beim Vorwärts- wie beim Rückwärtslauf. Der Schreibvorgang erfolgt für 6 Bildzeilen gleichzeitig. Um Justageprobleme zu beseitigen, erfolgt das Schreiben allerdings nur beim Rechtslauf des Wagens. Der Speicher hat die Aufgabe der Zwischenspeicherung sowohl beim Senden wie beim Empfangen sowie der Umsetzung der parallel gelesenen Zeichen in die serielle Information, bzw. der Parallelisierung der empfangenen Zeichen für die Aufzeichnung. Die automatische Ruferkennung schaltet automatisch vom Fernsprechgerät auf den Fernkopierer um.

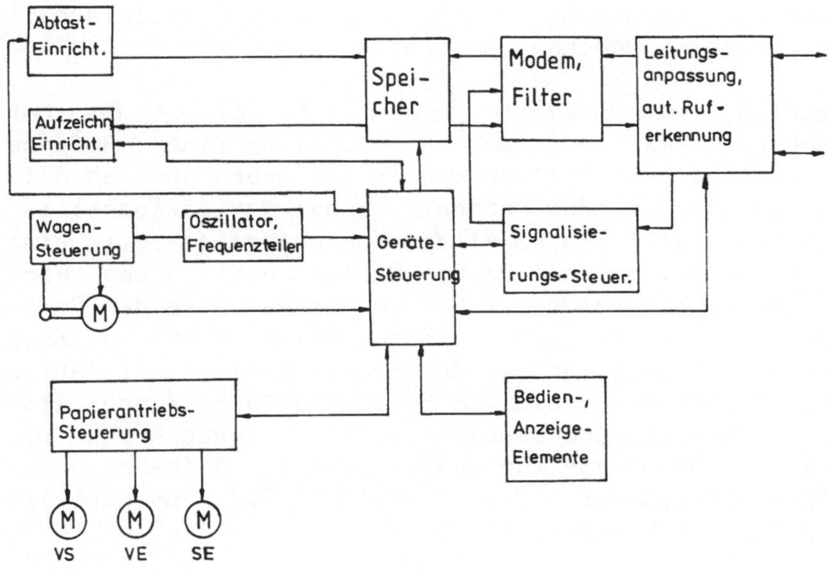

Bild 10-10
Blockschaltbild eines Fernkopierers
VS: Vorschub senden
VE: Vorschub empfangen
SE: Schneideeinrichtung

10.3 Anwendungsarten der Datenfernverarbeitung

Datenfernverarbeitung bedeutet, daß mehreren Anwendern, die räumlich weit voneinander entfernt sind, eine Datenverarbeitungsanlage zur Verfügung gestellt wird. Der Anwender stellt dieser Anlage eine Aufgaben <task>. Bei der Bearbeitung dieser Aufgabe kann folgendermaßen unterschieden werden.

Stapelbetrieb <batch processing>: Nach DIN 44 300 der Betrieb eines Rechensystems, bei dem eine Aufgabe aus einer Menge von Aufgaben voll gestellt sein muß, bevor mit der Abarbeitung begonnen werden kann, und die vollständig abgewickelt sein muß, bevor eine Aufgabe aus der selben Menge gestellt werden kann. In Abschn. 9.3.1 (Stapelfernverarbeitung) wird auf den Stapelbetrieb näher eingegangen. Grundsätzlich kann gesagt werden, daß der Stapelbetrieb in reiner Form heute nur noch selten vorkommt. Damit Wartezeiten, die dadurch entstehen, daß bestimmte Komponenten der Anlage auf andere warten müssen, vermieden werden, muß eine Parallelarbeit mehrerer Programme durchgeführt werden.

Dialogbetrieb <conversational mode>: Nach DIN 44 300 der Betrieb eines Rechensystems, bei dem zur Abwicklung einer Aufgabe Wechsel zwischen dem Stellen von Teilaufgaben und den Antworten darauf stattfinden können. Findet der Dialogbetrieb in einer DFV statt, so kommt der Kommunikationszeit eine erhebliche Bedeutung zu. Da der Dialog meist in der Form Mensch - Maschine erfolgt, muß sich die Maschine den Reaktionen des Menschen anpassen, es dürfen ihm nicht zu lange Wartezeiten zugemutet werden. Zur Kommunikationszeit zählen nicht nur die Zeiten, die für die Datenübertragung einschließlich Quittierung benötigt werden, sondern auch die Zeit, die die EDV-Anlage zur Bearbeitung der Aufgaben benötigt. Auskunftssysteme, die in Abschn. 9.3.2 dargestellt sind, arbeiten im Dialogbetrieb.

Eine weitere Unterscheidung kann nach den Begriffen "Teilhaber"-Betrieb und "Teilnehmer"-Betrieb getroffen werden.

Beim Teilhaberbetrieb arbeiten mehrere Benutzer an einer EDV-Anlage, bei der DFV auch über größere Entfernungen. Sie bedienen sich dabei der in der zentralen Anlage gespeicherten Programme, ohne diese verändern zu können. Formen des Teilhaberbetriebes in der DFV können sein:

a) Datenerfassung <data collection>. Die Informationen werden in Datenstationen eingegeben und mit DFÜ zur zentralen EDV übermittelt. Wieweit dabei bereits in der Datenstation Arbeitsvorgänge wie Prüfung (Plausibilitätsprüfung), Kompression, Zwischenspeicherung, Bildung von strukturierten Dateien vorgenommen werden, hängt von der Ausstattung in der Datenstation ab (intelligentes Terminal).

b) <u>Direktverarbeitung</u> <transaction processing, update processing>. Daten werden in den Datenstationen erfaßt und direkt, d.h. ohne merkliche zeitliche Verzögerung der EDV zugeführt. Sie werden dort bearbeitet, falls erforderlich auch abgespeichert bzw. die bisher gespeicherten Daten verändert. Ergebnisse der Bearbeitung werden wieder ohne merkbare zeitliche Verzögerung der Datenstation zugeführt.

c) <u>Auskunftsbearbeitung</u> <inquiry processing>. Es werden Anfragen unter Verwendung von Dateien und Datenbanken, welche zentral gespeichert sind, beantwortet. Dabei haben die Teilnehmer nicht das Recht, die Datenbestände zu verändern.

d) <u>Nachrichtenverteilung</u> <message switching>. Das Datenverarbeitungssystem nimmt Nachrichten an, speichert sie zwischen, verteilt sie usw., ohne daß es zu einer Veränderung oder Bearbeitung der Nachrichten kommt. Nachrichtenverteilung findet z.B. im Paketnetz (Kap. 5) statt.

Der <u>Teilnehmerbetrieb</u> schafft für mehrere voneinander unabhängige Teilnehmer die Möglichkeit, Aufgaben zu bearbeiten, welche nicht oder nur teilweise durch bereits vorhandene Anwenderprogramme gelöst werden können. Natürlich bedienen sich die Teilnehmer immer des Betriebssystems, welches auch die Teilnehmerverwaltung <user management> durchzuführen hat. In der DFV kann ein Teilnehmerbetrieb u.a. in folgenden Formen auftreten:

a) <u>Job-Fernverarbeitung</u> <RJE, Remote Job Entry>. Von den Datenstationen, in diesem Fall als RJE-Stationen bezeichnet, werden Verarbeitungsaufgaben an die zentrale EDV <host> gegeben. Die zentrale EDV sammelt die Aufgaben <jobs> in Warteschlangen, sie werden dann unter Kontrolle des Betriebssystems abgearbeitet. Wenn für die Benutzer kein Einfluß auf die Reihenfolge der Abarbeitung besteht, z.B. durch Vorgabe unterschiedlicher Prioritäten, wird diese Verarbeitungsform als Stapelfernverarbeitung <remote batch processing> bezeichnet (siehe Abschn. 9.3.1).
b) <u>Dialog-Job-Fernverarbeitung</u> <conversational remote job entry>. Die Eingabe der Aufgaben erfolgt schrittweise im Dialogbetrieb. Die zentrale EDV führt dabei Überprüfungen auf formale Richtigkeit durch.

10.3.1 Stapelfernverarbeitung

Stapelfernverarbeitung <remote batch processing> wird durch folgende Merkmale gekennzeichnet:

-- Aufträge an ein System werden von Stationen gegeben, die entfernt von der Datenverarbeitungsanlage sind; diese wird meist als "Host" bezeichnet.

-- Bei den Aufträgen kann es sich sowohl um die Aktivierung von Software handeln, die bereits im "Host" vorhanden ist, wie auch um die Bearbeitung von Programmen, die eingegeben wurden.

-- Die Bearbeitung der Aufträge erfolgt nicht zeitkritisch. Von der Eingabe eines Auftrags bis zu seiner Ausführung vergeht ein Zeitraum, für den kein Maximalwert definiert ist.

-- Der Auftraggeber kann die Bearbeitung der Aufträge nicht beschleunigen oder die Reihenfolge in der Bearbeitung von Aufträgen ändern.

Bei der Stapelfernverarbeitung wird dem Zentralrechner eine Folge von Kommandos übergeben. Kommandos sind Anweisungen, welche das Betriebssystem, bzw. bestimmte Module des Betriebssystems, aktivieren, z.B. einen Übersetzer aufrufen. Bei den meisten Systemen besteht heute die Möglichkeit, aus Kommandos ein "Programm" zu bilden, wobei auch Wiederholungen, bedingte Verzweigungen und Unterprogrammaufrufe erlaubt sind. Die Kommandos werden in einer Kommando-Datei <command file, transfer file> zusammengestellt. Die Kommando-Dateien werden meist vor ihrer Eingabe auf Datenträger erfaßt (Diskette, Lochkarte).

Die Eingabe der Jobs erfolgt über RJE-Stationen<Remote Job Entry>. Der Bediener der RJE-Station muß vom System identifiziert werden, dies geschieht meist auf Grund von Identifizierungsworten, die vom Systemmanager verwaltet werden. Auf Grund der Identifikation stehen dem Job eine Reihe von Betriebsmitteln, z.B. Dateien, zur Verfügung. Die Abprüfung der Benutzer-Identifikationen erfolgt meist im Zentralrechner, daher muß bereits vorher eine logische Verbindung der RJE-Station mit dem Zentralrechner angefordert werden, z.B. mit dem Kommando

```
O $ DIALOG
```

Vom Zentralrechner muß dann eine Bestätigung kommen, welche dem Bediener auf dem Bildschirm anzeigt, daß er in Verbindung mit dem Zentralrechner steht, es erfolgt die eigentliche Anmeldung, meist mit dem Kommando
LOGON, Benutzer-Identifikation,
die durch Paßworte noch verfeinert werden kann.

Obwohl RJE-Stationen nicht unbedingt einen Dialog notwendig machen, findet heute auch bei diesen Anwendungen eine Verständigung zwischen Zentralrechner und Benutzer statt, allerdings meist nicht während des Ablaufs des eigentlichen Jobs.

Die Arbeit des Rechners wird in Sitzungen, die auch als Prozesse bezeichnet werden, gegliedert. Die Verarbeitung eines Stapels ist dabei eine eigene Sitzung. Der Übergang zu dieser Sitzung erfolgt durch ein erneutes LOGON-Kommando, welches vom laufenden Dialogprozeß aufgerufen wird. **Bild 10-11** zeigt den Aufruf einer Stapelverarbeitung durch das Kommando ENTER. Mit ENTER wird der Name einer Datei angegeben, welche sich aus Kommandos, Programmen und Daten zusammensetzen kann. Bei der Stapelfernverarbeitung muß diese Datei dem Zentralrechner über DFÜ übergeben werden. Die Datei kann dabei bereits in der RJE-Station im Hauptspeicher vorhanden sein, auf Datenträger, z.B. Diskette erfaßt sein oder als Lochkartenstapel über den Lochkartenleser eingelesen werden. Auch im letzgenannten Fall erfolgt die Aktivierung des Lesers durch Aktivierung einer logischen Datei, z.B. CARD.

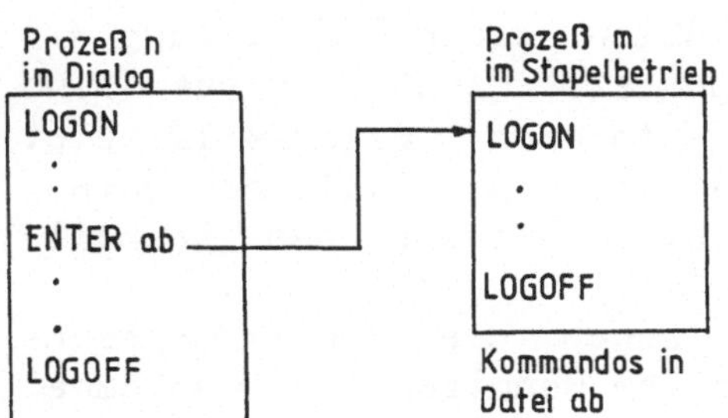

Bild 10-11
Aufruf eines Stapelprozesse aus einem Dialogprozeß

Der Stapel, der dem Zentralrechner übergeben wird, kann auch nur aus Kommandos bestehen, welche zu einer Aktivierung von im Zentralrechner vorhandener Software führen, z.B. zum Start von dort bereits gespeicherten Anwenderprogrammen. Diese liegen im Zentralrechner in Dateiform vor und müssen über den Dateinamen angesprochen werden. Dabei findet erneut eine Prüfung der Benutzer-Identifikation statt, da nicht alle Benutzer auf alle Dateien zugreifen können. In diesem Fall handelt es sich um die Ausführungsberechtigung <execution>, welche außer durch die Benutzer-Identifikation auch noch durch zusätzliche Paßwörter <expass> abgeprüft werden kann.

Die Ausgabe von Daten und Meldungen, die durch den Job erzeugt werden, erfolgt in der SPOOL-Methode. Alle erzeugten Nachrichten werden im Zentralrechner in Dateien auf Magnetplatte abgespeichert, welche als SPOOL-Dateien bezeichnet werden. Erst nach Abschluß des Jobs erfolgt eine Ausgabe an die Ausgabegeräte, z.B. einen Drucker. Der Sinn des SPOOLING ist es, die langsamen Ausgabegeräte zeitlich von dem schnellen, im Zentralrechner laufenden Prozeß abzukoppeln. Innerhalb des Jobs werden aber die Ausgaben so programmiert, als ob sie über die peripheren Geräte erfolgen. Die Ausgabe der SPOOL-Dateien erfolgt entweder automatisch durch das Betriebssystem gesteuert oder auf Anforderung des Operators. Bei einer Stapelfernverarbeitung muß diese Anforderung von der RJE-Station ausgehen, ebenso müssen die Ausgabedaten bei der RJE-Station ausgegeben werden.

Die Beendigung eines Jobs muß mit einem eigenen Kommando erfolgen, z.B. LOGOFF. Das Absetzen dieses Kommandos führt nicht zu einer Beendigung der Tätigkeit der Zentraleinheit, sondern stellt den Abschluß der Liste von Aufträgen dar, die der Zentraleinheit übergeben werden (vergl. **Bild 10-10**). Zusammenfassend soll der Ablauf einer RJE-Sitzung mit den zugehörigen Kommandos dargestellt werden, diese sind der Kommandosprache des BS2000 entnommen. **Bild 10-12** zeigt die Konfiguration, diese bietet die Möglichkeit der Datenausgabe sowohl über die RJE-Station wie über den Schnelldrucker der Zentraleinheit.
In den Beispielen werden die durch die Kommandosprache vorgegebenen Begriffe groß, die vom Benutzer frei wählbaren Namen oder Kennzeichen klein geschrieben.

RSTART <remote start, Stapelstation aktivieren>. Mit diesem Kommando wird die RJE-Station in einen aktiven Zustand

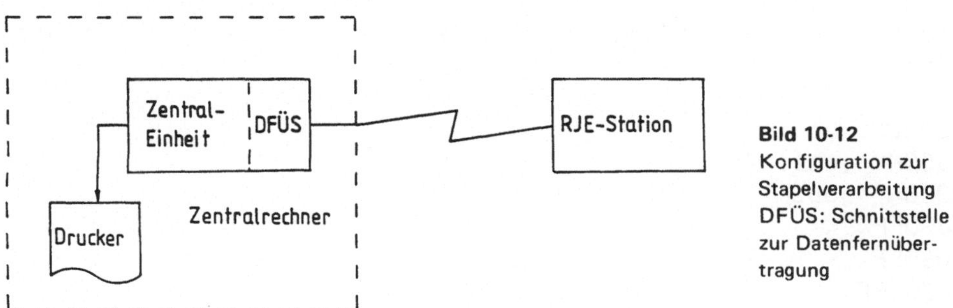

Bild 10-12
Konfiguration zur Stapelverarbeitung
DFÜS: Schnittstelle zur Datenfernübertragung

versetzt. Die physikalische Verbindung muß vor Übergabe des Kommandos natürlich bereits vorhanden sein. Mit dem Kommando wird weiter ein Name für die Station vereinbart, z.B. mit RSTART STATION7. Wird vom Bediener der RJE-Station ein Name angegeben, der im System bereits vorhanden ist, wird vom Zentralrechner eine Rückweisung ausgesprochen; sind alle Voraussetzungen erfüllt, wird RSTART akzeptiert.

RLOGON <remote logon, Stapelstationseingabe einleiten>. Dieses Kommando ist die Anmeldung des Benutzers der Stapelstation, nicht der Beginn des ersten Jobs. Der Benutzer identifiziert sich dabei allerdings als Betreiber (Besitzer) der nachfolgenden Stapelaufträge (vergl. **Bild 10-10**).

LOGON (Start des Jobs). Innerhalb einer durch RLOGON eröffneten Benutzersitzung können beliebig viele Stapel mit LOGON übergeben werden, sie dürfen allerdings nicht verschachtelt sein. Möglich ist

```
RLOGON xuz
LOGON  job1
LOGOFF
LOGON  job2
LOGOFF
 **
 **
LOGON  jobn
LOGOFF
RLOGOFF.
```

Damit wäre die Sitzung für den Benutzer xuz beendet. Falsch wäre

```
RLOGON xuz
LOGON  job1
LOGON  job2
LOGOFF
LOGOFF
RLOGOFF.
```

Bevor die Eingabe eines Stapels nicht mit LOGOFF abgeschlossen ist, darf nicht ein neuer Stapel an der gleichen Station und unter dem gleichen Benutzer eröffnet werden. Dies bezieht sich auf die Stapeleingabe, nicht auf den Verlauf der Bearbeitung. **Bild 10-13** zeigt den zeitlichen Ablauf für den einfachen Fall, daß die Verarbeitung der beiden Stapel nicht überlappt wird.

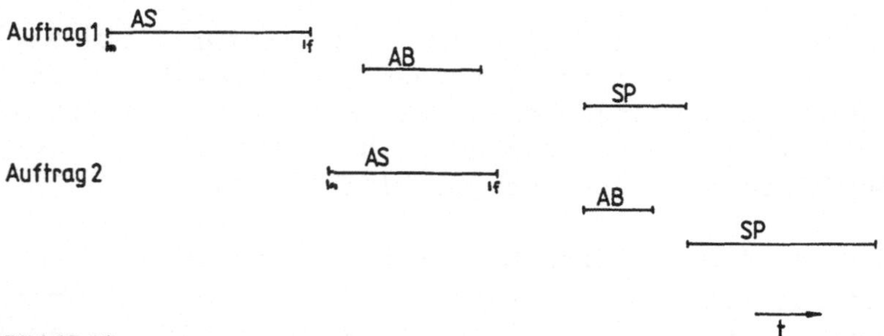

Bild 10-13
Möglicher zeitlicher Ablauf bei der Bearbeitung zweier Stapelaufträge (ln: LOGON; lf: LOGOFF, AS: Auftragstellung; SP: Bearbeitung der Spool-Aufträge zur Ausgabe der Ergebnisse)

RLOGOFF<remote LOGOFF, Stapelstationseingabe beenden>. Damit gibt der Benutzer an, daß die Stapeleingabe an der Station beendet ist. Danach bestehen drei Möglichkeiten:

1. Die Station wird logisch oder physikalisch vom Zentralrechner getrennt (RSTOP).

2. Der Benutzer meldet sich mit RLOGON erneut an. Der Sinn der Ab- und sofortigen Wiederanmeldung kann darin liegen, den Benutzernamen zu wechseln, z.B. um getrennte Aufträge auch auf getrennte Kostenstellen verrechnen zu lassen <account>.

3. Die Station bleibt mit dem Zentralrechner verbunden, um die Ausgaben, die über SPOOL erfolgen, durchzuführen.
RSTOP <remote stop, Stapelstation deaktivieren>. Dient der logischen oder physikalischen Trennung der Stapelstation von der Zentraleinheit. Eine physikalische Trennung wird dabei nur bei Wählleitungen durchgeführt. Die Reihenfolge bei Benutzung einer Stapelstation muß also lauten:

RSTART
RLOGON benutzername
LOGON
LOGOFF
RLOGOFF
RSTOP

Dargestellt sind die vom Benutzer an der Stapelstation gegebenen Kommandos; diese werden von der Zentraleinheit quittiert. Innerhalb der Sequenz sind weitere Kommandos möglich, um eine Beeinflussung der Zentraleinheit und der Stapelstation zu erreichen.

RJOB (Stapelauftrag kennzeichnen). Mit diesem Kommando wird dem Stapelauftrag ein Name gegeben, welcher zu Ausgabeoperationen verwendbar ist. Außerdem wird die Art der Auftragsausgabe geregelt. Die Alternativen sind dabei:

-- RJOB, auftragsname, CENTRAL
Die Ausgabe erfolgt sofort nach Abarbeitung des Jobs am Schnelldrucker der Zentraleinheit.

-- RJOB, auftragsname, DEFER, benutzername
Die Ausgabe erfolgt nicht automatisch, sondern auf Anforderung des Benutzers. Wenn ein anderer Benutzername angegeben wird, erfolgt sie auf Anforderung dieses Benutzers, der sich unter diesem Namen angemeldet haben muß. Die Ausgabe muß über die Stapelstation erfolgen.

ROUT (remote out, Auftragsausgabe anfordern). Dient dazu, Ausgaben zu veranlassen oder zu verhindern. Das Kommando ist wirkungslos, wenn der Auftrag noch nicht in der Zentraleinheit abgeschlossen ist. Durch dieses Kommando kann der Stapelbetrieb also nicht zum Dialogbetrieb werden. Auch hier können mehrere Variationen angewendet werden:

-- ROUT, U=ALL, CONTINUE
Der Benutzer will alle Ausgaben, zu denen er berechtigt ist. Das sind die Ausgaben der Aufträge, die er gestartet hat, und die Ausgaben, die ihm von einem anderen Benutzer über RJOB zugewiesen wurden. CONTINUE sagt aus, daß bei bereits laufenden Aufträgen dort fortgesetzt wird, wo die Ausgabe unterbrochen wurde. Wird statt CONTINUE der Begriff BEGIN verwwendet, so beginnt die Ausgabe wieder mit dem ersten Satz. Dies kann bei Störungen des Druckers sinnvoll sein.

-- ROUT, J = auftragsname
Die Anforderung gilt nur für einen bestimmten Auftrag, dessen Name mit dem RJOB-Kommando vereinbart wurde. Neben CONTINUE und BEGIN, dessen Bedeutung bereits erläutert wurde, besteht hier die Möglichkeit, DELETE anzugeben. Dann wird der Auftrag mit dem angegebenen Auftragsnamen gelöscht, er kann auch später nicht wieder angefordert werden.

-- ROUT, U = benutzername
In diesem Fall bezieht sich das Kommando, welches ebenfalls mit CONTINUE, BEGINN oder DELETE gekennzeichnet wird, auf alle unter einem Benutzernamen anstehenden Ausgaben aus Aufträgen.

RSTATUS (remote status, Zustand von Stapelaufträgen abfragen). Wenn der Benutzer auch keinen Einfluß auf die Abarbeitung der Stapelaufträge hat, kann er sich doch Informationen über den Zustand der Stapelverarbeitung anfordern. Dies ist besonders wichtig, wenn er die Ausgaben über ROUT steuern will. Es kann mit RSTATUS J=auftragsname der Status eines bestimmten Auftrags, mit RSTATUS U=benutzername der Status aller Aufträge, die von einer bestimmten Station aus gegeben wurden, abgefragt werden. Die Zentraleinheit antwortet z.B. auf die Statusabfrage nch Auftrag job1:

```
JOB : job1 benutzername STATION stationsnummer
STATUS : NORMAL TERMINATION OUTPUT AVAILABLE
```

wenn der Auftrag normal abgeschlossen wurde. Eine Sitzung, in der zwei Aufträge abgearbeitet werden sollen, kann verlaufen:

```
RSTART
RLOGON benutzername
RJOB auftrag1, DEFER
```

```
LOGON  auftragsname1
 ***
LOGOF
RJOB auftrag2, DEFER
LOGON auftragsname2
 ***
LOGOFF
RSTATUS U=benutzername
ROUT J=auftrag2, CONTINUE
ROUT J=auftrag1, CONTINUE
RLOGOFF
RSTOP
```

Die Ausgabe der Aufträge erfolgt dabei in umgekehrter Reihenfolge gegenüber der Auftragsvergabe.

10.3.2 Interaktive Auskunftssysteme

Auskunftsysteme oder Informations-Systeme <information systems> sind interaktive Anwendungen, die bei komplexen Organisationen das Management mit aktuellen Informationen versorgen sollen <MIS, Management Information System>; es kann sich aber auch um Systeme zur Informationsgewinnung handeln, die nicht direkt für verwaltende Tätigkeiten benötigt werden, z.B. medizinische Datenbanken oder Literatur-Auskünfte <information retrieval>.

Ein Auskunftssystem kann zentral oder dezentral angelegt sein. Die Vorteile der Zentralisierung sind:

1. Bearbeitung durch große Systeme ist i.a. kostengünstiger als durch kleine.

2. Die Daten befinden sich immer auf dem gleichen, aktuellen Stand.

3. Das System ist leichter zu organisieren.

Nachteile der Zentralisierung sind:

1 Es entsteht ein großer Bedarf an Datenübertragungskapazität.

2. Es kann zu langen Reaktionszeiten kommen.

3. Bei Ausfall oder Beeinträchtigung des Zentralcomputers fällt das System aus.

Bei einem räumlich verteilten Bankinstitut kann die Entwicklung z.B. in drei Stufen ablaufen:

1. Jede Filiale führt die Konten seiner Kunden. Auskunft über einen Kontostand bei einer anderen Filiale muß über Telephon erfragt werden. Buchungen bei einer anderen Filiale führen nur mit großer zeitlicher Verzögerung zur Aktualisierung des Kontostands.

2. Alle Konten werden im Zentralcomputer verwaltet, damit sind die in 1 auftretenden Probleme gelöst. Es tritt aber ein hoher Bedarf an DFÜ ein. Ein großer Teil der Buchungen erfolgt in der "Heimatfiliale" des Kunden, muß aber zentral verwaltet werden.

3. Die Konten werden in den Filialen geführt, die Filialen sind über eine Zentrale oder direkt untereinander mit DFÜ verbunden. Buchungen in einer fremden Filiale führen sofort zu einer Aktualisierung in der Heimatfiliale, so daß keine Datenbestände bestehen, die voneinander oder von der tatsächlichen Situation abweichen.

Damit ein Auskunftssystem in der Lage ist, aktuelle Auskünfte zu geben, muß auch die Möglichkeit der Dateneingabe oder -veränderung bestehen. Die Daten sind in Dateien gesammelt; zwischen mehreren Dateien kann ein Zusammenhang bestehen, so daß eine Transaktion zur Veränderung in mehreren Dateien führt bzw. beim Lesen ein Zugriff auf mehrere Dateien erfolgen muß. Die Systemantwortzeit eines solchen Systems wird stark von den internen Verarbeitungszeiten beeinflußt (siehe Abschn. 8.2), damit kommt der Organisation der Daten im Zentralrechner entscheidende Bedeutung zu.

Bild 10-14 zeigt den Aufbau eines Datenbestands für ein System, das Auftragsbearbeitung, Bestandsführung und Disposition für eine große Anzahl von Artikeln zu führen hat. Der Datenbestand ist dabei in Form einer Datenbank verkettet. Normale Pfeile stellen Adreßverkettungen dar, gestrichelte Pfeile den Zugriff über Schlüssel. Es bestehen drei Dateien für "Stammdaten"; dies sind Daten, die nicht schnell geändert werden oder bei denen täglich nur eine geringe Anzahl von Positionen geändert wird, z.B. die Kundendatei. Diese Dateien sind nach der Index-sequentiellen Methode <ISAM, Index Sequential Access Method> organisiert. Diese

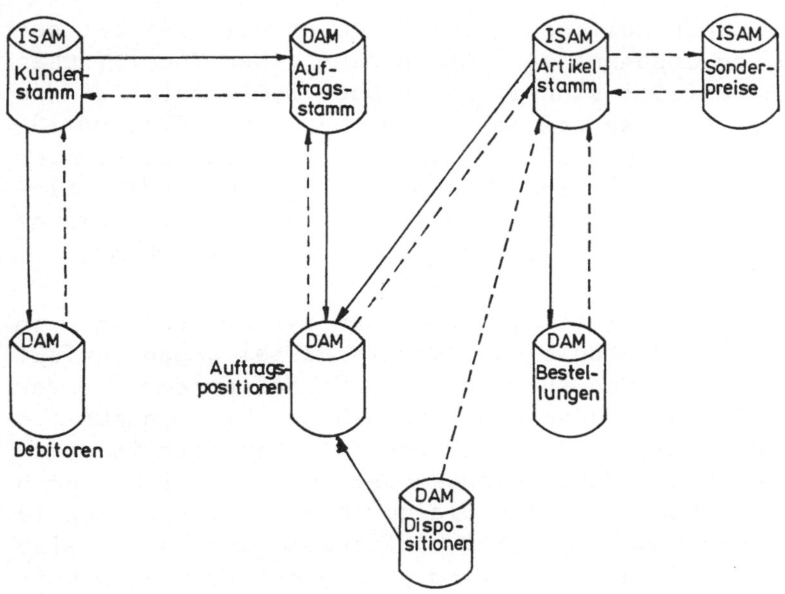

Bild 10-14
Dateiaufbau für ein Auskunfts- und Bearbeitungssystem
DAM: Datei mit direktem Zugriff
ISAM: Datei mit index-sequentiellem Zugriff

Organisationsform ermöglicht einen schnellen Zugriff auf Datensätze über Schlüssel, z.B. Kundennummern. Es wird nicht die gesamte Datei durchsucht, sondern eine Liste, in der auf Grund der Schlüssel die Plattenspeicheradresse aufgefunden wird. Bei Neueinfügen eines Satzes ist eine Umorganisation der Datei notwendig.

Die anderen Dateien sind nach der Direktzugriffsmethode organsisiert <DAM, Direct Access Method>. Es kann auf jeden Satz mit einer physikalischen Adresse zugegriffen werden, diese Adressen entstehen durch Adreß-Kettung <address chaining>. Z.B. verfügt ein Kunde in der Kundenstammdatei über zwei Adreß-Kettungen. Unter der ersten angegebenen Adresse findet sich in einer anderen Datei (Debitorendatei) ein Satz, aus dem hervorgeht, ob der Kunde über offene Rechnungen verfügt. In diesem Satz muß die Kundennummer verfügbar sein, da nur mit dieser von der Debitorendatei auf die Kundendatei zugegriffen werden kann. Es sind in der Debitorendatei Eintragungen nur für Kunden vorhanden, die über eine oder mehrere Rechnungen verfügen, sie enthält also weniger Sätze als die Kundenstammdatei. Die Kundenstammdatei enthält eine weitere Adreß-Kettung zum Auftragsstamm, damit festgestellt werden kann, ob der Kunde weitere Aufträge laufen hat, was bei der Auslieferung zu Ersparnissen führen kann. Der Zugriff über Adreß-Kettung erfolgt schneller als über Schlüssel, da die physikalische Adresse des Satzes gegeben ist. Eine Adreß-Kettung kann nur da bestehen, wo über einen bestimmten Zeitraum ein Zusammenhang zwischen Daten besteht. Eine Adreß-Kettung zwischen Kunden und Artikeln wäre nicht sinnvoll, solange jeder Kunde jeden Artikel bestellen kann.

Die Bearbeitung der Aufträge in diesem System erfolgt in zwei Stufen. Im Dialogverkehr werden Bestellungen erfaßt und Dispositionen vorgenommen. Im Stapelverkehr werden Lieferscheine und Rechnungen ausgegeben. Die Eingabe im Dialogverkehr erfolgt auf Grund schriftlicher oder telephonischer Bestellungen durch Sachbearbeiter, also nicht durch den Kunden selber. Für den Dialogverkehr stehen lokale Anschlüssen oder Anschlüsse mit Wählverkehr über das Telephonnetz zur Verfügung, es wird aber nicht für jeden Auftrag eine Wählverbindung aufgebaut. Da die Bedienung der Bildschirmarbeitsplätze durch Sachbearbeiter erfolgt, ist ein regelmäßiger Datenverkehr gegeben.

Ebenso im Dialogverkehr erfolgt die Dispositionsbearbeitung, welche nach Produktgruppen gegliedert ist. Bei einer Bestellung wird die Kundennummer eingegeben, das System antwortet mit Namen und Anschrift des Kunden, was zur Kontrolle dient. Ist die Kundennummer nicht im System gespeichert, erfolgt eine Fehlermeldung. Eine von der Kundenanschrift abweichende Lieferanschrift wird im Dialog eingegeben, ebenso das Zeichen des Kunden, damit es auf Lieferschein und Rechnung aufgenommen werden kann. Bei Eingabe der Bestellung für den Kunden wird der Preis ausgegeben, wobei Mengenrabatt und Spezialrabatt für bestimmte Kunden auf Grund der Datei für Sonderpreise berücksichtigt sind. Die Bestellungen führen zu Änderungen in den Dateien für Auftragspositionen und für Auftragsstamm.

Neben der Durchführung von Bestellungen können vom Sachbearbeiter Auskünfte in aufbereiteter Form eingeholt werden. Zu Auskünften kann für jeden Artikel die Preistabelle angefordert werden, wobei Mengenrabatte und bei Angabe der Kundennummer Kundenrabatte berücksichtigt sind. Weiter sind Zusammenstellungen über den Status des einzelnen Kunden möglich, wobei alle Aufträge innerhalb eines bestimmten Zeitraums angegeben werden. Wegen möglicher Rückfragen werden dabei auch die Aufträge angezeigt, die bereits ausgeliefert und in Rechnung gestellt worden sind.

Die Ausführung von Aufträgen erfolgt nicht vollautomatisch, sondern über einen Dialog mit Sachbearbeitern (Disponenten). Das System meldet dem Disponenten einen neuen Auftrag mit Angaben über die am Lager verfügbaren Bestände des gewünschten Artikels. Da die Arbeit der Disponenten nach Artikelgruppen gegliedert ist, muß das System auf Grund der Auftragspositionen-Datei und der Artikelstamm-Datei die Bestellungen nach Artikeln trennen und den einzelnen Disponenten zuleiten. Hat dieser auf Grund der Systemangaben über die neue Bestellung, die noch vorhandenen Lagerbestände und die Sicherheitsmenge keine Bedenken, so quittiert er die Bestellung und veranlaßt damit die Stapelverarbeitung zum Ausdruck der entsprechenden Papiere. Die Sicherheitsmenge gibt an, ab welchem Bestand nachbestellt werden muß; sie errechnet sich aus dem Umsatz dieses Artikels und der Lieferfrist:

S = L*U

S: Sicherheitsmenge
L: Lieferfrist (Wochen)
U: Umsatz/Woche

Da die Umsätze keine konstanten Zahlen sind, sondern sich statistisch verteilen, ist die errechnete Menge zur Sicherheit noch zu vergrößern. Gewinnt der Disponent den Eindruck, daß bei der Lieferung Schwierigkeiten auftreten können, kann er weitere Informationen sowohl über den Kundenauftrag (Wunschwoche der Lieferung, Möglichkeit von Teillieferungen) und über den Bestand (Bestand, vorliegende weitere Bestellungen mit Termin, Lieferfrist) erhalten. Mit diesen Informationen kann er die Ausführung von Bestellungen modifizieren (Teillieferungen, Änderung von Terminen) und neue Bestellungen aufgeben, um die Lagerbestände zu erhöhen. Die Schnelligkeit der Dispositionen wird vom Disponenten bestimmt, der nach Abarbeitung einer Transaktion eine Neuanforderung macht. Der Sachbearbeiter, welcher eine Kundenbestellung aufnimmt, kann diese als Eilauftrag kennzeichnen, sie wird dann vom System dem Disponenten bevorzugt vorgelegt.

Während des Dialogverkehrs findet keine Stapelverarbeitung statt, sie erfolgt außerhalb der normalen Arbeitszeiten. Sie dient dem Ausdrucken von Papieren (Lieferscheine, Rechnungen), Zusammenstellung der Bestellungen nach Disponentengruppen, Verbuchung der während des Tages gelieferten Lagerbestände. Es wird jeden Tag eine Datensicherung durchgeführt, d.h. die Dateien werden auf einen anderen Datenträger, meist Magnetband, übertragen. Bei einem Systemzusammenbruch mit Verlust der Datenbestände auf den Magnetplattenspeichern sind damit maximal die Transaktionen eines Tages verloren.

Bei dem geschilderten System handelt es sich um ein Teilhabersystem, für das eine umfangreiche Software erforderlich ist. Diese wird nicht ausschließlich vom Anwender erstellt, sondern er benutzt Software-Komponenten, die vom Systemhersteller zur Verfügung gestellt werden. Die Schnittstelle zur DFÜ ist VTAM <Virtual Teleprocessing Access Method>, für die Verbindungsebene und physikalische Ebene sorgt NCP <Network Control Program>.

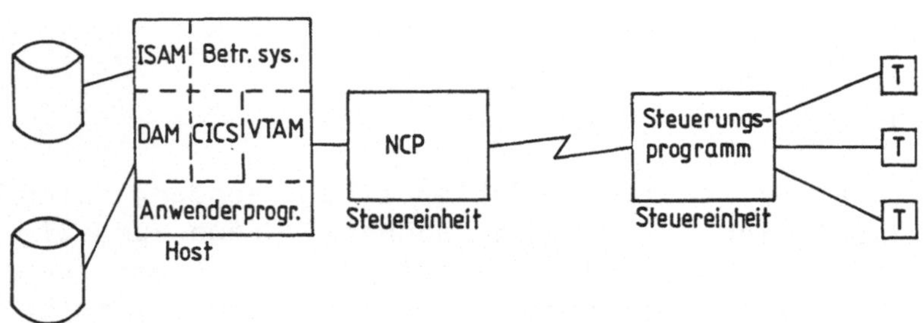

Bild 10-15
Software bei einem Auskunfts- und Bearbeitungssystem

Die Schnittstelle zum Anwendungsprogramm bildet das Informations-Steuerungs-System für Kundenverwaltung CICS <Customer Information Control System>. Es sorgt für die Aufbereitung und Verkettung der Daten in den einzelnen Dateien, gesteuert von Anweisungen im Anwenderprogramm. Für den Zugriff auf die Dateien muß ein Dateiverwaltungsprogramm vorhanden sein <file manager>. Es ist in dieser Anwendung nach der Zugriffsmethode auf die Dateien (ISAM, SAM) in zwei Teile gegliedert. Die Arbeit der einzelnen Software-Komponenten muß vom Betriebssystem koordiniert werden.

10.4 Das „Büro der Zukunft"

Das Büro der Zukunft soll eine Reihe von Geräten vereinigen, die heute erst teilweise gebräuchlich sind. Kennzeichnend ist aber nicht die Art der Geräte, sondern ihre Integration zu einem informationsverarbeitenden System (Bürokommunikations-System, Office Automation System). Zu diesen Geräten können gehören:

-- Automatische Texthandhabung.
-- Textverarbeitung mit Kommunikation.
-- Kopierer mit Fernanschluß.
-- Übertragungssysteme und Einrichtungen für Telephonkonferenzen.
-- Diktiergeräte.
-- Computer.
-- Hochgeschwindigkeitsduplizierer.
-- Mikrofilmgeräte.

Im Büro der Zukunft werden sich diese Geräte zusammen mit erforderlichen Massenspeichern in "Clustern" zu Lokalen Netzwerken gruppieren. Der Informationsaustausch kann bei den geringen Entfernungen mit mehreren Millionen bit/s erfolgen. Die notwendige Verbindung der Lokalen Netzwerke untereinander setzt eine bessere Vereinheitlichung der Normung voraus.

Zum Datenaustausch können auch Privat-Telephonvermittlungen <PBX, Private Branch Exchange> herangezogen werden, wenn sie mit der entsprechenden Intelligenz ausgestattet sind. Sie können als speicherprogrammierbare Geräte vorliegen <stored program controlled digital PBX>. Dabei ist eine Steigerung der Geschwindigkeit notwendig, da der Datenaustausch schneller vermittelt werden muß als Telephongespräche.

Wegen der vielfachen, in mehreren Ebenen stattfindenden Nachrichtenverbindungen sind für das Büro der Zukunft dezentralisierte Lösungen besser als zentrale Lösungen. Damit wird eine größere Flexibilität und Ausfallsicherheit erreicht. Eine große Bedeutung dürfte die Verwendung von Spracheingabe- und Sprachausgabegeräten haben, wobei die Nachrichtenübermittlung und -speicherung digital erfolgt. Das Büro der Zukunft zeichnet sich im wesentlichen nicht durch neue Einrichtungen der Informationsverarbeitung, sondern die Integration bisher getrennter Systeme aus.

Eine Art der Integration erfolgt bei Verwendung der Breitbandnetze (vergl. Abschn. 8.1), wenn digitale Daten ebenso wie Telephongespräche (analog) über das gleiche Leitungsmedium übertragen werden. Eine weitere Integration kann durch die Kombination von Text- und Datenverarbeitung entstehen. Obwohl es sich in beiden Fällen um eine digitale Informationsverarbeitung handelt, sind getrennte Entwicklungen durchlaufen worden. Stand bei der Datenverarbeitung das Rechnen im Vordergrund, so bei der Textverarbeitung das Auffinden und Zusammensetzen von Textbausteinen zu Briefen. Textautomaten haben sich aus Schreibmaschinen entwickelt; Datenverarbeitungsanlagen aus Großanlagen, wobei heute kleine Anlagen ein Leistungsvermögen haben, das früher nur Großanlagen zukam. Beide Arten von Anlagen müssen in der Lage sein, Daten zu speichern und zu verarbeiten. Damit kann eine Integration auch der Verarbeitung erreicht werden, z.B. durch Zusammenstellung von Standardtexten mit aktuell erfaßten und errechneten Daten. Probleme können dort auftreten, wo Anforderungen an ein Druckbild, die von der Textverarbeitung gesetzt sind, von einem normalen EDV-Drucker erfüllt werden sollen. Die Integration sei an zwei Beispielen dargestellt.

1. Sprach-Daten-Integration. **Bild 10-16** zeigt die Anordnung für die Integration von Telephongesprächen und Datenübertragung auf dem gleichen Träger. Der Anschluß von Telephon und Terminals erfolgt über die Daten-Zugriffs-Kanaleinheit <DACU, Data Access Channel Unit> und die Teilnehmer-Dateneinheit <SDU, Subscriber Data Unit>. Die SDU dient der Umsetzung von analogen Sprachsignalen in digitale Signale, wie sie auf die Leitung gegeben werden. Die SDU bietet dem Teilnehmer drei Schnittstellen:

-- Telephonanschlüsse;
-- Schnittstellen nach V.24 für synchrone Datenübertragung mit Datenübertragungsraten bis 19,2 kbit/s und asynchrone Anschlüsse bis 19,2 kbit/s;
-- Schnittstellen nach V.35 (Datenübertragung mit 48 kbit/s über Primärgruppenleitungen im Bereich von 60 bis 108 kHz). Diese Schnittstelle soll beim SDU mit 56 kbit/s betrieben werden.

Die SDU kann selbständig Testoperationen ausführen und bei Fehlern Alarm auslösen. Die DACU dient dazu, die von den SDUs und den Multiplexern für die rein digitale Übertragung

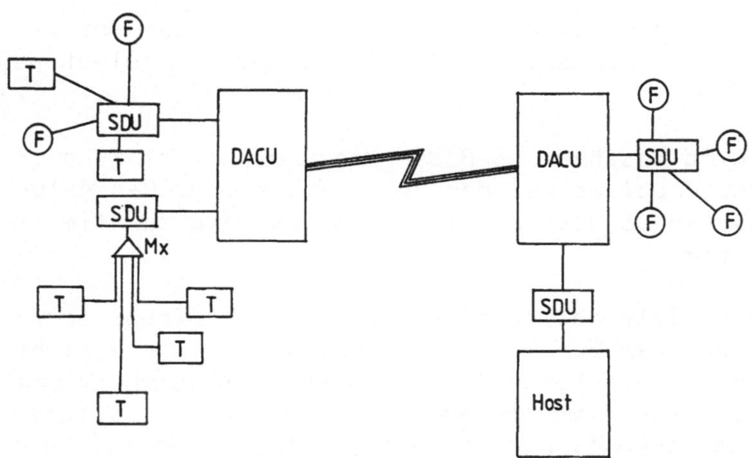

Bild 10-16
Sprach-Daten-Integration (DACU: Daten-Zugriffs-Kanaleinheit; SDU: Teilnehmerdaten-Einheit; F: Fernsprechanschluß; T: Terminal)

kommenden Bitströme in den Träger, der mit 1,544 Mbit/s arbeitet, einzuschleusen. Außerdem arbeitet er als Vermittlung für den Anschluß der einzelnen Geräte.

Eine Anwendung des Systems kann darin bestehen, von einem Terminal Verbindung zu mehreren Geräten aufnehmen zu können, z.B. zu einem in einem Großcomputer befindlichen Informationssystem, Textverarbeitungssystemen und elektronischen Briefkästen. Dabei treten verschiedene Datenübertragungsraten auf. Verschiedene Datenübertragunsraten können auch durch das Vorhandensein mehrerer Großrechner entstehen. Durch Einschaltung von SDU und DACU kann der Zugriff von einem Terminal aus erfolgen, da hier eine Geschwindigkeitsumformung vorgenommen wird. Die Leitungsverlegung muß nicht getrennt für Telephon und Datenübertragung erfolgen, man kann mit einer Leitung auskommen. Ebenso ist nur eine Vermittlungseinrichtung <PABX, Private Automatic Branch Exchange> notwendig.

Als ein weiterer Vorteil des Systems wird gesehen, daß durch die Integration des sowieso benötigten Telephonnetzes mit dem Datennetz ein größeres System entsteht. Ein größeres System ist grundsätzlich in der Lage, mehr Verkehr zu bewältigen als zwei nicht miteinander verbundene Netze der halben Größe <economy of scale>. Weiter besteht der Vorteil, daß durch den gemeinsamen Träger die anzuschließenden Geräte beweglicher werden; es muß nicht bereits bei der Installation entschieden werden, wo Terminals und wo Telephone anzuschließen sind.

Als Nachteil wird gesehen, daß der Netzwerkentwurf kompliziert wird und Probleme bei der Fehlersuche und Reparatur entstehen, ebenso Schwierigkeiten beim Übergang zu öffentlichen Datennetzen.

Die Sprach-Daten-Integration findet nur auf der Trägerebene statt, nicht auf der Ebene der Verarbeitung. Eine weitere Verbreitung von Spracherkennungsgeräten <speech recognition> und Sprachausgabegeräten <speech synthesizer> kann bei einem solchen Netzwerk in der Zukunft auch zu einer Integration auf der Verarbeitungsebene führen.

2. Als Definition eines Informationsverbunds <intelligent universe> wird vorgeschlagen:

"Information in der Form von Worten, Bildern, Sprache oder Zahlen wird in das Netzwerk über integrierte, multifunktionale Informationssysteme eingegeben. Diese Systeme basieren auf Datenterminals, Textverarbeitungsmaschinen, Computern, Graphik-Reproduktionsmaschinen, elektronischen Telephonen und anderen, jetzt zu entwickelnden elektronischen Geräten. Diese Information bewegt sich dann durch das Netzwerk, wo intelligente Vermittlungs- und Übertragungssysteme den Fluß elektronisch bewirken und zwischen den Benutzern steuern". [TRIV01].

Als Ziele zur Verwirklichung eines solchen Systems werden genannt:

-- Schaffung von integrierten Bürosystemen auf der Basis von Lokalen Netzwerken und Netzwerken größeren Umfangs <long distances networks; auch: long haule networks>.

-- Volle Ausschöpfung der Vorteile der Digitaltechnik.
-- Einheitliche Übertragungskabel.
-- Anbindung an das ISO/OSI-Modell.
-- Unterstützung von Schnittstellen zu Lokalen Netzwerken, die in einem bestimmten Maße auf dem Markt verbreitet sind.

-- Unterstützung von genormten Protokollen, die in Büroautomatisierungssystemen vorkommen.

-- Anschlußmöglichkeiten auch für Übertragungsmedien, die in der Zukunft Bedeutung haben werden, z.B. Glasfaser-Kabel.

Schlüssel zu einem erfolgreichen Vorgehen bei der Schaffung eines integrierten Systems muß die Erfassung der Anforderungen der Kunden sein, welche mit dazu passenden technologischen Mitteln erfüllt werden müssen, nicht umgekehrt der Entwurf eines Netzwerkkonzepts, an welchen sich die Anwender anzuschließen haben.

11 Messen und Prüfen in Datenfernübertragungssystemen

Wie bei jedem technischen System müssen auch bei Systemen der DFÜ Möglichkeiten vorhanden sein, das Funktionieren des Systems zu überprüfen und auftretende Fehler zu lokalisieren und zu beseitigen. Fehler in einem System oder in Komponenten des Systems, die zu einem Ausfall der Systemfunktion oder von Teilen der Systemfunktion führen, verursachen immer Schäden. Diese können bestehen in:

-- Entgangene Amortisation. Da die Kapitalkosten jeder technischen Einrichtung auf den Benutzungszeitraum umgelegt werden müssen, ein ausgefallenes System aber keinen Nutzen bringt, entstehen Kosten ohne Nutzen. Während der Schadenszeit kann keine Amortisation stattfinden.

-- Reparaturkosten. Diese bestehen in den Kosten für die eigentlichen Reparaturarbeiten, in den Wegekosten und den Ersatzteilkosten. Obwohl in der EDV-Industrie diese Kosten beim Kunden oft nicht direkt erhoben werden, sondern über Wartungsverträge pauschal abgerechnet werden, steigt mit steigender Reparaturanfälligkeit, längerer Fehlersuche und -beseitigung der Aufwand und damit auch der Preis dieser Wartungsverträge.

-- Folgekosten. Ein System der DFV ist kein Selbstzweck, sondern ein Teilsystem in einem größeren System, z.B. in einem Industriebetrieb, einer Handelsgesellschaft oder einer Lagerhaltung. Der Ausfall der DFV kann die Arbeit in anderen Betriebsteilen stark behindern oder sogar verhindern, so daß die Folgekosten oft weit höher sind als die beiden erstgenannten Kosten.

-- Gefährdung von Material. Dies kommt meist nur dann vor, wenn die DFV zur Prozeßsteuerung herangezogen wird.

-- Gefährdung von Menschen. Ein direkter Einsatz der DFV bei der medizinischen Betreuung von Menschen wird heute die Ausnahme sein. Eine Gefährdung kann aber eintreten durch das Nichtfunktionieren von Auskunftssystemen, etwa bei den "Giftzentralen", welche schnell Auskunft über Behandlungsmethoden bei Vergiftungen geben müssen.

Die laufende Überwachung von Netzwerken, die Lokalisierung von Fehlern und deren Beseitigung setzt das Vorhandensein von Meß- und Prüfmitteln und Methoden zu deren Einsatz voraus. In diesem Kapitel soll im ersten Teil auf die besondere Problematik beim Messen und Prüfen in Datennetzwerken und die Einteilung der Methoden eingegangen werden. Im zweiten Abschnitt werden die Geräte, welche eine nur beobachtende Funktion haben, behandelt, im dritten Abschnitt dann die, welche aktiv in das Geschehen in einem Netzwerk eingreifen können. In der Praxis sind diese Gerätegruppen nicht immer scharf unterschieden, d.h. ein Gerät kann beide Merkmale vereinigen. Im vierten Abschnitt wird auf "Testprogramme" eingegangen, welche für Untersuchungen verwendet werden können.

11.1 Überblick über Probleme und Methoden der Messungen in Datennetzen

Ein besonderes Problem beim Überprüfen eines Datennetzes und bei der Fehlersuche besteht in der geteilten Verantwortung. Dieses Problem wird auch als "Finger-Point"-Problem bezeichnet. Es ist oftmals schwierig, besonders bei umfangreichen Netzen, auf denjenigen zeigen zu können, der für den Fehler verantwortlich ist. Es kann zwar schnell festgestellt werden, daß eine Übertragung oder Funktion in der DFV nicht funktioniert, aber es ist schwierig, "mit dem Finger auf den Schuldigen zu zeigen". Dies trifft natürlich besonders dann zu, wenn viele Lieferanten und Betreiber am Aufbau eines Netzwerks beteiligt sind, wobei diese wiederum aus dem privaten oder öffentlichen Bereich kommen können.

Fehler können in der Hardware der beteiligten EDV-Anlagen auftreten, hervorgerufen werden durch übermäßige Einstreuung von Störungen in die Leitungen, durch unkorrekte Software für die Abwicklung der Prozeduren oder Anwendersoftware und an vielen anderen Punkten. Eine Lösung des "Finger-Point"-Problems kann durch eine Unterteilung des Systems in Untersysteme <subsystems> erzielt werden. Jedes Untersystem (siehe **Bild 11-1**) muß in der Lage sein, nachzuweisen, ob es die Nachrichten sauber empfängt oder nicht, weiterhin, ob es Nachrichten sauber abgibt oder nicht.

Verfügt das Untersystem nicht selbst über Einrichtungen zum Nachweis dieser Tatsachen, so kann dies durch zusätzliche Meßeinrichtungen geschehen. Dann ist es möglich, den Ort des Fehlers zu lokalisieren <pinpointing>.

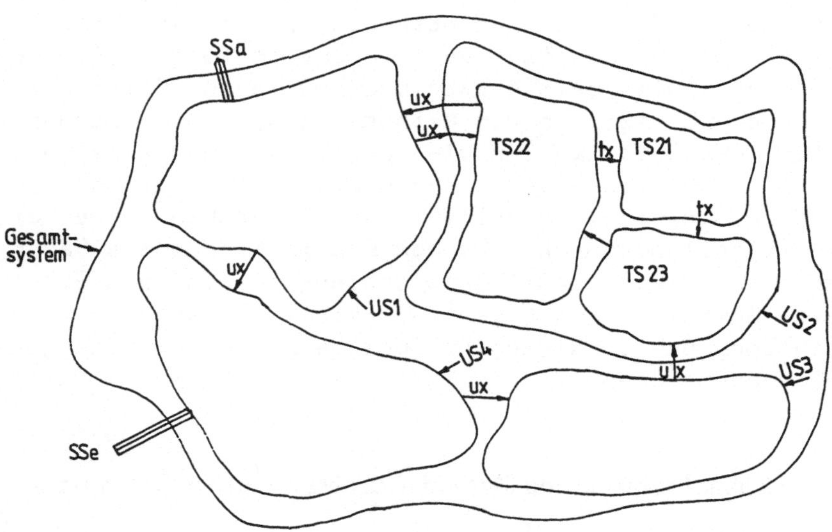

Bild 11-1
Zerlegung eines Systems in Untersysteme
US: Untersystem
TS: Teilsystem
SSe: Eingabeschnittstelle des Gesamtsystems
SSA: Ausgabeschnittstelle des Gesamtsystems
ux: Schnittstellen zwischen Untersystemen
tx: Schnittstellen zwischen Teilsystemen

Geräte zum Testen der Datenübertragungsfunktionen können in drei Ebenen eingeteilt werden:

-- Testen des Protokolls <protocol testing>,
-- Testen der digitalen Daten <digital data testing>,
-- Testen des analogen Kanals <analog channell testing>.

Dabei können die Funktionen mehrerer Ebenen in einem Gerät vereinigt sein. Eine weitere Einteilung kann man treffen nach Geräten, die

-- beobachtend arbeiten <monitoring>,
-- simulierend arbeiten <simulating>.

Werden simulierende Geräte verwendet, die selbst Aktivitäten im Netzwerk auslösen, müssen natürlich auch beobachtende Geräte, die die Reaktion des Netzwerks aufnehmen und analysieren, eingesetzt werden. Die Verwendung simulierender Geräte hat mehrere Vorteile:

a) Die gewünschte Aktivität kann zur gewünschten Zeit ausgelöst und beliebig oft wiederholt werden. Dies ist besonders zur Fehlererkennung bei intermittierenden Fehlern, welche nicht regelmäßig auftreten, wichtig.

b) Ersetzt ein simulierendes Gerät eine Systemkomponente, so kann aus dem Verhalten des Systems geschlossen werden, ob diese Systemkomponente defekt ist oder nicht.

c) Zuverlässigkeitsbetrachtungen und Fehlerquotenmessungen lassen sich leichter durchführen, wenn ein Simulationsgerät Nachrichten bestimmten Formats abgibt, als wenn man sich auf den tatsächlichen Datenverkehr mit immer abwechselnden Informationsmustern stützen muß.

d) Bei Neuinstallation von Systemen kann durch ein simulierendes Gerät eine Systemkomponente ersetzt werden, die noch nicht installiert ist.

Viele Geräte verfügen über zwei Betriebsarten <modes of operation>, so daß sie sowohl als beobachtende Geräte <monitor mode> wie als simulierende Geräte <simulation mode> arbeiten können.

Meßgeräte können auch nach ihrem Einsatzbereich unterschieden werden:

-- Hersteller von EDV-Systemen. Diese benötigen Geräte zum Messen und Prüfen für zwei verschiedene Anwendungen, einmal zum Entwickeln und Testen neuer Systeme, aber auch für den Technischen Kundendienst. Geräte, die bei der Entwicklung neuer Systeme eingesetzt werden, müssen stets über die Möglichkeit der Simulation verfügen. Sie müssen sich verschiedenen Prozeduren, z.B. bit- und zeichenorientierten Prozeduren, anpassen können. Um sich den verschiedenen Meß- und Simulationsaufgaben anpassen zu können, müssen sie programmierbar sein. Erforderlich ist auch die Speicherung von Meß- und Simulationsergebnissen.

Geräte für den Kundendienst müssen meist nicht programmierbar sein, d.h. sie verfügen nur über eine begrenzte Anzahl von Funktionen. Sie dienen der funktionalen Überprüfung eines Systems nach der Installation sowie bei bestehenden Systemen dem Nachweis, welcher Teil der Anlage evtl. ausgefallen ist. Im Gegensatz zu den Geräten in der Entwicklung spielt bei Geräten des Technischen Kundendienstes die Handhabbarkeit (Gewicht, mechanische Festigkeit, leichte Bedienbarkeit) eine große Rolle.

-- Betreiber von Netzwerken, welche auch Dienstleistungen bieten. Diese Netze werden meist unter dem Begriff der VAN <Value Added Network> zusammengefaßt. Bei den Betreibern solcher Netzwerke treten ähnliche Aufgaben auf wie bei den Herstellern von EDV-Systemen. Dabei liegt der Schwerpunkt natürlich stärker auf den Systemkomponenten, welche ausschließlich der Datenkommunikation dienen, z.B. Multiplexern. Betreiber von Netzen, welche ausschließlich der Datenübermittlung dienen, müssen sich stark der analogen Meßtechnik bedienen, um die Qualität der Leitungen zu überwachen.

-- EDV-Anwender mit Netzwerken, die sich nicht auf die öffentlichen Netze stützen (Lokale Netzwerke, "Inhouse"-Netze, Datensammelsysteme). Bei diesen Betreibern werden Entwicklungsaufgaben nicht anfallen, sondern die Betriebssicherheit steht im Vordergrund. Wegen der Verwendung bestimmter Prozeduren werden meist nicht universelle und programmierbare Geräte gesucht, sondern es genügen Spezialgeräte für eine bestimmte Prozedur.

Zu den Aufgaben des Messens und Prüfens gehört in der DFV nicht nur das Lokalisieren von Fehlern, sondern auch das Erfassen der Übertragungsqualität von Datenleitungen. Dies kann im allgemeinen auf zwei Wegen erfolgen:

a) Elektrische Eigenschaften der Leitung. Zu den hier anfallenden Meßaufgaben gehört die Spannungs- und Pegelmeßtechnik, Messung von Gruppenlaufzeiten, Dämpfungsverzerrungen, Phasenjittern u.a.

b) Digitale Bitfehlerratenbestimmung. Im Gegensatz zu a) werden hier diskrete Entscheidungen getroffen; ein Bit kann korrekt übertragen werden oder nicht. Zur Bestimmung der Bitfehlerhäufigkeit gibt es mehrere Methoden:

<u>Bestimmung der Fehlerrate.</u> Nach DIN ist die Fehlerrate die Anzahl der in der Zeiteinheit, z.B. Sekunde, verfälschten Bits. Wegen der unterschiedlichen Übertragungsgeschwindigkeiten ist die Fehlerrate nicht sehr aussagekräftig.

<u>Bestimmung der Fehlerhäufigkeit</u> <BER, Bit Error Rate>. Die Fehlerhäufigkeit ist nach DIN die Anzahl der in einer Zeiteinheit übertragenen fehlerhaften Bits im Verhältnis zur Gesamtzahl der in der Zeiteinheit übertragenen Bits, sie ist damit eine dimensionslose Zahl. Die erwartete Bitfehlerhäufigkeit für die verschiedenen Leitungsarten wird von der Bundespost als Bit-Fehlerwahrscheinlichkeit bezeichnet.

Nach CCITT <Fascicle X.1 of Volume X of Yellow Book> wird empfohlen, den Begriff Bit-Fehler-Verhältnis <bit error ratio> zu verwenden, während bit error rate nicht mehr verwendet werden soll. Die Begründung liegt darin, daß mit dem Begriff rate meist ein Zeitbezug verbunden ist, z.B. bei Datenübertragungsrate <bit rate>, welche in bit/s angegeben wird, während das Bit-Fehler-Verhältnis eine dimensionslose Zahl ist. Auch DIN 5476 schreibt vor, den Begriff "Fehlerrate" für das zeitliche Fehlermaß zu verwenden (Fehler/Sekunde).

Ähnlich wie das Bit-Fehler-Verhältnis wird das Block-Fehler-Verhältnis <block error ratio> bestimmt:

Block-Fehler-Verhältnis = Anzahl der gestörten Blöcke/ Gesamtanzahl der beobachteten Blöcke

Dabei wird nicht berücksichtigt, wie der Block gestört ist, ob z.B. innerhalb des Blocks ein oder mehrere Bits verfälscht sind. Das Bit-Fehler-Verhältnis ist für die Beurteilung eines Übertragungssystems oft von geringer Aussagekraft, da die Fehler ungleichmäßig über die Zeit verteilt sind.

Bei vielen Verfahren erfolgt eine blockweise Wiederholung der Nachricht, wenn gestörte Blöcke anliegen, auch wenn nur ein Bit des Blocks gestört ist. Treten Fehler gleichmäßig verteilt auf, werden die Blöcke mit hoher Wahrscheinlichkeit gestört. Treten sie aber gebündelt auf, so ist die Wahrscheinlichkeit groß, daß ein Block mehrere Fehler hat, ein nachfolgender Block dafür fehlerfrei ist. Wichtiger als die Betrachtung des Bit-Fehler-Verhältnisses ist daher die Feststellung, ob das System über einen bestimmten Zeitraum ungestört zur Verfügung steht. Für diese Feststellung wurde die Messung von "Fehlerfreien Sekunden" <error free seconds> bzw. "Fehlersekunden" <error seconds> geschaffen. Es wird gemessen, wieviele Sekunden lang Fehler bei der Übertragung auftreten, wobei nicht unterschieden wird, ob innerhalb der Sekunde ein oder mehrere Fehler auftreten.

Fehlersekunden können allerdings auch danach definiert sein, daß eine maximale Fehlerschwelle angegeben wird, die nicht überschritten werden darf. So kann in PCM-Systemen festgelegt sein, daß 1000 oder mehr Fehler je Sekunde als unakzeptabel angesehen werden; eine Sekunde, in der dieser Wert überschritten wird, wird als Fehlersekunde registriert.

Die Bestimmung der Fehlersekunden ist vom Meßverfahren abhängig. **Bild 11-2** zeigt, wie bei einer gleichen Fehlerhäufigkeit bei der Bestimmung der Fehlersekunden starke Abweichungen auftreten können. Die Messungen a und b erfolgen asynchron; es liegt ein festes Zeitraster vor, das vom Auftreten der Fehler unabhängig ist. Wie bei vielen digitalen Messungen entsteht eine zufällig bedingte Abweichung zwischen den Meßwerten von a und b. Diese beruht darauf, daß die Fehler nicht gleichmäßig über die Zeit verteilt sind.

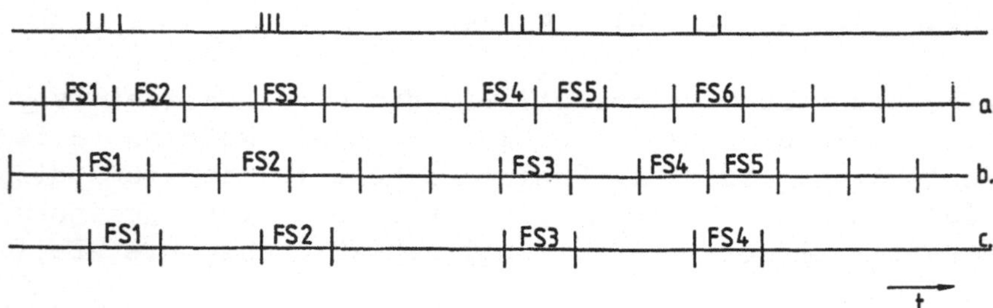

Bild 11-2
Bestimmung der Fehlersekunden
a) und b) asynchrone Messung
c) synchrone Messung

Die Messung c erfolgt nach der synchronen Methode. Das Zeitraster für die Messung wird erst dann gestartet, wenn ein Fehler registriert wurde. Wie **Bild 11-2** zeigt, ergibt sich dann der niedrigste registrierte Wert. Dies ist darin begründet, daß die Fehler in Bündeln <bursts> auftreten, so daß mit hoher Wahrscheinlichkeit zwei oder mehr Fehler nur zu einer Fehlersekunde führen.

Wieweit Abweichungen bei den verschiedenen Meßmethoden erzielt werden, hängt von der Verteilung der Fehler und der Dauer solcher Fehlerbündel ab. **Bild 11-3** zeigt die Abhängigkeit der Differenz des Ergebnisses bei beiden Meßmethoden von der Länge der Bündelungsperioden <burst periods>. Ein solches Verhalten setzt natürlich voraus, daß die Fehler nicht gleichmäßig verteilt sind. Der scharfe Abfall der Kurve z.B. bei der 1-Sekunden-Marke ist daraus zu erklären, daß bei der synchronen Methode ein Fehler von etwas unter 1 Sekunde Dauer sicher nur als eine Fehlersekunde registriert wird, bei der asynchronen Methode mit hoher Wahrscheinlichkeit als 2 Fehlersekunden. Ein Fehlerbündel etwas über einer Sekunde Dauer wird bei der asynchronen Methode mit hoher Wahrscheinlichkeit als 2 Fehlersekunden, bei der synchronen Methode mit Sicherheit als 2 Fehlersekunden registriert.

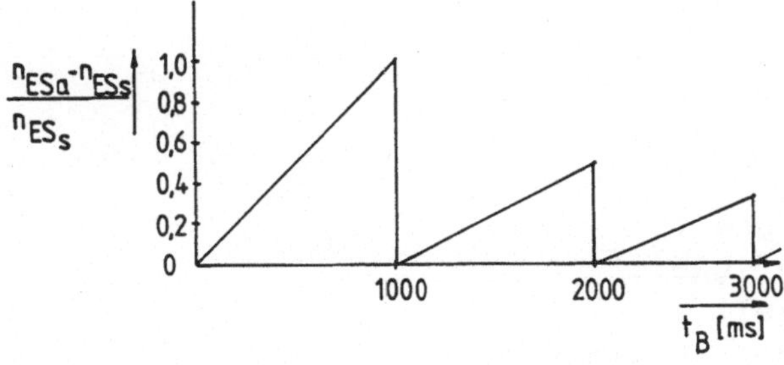

Bild 11-3
Abweichung von Ergebnissen bei der Bestimmung von Fehlersekunden in Abhängigkeit von der Länge der Fehlerbündel
n_{ESa}: Häufigkeit von Fehlersekunden asynchron bestimmt
n_{ESs}: Häufigkeit von Fehlersekunden synchron bestimmt
t_B: Länge der Fehlerbündel

Eine Messung von Fehlerhäufigkeiten oder Fehlersekunden setzt, wenn vergleichbare Ergebnisse geschaffen werden sollen, Informationsmuster voraus, welche unabhängig von der speziellen Anwendung über die Leitung geschickt werden. Verzerrungen auf der Leitung, die zu Störungen bei der Demodulation führen, können sich bei verschiedenen Bitmustern verschieden stark auswirken <pattern sensivity>. Um definierte Bitmuster zu erhalten, werden Bitmustergeneratoren <pattern generators> verwendet. Diese erzeugen eine Pseudo-Zufalls-Bitfolge <prbs, pseudo random bit sequence>, welche ausgesendet wird. Dabei kann ein 511-Bit-Test durchgeführt werden; dieser kann erweitert werden auf z.B. 2048 Bits. Die Pseudo-Zufalls-Bitmuster werden mit Schaltungen erzeugt, die ähnlich wie die Schaltungen zur CRC-Bildung arbeiten (vergl. Kap. 2).

Mit dem 2048-Bit-Test werden besonders die Fehler erfaßt, die durch eine mangelhafte Synchronisierung entstehen. Es werden zuerst alle Zeichen des ASCII-Codes gesendet, dann 64 mal die Hexazahl 55, welche einen laufenden Wechsel zwischen "0"- und "1"-Signalen bringt. Dann folgt 64 mal die Hexazahl 40, welche aus sieben "0"-Bits und einem "1"-Bit besteht. Danach werden viele "1"-Bits, gefolgt von vielen "0"-Bits gesendet, unterbrochen von der Hexazahl 55. Durch diese Bitfolge werden die Anforderungen an die Synchronisierung schrittweise gesteigert, bei Verfolgung des Textes kann festgestellt werden, wann die Synchronisation verloren geht.

Meßgeräte, die solche Bitmuster aufnehmen und nach Fehlern untersuchen, bestimmen sowohl die Bitfehlerhäufigkeit wie die Zeichenfehlerhäufigkeit und die Blockfehlerhäufigkeit. Bei völlig gleichmäßiger Fehlerverteilung würde sich ergeben:

$$v_z = n * v_B$$

$$v_{bl} = m * v_z$$

v_{bl}: Blockfehlerhäufigkeit
v_z : Zeichenfehlerhäufigkeit
v_B : Bitfehlerhäufigkeit
m: Anzahl der Zeichen je Block
n: Anzahl der Bits je Zeichen

Je geringer die Werte für die Zeichenfehlerhäufigkeit und die Blockfehlerhäufigkeit bei gleicher Bitfehlerhäufigkeit sind, um so ungleichmäßiger sind die Fehler verteilt. Anstatt der Pseudo-Zufalls-Bitsequenzen können natürlich auch andere Texte verwendet werden. Ein häufig verwendeter Text <fox text> lautet: " The quick brown fox jumps over the lazy dog 1234567890". Dieser Test enthält alle Buchstaben des Alphabets und alle Ziffern. Mehrere Bitmuster sind nach CCITT genormt (V.52, V.57 und andere).

Die Vorgehensweise bei Messungen in Datennetzen kann nach zwei Methoden unterschieden werden (**Bild 11-4**).

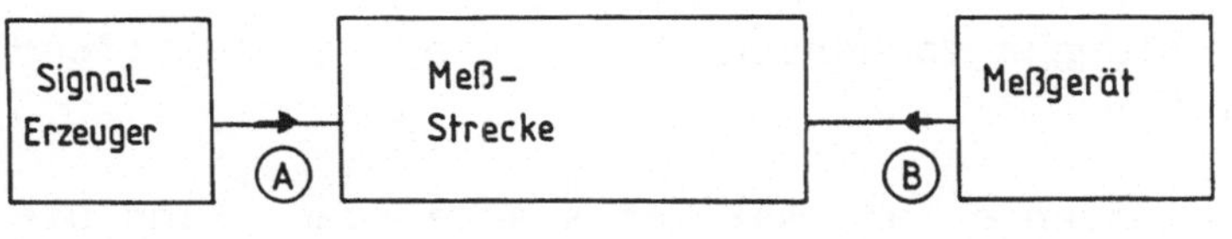

Bild 11-4
Punkt-zu-Punkt-Messung
A, B: Schnittstellen zum zu untersuchenden System

a) Punkt-zu-Punkt-Messung. Das Meßgerät, das an einem Punkt des Systems eingesetzt ist, mißt Informationen oder Signale, die an einem anderen Punkt des Systems erzeugt werden. Die Signalerzeugung kann dabei von einem speziell für die Messung angeschlossenen Gerät, z.B. einem Bitmuster-Generator, erfolgen. Es kann aber auch eine normale Systemkomponente, die als Sender arbeitet, verwendet werden. Das Verfahren hat den Vorteil, daß es außer dem Einbau desMeßgeräts und evtl. des Signalerzeugers keine weiteren Veränderungen im Netzwerk durchgeführt werden müssen; es kann auch im laufenden Betrieb angewendet werden.

Es hat den Nachteil, daß die Geräte von mindestens zwei Personen bedient werden müssen, welche sich in größerer räumlicher Entfernung voneinander befinden und sich manchmal nur schwer miteinander verständigen können. Ein weiterer Nachteil liegt darin, daß eine Lokalisierung der Fehler bei einer längeren Strecke, die aus mehreren Segmenten besteht, nur schwer möglich ist.

b) Messung mit Schleifenrückführung <loop back>. Bei dieser Meßmethode (**siehe Bild 11-5**) bildet die Meßstrecke eine Schleife. Es werden vom Punkt A aus Nachrichten ausgesendet, diese werden am Punkt B zurückgesendet. Bei diesem Vorgang kann es sich sowohl um ein rein physikalisches Rücksenden der Signale handeln, aber auch um ein Empfangen der Daten und ihre Rücksendung, wobei eine Zwischenspeicherung eintritt. Am Punkt A wird durch Vergleich mit der ausgesendeten Nachricht festgestellt, ob die Übertragungsstrecke korrekt arbeitet. Bei dieser Methode müssen im

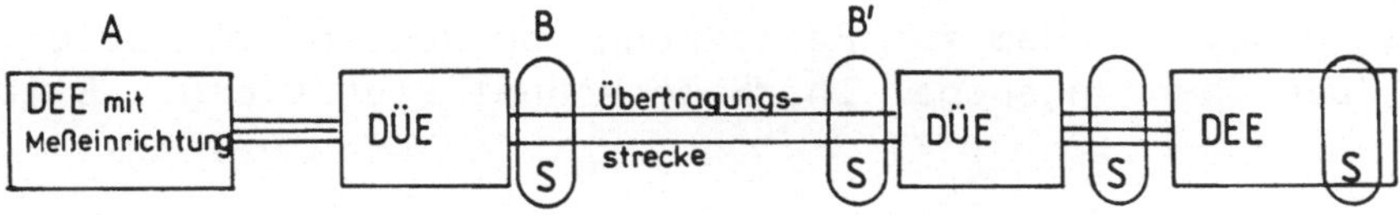

Bild 11-5
Loop-Back-Messung (Messung mit Schleifenrückführung)

Netzwerk Vorrichtungen vorhanden sein, die die Schleifenbildung ermöglichen.

Sind solche Vorrichtungen automatisch ansprechbar, kann die Messung von einer Stelle aus durchgeführt werden. Der Hauptvorzug dieser Methode liegt in der leichten Lokalisierbarkeit der Fehler. Ist in der Anordnung nach Bild 11-5 eine "Loop-Back"-Messung zwischen A und B nicht erfolgreich, aber zwischen A und B' erfolgreich, so muß sich der Fehler im Segment zwischen B und B' befinden.

11.2 Beobachtende Meßgeräte

Beobachtende Meßgeräte dienen der Beobachtung des analogen Kanals, der digitalen Datenübertragung und des Protokollablaufs. Sie sollen in dieser Reihenfolge besprochen werden.

11.2.1 Beobachtung des analogen Kanals

Pegelmesser <level tester, level indicator>. Bei den Pegelmessungen wird unterschieden:

-- Spannungspegel <voltage level>,
-- Leistungspegel <power level>.

Ein Pegel ist grundsätzlich das Verhältnis zweier Größen, z.B. das Verhältnis der Eingangsspannung und der Ausgangsspannung an den Klemmen einer Leitung. Dieses Verhältnis wird bei der Pegelbestimmung in einem logarithmischen Maßstab ausgedrückt. Der Grund liegt in der Tatsache, daß bei der Übertragung über elektrische Leitungen eine exponentielle Abnahme von Spannung und Leistung eintritt. Wird durch den Pegel ein Verhältnis von Spannungen und Leistungen ausgedrückt, bezeichnet man ihn auch als relativen Pegel. Durch Bezug auf eine angenommene Bezugsgröße, den Nullpegel <zero level>, kann ein absoluter Pegel bestimmt werden.

Das heute übliche Maß zur Bestimmung von Pegeln ist Dezibel (dB). Der Spannungspegel in dB berechnet sich (vergl. **Bild 11-6**)

$$p_u = 20 * \lg(U_x / U_1) \quad [dB]$$

Der Leistungspegel wird berechnet

$p = 10*lg(P_x/P_1)$ [dB]

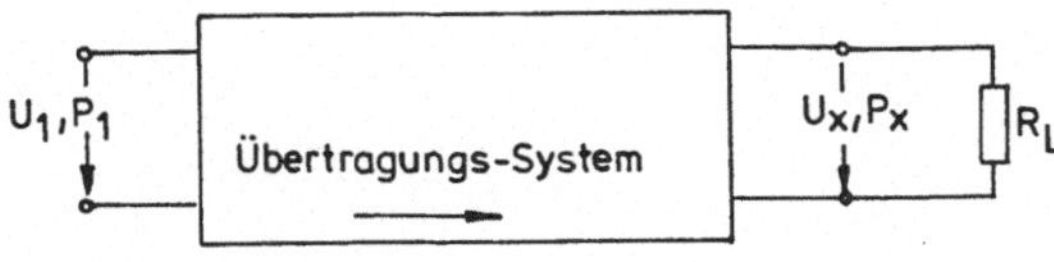

Bild 11-6
Prinzip der Pegelmessung (R_L: Belastungswiderstand; U_1: Spannung des Eingangs-Signals, U_X: Spannung des Ausgangs-Signals, P_1: Leistung des Eingangs-Signals, P_X: Leistung des Ausgangs-Signals)

Zur Bestimmung eines absoluten Pegels muß die Größe U_1 bzw. P_1 einen vereinbarten Wert erhalten. Für P_1 wird dabei 1 mW angenommen, die so entstehenden Pegelwerte für den Leistungspegel werden mit der Maßeinheit dBm gekennzeichnet.

$p = 10*lg\ (P_x/1\ mW)$ [dBm]

Wird z.B. eine Leistung von 1 W gemessen, so entspricht dies einem absoluten Leistungspegel von +30 dBm; werden 1uW gemessen, so beträgt der absolute Leistungspegel - 30 dBm.

Bei der Bestimmung absoluter Pegel kann als Nullpegel für die Spannung 774,6 mV angenommen werden. Diese Spannung fällt an einem 600-Ohm-Widerstand ab, wenn 1 mW Leistung vorliegt. Der gemessene absolute Leistungspegel entspricht nur dann dem absoluten Spannungspegel, wenn der angeschlossene Abschlußwiderstand tatsächlich 600 Ohm beträgt. Wenn dies nicht der Fall ist, kann aus dem gemessenen absoluten Spannungspegel der absolute Leistungspegel errechnet werden nach

$p = p_u + 10*lg(600Ohm/Z)$

Bei den Pegelmeßgeräten werden unterschieden:

-- <u>Breitbandige Pegelmesser.</u> Diese bestimmen den Summenpegel innerhalb des gesamten Frequenzbandes, z.B. von 15 Hz bis 100 MHz.

-- <u>Selektive Pegelmesser.</u> Diese untersuchen nur ein bestimmtes Frequenzband innerhalb des gesamten Frequenzbereichs. **Bild 11-7** zeigt eine Selektionskurve für einen selektiven Pegelmesser.

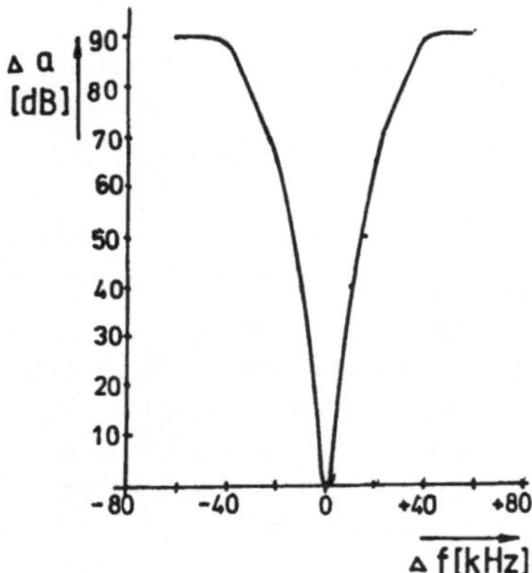

Bild 11-7
Selektionskurve eines selektiven Pegelmessers

Die breitbandigen Pegelmesser haben den Nachteil, daß das Eigenrauschen die Ermittlung des kleinstmöglichen Meßwerts begrenzt. Bei breitbandigen Pegelmessern lassen sich Pegel bis zu etwa -50 dBm ermitteln. Dagegen wird das Eigenrauschen bei selektiven Pegelmessern von der Selektionsbandbreite mitbestimmt. Es gilt

$$P_n = -174\ \mathrm{dBm} + 10*\lg(B) + 10*\lg(F)$$

P_n: Eigenrauschen in dBm
B: Selektionsbandbreite in Hz
F: Rauschzahl

Der Wert -174 dBm entsteht als der Leistungspegel des kT_0-Werts, dieser beträgt bei 20 °C und 1 Hz $4{,}1*10^{-18}$ mW.

Eine Einrichtung zur Pegelmessung (**Bild 11-8**) besteht grundsätzlich aus einem Pegelsender <level oscillator, level generator> und dem Pegelmesser <level meter>. Der Pegelsender erzeugt ein definiertes Signal, welches am Ende der Leitung vom Pegelmesser empfangen und ausgewertet wird. Pegelsender und Pegelmesser müssen aufeinander abgestimmt sein und bilden eine Pegelmeßeinrichtung <transmission measurment set>. **Bild 11-9** zeigt das Blockschaltbild eines einfachen Pegelsenders für den Niederfrequenzbereich.

Der Pegelsender ist mit dem Funktionsgenerator ausgestattet, der eine Frequenz als Funktion der zugeführten Steuerspannung erzeugt. Die Steuerspannung kann entweder über Schalter als Gleichspannung oder beim Wobbelbetrieb als sich verändernde Spannung durch den Ablenkgenerator

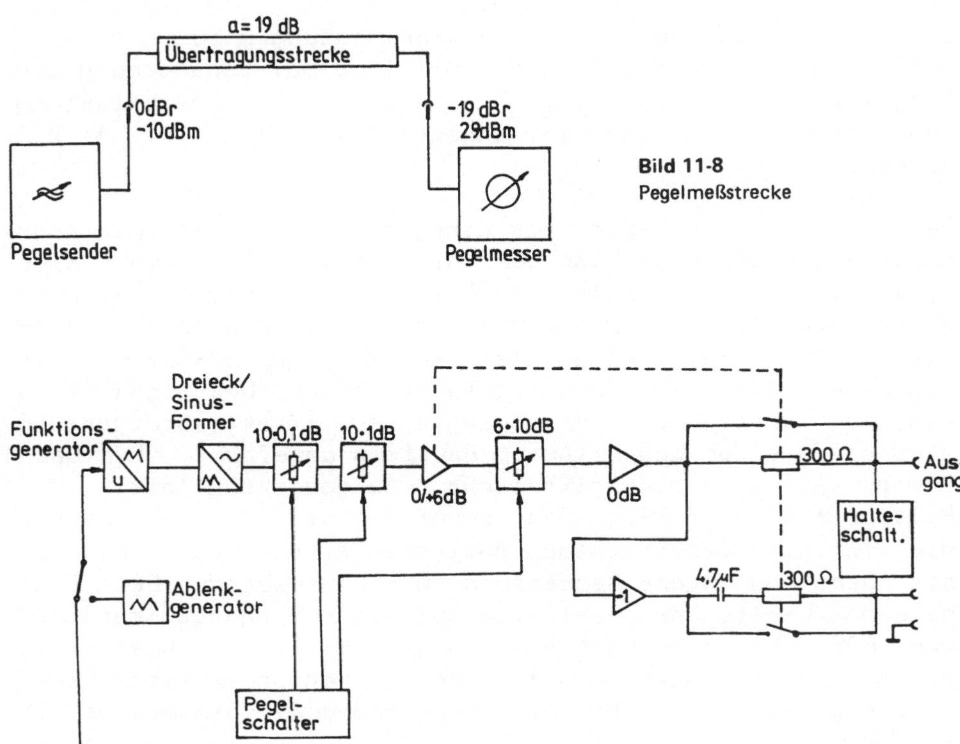

Bild 11-8
Pegelmeßstrecke

Bild 11-9
Blockschaltbild eines Pegelsenders für den Niederfrequenzbereich

zugeführt werden. Im Wobbelbetrieb wird also eine Spannung erzeugt, deren Frequenz sich innerhalb einer bestimmten Periode von einem Minimalwert auf einen Maximalwert ändert, wobei der Verlauf dieser Änderung linear oder exponentiell sein kann. Der Wobbelbetrieb dient der Feststellung der frequenzabhängigen Eigenschaften der Übertragungsleitung.

Die Amplitude des Ausgangssignals kann mit stufenweiser Einstellung von Verstärkern bestimmt werden. Die Halteschaltung am Ausgang sorgt für die Aufrechterhaltung der Gleichstromschleife, wenn an einer Teilnehmerleitung gearbeitet wird. Der Sender besitzt die Möglichkeit der Umschaltung des Ausgangswiderstands von 600 Ohm auf 0. Dies geschieht durch Überbrückung der Widerstände im Ausgangskreis. Wenn die Überbrückung eingeschaltet wird, wird die Verstärkung im Signalweg um 6 dB reduziert. Um bei wechselnden Frequenzen aussagekräftige Messungen zu erhalten, ist es notwendig, die Ausgangsamplitude bei Veränderung der Frequenz stabil zu halten. Die tatsächliche Beeinflussung muß mit ihrem Maximalwert angegeben werden, z.B. ± 0,1 dB/kHz.

Pegelmesser, die auch als Handgeräte mit Batteriespannungsversorgung angeboten werden, verfügen meist über eine digitale Anzeige. **Bild 11-10** zeigt das Blockschaltbild eines Pegelmessers. Dem für die digitale Anzeige erforderlichen Analog-Digital-Wandler <ADC, Analog Digital Converter> muß das Signal als Gleichspannung zugeführt werden. Das Signal wird gleichgerichtet, zur Erzeugung einer Effektivwertmessung wird es in einem Logarithmier-Baustein umgeformt. Der Baustein hat eine logarithmische Ausgangskennlinie. Die Filter/Verstärker-Baugruppe sorgt für die Spannungspegel, die für die Gleichrichtung notwendig sind, und sorgt für die obere und untere Begrenzung im Frequenzband. Der Eingang des Geräts kann wahlweise auf einen Eingangswiderstand von 600 Ohm oder hochohmig (etwa 100 kOhm) geschaltet werden. Pegelsender und Pegelmesser können in einem Gerät vereinigt sein, welches als Pegelmeßgerät <transmission measurment set> bezeichnet wird.

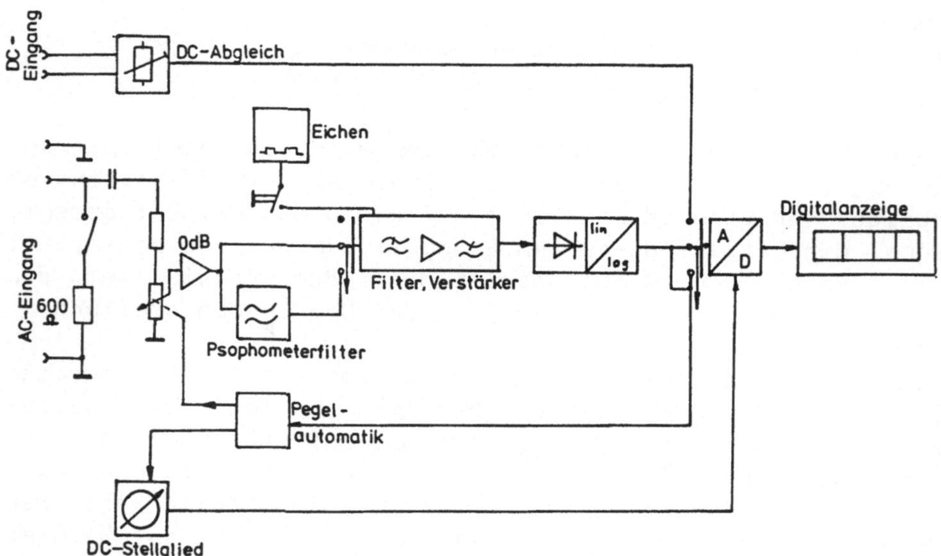

Bild 11-10
Blockschaltbild eines Pegelmessers

Selektive Pegelmesser setzen die Empfangsfrequenz in einem Mischer mit Hilfe einer variablen Trägerfrequenz in eine konstante Zwischenfrequenz um:

$$f_z = f_t - f_e$$

f_z: Zwischenfrequenz
f_e: Empfangsfrequenz
f_t: Trägerfrequenz

Diese Mischung kann mehrfach wiederholt werden, so daß ein Signal im Bereich von 10 kHz entsteht. Dieses wird einem Bandpaßfilter zugeführt, gleichgerichtet und zur Anzeige gebracht.

Die Signalübertragung wird nicht nur von der Dämpfung, welche mit Pegelmeßeinrichtungen erfaßt werden kann, beeinflußt, sondern auch von der Gruppenlaufzeit der Signale und der Dämpfungsverzerrung. Beide Effekte sind auf die frequenzabhängigen Eigenschaften der Leitungen zurückzuführen.

Zur Ermittlung der Gruppenlaufzeit wäre ein Vergleich der Phasenlage von Sende- und Empfangssignal bei unterschiedlichen Frequenzen notwendig. Dieses Verfahren hat den Nachteil, daß Sender und Empfänger nicht an unterschiedlichen Orten sein können. Weiter können sich mehrdeutige Ergebnisse zeigen, da eine Phasenverschiebung von 0° nicht von einer Phasenverschiebung von 360°, 720° usw. zu unterscheiden ist. Das Nyquist-Verfahren vermeidet diese Nachteile. Als Meßsignal wird ein amplitudenmoduliertes Signal verwendet, welches als Trägerfrequenz abwechselnd die Meßfrequenz und eine Vergleichsfrequenz hat, die von der Meßfrequenz unterschiedlich sein muß.

Eine Dämpfungsverzerrung macht sich im Empfangssignal als ein Sprung in der Amplitude bemerkbar (Dämpfungssprung). Eine Gruppenlaufzeitverzerrung führt zu einem Phasensprung bei der Hüllkurve. Bei einer konstanten Modulationsfrequenz, die auch als Spaltfrequenz bezeichnet wird, ist der Phasensprung der Laufzeit proportional.

Durch Punkt-zu-Punkt-Messungen oder durch Wobbeln der Meßfrequenzen läßt sich die Laufzeit und Dämpfung für verschiedene Frequenzen ermitteln. Je unterschiedlicher die

Werte sind, desto größer werden die Gruppenlaufzeit- und Dämpfungsverzerrungen. Bei einigen Geräten kann über Gleichspannungsausgänge ein Plotter angesteuert werden. Der X-Ausgang stellt ein Maß für die Meßfrequenz als Gleichspannung , der Y-Ausgang eine dem Meßergebnis (Gruppenlaufzeit, Dämpfung) proportionale Gleichspannung dar, so daß der Plotter Kennlinien
Gruppenlaufzeit = f(Frequenz) bzw.
Dämpfung = f(Frequenz)
zeichnen kann.

Nach CCITT sind für den Verlauf der Gruppenlaufzeit über die Frequenz bzw. der Dämpfung bestimmte Toleranzbereiche definiert. Mit den aufgezeichneten Kurven kann schnell festgestellt werden, ob Dämpfung und Gruppenlaufzeit innerhalb der von CCITT M.1020 empfohlenen Toleranz liegt. Die aufgenommenen Werte können dazu dienen, Entzerrer im Empfänger so einzustellen, daß die Verzerrungen ausgeglichen werden. Messung und Einstellung des Entzerrers sind nur bei Standleitungen sinnvoll. Für die Durchführung der Messung nach dem Nyquist-Verfahren sieht die CCITT-Empfehlung 0.81 eine Spaltfrequenz von 41,66 Hz vor.

Sind die bisher genannten Geräte nicht speziell für die Messung an Datenübertragungsleitungen geschaffen, sondern allgemein für Messungen an Signalleitungen, so werden auch Meßgeräte angeboten, die speziell auf die Belange der Datenübertragung ausgerichtet sind. Sie werden als Datenleitungsmeßgerät <data line test set, data circuit test set> bezeichnet. **Bild 11-11** zeigt das Blockschaltbild eines solchen Geräts. Neben den Größen Dämpfungs-Frequenzgang, Pegel, Frequenz, werden gemessen:

-- Frequenzversatz. Der Frequenzversatz beschreibt die Abweichung der Trägerfrequenzen in Sender und Empfänger. Er soll bei Datenleitungen nach CCITT M.1020 nicht mehr als ± 5 Hz betragen.

-- Phasenjitter. Dabei handelt es sich um eine ständige Schwankung der Phasenlage des Leitungssignals. Die Ursache kann z.B. die Überlagerung mit einem Störsignal sein. Die Phasenjitter führen bei Phasenmodulation zu bogenförmigen Abweichungen im Signalzustandsdiagramm; wird dabei die Winkelabweichung zu groß, so werden die Entscheidungslinien

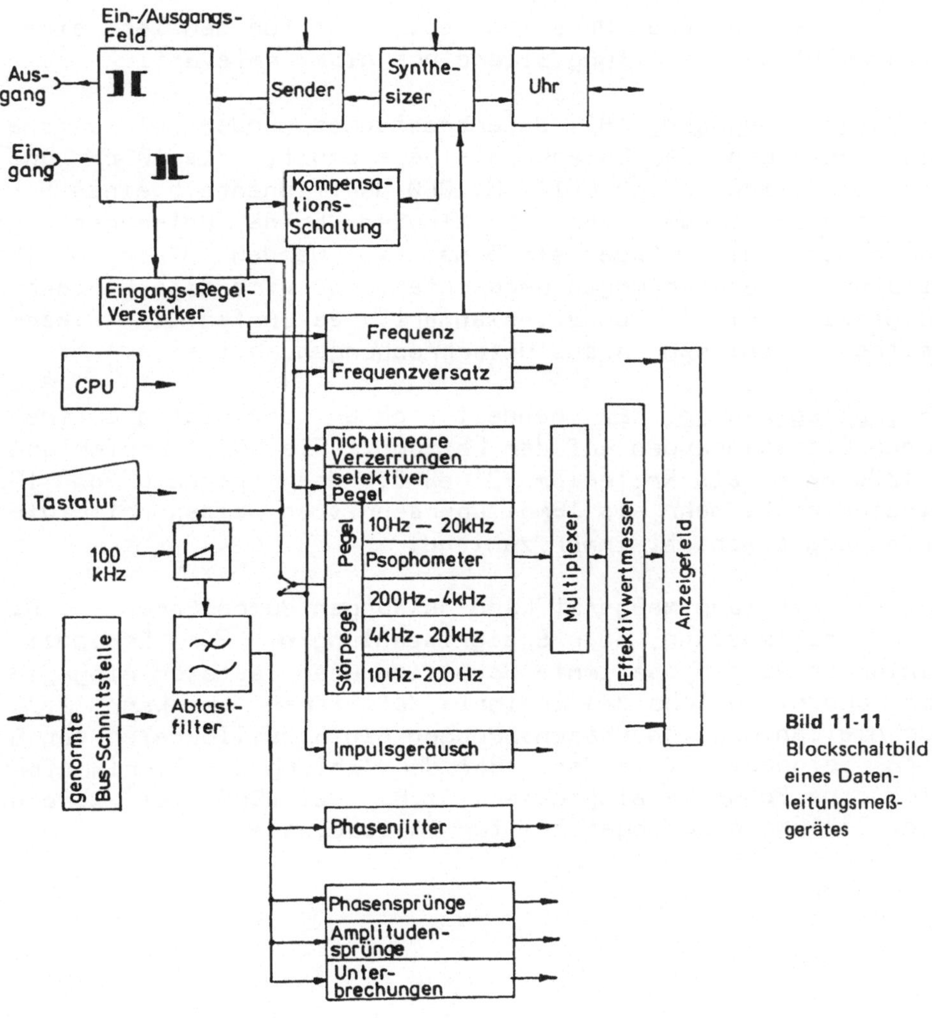

Bild 11-11
Blockschaltbild eines Datenleitungsmeßgerätes

überschritten, damit entstehen Bitfehler. Es wird gefordert, daß der Störspannungshub 10° nicht überschreiten darf.

-- Störgeräusche. Störspannungen auf der Leitung können sowohl durch Eigenrauschen wie durch Nebensprechen <crosstalk> entstehen. Die Messung des Störgeräuschs kann dabei breitbandig erfolgen, es kann eine psophometrische Messung durchgeführt werden, der Geräuschpegel mit Kanalfiltern bewertet werden, das Außerband-Kanal-Geräusch (ober- und unterhalb des Kanals) erfaßt werden. Die psophometrische Messung, die die Frequenzbewertung nach den Höreigenschaften des menschlichen Ohrs festlegt, ist für den Test einer Datenübertragungsleitung allerdings nicht relevant.

-- Unterbrechungen. Als Unterbrechungen werden plötzliche Pegelsenkungen des Datenkanals bezeichnet, die 10 dB und mehr umfassen. Nach CCITT M.1060 darf innerhalb eines Beobachtungszeitraums von 15 Minuten keine Unterbrechung vorkommen, die länger als 3 ms ist. Werden in diesen 15 Minuten Unterbrechungen beobachtet, so wird die Beobachtungszeit auf 1 Stunde verlängert, es dürfen in diesem Zeitraum nicht mehr als 2 Unterbrechungen auftreten.

-- Impulsgeräusch. Es handelt sich um kurzfristig auftretende Störspannungen auf der Leitung. Die CCITT-Empfehlung M.1020 nennt als Kriterium -21 dBm0, das innerhalb von 15. Minuten nicht mehr als 18mal überschritten werden soll. Die Erfassung geschieht immer zählend.

Das Datenleitungsmeßgerät kann Messungen durchführen, z.B. eine Pegelmessung oder Ereigniszählungen. Für Ereigniszählungen müssen bestimmte Schwellen über Tastatur eingegeben werden, welche das Ereignis definieren. So kann z.B. für die Zählung von Phasensprüngen ein Schwellbereich von 5 - 45° eingestellt werden. Bei der Zählung der Störimpulse wird eine Schwelle eingegeben, z.B. -21 dBm0, es werden drei Zählungen durchgeführt für Impulse, die

> -18 dBm0
> -21 dBm0
> -24 dBm0.

Die 3 dB von der eingestellten Schwelle entfernten Zusatzschwellen werden vom Gerät gebildet und sind nicht änderbar.

Für jedes Ereignis kann eine Ansprechzeit eingestellt werden<guard interval>, das Ereignis wird nur registriert, wenn es länger als die Ansprechzeit dauert. Bei der Phasenjitter-Messung ist die Definition einer Ansprechzeit nicht sinnvoll.

Ebenso wie eine Ansprechzeit kann eine Totzeit definiert werden. Tritt das Ereignis während der Totzeit mehrfach ein, wird es nur einmal registriert. **Bild 11-12** zeigt die Anwendung dieser Zeiten für die Messung des Impulsgeräuschs. Der Zeitraum für die Ereigniszählung kann durch eine Start-Stop-Tasten-Betätigung oder durch Verwendung der im Gerät vorhandenen Uhr festgelegt werden.

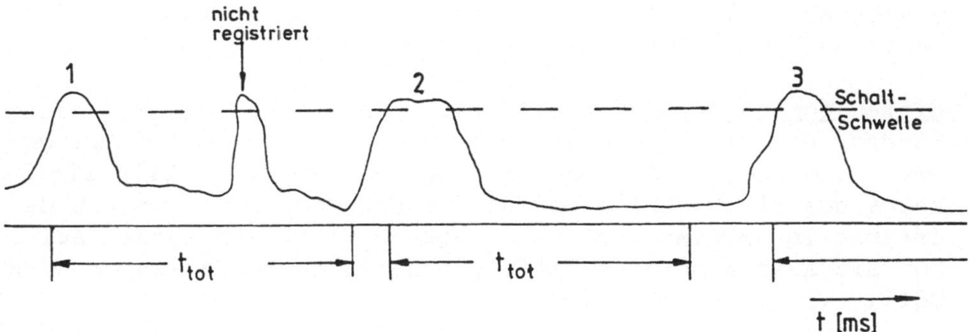

Bild 11-12
Zählung von Impulsgeräuschen

11.2.2 Beobachtung des digitalen Kanals

Schnittstellentestgerät <interface test equipment>. Es handelt sich um kleine Geräte, die für eine bestimmte Schnittstelle, z.B. V.24 entworfen sind. Sie werden in die Leitung, welche DEE und DÜE verbindet, eingeschoben. Der Zustand der Signale an der Schnittstelle wird durch Anzeigelampen sichtbar gemacht, dargestellt sind die Datenleitungen und die wichtigsten Steuersignale der V.24-Schnittstelle. Die Signalleitungen sind meist durch Signalbuchsen oder Anschlußstifte herausgeführt, so daß ein schneller Anschluß von Meßgeräten, wie Oszilloskopen, möglich ist.

Eine genaue Beobachtung des Signalverhaltens ist mit diesen Geräten nicht möglich. Es kann aber z.B. festgestellt werden, ob bei einer fehlenden Quittierung überhaupt ein M5-Signal (Empfangssignalpegel) von der DÜE gebildet wird. Ist dies der Fall, muß der Fehler in der DEE liegen. Schnittstellentestgeräte ermöglichen neben der Beobachtung der Schnittstellensignale oft die Simulation solcher Signale, so daß das Funktionieren von DEEs und DÜEs überprüft werden kann, indem das Schnittstellentestgerät die Steuersignale simuliert und das Erscheinen der Quittungssignale beobachtet wird.

Es werden nicht alle Signale einer V.24-Schnittstelle angezeigt, die in der Praxis auch meist nicht vorhanden sind. Verwendet werden z.B. D1, D2 (Sende- und Empfangsdaten), S1 (DEE betriebsbereit), S2 (Sendeteil einschalten), M1 (DÜE betriebsbereit), M2 (Sendebereitschaft), M5 (Empfangssignalpegel), T2, T4 (Sendeschritt-Takt und Empfangsschritt-Takt von der DÜE).

Bitfehlermeßplatz. Ein Bitfehlermeßplatz besteht aus einem Sender, der die zu übertragende Nachricht erzeugt <pattern generator> und dem Bitfehlermesser <digital error rate meter>. **Bild 11-13** zeigt das Blockschaltbild des Bitfehlermessers. Ihm muß das Informationsmuster des übertragenen Signals bekannt sein. Für die auszusendenden Bitfolgen bestehen Empfehlungen von CCITT (vergl. Abschn. 10-1).

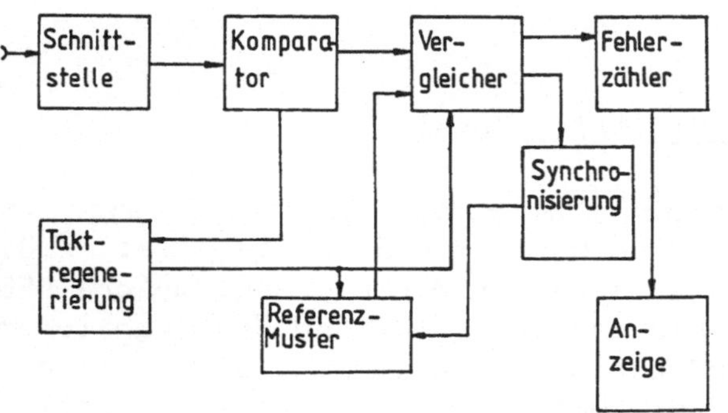

Bild 11-13
Blockschaltbild eines Bitfehlermessers

Anzeigen läßt sich sowohl die Gesamtzahl der aufgetretenen Fehler wie die Fehlerhäufigkeit <bit error ratio>. Wenn bei einem Übertragungssystem mit sehr kleinen Fehlerhäufigkeiten gerechnet wird, ist entweder eine sehr lange Meßzeit erforderlich oder die Zählung der Fehleranzahl sinnvoller. Die Einstellung der Bitmuster an Sender und Empfänger erfolgt durch Schalter. Bei einigen Geräten können nicht nur die von CCITT vorgegebenen Standardmuster verwendet, sondern beliebige 16-Bit-Worte einprogrammiert werden, die dann fortlaufend gesendet und ausgewertet werden. Zum Testen des Bitfehlermessers kann in den Sendestrom ein Einblenden von Fehlern mit einer bestimmten Häufigkeit erfolgen.

Neben der digitalen Anzeige verfügen Bitfehlermesser über einen Schreiberausgang, welcher die gemessene Fehlerhäufigkeit als Analogspannung einem Aufzeichnungsgerät zuführen kann. Diese Aufzeichnungsmethode wird bei Langzeitmessungen angewendet. Dabei werden Spannungen geliefert, welche der Zehnerpotenz der Fehlerhäufigkeit entsprechen. Bei einem Bitfehlermesser für PCM-Systeme werden gebildet (Meßumfang 10^7 bit):

Fehlerhäufigkeit	Anzahl Fehler	Ausgangsspannung
$< 10^{-6}$	< 10	0 V
$< 10^{-5}$	< 100	1 V
$< 10^{-4}$	< 1000	2 V
$< 10^{-3}$	< 10000	3 V
$< 10^{-3}$	< 100 000	4 V
kein Signal feststellbar		5 V

Eine Ausgabe der Ergebnisse kann auch über Digitalausgänge im BCD-Code <Binary Coded Decimal> erfolgen.

11.2.3 Protokollanalysator, Datenanalysator, Datenkommunikations-Testgerät

Diese Geräte <protocol analyzer, data analyzer> kombinieren meist beobachtende und simulierende Funktionen. **Bild 11-14** zeigt einige Möglichkeiten, einen Datenanalysator an einer Übertragungsstrecke anzuschließen. Wie aus **Bild 11-14** erkennbar, wird der Datenanalysator grundsätzlich an der Schnittstelle angeschlossen, die sich zwischen DEE und DÜE befindet, z.B. an V.24 oder X.21. Die Grundfunktionen des Datenanalysators sind:

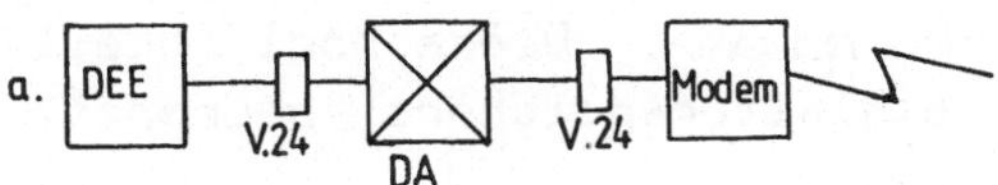

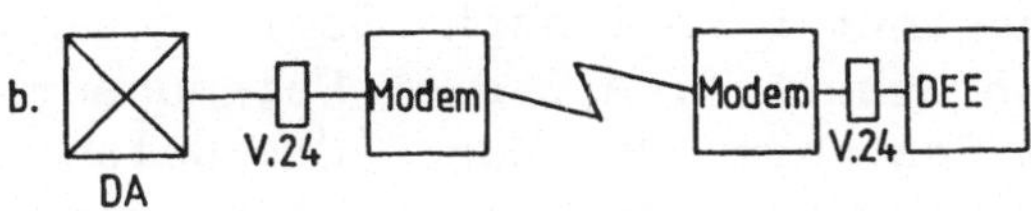

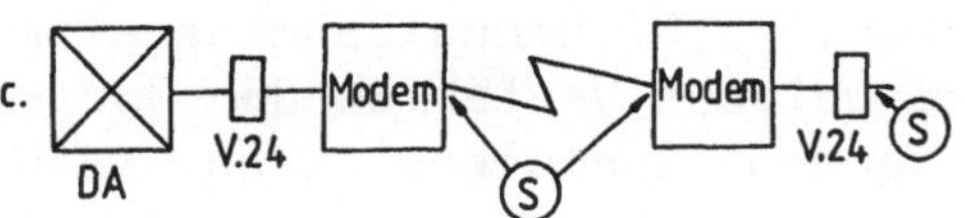

Bild 11-14
Einsatz eines Datenanalysators (DA)
a) Monitorbetrieb zur Protokoll-Analyse
b) Simulation einer Datenendeinrichtung
c) Schleifenmessung zur Überprüfung der Übertragungsstrecke
(S: mögliche Punkte der Schleifenbildung)

1. Aufnahme des Datenverkehrs und Darstellung auf dem Bildschirm. Dies ist in mehreren Versionen möglich, z.B.:

-- Datenverkehr nur in einer Richtung.
-- Beiderseitiger Datenverkehr mit Kennzeichnung der Richtung.
-- Einfrieren der Bildschirminhalte auf Tastendruck <freeze>.
-- Darstellung der übertragenen binären Zeichen in verschiedenen Codes (ASCII-Code, Hexadezimalcode).
-- Darstellung des Informationsflusses auf Rahmen- oder Paketebene. Die Informationen werden so interpretiert, daß nur Kontrollfelder der Prozedur, Adressen, Pakettypen mit Paketzählern usw. dargestellt werden.
-- Kennzeichnung des Zustands bestimmter Steuersignale parallel zur Datendarstellung.
-- Darstellung der Steuerzeichen unter Ausblendung der Datenzeichen (Datenschutz).
-- Triggerung auf bestimmte Steuersignale oder Steuerzeichen.
-- Darstellung der Leerzeiten (bei Halbduplexverkehr) oder Ausblendung der Leerzeiten.

2. Speicherung. Datenverkehr läuft meist so schnell ab, daß ein "Mitlesen" nicht möglich ist. Durch Unterdrückung von Daten, inaktiven Zeiten <idle suppresion> usw. kann das zu beobachtende Bild zwar komprimiert werden, zu einer gründlichen Auswertung ist aber eine Speicherung notwendig. Diese kann erfolgen durch:

-- Aufnahme in einen Halbleiterspeicher, Darstellung auf Anforderung auf dem Bildschirm <roll down>. Diese Möglichkeit ist durch die Kapazität des Halbleiterspeichers begrenzt, z.B. Speicherung von 12 Kbyte.

-- Übernahme in Halbleiterspeicher, Erzeugung eines Ausdrucks. Der Ausdruck beginnt sofort nach Beginn der Messung. Da er aber langsamer verläuft als die Datenübertragung, erfolgt er aus dem Speicher, der durch die Datenübertragung gefüllt wird. Das Verfahren ist nur für zeitlich begrenzte Messungen anwendbar.

-- Übernahme auf externe Speicher, z.B. Magnetbandkassette oder Floppy-Disk. Dies ist das übliche Verfahren der Speicherung. Der Inhalt des externen Speichers kann nach

Abschluß der Aufzeichnung auf dem Bildschirm dargestellt oder ausgedruckt werden. Auch hier besteht wegen der Kapazitätsbegrenzung des externen Datenträgers eine zeitliche Begrenzung der Messung; die Speicherkapazitäten liegen aber über denen eines Halbleiterspeichers.

Die bisher genannten Funktionen stellen die eigentliche Protokollanalyse dar. Da der gesamte über die Schnittstelle zu beobachtende Datenstrom aufzunehmen ist, welcher sich aus Synchronisationszeichen, Steuerzeichen, Datenzeichen, Blockprüfzeichen zusammensetzt, muß die Messung direkt an der Schnittstelle erfolgen, da nur so die Einhaltung der Protokollregeln zu verfolgen ist. Da die Darstellung auf dem Bildschirm zeichenweise erfolgt, ist eine Aufnahme allerdings erst nach erfolgreicher Zeichensynchronisation möglich.

Die Ausführung der bisher genannten Funktionen ist grundsätzlich auch in der DEE selbst möglich. Eine solche Einrichtung wird als **Capture-Funktion** bezeichnet. Wichtig ist, daß sie den tatsächlich an der Schnittstelle vorhandenen Bitstrom aufnimmt, die Daten also möglichst wenig aufbereitet, was zu fehlerhaften Anzeigen führen kann.

3. Datenanalyse <data examitation>. Untersuchung der im Speicher oder auf dem Bildschirm befindlichen Daten. Dazu kann gehören:

-- Wechsel des Codes bei gleichen Informationen auf dem Bildschirm.
-- Bitverschiebung. Bei zeichenorientierten Protokollen kann der Verlust eines Bits zu einer völlig unsinnigen Decodierung führen. Durch bitweises Verschieben der Zeichengrenzen wird versucht, die ursprüngliche Nachricht wenigstens teilweise zu rekonstruieren.

4. Fehlerhäufigkeitsmessungen <BERT, Bit Error Rate Test>. Zur Durchführung eines Fehlerhäufigkeitstests sind entweder zwei Datenanalysatoren oder die Bildung einer Schleife notwendig. Es sind meist mehrere Bitmuster einstellbar, die zur Bestimmung der Fehlerhäufigkeit herangezogen werden.

5. Zeitmessungen. An den Schnittstellen, besonders an V.24, muß ein Steuersignal durch ein Meldesignal quittiert werden, z.B. das Signal S2 (Sendeteil einschalten) durch das

Signal M2 (Sendebereitschaft). Eine Zeitmessung kann bestimmen, mit welcher Zeitverzögerung das Signal M2 nach dem Aktivieren des Signals S2 gebildet wird. Das Ergebnis der Messung wird in digitaler Form angezeigt. Solche Messungen können auch mehrfach wiederholt und eine Bildung des Durchschnittswerts durchgeführt werden.

6. Verzerrungsmessungen. Während bei der Bestimmung der Fehlerhäufigkeit auf Grund eines bekannten Bitmusters die Häufigkeit von falsch übertragenen Bits bestimmt wird, werden bei der Verzerrungsmessung <distortion measurement> Abweichungen in der Signalform des empfangenen Signals vom ausgesendeten Signal digital erfaßt und auf dem Bildschirm dargestellt. Diese Messung wäre der Beobachtung des analogen Kanals zuzurechnen.

Bild 11-15 zeigt das Blockschaltbild eines Datenanalysators. Wegen der Vielfalt seiner Aufgaben ist er ähnlich wie ein Minicomputer aufgebaut und verfügt über einen oder mehrere Mikroprozessoren. Der RAM-Speicher (Schreib-Lese-Speicher) dient zur Speicherung von Daten, von Systemparametern und Programmen, die der Benutzer selbst erstellt hat. Arbeitet der Datenanalysator auf Grund der vom Benutzer geschriebenen Programme, wird dies als "User-Mode" bezeichnet. Der ROM-Speicher (Festwertspeicher) enthält die Programme, welche für die verschiedenen Funktionen des Datenanalysators vorgesehen sind. Sein Inhalt kann vom Benutzer nicht verändert werden. Bedienfeld und Tastatur <keyboard> dienen der Einstellung der Funktion des Gerätes.

Während bei älteren Geräten sehr viele Einstellungen durch Betätigung vieler Schalter vorgenommen werden mußten, wird dazu heute meist die Tastatur verwendet, die numerisch oder alphanumerisch aufgebaut ist. Die Anwahl der verschiedenen Funktionen erfolgt in der Menü-Technik. Dem Bediener werden verschiedene Alternativen angeboten, unter denen er auswählt. Nach Auswahl erscheint eine neue Liste von Alternativen, unter denen er noch feiner auswählen kann, dies wird bis zum gewünschten Grad der Spezifikation fortgesetzt.

Durch die zweite Schnittstelle nach V.24 können externe Geräte an den Datenanalysator angeschlossen werden, z.B. Drucker oder Fernsteuerung.

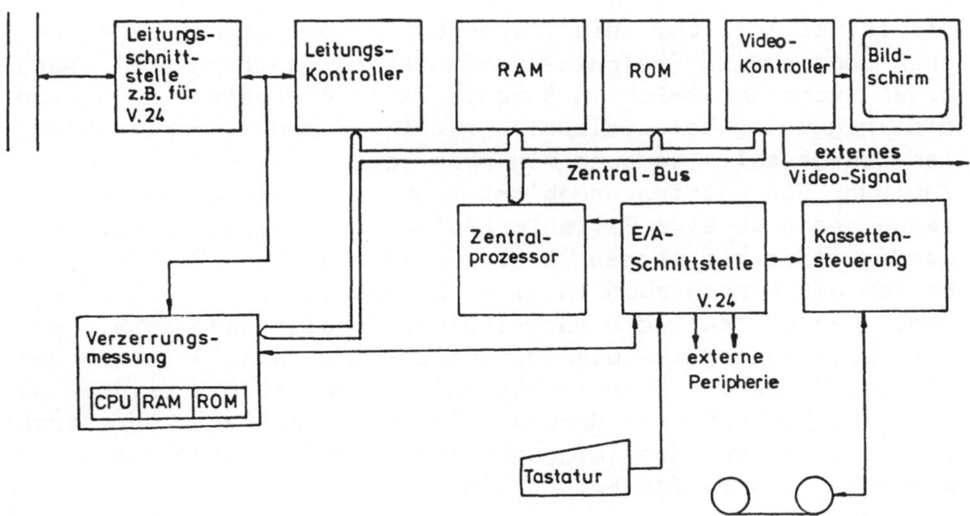

Bild 11-15
Blockschaltbild eines Datenanalysators (ROM: Festwertspeicher; RAM: Lese-Schreibspeicher)

Vor der Beobachtung des Datenstroms müssen dem Gerät die Kennzeichen der DFÜ mitgeteilt werden <set up>, dazu gehören z.B. die Datenübertragungsrate und die Zeichenlänge. Einige Geräte verfügen über eine Autokonfiguration, sie ermitteln selbst die benötigten Werte aus dem Datenstrom, wenn ein genügend langer Datenverkehr zur Verfügung steht.

Ein wichtiges Kriterium eines Datenanalysators für beobachtende Messungen sind die Triggerkriterien, d.h. die Kriterien, die zu einem Festhalten der Bildschirmanzeige führen. Solche Kriterien können z.B. sein:

-- Überschreiten einer "Time-out"-Zeit. Darunter wird das Zeitlimit zwischen zwei Ereignissen, z.B. einer Anfrage und deren Bestätigung verstanden.
-- Auftreten eines Paritäts- oder CRC-Zeichen-Fehlers.
-- Auftreten eines bestimmten Daten- oder Steuerzeichens.
-- Auftreten einer bestimmten Folge von Daten- oder Steuerzeichen, die Länge dieser Folge ist natürlich begrenzt, z.B. auf drei Zeichen.
-- Datenspeicherüberlauf.
-- Zuführung eines externen Signals. Bei den Datenanalysatoren ist es möglich, die Schnittstellensignale zu Meßzwecken nach außen zu führen. Damit ist es auch möglich, diese Signale durch Kurzschließen mit dem Eingang für externe Triggerung als Triggersignale zu verwenden.

Oft ist es möglich, die Triggerung nicht nur bei einem der oben angegebenen Ereignisse auszulösen, sondern erst nach einer vorprogrammierten Anzahl dieser Ereignisse. So wird die Triggerung beispielsweise nicht bei jedem Paritätsfehler ausgelöst, sondern nur nach jedem hundertsten. Durch Zählung von Übertragungsblöcken und Bestimmung der Blocklänge kann so eine Bitfehlerhäufigkeitsmessung ausgeführt werden, die mit tatsächlichen Daten arbeitet. Die Triggerkriterien können auch in einem Ereigniszähler erfaßt werden. Dieser zählt die aufgetretenen Ereignisse, speichert sie ab, so daß sie über den Bildschirm abgerufen werden können. Weiterhin kann festgelegt werden, ob die Zeichen ab dem Triggerkriterium dargestellt werden sollen, oder auch Zeichen, die vor dem Triggerkriterium aufgetreten sind, und wieviele Zeichen das sein sollen.

Die Funktion des Geräts wird bestimmt durch die Hardware (ein oder mehrere Mikroprozessoren, Größe von Festwert- und Lese-Schreib-Speicher usw.) und durch die Software. Die Software kann eingeteilt werden in:

1. Grundsoftware (Betriebssystem). Diese ist immer im Festwert-Speicher gespeichert und zuständig für:

-- Codewandlungen,
-- Ausgabe von Zeichen auf den Bildschirm,
-- Abfrage und Auswertung der Tastatur,
-- Umgang mit Magnetband-Kassette und Drucker,
-- Uhrenprogramme.Diese arbeiten meist mit einem Taktgeber (Hardware), welcher über Interrupts das Uhrenprogramm aufruft. Die Frequenz des Taktgebers bestimmt die Zeitauflösung; z.B. ist bei einer Frequenz von 1 kHz eine Auflösung von 1 ms möglich.

-- Selbstest. Nach Einschalten überprüft das Gerät selbst seine Funktionen, erst bei korrekter Durchführung geht es in den Benutzerbetrieb über.

-- Menü-Technik. Vorgabe der Funktionen für die Anwahl durch den Benutzer.

Die aufgezählten Aufgaben des Betriebssystems sind nur ein Beispiel. Bei bestimmten Geräten können weitere Funktionen hinzukommen.

2. Meßprogramme. Programme für die Ausführung der einzelnen Messungen. Diese können sich im Festwert-Speicher befinden oder, besonders bei Spezialprogrammen, die selten angewendet werden, über Kassettengeräte in den Lese-Schreib-Speicher eingelesen werden. Die Programme sind meist mit Parametern versehen, die vom Anwender bestimmt werden können, z.B. Art der Darstellung auf dem Bildschirm (Hexacode, Klartext). In der Menü-Technik weden meist Parameter vorgegeben, die häufig angewendet werden <default>, der Anwender kann diese durch einfachen Tastendruck bestätigen oder eine Neueingabe verlangen.

3. Anwenderprogramme <user mode>. Diese Programme werden vom Anwender geschrieben. Dazu muß ein Erfassungs- und Übersetzungsprogramm vorhanden sein (Editor, Compiler). Die Programmierung kann in Maschinensprache mit Verwendung eines Assemblers erfolgen. Es kann aber auch eine Kommandosprache verwendet werden. Kommandos sind Aufrufe für bestimmte Operationen, die im Betriebssystem bereits programmiert sind. Sie werden in der Art von Befehlen verwendet; es können Schleifen gebildet werden, bedingte Sprünge nach Abfragen ausgeführt werden usw.

Auf die Aufgaben des Datenanalysators bei der Simulation wird in Abschnitt 11.3 eingegangen.

11.3 Simulierende Geräte

Simulierende Geräte dienen dazu, andere Geräte zu erproben, indem sie die Signale oder Nachrichten erzeugen, auf die die zu prüfenden Geräte reagieren sollen, oder indem sie bestimmte Komponenten des Systems darstellen. Es werden einige Beispiele genannt.

1. Leitungsnachbildung <channel simulator>. **Bild 11-16** zeigt den Einsatz einer Leitungsnachbildung. Sie ist für einen bestimmten Leitungstyp vorgesehen, z.B. Telephonleitung. Einzelne Merkmale wie Gruppenlaufzeit oder Dämpfung können über Schalter eingestellt werden. Es werden mehrere Frequenzverläufe dieser Merkmale vorgegeben, die durch Schalter ausgewählt werden können. Dabei werden Hinweise gegeben, welchem Leitungstyp und welcher Leitungslänge eine bestimmte Schalterstellung entspricht.

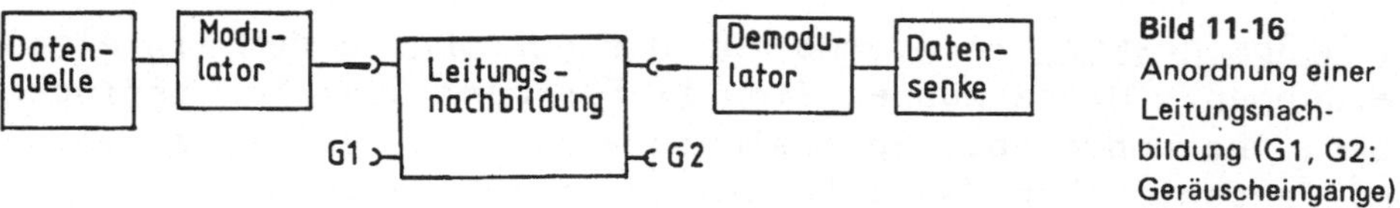

Bild 11-16
Anordnung einer Leitungsnachbildung (G1, G2: Geräuscheingänge)

Die Geräuscheingänge <noise input> dienen dazu, beliebige Störsignale vorzutäuschen. Ein Eingang wirkt auf die Störung des Eingangssignals, hierbei wird die Gesamtstörung auch von den Eigenschaften der Leitung beeinflußt. Der andere Eingang wirkt auf die Störung des Ausgangssignals. Als Störsignalquellen stehen besondere Rauschgeneratoren <noise generators> zur Verfügung. Es können aber auch normale Frequenzgeneratoren oder Tonbänder mit Wählgeräuschen verwendet werden.

2. Schleifenschalter. Bei der Schleifenmessung (siehe **Bild 11-5**) muß das Signal umgelenkt und dem sendenden Gerät wieder zum Empfang zugeführt werden. Eine solche Messung setzt aber voraus, daß entweder spezielle Sende- und Meßgeräte (einzeln oder in einem Gerät integriert) vorhanden sind, oder daß bei Verwendung einer DEE Vollduplexverkehr angewendet wird. **Bild 11-17** zeigt den Aufbau eines digitalen Schleifenschalters mit Mikroprozessor-Steuerung. Der Festwert-Speicher (ROM) dient als Programmspeicher, der Lese-Schreib-Speicher (RAM) hauptsächlich als Pufferspeicher für den Vollduplexbetrieb, kann aber auch zur Anwenderprogrammierung verwendet werden. Die Adreß-Eingabe über Codierschalter kann als Adreßvorgabe für den Aufrufbetrieb <polling> eingesetzt werden.

Der Schleifenschalter kann so in das System eingebaut werden, daß Signale, die von der DEE zur DÜE laufen und umgekehrt, nicht gestört werden (Terminalbetrieb), das Gerät kann also im laufenden Betrieb eingebaut bleiben. Anwendungsbeispiele sind:

a) Beschleunigung des Pollbetriebs. Die beim Pollbetrieb angeschlossenen Terminals erhalten geradzahlige Adressen, die zugehörigen Schleifenschalter ungeradzahlige. Ist das Terminal nicht betriebsbereit, sendet es keine Rückmeldung auf das "Pollen". Die Zentralstation muß dann das Ablaufen der "Time-out"-Schaltung abwarten, ehe sie im Poll-Verfahren weiter geht. Das abgeschaltete Terminal veranlaßt seinen Schleifenschalter, auf die Nachricht zu reagieren, z.B.

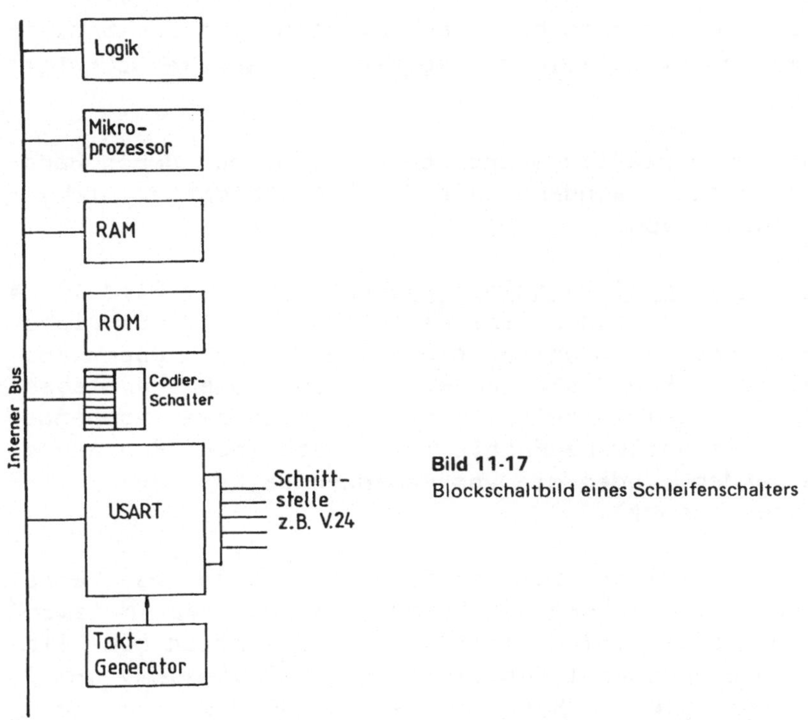

Bild 11-17
Blockschaltbild eines Schleifenschalters

mit EOT <End Of Transmission>. Damit weiß die Zentralstation, daß kein Wunsch auf Datenverkehr vorliegt und kann ohne Verzögerung im Poll-Verfahren weiterarbeiten. Wird das Terminal aktiviert, wird die Adresse wieder umgeschaltet.

b) Überprüfung der Leitung und DÜE. Bei der oben geschilderten Adressierung werden die Terminals über die geradzahligen Adressen angesprochen. Läßt ein Terminal sich nicht ansprechen, wird die Adresse um 1 erhöht und damit der Schleifenschalter angesprochen. Dies kann automatisch oder durch einen Operator geschehen. Reagiert der Schleifenschalter mit einer gültigen Rückmeldung, so ist der Fehler in der DEE zu suchen, Leitungen und DÜE sind einwandfrei.

c) Leitungsprüfung im Halbduplexbetrieb. Eine Station sendet eine Nachricht aus, diese wird im Schleifenschalter zwischengespeichert, nach Beendigung der Sendung zurückgesendet. Eine DEE muß nicht vorhanden sein, der Schleifenschalter simuliert diese auf der physikalischen Ebene. Der Schleifenschalter muß in der Lage sein, das Verhalten der für eine Schnittstelle, z.B. V.24, vorgesehenen Steuer- und

Meldesignale zu erzeugen bzw. auszuwerten. Ist der Schleifenschalter nicht aktiviert, werden die Signale durchgeschleift.

Aktivierung und Deaktivierung können nicht nur durch Hardware-Umstellungen, sondern auch durch Nachrichten <select messages> erreicht werden.

3. Datenanalysator als Simulationsgerät. Wie in **Bild 11-14** dargestellt, kann ein Datenanalysator auch als Simulator eingesetzt werden, wobei er die Rolle der DEE übernimmt. Die Simulation kann sich dabei bis auf die Paketebene erstrecken. Für die Simulation müssen Programme vorhanden sein, die als Software-Pakete für verschiedene Prozeduren angeboten werden, oder die vom Anwender selbst erarbeitet werden können <user mode>.

Bei einer Simulation auf der Paketebene kann das Gerät entweder einen Teilnehmer des Netzwerkes oder das Netzwerk selbst simulieren (**Bild 11-18**). Die Simulation muß sich dann auf die Ebenen 1 (physikalisch), 2 <frame-level> und 3 <packet-level> erstrecken. Auf dem Frame-Level muß die Verbindung nach der Betriebsart LAP-B (vergl. Kap. 4) eröffnet, unterhalten und beendet werden. Dazu gehört die Interpretation und Erzeugung der Rahmen für den Datenverkehr (I-Frames) wie zur Steuerung der Prozedur (S-Frames, NS-Frames). Auf der Paketebene kann eine bestimmte Anzahl von virtuellen Verbindungen aufgebaut, unterhalten und abgebaut werden.

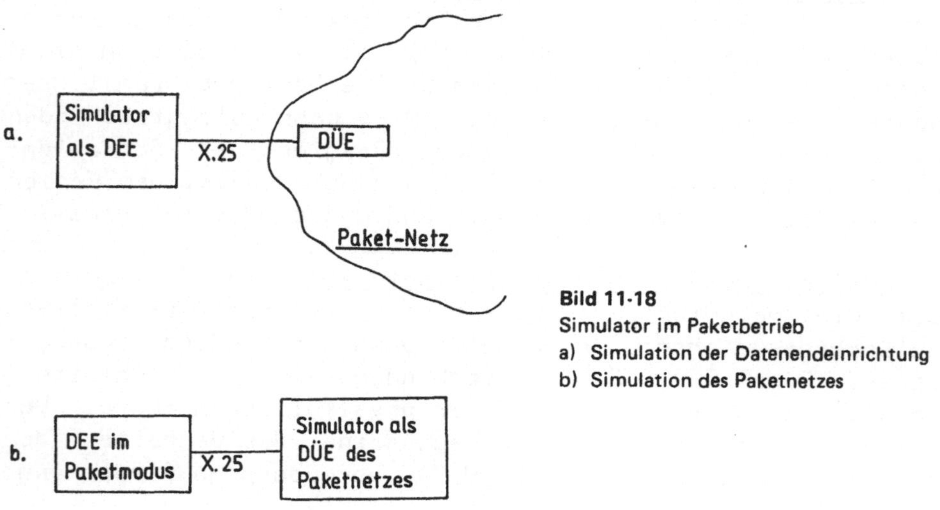

Bild 11-18
Simulator im Paketbetrieb
a) Simulation der Datenendeinrichtung
b) Simulation des Paketnetzes

Im Dialog muß der Operator Parameter an das System übergeben, dazu gehören:

-- Datenübertragungsrate.
-- Entscheidung, ob der Simulator die DEE oder das Paketnetz (DÜE) simuliert.
-- Entscheidung über Fehlereinschub <injection of errors>; es kann angegeben werden, auf wieviele Bytes ein Fehler einzubauen ist.
-- Fenstergröße auf "Frame"- und "Packet-Level".
-- Anzahl der zu unterhaltenden virtuellen Verbindungen und der permanenten virtuellen Verbindungen.
-- Rufnummern; bei Simulation eines Netzwerks die der angeschlossenen Teilnehmer, bei Simulation einer DEE die eigene Rufnummer.

Die Simulation kann permanent erfolgen oder durch Kommandos gesteuert werden, die der Anwender eingeben muß. Es seien drei Kommandos genannt:

PC request for connection. Es wird eine Verbindung auf dem Frame-Level angefordert.

PE request for disconnection. Die Verbindung auf dem Frame-Level soll aufgelöst werden. Dieses Kommando führt zum Senden eines NS-Frames des Typs DISCONNECT.

PA(X). Aufbau einer virtuellen Verbindung mit dem Teilnehmer X. Dieses Kommando führt zur Bildung und Sendung eines Pakets Call request mit der Teilnehmernummer X (vergl. Abschn. 5.2).

Während der Simulation wird der Verkehr auf dem Bildschirm des Datenanalysators angezeigt; er kann aber auch abgespeichert werden, wenn der Anwender dies wünscht. Nach der Simulation kann der Speicherinhalt durch Kommandos angezeigt werden, wobei die Darstellung und Analyse der übertragenen Daten wie im Monitorbetrieb (Abschn. 11.2) durchgeführt wird. Ist ein Drucker vorhanden, kann auch ein Ausdruck erfolgen.

11.4 Testprogramme

Testprogramme können innerhalb eines Datenfernübertragungsnetzes in verschiedener Weise vorkommen.

a) Meßgeräte und Simulationsgeräte. Wie in Abschn. 10.2 und 10.3 erwähnt, sind viele Meß- und Simulationsgeräte mit Mikroprozessoren ausgestattet, welche programmiert werden. Die Programme können vom Hersteller des Gerätes entwickelt sein, sie sind dann meist in Festwertspeichern geladen. Bei umfangreichen Systemen befinden sie sich auf Externspeichern (Floppy, Magnetbandkassette) und werden bei Bedarf in Lese-Schreibspeicher geladen. Können Geräte vom Anwender selbst programmiert werden <user mode>, müssen sich die Programme im Lese-Schreibspeicher oder auf Externspeichern befinden. Geräte, die vom Anwender programmiert werden können, müssen über Übersetzungs- und Erfassungsprogramme verfügen.

b) Automatische Testsysteme. **Bild 11-19** zeigt den Aufbau eines automatischen Testsystems <ATE, Automatic Test Equipment>. Die Steuerung der einzelnen Geräte (Sender und Empfänger) erfolgt vom Zentralrechner <controller>, ebenso steuert dieser die Datenausgabe über Drucker und andere Peripheriegeräte. Für den Zusammenschluß der verschiedenen Geräte dienen genormte Bus-Systeme, z.B. nach DIN IEC 625 bzw. IEEE-488 oder HP-IB. Die verwendeten Einzelgeräte müssen über Schnittstellen, die zu diesen Bus-Systemen kompatibel sind, verfügen. Der Vorteil eines solchen ATE-Systems gegenüber der Verwendung einzelner Geräte mit Bedienung durch den Operator liegt in folgendem:

-- Schnelleres Messen. Der Zentralrechner kann Steueraufgaben viel schneller wahrnehmen als ein Mensch.

-- Verläßlicher Messen. Verfügt das Meßgerät über Möglichkeiten zum Eigentest <autotest>, so können diese in regelmäßigen Zeitabständen vom Controller aktiviert werden, ohne daß ein menschlicher Eingriff notwendig ist.

-- Aufbereitung der Ergebnisse. Der Zentralrechner kann die Ergebnisse nach verschiedenen Kriterien aufbereiten, z.B. Trendmeldungen, Überschreiten von Schwellwerten, Bildung von Durchschnittswerten.

-- Automatisches Entscheiden. Die Durchführung einer Meßreihe hängt oft vom Ergebnis der Messungen ab. So kann es sinnvoll sein, die Messung abzubrechen, wenn bereits die ersten Messungen Werte weit außerhalb der Toleranzen zeigen. Durch bedingte Sprünge in der Software des Zentralrechners können solche Entscheidungen ohne Eingriff des Operators getroffen werden.

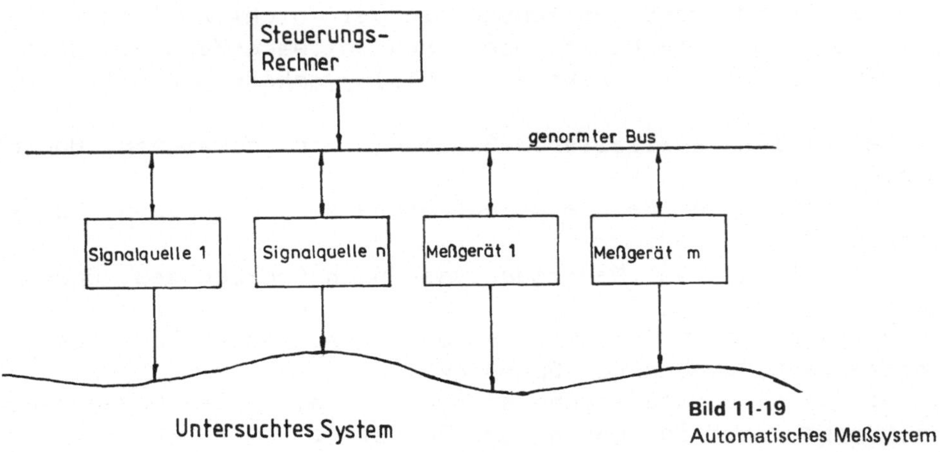

Bild 11-19
Automatisches Meßsystem

Als Programmiersprache für den Zentralrechner wird meist eine problemorientierte Sprache verwandt, oft an die Programmiersprache BASIC angelehnt. Die Software für ein ATE-System kann selbst erstellt werden, es können Programm-Module verwandt werden, die vom Hersteller zur Verfügung gestellt werden, um selbständige Lösungen zu programmieren, oder es kann auf die vom Hersteller angebotene Software zugegriffen werden. Vom Hersteller angebotene Software muß nach den Einzelheiten des verwendeten Systems erstellt sein. Bei den hier angesprochenen Anwendungen kann es sich nicht um Standard-Software handeln, sondern um kundenspezifische Software unter Verwendung von Standard-Modulen.

Immer muß die Standard-Software mit Parametern versorgt werden, die das Verhalten der einzelnen Geräte beschreiben. So kann dem Anwender angezeigt werden, ob die von ihm gewünschten Merkmale, z.B. eine Meßfrequenz, überhaupt mit dem vorhandenen Gerät möglich sind. Ebenso muß in einer Generierungsphase dafür gesorgt werden, daß die einzelnen Geräte vom Anwender mit symbolischen Namen versehen werden, was die Programmierung erleichtert. Die Umsetzung der symbolischen Namen in die Hardware-Adressen erfolgt dann über Generierungslisten.

Die Hersteller bieten ihre Software in Paketen an, die i.a. nicht im Preis der Hardware enthalten sind. Das Anbieten von Software-Paketen nicht durch den Hersteller der Hardware, sondern durch unabhängige Software-Häuser, wie es in der kommerziellen EDV weit verbreitet ist, ist wegen der starken Hardware-Orientierung hierbei nicht üblich. Als Beispiel für die Funktionen eines Software-Paketes seien die Funktionen eines Pakets für Dialogverkehr genannt:

-- Definition spezieller Meßaufgaben und -parameter durch Dialog.
-- Abprüfung der Parameter auf Grund der gegebenen Hardware-Konfiguration.
-- Auswertung von Meßergebnissen nach Angaben des Operators.
-- Ausgabe von Meßergebnissen auf verschiedene Peripheriegeräte nach Angaben des Operators.
-- Vergleich von Meßergebnissen mit archivierten Meßwerten.
-- Abgabe von Meldungen an den Operator.
-- Archivierung von Meßergebnissen, z.B. auf Magnetband.

c) Testprogramme in Datenendeinrichtungen. Testprogramme, die sich in DEEs, z.B. Computern, befinden, können nach zwei Kriterien eingeteilt werden:

1. Speicherresidenz: Die Testprogramme befinden sich ständig im System, z.B. weil sie in Festwertspeichern gespeichert sind, oder sie müssen vor Ausführung des Tests geladen werden. Grundsätzlich erfordert der Selbsttest eines Gerätes, sei es nun ein großer Computer oder ein einfaches Meßgerät, daß mindestens Teile des Systems noch funktionsfähig sind. Der Vorteil speicherresidenter Testprogramme ist es, daß sie nicht geladen werden müssen, also auch zur Verfügung stehen, wenn die Geräte, die für das Laden verantwortlich sind, z.B. Floppy-Laufwerk, Floppy-Controller, ausgefallen sind. Der Nachteil speicherresidenter Testprogramme ist es, daß sie Speicherplatz und damit Adreßraum ständig belegen und aus diesem Grund nicht umfangreich sein dürfen. Außerdem sind Änderungen dieser Programme schwer möglich.

Testprogramme, die in Festwertspeichern gespeichert sind, befinden sich bei einigen Systemen auf einem eigenen Modul <test-adapter, diagnose module>, welche nur bei Bedarf an das System angeschlossen werden. Sie bilden nach dem Anschluß aber einen Teil des physikalischen Hauptspeichers, es handelt sich nicht um einen Ladevorgang. **Bild 11-20** zeigt die Möglichkeiten der Speicherung von Testprogrammen in Computersystemen. Das Testprogramm für die Prüfung der Datenfernübertragungseinrichtungen ist dabei meist nur eine Komponente im gesamten Testprogramm.

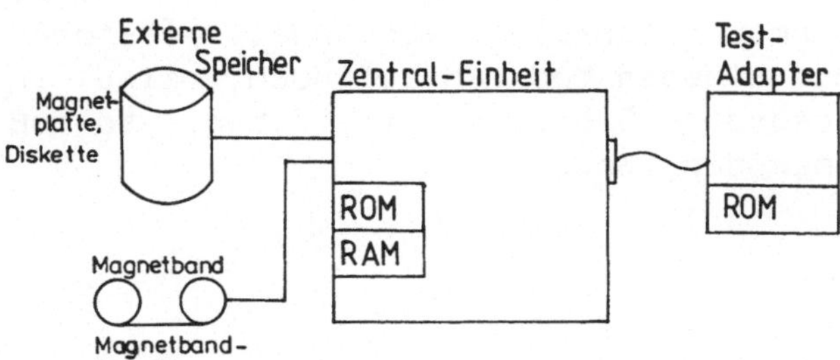

Bild 11-20
Speichermöglichkeiten für Testprogramme. Programme im RAM müssen aus den externen Speichern geladen werden (ROM: Festwert-Speicher; RAM: Lese-Schreib-Speicher)

2. Sprachebene. Wie besonders in Kapitel 7 beschrieben, bestehen zwischen der Anwenderebene und der physikalischen Ebene mehrere Software-Komponenten, die bei einer DFÜ aktiviert werden müssen. Testprogramme, die in einer Sprache geschrieben wurden, welche auch der Anwender verwendet, werden als "Service-Macros" bezeichnet. Sie haben den Vorteil, daß sie auch vom Anwender gelesen und evtl. modifiziert werden können. Ein weiterer Vorteil ist, daß nicht nur die Hardware, sondern auch das Funktionieren der Software-Komponenten, die sich zwischen Hardware und Anwenderebene befinden, geprüft wird. Sind diese Software-Komponenten nicht speicherresident, so erfolgt bei dieser Gelegenheit auch die Überprüfung der Komponenten, die für das Laden in den Hauptspeicher zuständig sind. Der Nachteil ist, daß bei Verwendung dieser Art von Programmen die Fehlerlokalisierung schwierig ist, wenn die Funktion nicht arbeitet.

Testprogramme, die in der Maschinensprache geschrieben sind, haben den Vorteil, daß hiermit die Hardware direkt ansprechbar ist. Ein dabei entdeckter Fehler kann viel leichter lokalisiert werden. Der Nachteil besteht darin, daß diese Programme nur von speziell geschultem Personal entwickelt und angewendet werden können. Es ist eine Kenntnis auch über die Hardware-Adressen des Systems notwendig, während der Anwender meist nur symbolische oder logische Adressen kennt. Testprogramme in der Maschinensprache werden als "Service-Mikros" bezeichnet. Speicherresidente Testprogramme sind meist Service-Mikros.

Beide Arten von Testprogrammen müssen einen Dialog mit dem Operator führen, der üblicherweise nach der Menü-Technik aufbereitet ist. Dies setzt wiederum voraus, daß die für den Dialog notwendigen Ein- und Ausgabegeräte intakt sind, meist werden Bildschirm und Tastatur verwendet. Testprogramme, die sich auf eigenen Modulen befinden, sind in einigen Fällen über besondere Schalter aktivierbar, so daß die Eingabetastatur umgangen werden kann.

Literaturverzeichnis

Das Literaturverzeichnis ist nach Kapiteln geordnet. Die für Kapitel 1 genannten Werke sind meist Einführungen, die auch zur Ergänzung der anderen Abschnitte herangezogen werden können. Besonders hinzuweisen ist auf die Sammlungen von Empfehlungen nach CCITT und anderen Normungsverbänden unter CCIT01 und FOLT01.

Kapitel 1

BRUE01 Brühl/Jansen/Voigt: Nachrichtenübertragungstechnik I. Stuttgart/Berlin/Köln/Mainz. 1979

BURK01 Burkhardt, H.J.: Kommunikation offener Systeme - Stand und Perspektiven der Normungsarbeit. GDM Spiegel 1981, Heft 2, Seite 43

CCIT01 CCITT-Empfehlungen der V-Serie und der X-Serie: Datenübertragung. 3. Auflage. Heidelberg/Hamburg. R.v.Deckers. 1977

DATE01 Dateldienste 1: Grundlagen und Zusammenhänge der Datenfernverarbeitung. 2. Auflage. Heidelberg/Hamburg. R.v.Deckers. 1976

DEWI01 DeWitt/Russel: Emergence of the Integrated Services Digital Network. Computer Design 1979, Heft 6, S.14

DIGI01 Digital Equipment corporation: Terminals and communications handbook. 1979

ELIA01 Elias, D. (Hrg.): Telekommunikation in der Bundesrepublik Deutschland. 1982. Heidelberg/Hamburg. R.v. Deckers. 1982.

FELL01 Fellbaum u.a.: Elektronische Textkommunikation. Technik, Einsatz und Erfahrungen. Berlin/Offenbach. VDE-Verlag 1983

FREYØ1 Freyer, U.: Nachrichtenübertragungstechnik. München/Wien. Hanser 1981

FOLTØ1 Folts/Karp: Compilation of Data communication standards. New York. McGraw Hill. 1978

GERKØ1 Gerke, P.R.: Neue Kommunikationsnetze. Prinzipien, Einrichtungen, Systeme. Berlin/Heidelberg/New York. Springer. 1982

IBMDØ1 IBM Deutschland GmbH.: Datenfernverarbeitung in Stichworten. 1977

INOSØ1 Inose, H.: An introduction to digital integrated communications systems. New York/Tokyo. 1979

ISOWØ1 ISO working paper: Reference model of open systems interconnection. ISO/TC 97/SC16/N227. 1979

KRAUØ1 Kraus, G.: Einführung in die Datenübertragung. München/Wien. Hanser. 1978

NEILØ1 O'Neil, J. J.jr.: The internation telecommunication Union. Telecommunications 1981, Heft 2, Seite 25

TECHØ1 Techo, R.: Data communications. An introduction to concepts and design. New York/London. Plenum Press. 198Ø

Kapitel 2

BENNØ3 Bennet/Davey: Data transmission. New York. Mc Graw Hill. 1965

CROUØ1 Crouch, R.A.: Choose cables with care to optimize system design. EDN 1978, Heft 2Ø, Seite 113

DEUTØ3 Deutsche Bundespost: Die Glasfaser. Eine neue Technologie revolutioniert die Telekommunikation. O.J. ca. 1981

FISCØ1 Fischer, F.A.: Einführung in die statistische Übertragungstheorie. Mannheim. Bibliographisches Institut. 1969

GHOS01 Ghosh, S.: Code conversion techniques for digital transmission. Computer Design 1978, Heft 8, Seite 103

JEUN01 Jeunhomme, L.B.: Single-mode fiber optics. Principles and applications. New York und Basel. Marcel Dekker. 1983

LÜKE01 Lüke: Signalübertragung. Berlin/Heidelberg/New York. Springer. 1975

MILL01 Miller, C.K.: Automatic adaptive equalization for medium speed modems. Computer Design 1982, Heft 9, Seite 233

MIRT01 Mirtich, V.L.: Designers guide to fiber optic data links. EDN 1980, Heft 14, Seite 113

NIRE01 Nirenberg/Wolverton: Microwave transmission systems for local data networks. Telecommunications 1980, Heft 6, Seite 47

RENN01 Rennie, L.J.: Forward-looking error correction via extended Golay. Computer Design 1982, Heft 6, Seite 121

RICH01 Richer, I.: Trends in the digital transmission of voice and image signals. Part 1: Voice digitization. Computer Design 1979, Heft 7, Seite 12

SAND01 Sander, L.S.: Pulse codes in serial data communications. Computer Design 1982, Heft 1, Seite 203

SAND02 Sander/Reed: Transmission and propagation of electromagnetic waves. Cambridge/London/New York/Melbourne. Cambridge university press. 1978

SCHU01 Schumacher, W.L.: Multipurpose connector mixes electrical and optical signals. Computer Design 1980, Heft 11, Seite 39

WAND03 Wandel & Goltermann: Nachrichtenmeßtechnik. Meßtechnische Grundlagen und Anwendungsbeispiele. Ehningen u.A. O.J. ca. 1983

WIES01 Wiesner, L.: Fernschreib- und Datenübertragung über Kurzwelle. Grundlagen und Netze. Berlin/München. Siemens. 1975

Kapitel 3

BACH01 Bacher/Grunow/Schierenbeck: Datenübertragung. Eigenschaften der Verbindungswege, Technik und Geräte. Berlin/München. Siemens. 1978.

DAUT01 Dauth, N. (Hrg.): Datenvermittlungstechnik (EDS). Heidelberg/Hamburg. R.v.Deckers. 1978

DDDM01 DDD Modem Product Guide. Mini-Micro Systems 1985, Heft 3, Seite 25

ECKE01 Eckelmann, P.: Codifec and Line-card-controller. Vom Bauelement zum dezentralisierten Vermittlungssystem. Elektronik 1983, Heft 11, Seite 127

FEIC01 Feichtinger, H.: Datenübertragung mit Modems. MC 1982, Heft 9, Seite 31

JURE01 Jurenko, J.: Getting the most modem for the least money. Computer Design 1980, Heft 11, Seite 45

KAFK01 Kafka, G.: Einführung in die Datenfernverarbeitung. 2. Teil: Schnittstellen, Bindeglieder zwischen den Komponenten. Elektronik 1983, Heft 11, Seite 127.

PEAR01 Pearson, L.T.: Extending the limits of an RS-232 interface. Computer Design 1981, Heft 9, Seite 163

SCHM01 Schmidt, G.: Mehrfachanschluß und neue Schnittstellen im Datex-L-Netz. Online 1981, Heft 11, Seite 898

WEDG01 Wedgman, A.: Serial interface autodialer protocol. Computer Design 1981, Heft 7, Seite 17

YANC01 Yancy, G.H.H.: Fiber optic cables increase efficiency of digital transmission system. Computer Design 1980, Heft 11, Seite 59

Kapitel 4

ARKA01 Arkat, S.: Serielle Datenübertragung. Die einzelnen Verfahren im Überblick. Elektronik 1983, Heft 11, Seite 137.

EVAN01 Evans, R.L.: Communication protocol. The key to sucessful data communications. Computer technology review 1981, Heft 1, Seite 193

FLET01 Fletcher, J.G.: Serial communication protocol simplifies data transmission and verification. Computer Design 1978, Heft 7, Seite 77

GABL01 Gable, M.G.: Communication in distributed systems. Part 3: Communication protocols an system design considerations. Computer Design 1980, Heft 4, Seite 14

GOLD01 Goldberger, A.: A designers review of data communications. Computer Design 1981, Heft 5, Seite 103

GOOZ01 Gooze, M.: To understand serial communication, start with the basics. EDN 1979, Heft 17, Seite 125

KAFK02 Kafka, G.: Einführung in die Datenfernverarbeitung. 5. Teil: Datenübertragungsprotokolle, Regelverzeichnis für den Informationsaustausch. Praktische Ausführungen. Elektronik 1981, Heft 25/26, Seite 101

MASC01 Mascher. J.: Datenübertragungsprozeduren. Funktionen und Einsatz in rechnergesteuerten Kommunikationssystemen und eine Möglichkeit ihrer Implementierung. adl-Nachrichten 1976, Heft 96, Seite 23

POSC01 Posch, R.: Ein Vorschlag zur Behandlung von prozedurfreien asynchronen Terminals im Halbduplex-Verfahren. Angewandte Informatik 1980, Heft 3, Seite 119

POSC02 Posch, R.: Transparente Protokolle als Alternative herstellerspezifischer Terminalbehandlung. Angewandte Informatik 1982, Heft 12, Seite 575

NIXD01 Nixdorf-Computer: Datenfernverarbeitung. Nachschlagewerk für den Techniker. 1979

WALD01 Walden, D.C.: The development of host protocols. Computer Design 1980, Heft 1, Seite 16

Kapitel 5

DIST01 Distributed systems architecture evolution adds X.25, X.21 connections, improved networking. Computer Design 1982, Heft 6, Seite 86

FRAN01 Frank, H,: Updating the SNA/Packet switching network debate. Computer Desing 1980, Heft 5, Seite 12

HUBE01 Huber, J.F.: Packet switching by Siemens. Experiences, functional characterisitics an technology for future applications. Telecommunications 1980, Heft 7, Seite 47

LAZA01 Lazak, D.: User oriented optimal packet sizes within packet switching systems. Angewandte Informatik 1979, Heft 6, Seite 259

RULA01 Ruland, C.: Algorithmen zur adaptiven Berechnung der schnellsten Wege in virtuellen Netzen. Angewandte Informatik 1981, Heft 11, Seite 492

ROSN01 Rosner, R.D.: Packet switching. Tomorrows communications today. Belmont, Cal. 1982

TIET01 Tietz, W.(Hrg): Datenpaketvermittlung. Internationale Standards. Heidelberg/Hamburg. R.v.Deckers. 1978

WESS01 Wessler, B.D.: The Benifits to Private Packet Networks for large Datacomm Users. Telecommunications 1980, Heft 8, Seite 53

Kapitel 6

BURK01 Burkhardt, H.J.: Kommunikation offener Systeme - Stand und Perspektiven der Normungsarbeit. GDM Spiegel 1981, Heft 2, Seite 43

JEND01 Jendra, H.: Normung der höheren Schichten kommt voran. Computer-Woche 1983, Ausgabe 26, Seite 58

Kapitel 7

BERR01 Berry, D.: Standardizing upper-level network protocols. Computer Design 1984, Heft 2, Seite 175

CUNN01 Cunningham/Kerr: New Electronic Mail Standards. Telecommunications 1985, Heft 7, Seite 88

ERLI01 Erlin, D.: Establishing the micro-to-mainframe connection. Computer Design 1984, Heft 2, Seite 231

IBMS02 IBM Deutschland GmbH.: Systeme. IBM 3790. Einführung in das DFV-System. 1978

LEWI01 Lewin, R.E.: Securing and Managing Dial in Networks. Telecommunications 1984, Heft 10, Seite 52

NIXD02 Nixdorf-Computer: 1810 E/A Kundendienst Manual. 1978

NIXD03 Nixdorf-Computer: Terminalsystem 8820. Systemtechnischer Teil. PL/1-Subset. 1977

RITT01 Ritts, R.R.: Data encryption Basics and the cipher feedback method. Telecommunications 1981, Heft 6, Seite 39

SCHA01 Schanning, B.: Securing data inexpensively via public keys. Computer Design 1983, Heft 4, Seite 105

Kapitel 8

BILD01 Bidlingmaier, K.: Generierung von Netzwerken. Nixdorf Computer AG o.J. ca. 1980.

BUCK03 Buckley, J.E.: Communications traffic analysis. Computer Design 1978, Heft 6, Seite 14.

BUCK05 Buckley, J.E.: Local Modems. Computer Design 1978, Heft 1, Seite 14

CODE01 Codenoll technology corp.: Codelink -10. Codelink -50. Optical data link. Technical specification. 1982

COLE01 Coleman, V.: Ethernet and the PBX - a benefical partnership. Computer Design 1982, Heft 9, Seite 183

DAMA01 Damanda, K.: Network control for the data communications manager. Telecommunications 1980, Heft 12, Seite 39

DAVI01 Davis, R.: One viewpoint of local area networks. Communications international 1982, Heft 2, Seite 43

DIGI02 Digital equipment corp./Intel corp./ Xerox corp.: The Ethernet. A local area network. Data link layer and physical layer. Specification. Version 1.0. 1980

DIGI03 Digital equipment corp.: DECNET. 1980

DINE01 Dineson, M.A.: Broadband coaxial local area networks. Part 1: Concept and comparions. Computer Design 1980, Heft 6, Seite 12

DINE02 Dineson, M.A.: Broadband coaxial local area networks. Part 2: Hardware. Computer Design 1980, Heft 7, Seite 14

DUCA01 Duca, J.R.: Telecom/Computer Interface Guidelines. Telecommunications 1981, Heft 11, Seite 45

FOREØ1 Forecast/Jackson/Schriesheim: Communication executive implements computer networks. Computer Design 1980, Heft 11, Seite 71

HARAØ1 Harakal, J.P.: Putting Ethernet onboard the Multibus. Computer Design 1981, Heft 11, Seite 51

HINDØ1 Hindin, H.J.: IBM sees baseband, token-passing ring for local networks. Electronics 1982, April, Seite 37

IBMSØ1 IBM: System network architecture. Format and Protocol reference manual. Architectural logik. Third edition 1980.

JONEØ1 Jones, Iori: The Benefits of network control. Communications international 1981, Heft 12, Seite 41

KAFKØ3 Kafka, G.: Lokale Netzwerke - die Basis für integrierte Informationssysteme. Elektronik 1982, Heft 19, Seite 81

KIRBØ1 Kirby, D.B.: Performance measurment in data communications networks. Computer Design 1980, Heft 11, Seite 77

KOHLØ1 Kohl, H.W.: System network architecture. Rechnernetze. IBM-Nachrichten 1976, Heft 233, Seite 396

KRYSØ1 Kryskow/Miller: Local area networks. Overview. Part 1: Definitions and attributes. Computer Design 1981, Heft 2, Seite 22

KRYSØ2 Kryskow/Miller: Local area networks. Overview. Part 2: Standard activities. Computer Design 1981, Heft 3, Seite 12

LOCAØ2 Local Area Network Product Guide. Mini-Micro Systems 1985, Heft 3, Seite 68

LYTEØ1 Lytel, D.: Demand, new players boost LAN market. Mini-Micro-Systems. 1985, June, Seite 95

MOKHØ1 Mokhoff, N.: LANs team up to winden the network connection. Computer Design 1985, Heft 2, Seite 99

MOKH02 Mokhoff, N.: Networks expands as PBXs get smarter. Computer Design 1984, Heft 2, Seite 149

MCQU01 McQuillan, J.M.: Local area networks architecture. Computer Design 1979, Heft 5, Seite 18

NETW01 Network research corp.: Fusion Ethernet Software.

PLAS01 Plass, K.: DCA - Mittelpunkt heutiger und zukünftiger Kommunikationssysteme. Datascope 1981, Heft 37, Seite 50

ROBB01 Robbins, C.R.: Data communications management trends and innovations. Telecommunications 1980, Heft 9, Seite 44

SALW01 Salwen, H.C.: In praise of ring architecture for local area networks. Computer Design 1983, Heft 3, Seite 183

SCHR01 Schröder, W.: Lokale Netze - Versuch einer Begriffsdefinition. Computerwoche 29.10.1982, Seite 43

STIE01 Stieglitz, M.: Local networks access tradeoffs. Computer Design 1981, Heft 10, Seite 163

SYTE01 Sytec inc.: LocalNet. Broadband network technology. 1983

TIMM01 Timmons. M.L.: Distributed communications architecture forms framework for network design. Computer Design 1981, Heft 2, Seite 121

TRIV01 Trivedi, A.K.: Local area networks. An integrated office system perspective. Telecommunications 1983, Heft 3, Seite 41

WACH01 Wachtel, B.: Selecting an network management system. Telecommunications 1981, Heft 9, Seite 17

WANG01 Wang Deutschland GmbH.: WangNet. Betriebsmittel für die Kommunikation im Unternehmen. 1983.

WANNØ1 Wanner, J.F.: Wideband communications system improves response time. Computer Design 1978, Heft 12, Seite 85

WEISØ1 Weise, J.: SNA - Entwicklung und Tendenzen. IBM-Nachrichten 1982, Heft 261, Seite 59

WILLØ1 Willard/Wagner: RF Modem design for broadband coaxial local area networks. Computer Design 1980, Heft 8, Seite 14

WILLØ2 Willard, D.G.: Reliability/Availabilty of wideband local communications networks. Computer Design 1981, Heft 8, Seite 19.

WITTØ1 Wittlin/Ratner: Choosing the best Local Area Network for any application. Computer Design 1985, Heft 2, Seite 143

WURZØ1 Wurzburg/Kelley: PBX-based LANs: lower cost per terminal connection. Computer Design 1984, Heft 2, Seite 191

Kapitel 9

BRIDØ1 Bridge communications inc.: Gateway Server /1. Ethernet-X.25 interconnection service product description. O.J. ca. 1982

CLOTØ1 Clott, M.S.: Software is the key to statistical Multiplexer performance. Computer Design 1981, Heft 9, Seite 155

DEALØ1 Deal, J.: Increased transponder efficiency by using TDMA. Communications International 1981, Heft 11, Seite 48

DENNØ1 Denny, R.B.: Internet linkages provide for local-area network expanssion. Computer Technology Review. Summer 1982, Seite 329.

GROEØ1 Groenke/Johnson: The increased role of remote concentrators in data communication networks. Computer Design 1980, Heft 11, Seite 51

INFO01 Infotron Systems: Supermux 480. Statistical Multiplexer. O.J.

INTE01 Intel Corporation: Intel Data Catalog.

KEAR01 Kearny, J.F.: Contempory multiplexing techniques. Part 1: Review and characteristics. Computer Design 1981, Heft 5, Seite 24

KEAR02 Kearny, J.F.: Contempory multiplexing techniques. Part 2: Statistical multiplexers, criteria and constraints. Computer Design 1981, Heft 6, Seite 25

LOCA01 Local data: Datalynx /3274. 1983

MAGI01 Magill/Wong: Controller IC contends with multiple Protocols.Computer Design 1985, Heft 2, Seite 151

MCDE01 McDermott, J.: Statistical timedivision multiplexers. EDN 1979, Heft 8, Seite 157.

OHMA01 Ohmann, F.(Hrg.): Kommunikationsendgeräte. Berlin/ Heidelberg/New York. Springer. 1983

SEEQ01 SEEQ technology inc.: EDLC Ethernet data link controller. 1982

TAUB01 Taube, E.v.: Gateways link assorted networks. Computer Design 1985, Heft 2, Seite 125

WARR01 Warren, C.: Intelligent terminals. EDN 1980, Heft 21, Seite 128

Kapitel 10

BECK01 Becker, H.B.: Let's put information networks into perspective. Datamation 1978, Heft 3, Seite 81

BERG01 Berglund, R.: Data communication in transistion. Datamation 1978, Heft 11, Seite 40

BOGE01 Bogensberger/Maurer/Posch/Schinnerl: Ein neuartiges, durch spezielle Hardware unterstütztes Terminalkonzept für Bildschirmtext. Angewandte Informatik 1983, Heft 3, Seite 108

BUCK02 Buckley, J.E.: Management automation applications. Computer Design 1978, Heft 5, Seite 11

DEUT01 Deutsche Bundspost: Bildschirmtext. Beschreibung und Anwendungsmöglichkeiten. Bonn 1977

DEUT02 Deutsche Bundespost. Teletex. Ein neuer Fernmeldedienst der Textkommunikation. 1982

EIME01 Eimers, G.W.: Network, heal thyself: a diagnostic primer. Computer Design 1982, Heft 9, Seite 213

FELL01 Fellbaum u.a.: Elektronische Textkommunikation. Technik, Einsatz, Erfahrungen. Berlin/Offenbach. VDE-Verlag 1983

GODB01 Godbole, V.: Partioning of system tasks simplifies digital signal processing. Computer Design 1980, Heft 11, Seite 29

HOSA01 Hosage/Zak: Merging voice and data. Telecommunications 1982, Heft 10, Seite 16

HUGH01 Hughes, J.W.: Videotex and teletext systems. Computer Design 1979, Heft 10, Seite 79

MAUE01 Mauerer/Schlierf: Kommunikation und Service mit dem System IBM 3600 bei einer Stadtsparkasse. IBM-Nachrichten 1976, Heft 232, Seite 276

MCNE01 McNesby/Zoller: Integrating voice/data private networks. Telecommunications 1982, Heft 7, Seite 49

NIXD04 Nixdorf Computer AG: Zentrale Remote-Diagnose und Unterstützung. O.J. ca. 1981

ROED01 Roeding, H.-D.: Leistungsfortschritt durch "Remote-Service". Vortragsmanuskript 1981

SIEM01 Siemens AG: BS 2000. Kommandosprache des Organisationsprogramms. Beschreibung. Version 7.1. 1982

STEI01 Steinle, K.H.: Ein integriertes System für die Auftragsbearbeitung, Disposition und Bestandsführung. IBM-Nachrichten 1976, Heft 232, Seite 269

<u>Kapitel 11</u>

ADAM01 Adams, B.: Network analysis using protocol, digital and analogue testing. Communication international 1981, Heft 9, Seite 30

BUCK04 Buckley, J.E.: Synchronous timing error characteristics. Computer Design 1978, Heft 3, Seite 14

DAMM02 Damm, W.: Troubleshooting X.25 links. Electronic test 1981, Heft 11, Seite 100

DUER01 Duerr, J.R.: Data communications testing overview - protocol analysis. Computer Design 1979, Heft 2, Seite 10

DUER02 Duerr, J.R.: Data communications testing overview - analog testing. Computer Design 1979, Heft 4, Seite 10

GOMM01 Gommlich/Vogel: Verzerrungsmessungen - wichtige Aufgabe in der Übertragungstechnik. Elektronik 1982, Heft 9, Seite 51

HUCK01 Huckett/Thow: Fehleranalyse bei digitalen Übertragungssystemen. Elektronik 1982, Heft 8, Seite 110

JOHN01 Johnston, M.: A guide to data communications testing. Telecommunications 1982, Heft 9, Seite 51

JUAR01 Juarez/Wilkin: Influence of network technology an protocol analyzers. Communication International 1983, Heft 1, Seite 41

MERC01 Mercer, T.J.: Performance measurement. On-line data base for telcom professionals. Telecommunications 1982, Heft 11, Seite 73

KAFK04 Kafka, G.: Meßtechnik in der Datenkommunikation. Elektronik 1982, Heft 8, Seite 121

PETE01 Petermeier, N.: Switched access testing for networks. Communication International 1982, Heft 1, Seite 26

ROLL01 Rollins, W.W.: Error-second measurements as performance indicator for digital transmission systems. Telecommunications 1980, Heft 10, Seite 80

SCHU01 Schuon/Wolf: Nachrichtenmeßtechnik. Berlin/Heidelberg/New York. Springer. 1981

TEKE01 Tekelec-Airtronic: Data transmission analyzer/simulator TE92. 1981

WAND01 Wandel & Goltermann: Elektronische Präzisionsmeßgeräte. 1984

WAND02 Wandel & Goltermann: DCL Mikroprozessorgesteuerter digitaler Schleifenschalter. 1982

WAND03 Wandel & Goltermann: Nachrichtenmeßtechnik. Meßtechnische Grundlagen und Anwendungsbeispiele. Ehningen u.A. O.J. ca. 1983

WONG01 Wong/Kologa/Krause: Software error checking procedures for data communications protocols. Computer Design 1979, Heft 2, Seite 122.

Sachwortverzeichnis